細胞之歌

探索醫學和
新人類的未來

The Song of the Cell

An Exploration of Medicine and the New Human

Siddhartha Mukherjee

辛達塔・穆克吉—著　莊安祺—譯

愛蜜麗・懷海德，因復發或難治型急性淋巴母細胞白血病（ALL）而在費城兒童醫院接受治療的第一個兒童。若沒有實驗性的治療法或骨髓移植，這種病會致命。懷海德的T細胞被抽取出來，經過基因編輯，把它們「武器化」，以便對抗她的癌，然後再把它們注回她的身體。這些經過修改的細胞稱為嵌合抗原受體T細胞，或CAR T細胞。愛蜜麗在二〇一二年四月她七歲時接受治療，迄今依然十分健康。

魯道夫・魏修在他的病理實驗室中。一八四〇和五〇年代，年輕的魏修在符茲堡和柏林擔任病理學者，他後來促成了醫學和生理學觀念的革命。魏修主張細胞是所有生物體的基本單位，要了解人類的疾病，關鍵就在於了解細胞的功能障礙。他所著的《細胞病理學》一書將會改變我們對人類疾病的了解。

安東尼．范．雷文霍克的畫像。在一六七〇年代，這位作風隱密、脾氣暴躁的荷蘭台夫特布商是首先在單式顯微鏡下看到細胞的人之一。他所看到的細胞可能是原生動物、單細胞真菌，和人類的精子，他稱之為「微動物」。范．雷文霍克製作了五百多個這樣的顯微鏡，每一個都是經過一再調整，精益求精的傑作。大約在比他早十年之前，英國的博學家羅伯特．虎克也曾見過一段植物細胞壁的細胞。如今沒有留下任何一幅可靠的虎克畫像。

一八八〇年代，路易．巴斯德提出大膽的主張，認為細菌細胞（病菌）是感染和腐爛的主因。他以巧妙的實驗推翻了空氣中看不見的「瘴氣」會導致腐敗和人類疾病的觀念。人類的疾病可能是由自主、自行增長傳播，致命的細胞（即病菌）所導致，這個想法助長了細胞學說，讓這種理論與醫學密不可分。

德國微生物學家羅伯特．柯霍（1843-1910）也和巴斯德一樣，引介了「病菌理論」。柯霍主要的貢獻在於：正式提出疾病的「原因」，他界定了符合「原因」的標準，把科學的嚴謹應用在醫學上。

一九六〇年代，喬治．帕拉德（右）和菲利浦．西凱維茲在洛克菲勒研究所的一台電子顯微鏡前合影。帕拉德的細胞生物學家和生化學家團隊與基斯．波特和亞伯特．克勞德合作，他們將是第一批界定細胞區室（胞器）內部結構和功能的學者。

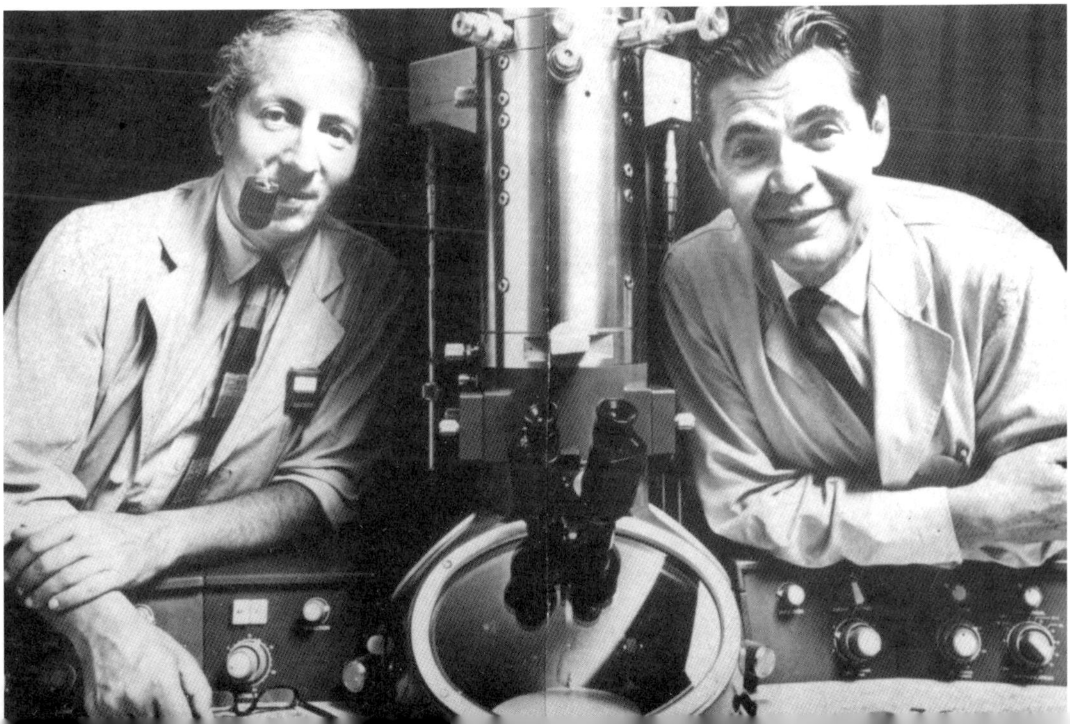

英國護理師，也是胚胎學者琴・柏蒂（1945-1985）和生理學者羅伯特・愛德華茲（1925-2013）在他們位於劍橋的研究實驗室，攝於一九六八年二月二十八日。柏蒂把裝有人類卵子的培養皿由培養箱取出來，交給愛德華茲。這些卵子已經在體外受精。柏蒂、愛德華茲，和產科醫師派屈克・史泰普托合作開發體外受精的技術，頭一個「試管嬰兒」露易絲・布朗在九年後的一九七八年誕生。柏蒂一九八五年因癌症去世，她對生殖生物學和體外受精的貢獻一直沒有得到充分的認可。

二〇一八年十一月二十八日在香港舉行的國際人類基因體編輯高峰會上，中國科學家賀建奎（或稱 JK）上台報告，宣布他已經在兩個人類胚胎上進行了基因編輯，科學家和倫理學者大感震驚，為之譁然。雄心勃勃的 JK 祕而不宣，一心希望他的努力獲得認可，但卻因為他的研究缺乏監督，也沒有正當理由，而遭科學界嚴厲譴責。

希爾德．曼戈德（1898-1924）一九二四年抱著她的寶寶。曼戈德和漢斯．斯佩曼作了關鍵的研究，解釋單細胞受精卵如何發育為多細胞生物體。

英國幼稚園的沙利竇邁受害兒童，醫師在他們的母親懷孕期間開了這種藥，以減輕她們的「焦慮」和孕吐。這些兒童受到此藥對細胞的影響，出生就有多重先天缺陷。如今我們知道這種藥物會影響人體的多種細胞，包括心臟和軟骨細胞。在這幀一九六七年拍攝的照片中，一名幼兒正靠著一種握筆器之助學習寫字。沙利竇邁對藥物監管單位是個教訓：竄改細胞生理，尤其是在生殖的情境下，可能會帶來毀滅性的後果。

法蘭西斯．凱爾西醫師（1914-2015）在她位於華府聯邦食品藥物管理局的辦公室留影，攝於一九六二年七月三十一日，她身旁的桌子擺滿了新藥的報告。凱爾西醫師拒發許可，不讓德國藥物沙利竇邁在美國販售。這種藥物在其他國家以其他的藥名出售，許多在懷孕初期服用此藥的婦女後來生出畸形兒。

一九四四年六月六日，濱海維耶維爾（Vierville-sur-Mer）。在二次大戰諾曼第戰役的「奧馬哈海灘」（Omaha Beach）上，醫官正在為受傷的士兵輸血。輸血這種細胞治療在戰時挽救了成千上萬人的生命。

保羅．埃利希和秦佐八郎，約攝於一九一三年。生化學家埃利希和秦佐八郎發明了一些新藥，治療如梅毒和錐蟲病等傳染病。埃利希對於 B 細胞如何產生抗體的理論，在一九三〇年代引起激烈的討論，後來雖然證明他是錯的，但他提出「抗體」是特別創造，用以結合並攻擊入侵者的想法，日後成為我們對後天性免疫的基礎。

「柏林病人」提摩西・雷・布朗是最早被治癒的愛滋病患之一，圖為他在二〇一二年五月二十三日攝於法國馬賽國際愛滋病毒和新發傳染研討會（ISHEID）上。布朗感染愛滋病毒達十餘年，後來接受實驗性的骨髓移植手術，捐贈者的細胞含有特殊的 CCR5 delta 32 細胞表面受體天生突變，這種受體已經證明能夠讓細胞抵抗 HIV 感染。德國血液學家吉羅・胡特率團隊進行移植程序。布朗最後因白血病去世，但他對愛滋病毒的抵抗力──可能是來自捐贈者細胞對感染的天然抵抗力，促使醫界對該如何製作疫苗來對抗愛滋病毒提出深入的探討。

上：桑地牙哥・拉蒙・卡哈爾，一八七六年。卡哈爾所繪的神經系統，藉最先由卡米洛・高爾基所發明的染色法之助，推翻我們對腦和神經系統如何作業的觀念。卡哈爾的畫公認是科學界最美、最有啟發性的畫作。

左：弗雷德里克・班廷和查爾斯・貝斯特一九二一年八月在多倫多大學醫學大樓的屋頂上與一隻狗合影。班廷和貝斯特設計出巧妙的實驗，辨識和純化胰島素，這種荷爾蒙是人體內血糖濃度的中央調控者。

二〇〇五年九月，詹姆斯．蒂爾（左）和歐內斯特．麥卡洛克在紐約市共同獲頒當年的基礎醫學研究拉斯克獎（Lasker Award）。他們因為在造血幹細胞的先驅研究而獲得這項榮譽。

二〇〇一年諾貝爾生醫獎得主利蘭．「李」．哈特維爾（左）在華盛頓州西雅圖的一場記者會後與一九九〇年諾貝爾獎得主 E．唐納爾．湯瑪斯交談，攝於二〇〇一年十月八日。哈特維爾是佛瑞德．哈金森癌症中心的主席兼榮譽主任，也是華盛頓大學的遺傳學教授，他因為辨識出細胞如何分裂的開創研究而獲獎。湯瑪斯則因他對骨髓移植的研究，而在一九九〇年獲獎。細胞生物學的這兩個領域，看似截然不同，如今卻因共同的主題和關聯（例如，移植後的血液幹細胞如何經誘導分裂，而在人體中產生新血液）而合而為一。

探索醫學和新人類

獻給 W.K. 和 E.W.——頭一批跨越者

在部分的總和裡，仍然只有部分
世界必須用眼睛來衡量。[1]

——華勒斯·史蒂文斯（Wallace Stevens）

〔生命〕是持續的節奏運動，
脈搏，步伐，甚至細胞。[2]

——弗里德里希·尼采（Friedrich Nietzsche）

推薦序　不再善良的細胞

黃貞祥／國立清華大學生命科學暨醫學院分子與細胞生物研究所副教授

我決定跳入生命科學領域的火坑成為一名科學工作者，是因為小時候在實驗室目睹了細胞分裂和分化的精準運作。儘管這話可能有些過於戲劇化，但那一天，我看到兩個細胞在分裂時，染色體準確地排成一列，然後精確地分配到兩個子細胞的影片，那一刻我感覺自己得到了某種啟示！

雖然我現在不算是嚴格意義上的細胞生物學家，而是研究鳥類羽毛和喙的演化發育以及基因體演化的演化生物學家，但我仍然需要與分化成各種上皮或骨骼組織的細胞群打交道，因為所有生物體，無一例外，都是由細胞構成的。

《細胞之歌：探索醫學和新人類的未來》（*The Song of the Cell: An Exploration of Medicine and the New Human*）是辛達塔．穆克吉（Siddhartha Mukherjee）激動人心的新作，他此前因《萬病之王：一部癌症的傳記，以及我們與它搏鬥的故事》（*The Emperor of All Maladies: A Biography of Cancer*）和《基因：人類最親密的歷史》（*The Gene: An Intimate History*）而聲名大噪。在這本新書中，他帶我們進入了一個宏大且微觀的世界——細胞。這個看不見卻無處不在的生命基石，成為他探索生命、醫學和人類本質的窗口。

穆克吉撰寫《細胞之歌》是順理成章的，因為他主張，他身為腫瘤學家，首先是一名細胞生物學家。他指出，癌症的起因可以歸結為細胞的變化。他在辦公室的牆上掛著布告板，提醒自己，所有的病理紊亂最終都是細胞生物學的結果。

穆克吉認為，所有病理學最終都可以追溯到細胞層面的異常。這個觀點體現在他的科學觀察和研究工作中，特別是在腫瘤學領域，這使他作為腫瘤學家更加重視細胞的研究與理解。他認為，了解細胞生理學和病理學的詳細資訊，有助於揭示疾病的本質及其背後的機制。這個觀點在《細胞之歌》的許多案例和研究中得到了充分體現，強調了細胞病理學在醫學中的核心地位，以及它對於診斷、治療和理解疾病的重要性。

《細胞之歌》不僅是科學探索的成果，更呈現了其寫作風格的魅力。穆克吉以生動活潑的敘述和深刻的洞察力，把細胞生物學的複雜概念轉化為易於理解的知識。他巧妙地結合科學知識與人性故事，透過詩意的比喻和接近偵探小說的筆法，帶領我們深入探索細胞世界，並揭示這些微小生命單位在醫學、科學和人類生活中的重要性。

穆克吉的故事涉及癌症、心臟病、不孕症、憂鬱症等病患，展示了科學研究如何實際影響人們的生活，包括他自己和家人的親身經歷。在探討免疫療法、幹細胞、基因工程等領域的最新進展時，他不僅揭示了科學的希望，也指出了其中的挑戰，並透過一系列感人的故事展示了這些科學發現如何改變人們的生命。

因此，《細胞之歌》不僅是一部科普讀物，而是一次心靈的旅程，讓我們體會到生命的奇蹟與科學的力量。穆克吉的寫作使科學不再只是冷冰冰的資料，而是一個充滿溫度和人情味的敘述，讓我們在閱讀過程中深刻感受到對科學的敬畏和生命的重量。

在我讀《細胞之歌》時，特別感同身受的一部分是他描述了不同的淋巴癌治療方法，並提出了一些新的癌症治療概念。因為我最親愛的家人去年被診斷出原發性縱隔大B細胞淋巴瘤（Primary mediastinal B-cell lymphoma），接受的 DA-EPOCH-R 化療結合標靶藥物的治療方案中，就用了書中提到的利妥昔單抗（Rituximab，商品名「莫須瘤」），這是一種最早的抗癌單株抗體，廣泛用於治療淋巴癌，包括濾泡性淋巴瘤等。這個抗體療法可以透過針對癌細胞表面的蛋白質（CD20）來發揮作用，達到治療效果。穆克吉在《細胞之歌》中描述了許多與淋巴癌治療相關的案例，例如，一位患者的淋巴瘤多次復發，但最終在利妥昔單抗治療後，他在確診二十五年後仍然存活。

然而，穆克吉沒有忽略科學中的挑戰和不確定性。他深入探討了細胞生物學的困難和迷思，特別是與癌症和免疫系統相關的問題。他提到癌症的異質性，即使在同一種癌症中，也可能存在不同的遺傳變異，這使得治療更加複雜。他的好友山姆的故事，揭示了癌症治療的複雜性和不確定性，並強調了免疫療法在癌症治療中的潛力以及其中的風險。透過這個故事，他讓我們看到癌症患者面對疾病時的堅毅，以及科學家在追求治療過程中的不懈努力。

穆克吉在《細胞之歌》中提到，癌症的發生與器官的微環境、細胞生態和免疫系統的差異有關。他解釋了為什麼有些器官容易罹患癌症，而其他器官則相對較安全。他透過這樣的解釋，幫助我們理解器官特性與癌症風險之間的關係，並強調細胞生態學和免疫環境在癌症發生中的重要性。

穆克吉還探討了科學的倫理和道德問題。在談到細胞療法時，他提出了一個關鍵問題：當我們開始操縱細胞時，我們是在治療還是增強？這個問題在基因工程和細胞療法的時代變得越發重要。他提到了一個引人注目的案例，即中國科學家賀建奎的基因編輯嬰兒實驗，這個事件在科學界引起了巨大爭議，突顯了科學進展可能帶來的倫理挑戰。

在《細胞之歌》中，穆克吉也談到了 COVID-19 疫情對他的啟發。他指出，這場全球大流行揭示了許多我們原本認為已了解的細胞生物學和醫學的奧祕，強調了我們對細胞及其相互作用的理解仍需深入思考和重新解析。他提到，免疫學的核心原理因疫情而被重新審視，突顯了細胞在防控疫情中的關鍵作用。尤其是 COVID-19 如何劫持細胞，阻止第一型干擾素的分泌，削弱了體內對病毒的早期警報系統。由於受感染的細胞無法有效發出警報，病毒得以迅速擴散，加劇了感染的嚴重性。他強調，儘管免疫學家和病毒學家迅速開發出多種疫苗，但這場大流行揭露了我們在生物學系統知識上的巨大缺陷，顯示了我們所知的局限性。

《細胞之歌》是一個關於人性的故事，透過細胞生物學的視角，探討了科學如何影響我們的生活和未來，讓我們體會科學的力量，以及它對我們生活的深遠影響，並鼓勵我們以新的視角看待世界。這本好書不僅適合科學和醫學愛好者，也適合所有對生命和人性感興趣的讀者。其深度和廣度讓我們感受到科學的奇蹟，同時也啟發我們重新思考生命的意義。

目次 *Contents*

第二部 一與多

第三部 血液

第四部 知識

序曲　生物體的基本粒子

「這很基本，」他說，「在這種例子裡，推理者可以創造出在他附近的人看來似乎很了不起的效果，因為後者錯失了作為推斷基礎的一個小地方。」[1]

——夏洛克・福爾摩斯對華生醫師說的話，摘自亞瑟・柯南・道爾爵士（Sir Arthur Conan Doyle）的《駝背人》（*The Crooked Man*）

那段對話發生在一八三七年十月的晚餐之際，當時夜幕可能已經低垂，煤氣燈點燃了柏林市中心的街道。如今留存的只剩下當晚的零散記憶，沒有筆記，之後也沒有討論這個問題的科學書信，只剩下兩個朋友的故事——這兩個實驗室的夥伴一邊便餐，一邊討論實驗，兩人談到一個關鍵的想法。[2]這兩人中，一位是植物學家馬蒂亞斯・許萊登（Matthias Schleiden），他的額頭上有一道明顯的難看傷疤，是他先前自殺未遂留下的傷痕。另一位鬢角一直垂到下顎的是動物學家西奧多・許旺（Theodor Schwann）。兩人都在柏林大學著名的生理學家約翰尼斯・繆勒（Johannes Müller）手下工作。

由律師改行成為植物學家的許萊登一直在研究植物組織的結構和發育。他不斷地——按照他的說法：「Heusammelei」（「採集」）。他收集了數百個植物標本：鬱金香、木藜蘆（dog hobble）、雲杉、草、蘭花、鼠尾草、車葉麻（linanthus）、豌豆，和幾十種百合。[3]他的收藏在植物界備受重視。[4]

那天晚上，許旺和許萊登正在討論植物發生論——植物的起源和發展。許萊登告訴許旺：他在檢視他的植物標本時，發現它們的結構和組織有個「一致之處」。在植物組織——葉、根、子葉的發育過程中，有一種稱為細胞核的亞細胞構造，醒目可見。（許萊登不知道細胞核的功能，但認得出它獨特的外形。）

但或許更驚人的是，在植物組織的結構中存在著深刻的統一性。植物的每一個部分都是像拼貼一樣，由自主獨立的單位——細胞所建構。許萊登在一年之後寫道，「每個細胞都過著雙重生活，[5]一個是完全獨立的，屬於它自己獨自的發展；一個則是附隨的，依據它已經成為一株植物一部分的範圍。」

生命中的生命。一個獨立的生命體——一個單位，形成整體的一部分。包含在更大生命體中活生生的基本成分。

許旺側耳傾聽。他也注意到了細胞核，不過他看到的細胞核是在一個正在發育的**動物**細胞裡，在一隻蝌蚪身上。而他也注意到顯微鏡下動物組織結構的統一性。許萊登在植物細胞中觀察到的「統一性」或許是貫穿生命更深層次的統一。

這是個初步但激進的想法——將會改變生物和醫學史，這個想法開始在許旺的腦海中醞釀成形。也許就在那個晚上，或者在不久之後，他請許萊登（說不定是拽著他）去解剖教室的實驗室，那是許旺保存標本的地方。許萊登透過顯微鏡觀察。他證實這個正在發育的動物在鏡片下的結構，[6]包括明顯可見的核，看起來和植物構造中的幾乎一模一樣。

動物和植物——看似截然不同的生物體。然而，正如許旺和許萊登都注意到的，它們的組織在顯微鏡下卻不可思議地相似。許旺的直覺是正確的。他後來回憶說，那天晚上在柏林，這兩位朋友的想法匯聚到了一個共同且基本的科學真理：動物和植物兩者都有一種「藉由細胞形成的共同方法」。[7]

一八三八年，許萊登在一篇內容廣泛的論文〈我們對植物發生之認識〉中，報告了他的觀察結果。[8]一年過去，繼許萊登在植物方面的研究之後，許旺也寫下了他關於動物細胞的鉅作：〈顯微鏡下動物和植物構造與生長一致性的研究〉。[9]許旺假定：植物和動物的組織是類似的——各自都是「完全個別獨立個體的集合體」。

這兩篇開創性論文發表的時間間隔約十二個月，在其中，生物界匯聚到單一且明確的一點上。許萊登和許旺並非頭一批看到細胞的人，也不是頭一批明白細胞是生物體基本單位的學者。他們敏銳的洞察力發揮在提出主張，認為生物體的組織和功能有深入的統一性。許旺寫道，「有一種統一的聯繫」，把生命的不同分支連結在一起。[10]

許萊登於一八三八年底離開柏林，前往耶拿大學（University of Jena）任職。[11]一八三九年，許旺也離開了，前往比利時魯汶天主教大學（Catholic University in Leuven）工作。[12]儘管他們都離開了繆勒的實驗室，但兩人仍然維持友誼，經常通信。他們關於細胞基礎理論開創性研究的起源，無疑地應追溯到柏林那段時光，他們在那裡是親密的同事、合作夥伴，和朋友。他們發現了——用許旺的詞來說——「生物體的基本粒子」。

本書談的是細胞的故事，是發現包括人類在內，所有生物體都是由這些「基本粒子」構成的記述。這是關於這些自主的生命單位——組織、器官和器官系統——如何合作，有條不紊地累積，能夠促成深奧形式的生理功能：免疫、生殖、知覺、認知、修復和再生的故事。而反過來，它也是講述在細胞功能失調，使我們的身體由細胞生理變為細胞病理——細胞的功能障礙導致身體功能失常，會是什麼樣的故事。最後，這是關於我們對細胞生理學和病理學日漸深入的了解如何引發生物學和醫學革命，促成革命性的醫藥誕生，以及人類如何因這些醫藥而改變的故事。

在二〇一七至二〇二一年間，我為《紐約客》（*New Yorker*）雜誌寫了三篇文章。[13]第一篇是關於細胞醫學及其未來——尤其是關於改造T細胞以對抗癌症的發明。第二篇是以細胞**生態學**理念為中心，談癌症新視野——不是分離的癌細胞，而是在原位的癌症，以及為什麼身體某些特定部位似乎比其他器官更容易會惡性生長。第三篇是在新冠疫情大流行初期動筆，談的是病毒在我們的細胞和身體如何作用，以及它們的表現如何幫助我們了解某些病毒對人類造成的生理破壞。

我思索這三篇文章之間的主題關係。它們的核心似乎都是細胞和細胞再造的故事。一場革命正在醞釀，一段未曾書寫過的歷史（和未來）：關於細胞，關於我們操縱細胞的能力，以及隨著這場革命而展開的醫學變革。

由這三篇文章的種子開始，這本書自行生出了莖、根和卷鬚。這部編年史始於一六六〇和一六七〇年代，一名遁世隱居的荷蘭布商和一個非正統的英國通才，兩人相距約兩百哩，各自研究，他們俯視自己手製的顯微鏡，發現了細胞的第一個證據。接著移到現在——科學家開始操縱人類幹細胞，並把它們注入罹患糖尿病和鐮狀細胞貧血症等可能危及性命的慢性病患體內，以及用電極插入患有神經系統痼疾患者的腦細胞迴路中。這又把我們帶到了不確定未來的險境，其中「特立獨行」的科學家（其中一人被判三年徒刑，並且遭到終身禁止實驗）正在設計基因編輯的胚胎，並且用細胞移植以模糊自然和改造之間的界限。

我引用了大批資料來源：訪談；病患的經歷；和科學家（帶著他們的狗）一起散步；參觀實驗室；透過顯微鏡看到的景象；與護理師、病患和醫師的談話；歷史資料；科學論文；和私人信件。我的目的不是要撰寫全方位的醫學史或細胞生物學的誕生。羅伊・波特（Roy Porter）的《對人類最大的造福：人類醫學史》（*The Greatest Benefit to Mankind: A Medical History of Humanity*），[14]亨利・哈里斯（Henry Harris）的《細胞的誕生》（*The Birth of the Cell*）[15]和蘿拉・奧蒂斯（Laura Otis）的繆勒實驗室（Müller's Lab）都已是這方面的經典作品。本書其實是關於細胞的概念，和我們對細胞生理學的了解如何改變了醫學、科學、生物學、社會結構，和文化的故事，最後以未來的願景告終：我們學會操控這些單位，讓它們組成新的形式，或甚至可能創造合成的細胞版本，以及人體的一些部位。

這個版本的細胞故事免不了會有漏洞和缺陷。細胞生物學與遺傳學、病理學、流行病學、認識論、分類學和人類學息息相關。對醫學或細胞生物學特定範圍的愛好者自然會偏愛特定的細胞類型，他們或許會透過非常不同的目鏡來看這段歷史；植物學家、細菌學家和真菌學家無疑會發現本書對植物、細菌以及真菌欠缺適度的探討。以漫無計畫的方式進入這些領域就會步入迷宮，然後會再岔入下一個迷宮。我已把故事的許多層面移至隨頁註和尾註，*並懇請讀者細讀。

在這整段旅程中，我們會見到許多病患，包括我自己的病人。其中有些人列出了姓名；有些人則選擇匿名，他們的姓名和身分細節都已刪除。我對這些冒險進入未知領域的男性和女性無比感激，他們把身體和心智交託給還在發展而且尚不穩定的科學領域。而當我親眼見到細胞生物學在新的醫學領域中開始運作時，我也感到同樣無限的欣喜。

* 我很少寫到，但必須承認，成本、公平性和取得權是不可避免的問題。本書的最後幾章提及了其中一些問題，但這些問題需要比本書所能容納更深入的討論。細胞的歷史不可能同時充當政策、公共衛生、成本、公平性和包容性的入門讀物。

緒論　我們終歸要回到細胞

無論怎麼扭曲轉折，我們終歸要回到細胞。[1]

——魯道夫・魏修（Rudolf Virchow），一八五八年

二〇一七年十一月，我眼睜睜地看著我的朋友山姆・P.因為他的細胞反抗他的身體而去世。[2]山姆在二〇一六年春天確診惡性黑色素瘤，它最初是硬幣狀的痣，呈紫黑色，長有像暈圈一般的光環，生在他的臉頰附近。夏末，他的畫家母親克拉拉和他在布洛克島（Block Island，在羅德島州）度假時最先注意到它。她先是誘哄——接著軟硬兼施，要他讓皮膚科醫師檢查一下，但是山姆是一家大報的體育記者，忙碌而活躍，沒空擔心他臉頰上討厭的斑點。等我二〇一七年三月看到他，為他作檢查時——我不是他的腫瘤醫生，但朋友請我去探視一下，腫瘤已經長成拇指大的長方形腫塊，跡象顯示癌細胞已在他的皮膚上轉移。我觸摸這個腫塊時，他疼痛地抽搐。

面對癌症是一回事，目睹它的移動又是另一回事。黑色素瘤已經開始越過山姆的臉頰，朝他的耳朵蔓延。如果仔細觀察，就會發現它已遺下痕跡，就像渡輪在水上行進一樣，在它後方留下粗糙的紫色斑點。

即使畢生都在報導速度、運動力和敏捷的體育記者山姆，對黑色素瘤進展的速度也感到驚訝。他怎麼會，他一再地問我——**怎麼會，怎麼會，怎麼會**有個幾十年來在他的皮膚上完全靜止不動的細胞，突然獲得了細胞的某種特性，在他臉上橫衝直撞，同時還瘋狂分裂？

但癌細胞並沒有「發明」這些特性。它們並不是重造細胞，而是劫持——更精確地說，它們是適者生存和生長，而轉移擴散是天擇出來的。細胞用來產生成長所需的基因和蛋白質等基礎材料，是盜用發育中的胚胎在生命之初用來推動猛烈爆發式擴張所用的基因和細胞。癌細胞在廣闊的身體空間中移動所用的路徑，是霸占原本容許體內固有移動細胞活動的路徑。使細胞不受限制恣意分裂的基因，是容許正常細胞分裂基因的扭曲突變版本。簡而言之，癌症就是在病理學鏡子中所顯現的細胞生物學。身為腫瘤學者，我首先是細胞生物學者——只不過這個細胞生物學者觀察的是正常的細胞世界在鏡子中如何反映和顛倒。

二〇一七年初春，醫師為山姆開了一種藥，把他自己的T細胞變成一支軍隊，以對抗在他體內生長的叛軍。想一想：多年來，說不定幾十年來，山姆的黑色素瘤和他的T細胞一直共存，基本上互不理會。他的免疫系統看不到他的惡性腫瘤，數以百萬計的T細胞每天都由他的黑色素瘤旁擦身而過，然後繼續前進，就像轉過臉去，避開細胞大災難的路人。

醫師開的藥物有望揭開腫瘤的隱形面紗，讓他的T細胞把黑色素瘤識別為「外來」入侵者而排斥它，就像T細胞排斥遭微生物感染的細胞一樣。原本被動的路人將成為主動的反應器（effectors）。我們正在用人為的方法設計他體內的細胞，讓先前隱形的東西可以看得見。

這種「揭露」藥物的發現，是溯自一九五〇年代細胞生物學激進發展的顛峰：對T細胞用來區分自我與非自我機制的了解，對這些免疫細胞用來偵測外來入侵者的蛋白質的識別，發掘我們的正常細胞抵擋受這種偵測系統攻擊的路徑，癌細胞利用它讓自己隱形的方式，以及發明一種可以去除惡性細胞隱身斗篷的分子——這每一種見解都建立在先前見解的基礎上，每一個洞見都是細胞生物學家從硬梆梆、冷冰冰的土裡挖掘出來的。

幾乎就在山姆開始接受治療後，他的身體馬上展開了內戰。他的T細胞被體內的癌喚醒，開始對抗他的惡性細胞，它們的報復招來了更進一步的復仇循環。一天早上，他臉頰上深紅色的腫塊變熱了，因為免疫細胞已經浸潤了腫瘤，爆發了發炎反應；接著惡性細胞拔營而去，留下奄奄一息悶燒的營火。幾週後我再度見到他時，長方形的腫塊和它後面的斑點都消失了，只剩下腫瘤垂死的殘骸，像一顆大葡萄乾一樣乾癟。他處於緩解期。

我們一起喝咖啡慶祝。緩解不僅改變了山姆的身體；也為他的心理打了氣。幾週以來，我頭一次看到他臉上憂慮的皺紋放鬆了。他笑了。

但隨後情況又有了變化：二〇一七年四月是個殘酷的月份。攻擊他腫瘤的T細胞轉而攻擊他自己的肝臟，引發了自身免疫性肝炎，這是一種免疫抑制藥物幾乎無法控制的肝炎。到十一月，我們發現幾週前才剛剛緩解的癌症已經侵蝕到他的皮膚、肌肉和肺臟，隱藏在新器官裡，尋找新的小環境，以避開免疫細胞的攻擊。

山姆在這些勝利和挫折中維持著鋼鐵般的尊嚴。有時候他尖刻的幽默似乎是一種反擊：**他要讓癌枯竭而死**。一天，我去他上班的新聞編輯部探視他，我問他要不要找個隱密的空間——比如洗手間，讓我看新腫瘤長出的地方。他輕鬆地笑了。「等我們進了洗手間，它已經轉移到新的地方了。最好趁它還在這裡的時候看看它。」

醫師減弱了免疫攻擊，以控制他的自身免疫性肝炎，但後來癌又長了回來。他們重新開始免疫治療去攻擊癌，但猛爆性肝炎又復發了。這就像在看龍虎鬥一樣：把免疫細胞繫上鏈子，這些猛獸在攻擊獵殺時就會受鏈子束縛，綁手綁腳；解開鏈子，牠們就會不分青紅皂白地既攻擊癌，也攻擊肝臟。山姆逝於一個冬日早晨，在我初次觸摸他的腫瘤之後幾個月。到頭來，黑色素瘤戰勝了。

二〇一九年一個狂風大作的下午，我赴費城的賓州大學開會。近千名科學家、醫師和生物科技研究人員聚集在雲杉街上的一座磚石大演講廳，要討論醫學尖端一種大膽科技的進展：以經過基因改造的細胞移植到人體中，用來治病。會中發表的演講內容包括T細胞修改、可以把基因遞送進入細胞的新病毒，以及細胞移植接下來的重要步驟。不論台上台下，大家的語言就像在一個教人心醉神馳的夜晚把生物學、機器人技術、科幻小說和煉金術融匯在一起，產生出一個早慧的孩子。「重新啟動免疫系統。」「治療性的細胞改造。」「移植細胞的長期持久性。」這是個關於「未來」的會議。

然而，「現在」也在會場。就坐在我前面幾排的是愛蜜麗・懷海德（Emily Whitehead），當時十四歲，比我的大女兒大一歲。她一頭亂蓬蓬的棕髮，穿著黃黑相間的襯衫和深色長褲，這是她白血病緩解的第七年。她的父親湯姆告訴我，「她很高興今天不必上學。」愛蜜麗想到這裡就笑了起來。

愛蜜麗是七號病人，在費城兒童醫院（Children's Hospital of Philadelphia，CHOP）接受治療。[3]幾乎每一位聽眾都認識她或知道她：她改變了細胞治療的歷史。二〇一〇年五月，愛蜜麗確診急性淋巴性白血病（acute lymphoblastic leukemia，ALL）。這種白血病進展速度非常快，侵犯的往往是幼童。

ALL的治療法是最密集的化療方案之一：綜合七、八種藥物投藥，有些直接注射進入脊髓液，以便殺死隱藏在腦和脊椎的癌細胞。儘管這種治療有副作用，僅舉幾例：手指和腳趾永久麻痺，腦損傷、發育遲緩，和可能危及生命的感染，教人望而生畏，但這種方法治癒了大約九〇%的小兒病患。遺憾的是，愛蜜麗的癌症屬於剩下的一〇%，對這種標準療法沒有反應。在治療十六個月之後，她的病情復發，被排入骨髓移植名單——這是治癒她唯一的選擇，可是就在她等待合適捐贈者之際，病情惡化了。

「醫師教我不要去 Google 她的生存機會」，愛蜜麗的媽媽凱芮告訴我，「所以，我當然馬上就這樣做了。」

凱芮在網上搜尋到的內容令人不寒而慄：很快就復發，或者復發兩次的兒童，幾乎無一生存。二〇一二年三月初，愛蜜麗到兒童醫院住院時，她的每一個器官幾乎都塞滿了惡性細胞。她的醫師是兒科腫瘤學家史蒂芬·葛魯普（Stephan Grupp），性情溫和，身材魁梧，蓄著富於表情、說話時會動來動去的八字鬍，他讓她參加一項臨床試驗。

愛蜜麗的試驗是把她的T細胞注入她自己的身體，只是要先透過基因療法，把這些T細胞變成武器，能夠識別並殺死她的癌。這和山姆不同，山姆接受的是在他**體內**啟動免疫力的藥物，而愛蜜麗的T細胞則是經過提取，在她的**體外**生長。這種形式的治療是由紐約紀念史隆凱特林癌症中心（Sloan Kettering Institute）的免疫學家米歇爾·薩德蘭（Michel Sadelain）和賓州大學的卡爾·朱恩（Carl June）用以色列研究員塞利格·艾許哈（Zelig Eshhar）先前的研究為基礎所開創。

離我們所坐的大演講廳幾百呎之處就是細胞治療的單位，那是個類似金庫的封閉式設施，配備了鋼門、無菌室和培養箱。幾組技術人員正在處理由數十名參加臨床研究的病患所採集的細胞，然後把它們貯存在像大桶的冷凍櫃。每個冷凍櫃上都有動畫情境喜劇《辛普森家庭》（The Simpsons）角色的名字；愛蜜麗一部分的細胞被冷凍在小丑庫斯提的冷凍櫃裡。她T細胞的另一部分經過修改，以表現一個可以識別並殺死她白血病的基因，在實驗室裡培養，讓它們的數量以指數方式增加，然後回到醫院，把它們重新注入愛蜜麗體內。

點滴打了三天，基本上平安無事。葛魯普醫師把細胞滴入愛蜜麗的靜脈時，她正在吃冰棒。到晚上，她和父母去住在附近的阿姨家住。頭兩個晚上，她玩遊戲，還騎在爸爸背上。然而到了第三天，她卻垮了：嘔吐而且發高燒。懷海德夫婦趕緊把她送回醫院。她的情況迅速惡化，腎臟失去功能，意識不清，瀕臨多重器官衰竭。

「完全沒有道理，」湯姆告訴我。他六歲的女兒被送進加護病房，家長和葛魯普整夜在那裡看護。一起治療愛蜜麗的醫師兼科學家朱恩坦率地對我說，「我們以為她快要死了。我給大學教務長寫了電郵，告訴他第一批接受治療的孩子中有一個瀕臨死亡。試驗結束了。我把電子郵件存在我的草稿匣，但並沒有按下發送鍵。」

賓州大學實驗室的技術人員徹夜工作，要找出愛蜜麗發燒的原因。他們沒有找到感染的證據；但卻發現稱作細胞激素（cytokines）的分子——發炎時分泌的訊號，在血液中含量升高，尤其是一種稱作白血球介素（interleukin 6，簡稱IL－6）的細胞激素，濃度是正常值的近千倍。在T細胞殺死癌細胞之時，釋出了大量的這種化學信使，就像一群暴徒橫衝直撞，散發煽動性的小冊子。

然而，由於命運奇怪的轉折，朱恩自己的女兒罹患一種幼年型關節炎，這是一種發炎反應。他知道一種能阻斷IL－6的新藥，四個月前剛獲美國食品藥物管理局（FDA）核准。葛魯普孤注一擲，匆匆向醫院藥房申請這種新藥的仿單標示外使用（off-label）許可。委員會當晚批准了IL－6阻斷藥物，葛魯普在加護病房為愛蜜麗注射了一劑。

兩天後，愛蜜麗在她七歲生日那天醒了。「轟的一聲，」朱恩醫師雙手一邊在空中揮舞一邊說，「轟的一聲，」他重複道：「它就消失了。二十三天後，我們做了骨髓切片，她完全緩解了。」

「我從沒見過病得這麼重的病人好轉得這麼快，」葛魯普告訴我。

熟練地處理愛蜜麗的病情——以及她驚人的康復，挽救了細胞治療界。愛蜜麗．懷海德迄今仍處於深度緩解（deep remission）狀態，她的骨髓或血液中檢測不出癌細胞，視同已經痊癒。

「要是愛蜜麗死了，」朱恩告訴我，「整個試驗就很可能會宣告終止。」這可能會讓細胞療法延遲十年，甚或更久。

在會議暫停期間，愛蜜麗和我參加了賓州大學醫學院校園之旅，由朱恩醫師的同僚布魯斯・李文（Bruce Levine）醫師帶領。他是賓大醫學院臨床細胞設施的創始主任，T細胞在這裡改造、控管，和製造，他也是最先處理愛蜜麗細胞的團隊成員之一。這裡的技術人員單獨或成對工作，檢查箱子、改善工作程序、往返培養箱運送細胞、消毒雙手。

這個設施還可以當作是愛蜜麗的小型紀念館。牆上貼著她的照片：紮著辮子，八歲的愛蜜麗；手上拿著牌子，十歲的愛蜜麗；缺了門牙，在歐巴馬總統身邊微笑，十二歲的愛蜜麗。在參觀的過程中，我看到真正的愛蜜麗望著窗外對面的醫院。她幾乎可以看到醫院一隅她曾遭禁閉近一個月的加護病房。

大雨傾盆而下，雨滴落在窗戶上。

我疑惑知道自己在這個醫院裡有三個版本的她有什麼樣的感受：今天在這裡不必上學的她；在照片裡住進加護病房，差點死亡的她；和冰凍在隔壁房間小丑庫斯提冷凍櫃裡的她。

「你還記得來住院的時候嗎？」我問。

「不，」她望著窗外的雨說，「我只記得出院。」

我看著山姆病情的消長，和愛蜜麗神奇的康復，心知我也在觀察一種醫術的誕生，重新利用細胞，作為對抗疾病的工具——細胞工程。但這也是擁有百年歷史故事的重播。我們是由細胞單位所構成，我們的脆弱來自於細胞的脆弱。我們設計或操控細胞的能力（在山姆和愛蜜麗的病例中，是免疫細胞）已經成為新醫學的基礎——雖然是一種還在生產中的醫學。要是我們知道如何讓山姆的免疫細胞更有效地對抗他的黑色素瘤，而不發動自體免疫攻擊，他今天會不會還活在世上，手持螺線圈筆記本，為雜誌撰寫運動報導？

兩個新人類，細胞操控和再造的例子。在愛蜜麗的例子裡，我們對T細胞生物學法則的了解似乎足以遏止致命的疾病十餘年，並期望能終生遏止這個疾病。而在山姆的例子裡，我們似乎對於如何平衡T細胞對癌和對自體的攻擊，仍然缺少一些關鍵的洞見。

未來會帶來什麼？先讓我澄清一下：我在整本書和本書的書名中使用的「新人類」（new human）一詞，有非常明確的意義。我指的絕非科幻小說中未來的「新人類」：以人工智慧擴增智慧、機器人加強能力、配備紅外線、吞食藍色藥丸的生物，幸福地同居在真實和虛擬世界，就像穿著黑色長袍的基努・李維（Keanu Reeves）。我指的也不是被賦予超越我們現有能力的「超人類」（transhuman）。

我指的是以經過改造的細胞重建的人，看起來和感覺起來（基本上）就像你我一樣：一名患有嚴重抑鬱症的女性用電極刺激她的神經細胞（神經元）；一個年輕人用經過基因編輯的細胞進行實驗性骨髓移植，治療鐮狀細胞疾病；一個第一型糖尿病患者輸入了經過設計的自體幹細胞，產生胰島素，以維持人體的燃料血糖的正常量；一位多次心臟病發作的八旬老翁注射了一種病毒，以肝臟為家，可以永久降低阻塞動脈的膽固醇，因此降低他心臟病再次發作的風險。我指的也是家父，植入神經元或神經元刺激裝置，讓他步履能夠穩定，這樣他就不致因為摔倒而死亡。

我認為這些「新人類」——以及用來創造他們的細胞技術，比科幻小說中想像的角色更教人興奮得多。我們已經改變了這些人，用必須以無限的心力和愛精工雕琢的科學，以及巧妙到讓人難以置信的科技，來減輕他們疾病的痛苦折磨：比如用免疫細胞融合癌細胞，產生永生細胞（immortal cell）來治療癌症；或由女孩體內提取T細胞，用病毒改造，讓它變成對抗白血病的武器，然後再把它植回她的體內。幾乎在本書的每一章中，我們都會見到這些新人類。而在學習用細胞重建身體和各部位之際，我們也會在現在和未來見到他們：在咖啡廳、超市、火車站和機場；在街坊鄰里；和在我們自己的家裡。我們會在我們的堂表兄弟姊妹和祖父母、我們的父母和手足之中——說不定還在我們自己身上，見到他們。

在不到兩個世紀的時間裡——從一八三〇年代後期，科學家許萊登和許旺提出所有動植物組織都是由細胞構成的開始，到愛蜜麗康復的那個春天——一種激進的觀念席捲了生物學和醫學，幾乎觸及了這兩種科學的每一個層面，並且永遠改變了兩者。複雜的活生物體是由微小、獨立、自成一體、自我調節的單位集合而成——你可以稱它們是「活的隔間」，[4]或者如荷蘭顯微鏡學者安東尼・范・雷文霍克（Antonie van Leeuwenhoek）一六七六年所說的，是「活原子」。人類是這些活單元的生態系統。我們是由畫素構成的組合，是綜合體，我們的存在是合作聚集的結果。

我們是部分的總和。

細胞的發現，以及把人體重新建構為細胞生態系統，也宣告了為治療而操控細胞的新型醫學誕生。

髖部骨折、心臟驟停、免疫缺陷、阿茲海默失智症、愛滋病、肺炎、肺癌、腎功能衰竭、關節炎——這些問題全都可以重新理解為細胞或者細胞系統功能異常的結果。而且全都可以視作細胞療法的位點。

我們對細胞生物學的新了解所造成的醫學變革，可以大致分為四類範疇。

第一類是使用藥物、化學物質或物理刺激改變細胞的特性——它們之間的相互作用、溝通聯繫，以及它們的行為。抗生素對抗細菌，化學療法和免疫療法對抗癌症，以及用電極刺激神經元，調節大腦中的神經細胞迴路，就落在這第一類。

第二類是細胞由身體轉移到身體（包括轉移到我們自己的身體），例如輸血、骨髓移植和體外受精（IVF）。

第三類是用細胞合成一種物質——胰島素或抗體，針對疾病產生治療效果。

而在最近，還有第四類：細胞經過基因改造，然後進行移植，以創造有新特性的細胞、器官，和身體。

上面這些療法中，有一些——例如抗生素和輸血，現在治病時早已習以為常，因此我們很少會把它們視為「細胞療法」。但它們源於我們對細胞生物學的了解（我們很快就會看到，細菌學說是細胞學說的延伸）。其他的一些療法，例如癌症的免疫療法，是二十一世紀的發展。另外還有一些十分新穎的治療，例如注射經過改造的幹細胞來治療糖尿病，仍然被視為實驗性質。然而這一切——無論新舊，都是「細胞療法」，因為它們的關鍵在於我們對細胞生物學的了解。每一個進步都改變了醫學的路徑，同樣也改變了我們對於身為人類和以人類的角色生存的概念。

一九二二年，一名患有第一型糖尿病的十四歲男孩注射了由狗的胰臟細胞提取的胰島素，而由昏迷中甦醒——可以說是重獲新生。二〇一二年，愛蜜麗注射嵌合抗原受體（chimeric antigen receptor，CAR）T細胞，[5]或者十二年後，第一批鐮狀細胞貧血症患者用基因修飾的造血幹細胞存活下來，擺脫了這種疾病，我們也就由基因的世紀轉換到連續、重疊的細胞世紀。

細胞是生命的單位，但這帶來了一個更深入的問題：什麼是「生命」？這可能是我們仍在努力想要為定義我們的事物下定義的生物學形而上難題之一。生命的定義無法用一個單一的特性掌握。正如烏克蘭生物學家瑟希·索可洛夫（Serhiy Tsokolov，或者如較常見的拼法 Sergey）說的：「每一種理論、假說或觀點都根據它自己的科學興趣和前提來選擇生命的定義。在科學論述中，有數百種有效的、傳統的生命定義，但沒有任何一種能夠成為共識。」[6]（遺憾的是索可洛夫二〇〇九年在他學術生涯的顛峰去世了，他很明白這個問題的複雜，因為他對此感觸特別深。他是太空生物學家；他的研究包括尋找地球以外的生命，但如果科學家都還難以定義這個術語本身，又怎麼可能找到生命？）

就目前而言，生命的定義有點像功能表。這不是一件事，而是一系列的事，一組**行為**，一連串的過程，而不是單一的屬性。生物體要有生命，就必須具有繁殖、生長、代謝、適應刺激，和維持內環境（internal milieu）的能力。複雜的多細胞生物也擁有我可能會稱為「湧現」（emergence）的屬性：由細胞系統中出現的特性，比如保護自己免受傷害和侵襲的機制，有特定功能的器官，在器官甚至知覺和認知之間傳遞溝通的生理系統。[7]所有這些屬性最後都存在細胞或細胞系統之中，這並非巧合。[8]因此就某種意義來說，我們可以把生命定義為擁有細胞，把細胞定義為擁有生命。

這種遞迴的定義並非沒有意義。如果索可洛夫遇到了他的第一個外星生物——比如來自半人馬座阿爾法星的靈異外星人，問她／他／它是否「活著」，他可能會問這個生物是否符合滿足生命屬性的功能表。但他可能也會問這個生物：「你有細胞嗎？」我們很難想像沒有細胞的生命，就像我們無法想像沒有生命的細胞一樣。

或許這個事實勾勒出細胞故事的重要性：我們得要了解細胞，才能了解人體。我們需要它們，才能了解醫學。但最基本的是，我們需要細胞的故事，來講述生命和我們自己的故事。

究竟細胞是什麼？狹義上來說，細胞是一個自主的生命單位，作為基因的解碼器。基因提供指令——也可稱為代碼，來建造蛋白質，也就是執行細胞內幾乎所有工作的分子。蛋白質能夠造成生物反應、協調細胞內的訊號，形成其結構元素，並開關基因以調節細胞的身分、新陳代謝、生長和死亡。這些是生物的核心功能，是使生命成為可能的分子機器。*

攜帶建構蛋白質代碼的基因位於稱為去氧核糖核酸（DNA）的雙鏈螺旋分子上，這個分子在人體細胞中又被進一步包裝成像線團的結構，稱為染色體。據我們所知，DNA存在於每一個活細胞內。科

*基因提供建構核糖核酸（RNA）的代碼，而RNA又經解碼，以建構蛋白質。但除了攜帶製造蛋白質的代碼外，有些RNA還執行細胞中的各種任務，其中一些尚未破譯。在某些生物反應中，RNA還可以與蛋白質一起調節基因和功能。

學家一直在尋找用DNA以外的分子（比如RNA）來攜帶指令的細胞，但到目前為止，他們從來沒有找到用RNA攜帶指令的細胞。

我所謂的**解碼**，意思是細胞內的分子**讀取**遺傳密碼的某些部分，就像管弦樂團的樂師讀他們的樂譜——細胞的個別歌曲，因而讓基因的指令能夠在真正的蛋白質中表現出來。或者更簡單地說，基因攜帶著密碼；細胞解譯這個密碼。因此細胞把資訊轉變為形體；遺傳密碼轉變為蛋白質。基因如果沒有細胞，就沒有生命——是貯存在惰性分子中的說明書，是沒有音樂家演奏的樂譜，是沒有人入內閱讀其中書籍的孤單圖書館。細胞為基因帶來實質，讓它成為實體。細胞使得基因有了生氣。

但細胞不僅僅是基因解碼機器。透過解碼之後合成編碼在基因上的一組蛋白質，細胞成了整合的機器。細胞用這組蛋白質（以及由蛋白質製成的生化產物）聯合起來，開始協調它的功能、行為（運動、新陳代謝、訊號傳遞、向其他細胞輸送營養，檢測異物），以實現生命的特性。而這種行為反過來又是生物行為的表現。生物體的新陳代謝在於細胞的新陳代謝，生物體的繁殖在於細胞的繁殖。生物體的修復、生存，和死亡都來自於細胞的修復、生存，和死亡。器官或生物體的行為在於細胞的行為。生物體的生命來自於細胞的生命。

而最後，細胞是分裂機器。細胞內的分子——又是蛋白質，啟動了複製基因體的過程。細胞內部的組織起了變化，細胞遺傳物質所在的染色體分裂了。細胞分裂驅動了生長、修復、再生，以及最後的繁殖等基本功能，定義了生命的特性。

我這輩子都在研究細胞。我每一次在顯微鏡下看到細胞——輝煌、閃耀、活潑有力，都勾起了我頭一次看到細胞時的激動。一九九三年秋，一個週五下午，大約在我以免疫學研究生的身分抵達牛津大學亞蘭．湯森（Alain Townsend）實驗室後一週，我把一隻老鼠的脾臟磨碎，把帶血的汁液塗在含有刺激T細胞因子的培養皿上。週末過去，等到週一早上，我打開顯微鏡。房間燈光很暗，不需要拉下窗簾——牛津市總是燈光昏暗（如果萬里無雲的義大利是為望遠鏡而生的國度，那麼霧濛濛暗昏昏的英格蘭似乎是為顯微鏡而量身定做）——我把玻璃片放在顯微鏡下。在組織培養基下費力前進的是大量半透明腰子形的T細胞，具有我只能描述為內在光芒和明亮飽滿的特徵——健康活潑細胞的標誌。（細胞死亡時光芒暗淡，它們會萎縮並變成顆粒狀，或用細胞生物學的術語來說，叫作「固縮」〔pyknotic〕。）

「就像回望著我的眼睛，」我向自己低語。接著教我吃驚的是，T細胞**移動**了——刻意地、蓄意地尋找受感染的細胞，讓它可以清除並殺死。它是活的。

幾年後我看到在人體內展開的細胞革命，更是扣人心弦——教我心醉神馳。我頭一次在賓州大學演講廳外日光燈映照的走廊上見到愛蜜麗，感覺就彷彿她讓我進入了連接未來和過去的門戶。我最先接受要作免疫學者的訓練，接著是幹細胞學者，在我最後成為腫瘤內科醫師之前，我是癌症生物學者。*愛蜜麗象徵了所有這些過去的生命——不只是我的，更重要的是成千上萬研究人員的生命和工作，他們耗

*一九九六至一九九九年間，在我與哈佛醫學院的康妮．塞普柯（Connie Cepko）教授合作，研究視網膜的發育之時，我甚至還短暫地涉獵了神經生物學。早在膠質細胞在神經生物學蔚為風潮之前，我就已經對它們作過研究。發育生物學和遺傳學專家塞普柯教我譜系追蹤（lineage tracing）的科學和藝術，我們會在本書稍後見到這種方法。

費了無數的日夜，低頭看著成千上萬的顯微鏡。她象徵我們想要到達細胞發光的明亮中心，了解它無窮無盡迷人奧祕的欲望。她也象徵著我們以對細胞生理學的解譯為基礎，對見證新醫學——細胞療法的誕生，所懷抱的焦灼期待。

相反地，我在朋友山姆的病房裡見到他，眼看著病情的緩解和復發週復一週地折磨他，我體會到的是一股寒意——不是興奮，而是對於還有多少尚未學習、還不了解的恐懼。身為腫瘤學者，我的重心放在反常的細胞；侵占了它們原本不應存在的空間的細胞；因為失控而不斷分裂的細胞。這些細胞扭曲並推翻了我在這本書中描述的種種行為。我試圖了解為什麼，以及怎麼會發生這樣的情況。你可以把我想成是陷入顛倒世界的細胞生物學者，因此細胞的故事就是縫製在我的科學生命和個人生活布料上的故事。

我由二〇二〇年的頭幾個月起開始埋頭苦寫本書，直到二〇二二年，新冠疫情在全球持續延燒。我所屬的醫院、我的第二故鄉紐約，和我的家鄉，全都是病人和死者的遺體。到二〇二〇年二月，我就職的哥倫比亞大學醫學中心加護病房的床位全都是淹沒在自己分泌物中的病人，靠著呼吸器機械式地讓空氣進出他們的肺臟。二〇二〇年初春尤其淒慘：紐約這個大都會面目全非，大街小巷被風吹得空空蕩蕩，人們互相躲避。印度最致命的病例激增在將近一年後的二〇二一年四月和五月，屍體在停車場、後巷、貧民窟和兒童遊樂場焚燒。火葬場的烈燄燃燒得頻繁而猛烈，使得焚化爐裡承載屍體的金屬網格腐蝕融化。

起初我坐在醫院的診室裡，接著當癌症診所本身也被削減到最低限度的人手之後，我與家人一起居家隔離。我凝視著窗外的地平線，再次想到了細胞。免疫和它的不滿足。耶魯大學病毒學家岩崎明子告訴我，由 SARS-CoV2（嚴重急性呼吸道症候群冠狀病毒2型）所造成的中心病理是「免疫失調」

（immunological misfiring）——即免疫細胞功能異常。[9]我以前連這個詞都沒有聽說過，但它的巨大喚醒了我：這次的疫情本質上來看，也是一種細胞疾病。是的，確實有病毒，但沒有細胞，病毒就是惰性的，沒有生命。我們的細胞喚醒了瘟疫，並使它復活。要了解這個病情的關鍵特徵，我們不僅需要了解病毒的特質，也需要知道免疫細胞的生物學，和它不滿足的緣由。

於是，有一陣子，我思想和存在的每一條小路和大道都把我帶回細胞。我不確定這本書有多少是我構思出來的，有多少是它要求要我寫的。

在《萬病之王》（*The Emperor of All Maladies*）中，我寫到尋求治療或預防癌症的痛苦追尋，《基因》（*The Gene*）一書則是由破解生命密碼的追求而推動寫作。《細胞之歌》帶我們踏上截然不同的旅程：以生命最簡單的單位——細胞，來理解生命。本書談的並不是尋找治療方法或破譯密碼，書中沒有單一的對手。書裡主要的人物想要藉由了解細胞的結構、生理、行為及與周圍的細胞的相互作用來了解生命。這是細胞的音樂。他們的醫學探索是尋求細胞療法，用人類的基礎材料來重建和修復人類。

於是，與其讓本書按時間順序展開，我得選擇一個截然不同的結構。本書的每一部分都是針對複雜生物的一個基本屬性，探索它的故事。每個部分都是一段迷你歷史，是發現的年表。每一部分都說明存在特定細胞體系的一個生命的基本屬性（繁殖、自主、新陳代謝），而且都包含新細胞技術的誕生（比如骨髓移植、體外受精、基因治療、深層腦部刺激〔deep brain stimulation〕、免疫療法），它們都源自於我們對細胞的理解，挑戰我們對人類是如何構成和我們如何運作的觀念。本書本身就是幾個部分的總和：歷史和個人史、生理學和病理學、過去和未來——以及我自己擔任細胞生物學者和醫師成長經歷的個人大事記，編織在一起，成為一個整體，這個組織可以說像細胞一樣。

二〇一九年冬，我開始寫作本書的計畫。最初我想把此書獻給魯道夫・魏修。[10]這位行事低調、思想先進、輕聲細語的德國醫師兼科學家深深吸引我，他抗拒當時病態的社會力量，提倡自由思想，是公共衛生的鬥士，鄙視種族主義，自行創辦期刊出版，藉著醫學開闢了一條獨特而自信的道路，並且基於對細胞功能失調的了解，啟動了對器官和組織疾病研究的認識——也就是他所說的「細胞病理學」。[11]

但最後，我回到了一位病患，一位正在接受新形態的免疫療法治療癌症的朋友，以及愛蜜麗・懷海德——這些病人為我們對細胞和細胞療法的了解取得了新的進展。他們最早體驗我們的初步嘗試：要駕馭細胞用於治療人類，並把細胞病理學轉化為細胞醫學——有一部分成功，有一部分失敗。本書要獻給他們，和他們的細胞。

第一部

發現

我們倆，你和我，都始於單一的細胞。

我們的基因有所不同，儘管差異很小。我們身體發育的方式不同。我們的皮膚、頭髮、骨骼和大腦的構造各不相同。我們的生活經歷有很大的差異。我的兩個叔叔因精神疾病而去世，我的父親因跌倒而致命，我有一個膝蓋罹患關節炎，我有一個朋友——有許多朋友都因癌症而死亡。

然而，儘管我們的身體和經歷之間存在巨大的差距，你和我卻有兩個共同之處。首先，我們都來自單細胞胚胎；其次，從那個細胞產生了多個細胞——那些遍布你我身體的細胞。我們由相同的物質單位構成，就像由相同原子構成兩個不同的物質塊。

我們是由什麼構成的？有些古人認為我們是由凝結在體內的經血構成，有些則認為我們是預製成形：隨著時間推移而膨脹的迷你生物，就像準備遊行而充氣的人形氣球。有的人認為人是用爛泥和河水雕塑而成，也有的人認為我們在子宮裡逐漸轉變，由蝌蚪狀的生物到魚嘴生物，最後變成人類。

但若你用顯微鏡觀察你我的皮膚，或者你我的肝臟，就會發現它們驚人地相似。你會明白：實際上，我們全都是由活的單位——細胞所構成的。第一個細胞產生更多的細胞，然後分裂以形成更多的細胞，直到逐漸形成我們的肝臟、腸道和大腦——身體中所有精細的解剖構造。

我們什麼時候明白人類其實是獨立的活單元的綜合體？或者了解這些單元是身體能夠發揮所有功能的基礎——換句話說，我們的生理學最終取決於細胞的生理學？而反過來說，我們什麼時候認定我們的醫學命運與未來和這些活單元的變化息息相關？了解我們的疾病是細胞病理的結果？

我們首先要談的，正是這些問題——夾雜在其中的，還包括一個發現的故事，它涉及並徹底改變了生物學、醫學和我們對人類的見解。

最早的細胞：一個看不見的世界

真正的知識是明白自己的無知。[1]

——魏修，大約在一八三〇年代寫給他父親的信

首先讓我們感謝魏修輕柔的聲音。[2]魏修於一八二一年十月十三日在普魯士波美拉尼亞（Pomerania，現在分裂為波蘭和德國）誕生。他的父親卡爾（Carl）是農民，兼任市府財務主管。我們對他的母親喬安娜・魏修（Johanna Virchow，本姓海斯 Hesse）所知甚少。小魏修是勤奮聰明的學生——喜歡思考、專心、很有語言天分。他學會德文、法文、阿拉伯文和拉丁文，課業表現優異。

十八歲那年，他寫了高中論文〈工作和辛勞的人生不是負擔而是降福〉，並開始為職業生涯作準備。他想擔任牧師，向信眾傳道，但卻因自己的聲音太小而惴惴不安。信念源於啟發的力量，而啟發來自演講的力量。但如果他在講壇上講道，卻沒有人**聽得到**他的聲音，該怎麼辦？對一個孤僻、好學、說話斯文溫和的男孩，醫學和科學似乎是更寬容的職業。一八三九年魏修高中畢業，獲得軍方獎學金，決定赴柏林的腓特烈－威廉學院（Friedrich-Wilhelms Institute）習醫。

魏修在十九世紀中期所置身的醫學世界可能已分為兩半——解剖學和病理學，其中一個較為先進，另一個仍處於混亂狀態。在十六世紀，解剖學家開始越來越精確地描述人體的形態和結構。最著名的解剖學家是法蘭德斯（今比利時）科學家安德烈亞斯．維薩留斯（Andreas Vesalius），義大利帕多瓦（Padua）大學教授。[3]維薩留斯是藥劑師之子，他於一五三三年抵達巴黎，學習並接受外科手術的訓練。他發現外科解剖學根本就是一團混亂，沒有多少教科書，也欠缺有系統的人體圖。大部分外科醫師和他們的學生只是依照生卒於公元一二九至二一六年間的羅馬醫師蓋倫（Galen）的解剖教學。蓋倫的人體解剖學論文時代久遠，是以動物研究為基礎，非但嚴重過時，而且說實話，往往不正確。

腐爛的人類屍體在巴黎主宮（Hôtel-Dieu）醫院的地下室解剖，這個空間不僅骯髒、不通風、光線昏暗，還有流浪狗在輪床下遊蕩，啃食滴在地上的殘渣，一如「肉品市場」；維薩留斯這麼描述當時的解剖室。他寫道，教授坐在「高高的椅子上，〔並且〕像寒鴉一樣咯咯叫」，助教隨意切砍和拖曳屍體，切除器官和部位，就像由填充玩具中拔出棉花一樣。[4]

「醫師甚至不動手切割，」維薩留斯尖刻地寫道，「而把開刀的工作交給那些理髮師，然而他們太無知，根本不了解教授的解剖學著作。……他們只是聽從醫師的指令，把要展示的東西砍下來，而從未親自動手切割過的醫師，只是在一旁指手畫腳——而且還非常傲慢。因此所有的學問都教錯了，日子就在愚蠢的爭論中流逝。在那樣的騷亂中，放在觀眾面前的事實還不如屠夫在肉品市場能教給醫師的多。」他嚴厲地總結道：「除了血肉模糊而且順序錯誤的八塊腹部肌肉之外，沒有人展示任何一塊肌肉給我看，也沒有任何骨骼，更不用說連續的神經、靜脈和動脈了。」

維薩留斯既沮喪又困惑，他決定自行繪製人體構造圖。[5]他突襲醫院附近的停屍間，有時一天兩次，把標本拖回他的實驗室。在聖嬰公墓（Cemetery of the Innocents）裡的墳墓通常是露天的，遺體腐化之後只剩下骨頭，可提供保存完好的標本，供他繪製骨骼圖。維薩留斯行經隼山（Montfaucon），這裡是巴黎巨大的三層絞刑架設置之處，他看到吊在絞架上的囚犯屍體，於是悄悄地偷走剛吊死的屍體，他們的肌肉、內臟和神經都完好無損，可以讓他一層層地剝開，畫出器官的位置。

維薩留斯在接下來的十年裡所繪製的複雜圖畫改變了人體解剖學。偶爾他會把大腦橫切切開，就像一刀切到底的西瓜，繪出如現代電腦斷層掃描（CAT）產生的那種圖像。也有時候，他會把血管覆蓋在肌肉上方，或切開肌肉變成皮瓣，就像一系列解剖窗，讓人可以想像穿過去的情況，顯露表層和它們下面的層次。

他可能會畫出視角由下往上的人體腹部，就像十五世紀義大利畫家安德烈亞・曼特尼亞（Andrea Mantegna）在〈悲悼基督〉（The Lamentation of Christ）中的視角，並把圖片切成薄片，就像磁振造影（MRI）掃描可能看到的方式。他與畫家兼印刷商人詹・范・卡爾克（Jan van Kalkar）合作，製作當時最詳細和最精緻的人體解剖圖。一五四三年，他出版了七卷解剖學著作，名為De Humani Corporis Fabrica（《人體結構》，*The Fabric of the Human Body*）。[6]書名中的Fabric（布料、織物、結構）一字是它質地和用途的線索：把人體當作物質材料而非神祕的事物來對待；是由結構而非性靈精神組成。這部作品半是醫學教科書，有近七百幅插圖，但也有一部分是科學論文，附有奠定未來幾個世紀人體解剖研究基礎的圖表。

巧合的是，這本書發表的同一年，[7]波蘭天文學家尼古拉・哥白尼（Nicolaus Copernicus）也推出他的「天體解剖學」，畫時代的著作《天體運行論》（*On the Revolutions of Heavenly Spheres*），其中有

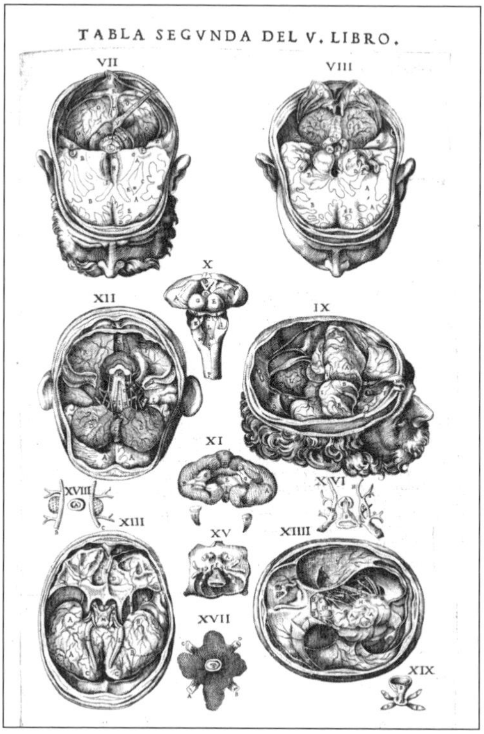

維薩留斯所著《人體結構》（一五四三年出版）中的一幅插圖顯示他漸進切割解剖結構面的方法，以強調其上方和下方次結構之間的關係——類似現代電腦斷層掃描看到的結果。像《人體結構》（由詹·范·卡爾克繪製插圖）這樣的書徹底改變了人體解剖學的研究，但一直到一八三〇年代，坊間還沒有比較全面的生理學或病理學的教科書。

一張以太陽為中心的太陽系圖，把地球放在軌道上，太陽則穩穩地位於其中心。

維薩留斯把人體解剖學置於醫學的中心。

但就在研究人體結構元素的解剖學日新月異的同時，病理學——研究人類疾病及其原因的學問，卻沒有這樣的中心。這是個沒有地圖的潰散宇宙，既沒有可與生理學相比擬的病理學書籍，也沒有解釋疾病的共同理論——既缺乏啟示，也沒有革命性的巨變。在十六、十七世紀期間，大部分的疾病都被歸咎於瘴氣（miasmas）：由汙水或受汙染的空氣中散發出的有毒蒸氣。瘴氣帶著稱為 miasmata 的腐爛物質粒子，以某種方式進入人體，使其腐爛。（如瘧疾這種病的名字 malaria 仍然帶著那段歷史，這個病名是把義大利文的 mala 和 aria 合在一起，造成「壞空氣」。）

因此，早期的健康改革者把重心放在改進消毒和公共衛生，以預防和治療疾病。他們挖掘汙水系統以排除垃圾，或在家庭和工廠開設通風管道，以防止傳染性的瘴氣霧塵在室內累積。這種理論似乎來自於不容置疑的邏輯：許多城市因為經歷快速工業化，無法應付工人和他們家人大量湧入，於是成為霧塵和汙水的惡臭地區，而疾病似乎緊跟著氣味最難聞、人口最多的地區而至。一波又一波霍亂和斑疹傷寒的流行浪潮席捲了倫敦較貧窮及鄰近地區，比如東區（如今成為耀眼的商店和餐廳，販售高級亞麻圍裙和昂貴的單一酒廠琴酒）。梅毒和結核病猖獗。分娩教人心驚肉跳，結果很可能不是出生而是死亡——嬰兒、母親，或兩者都喪命。在城市較富裕的地區，空氣清新，汙水適當地排除，居民普遍健康，而住在瘴氣瀰漫地區的窮人，則免不了生病。如果清潔是健康的祕訣，那麼疾病必然是不潔或汙染的結果。

但儘管煙霧汙染和瘴氣的概念似乎有點道理——而且也為在城市中進一步分隔貧富區提供了完美的理由，但對病理學的認識依舊充滿了教人費解的謎。例如為什麼在奧地利維也納某一家產科診所分娩的婦女，產後死亡率幾乎是在鄰近診所分娩婦女的三倍？[8]不孕是什麼原因造成的？為什麼一個身強力壯的年輕人會突然得到以最劇烈的疼痛折磨他關節的疾病？

在整個十八和十九世紀，醫師和科學家都在尋找一種有系統的方法來解釋人類的疾病。但他們頂多只能靠著大體解剖得到難以教人滿意的空洞解釋：每一種疾病都是一個器官的功能障礙。肝臟、胃、脾臟。有沒有更深入的組織原則連結這些器官，以及它們教人費解和神祕的功能失調？我們有沒有可能以系統化的方式思考人類病理學？說不定答案無法在肉眼可視的解剖學裡找到，而是在顯微解剖學中。事實上，十八世紀化學家已經藉由觸類旁通，開始發現物質的特性——氫氣的可燃性或水的流動性，是源自於構成它們的不可見粒子、分子和原子顯現的特性。生物學可能有類似的組織嗎？

魏修赴柏林腓特烈－威廉醫學院入學時年僅十八歲。[9]這個醫學院的設計是要為普魯士軍隊培養醫務人員，因此它的工作倫理也很軍事化：學生每週白天要上六十小時的課，晚上則要背誦課業。（在佩皮尼耶〔Pépinière〕外科研究所，高階軍醫經常會「突襲查堂」，只要發現有一個學生缺課，全班都要連坐處罰。[10]）他沮喪地寫信給他父親，「從早上六點一直到晚上十一點，天天如此，只有週日除外……這個過程教你疲憊不堪，到了晚上恨不得馬上躺上那張硬梆梆的床——然而你在床上只能半睡半醒，等到早上醒來時，幾乎和先前一樣累。」[11]他們每天吃配給定量的肉、馬鈴薯，和稀薄的湯，住在狹小、隔絕、單獨的房間裡，單人的牢房。

魏修死記硬背所學到的知識。解剖學教授的方式還算適當：自維薩留斯時代以來，經過幾世代活體解剖者的研究和數千次的屍體解剖，人體的整體認識已經漸趨完善。但病理學和生理學卻還缺乏基本的理性思維，為什麼器官能發揮作用，它們做了什麼，以及它們為什麼會發生功能障礙，都純粹是出於猜測——就像奉軍令一樣變成事實。病理學家早就分為各種學派，對疾病的起源各有不同的主張：瘴氣論者認為疾病源自受汙染的氣體；蓋倫派認為疾病是稱為「體液」（humors）的四種液體和半流體病態的失衡；「精神派」（psychists）認為疾病是心理過程受挫折的表現。在魏修開始習醫時，這些理論大半都含糊不清或已不復存在。

一八四三年，魏修完成了他的醫學課程，並加入柏林的夏里特（Charité）醫院，與病理學家、顯微鏡學家和醫院病理標本的負責人羅伯特·佛里歐瑞普（Robert Friorep）密切合作。魏修從先前就學時僵化的知識獲得解脫，渴望找到有系統的方法以了解人體生理學和病理學。他深入研究了病理學的歷史。「了解〔顯微病理學〕有迫切而深遠的需要，」他寫道——但他覺得這門學科已經偏離了軌道。[12]說不定顯微鏡學家是對的：也許這種系統化的答案無法在可見的世界上找到。要是心臟衰竭或肝硬化只是附帶呈顯的現象——是因肉眼看不見，更深層次潛在功能失調而出現的特性呢？

魏修仔細地研究過去，發現在他之前就曾有醫界先驅想像過這個看不見的世界。自從十七世紀晚期，就有學者發現植物和動物組織全都是由稱為細胞的單一生命結構所構成。這些細胞有沒有可能位於生理學和病理學的核心？果真如此，它們從哪裡來，作用又是什麼？

「真正的知識是明白自己的無知，」一八三〇年代魏修還是醫學院學生時，曾在寫給父親的信中這麼說。「我感到自己知識上的缺口有多麼大，教我多麼痛苦。就是為了這個原因，我才不停頓在任何科學分支上……。我還是有很多不確定和猶豫不決之處。」在醫學上，魏修終於找到了立足點，他靈魂的不安和痛苦彷彿得到了慰藉。「我是我自己的顧問，」他在一八四七年滿懷信心地寫道。[13]要是細胞病理學不存在，他就要從頭開始打造這個領域。他已有成熟的醫術，對醫學史也有了透澈的了解，終於可以站穩腳跟，填補這個缺口。

看得見的細胞：關於小動物的虛構故事

在部分的總和裡，仍然只有部分，
世界必須用眼睛來衡量。

——華勒斯．史蒂文斯

「世界必須用眼睛來衡量。」

現代遺傳學源於農作：出身摩拉維亞地方的葛瑞格．孟德爾（Gregor Mendel）在他位於布爾諾（Brno）的修道院花園裡，用畫筆為豌豆異花授粉，因而發現了基因。[1]俄羅斯遺傳學家尼古拉．瓦維洛夫（Nicolai Vavilov）由於作物的選擇而受到啟發。[2]甚至連英國博物學家查爾斯．達爾文都注意到因選擇性育種而造成動物形態的極端變化。[3]而細胞生物學也是源於一種平實低調的實用技術，這門高深複雜的科學來自於平凡的擺弄拼湊。

細胞生物學只不過是觀看之道：用眼睛來測量、觀察，和剖析世界。十七世紀初，荷蘭配鏡師漢斯和薩卡里亞斯．簡森（Hans and Zacharias Janssen）父子在一個管子的上下兩端放置了兩片放大鏡片，結果發現它們可以放大一個隱形的世界。[4]＊有兩片鏡片的顯微鏡最後稱為「複式（compound）顯微鏡」，而只有一片鏡片的則稱為「單式（simple）顯微鏡」；兩者都是依賴幾個世紀以來由阿拉伯和希臘世界傳到義大利和荷蘭玻璃工作坊的現代玻璃吹製創新工藝。在公元前二世紀，作家阿里斯托芬（Aristophanes）描述了「燃燒的球體」：在市場上販售的玻璃球，用來集中和引導光束的小玩意；如果透過燃燒的玻璃球細看，你可能就會看到那個放大的迷你宇宙。如果把那個燃燒的球體拉製成眼睛大小的鏡片，就成為單片眼鏡——據說這是義大利玻璃製造商阿瑪提（Amati）在十一世紀發明的。如果把這眼鏡裝上把手，就成了放大鏡。

簡森父子所引進的關鍵創新，是把吹製玻璃的技巧和在支架板上移動玻璃片的設計融合在一起。藉著在金屬板或管子上組裝一或兩片十分清晰的透鏡形玻璃，配合滑動它們的螺絲和齒輪系統，科學家很快就會找到路徑，進入看不見的微小世界——這是先前人類一無所知的整個宇宙，是透過望遠鏡觀察到宏觀宇宙的對立面。

一位行事隱密的荷蘭商人藉著自學，看到了這個隱形的世界。一六七〇年代，台夫特（Delft）的布

＊有些歷史學家認為，簡森父子的競爭對手——眼鏡製造商漢斯・利波希（Hans Lipperhey）和柯內利斯・杜萊波（Cornelis Drebbel），各自獨立發明了複式顯微鏡。這些發明的日期都還有爭議，但很可能發生在一五九〇年代到一六二〇年代。[5]

商雷文霍克需要一種工具，以便檢驗線的品質和完整。十七世紀的荷蘭是欣欣向榮的布料貿易中心——絲綢、天鵝絨、羊毛、亞麻和棉花成包成捆地由港口和殖民地運來，經由荷蘭，進入整個歐陸交易。[6]雷文霍克以簡森父子的設計為基礎，用固定在黃銅板上的單一鏡片和用來放置標本的微小載物台，自製了一台單式顯微鏡。起先他用它來為布料的品質分級，但他對自己手製工具的興趣濃厚，很快就欲罷不能——他把鏡片用來觀察他所能找到的任何物體。

一六七五年五月二十六日，一場暴雨淹沒台夫特市。當時四十二歲的雷文霍克由他家屋頂的排水管裡收集了一些雨水，靜置一天，然後滴了一滴在他所製的顯微鏡下，迎向光線

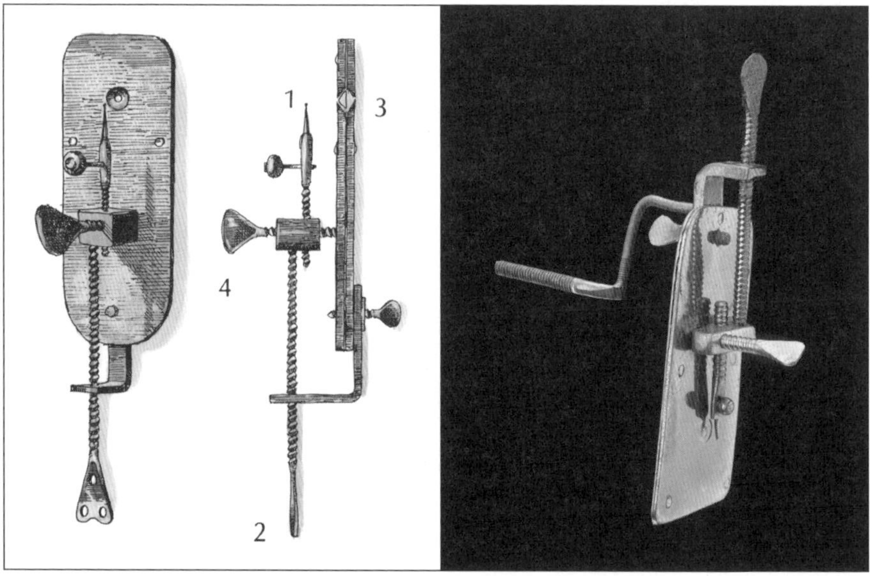

(a)　(b)

(a) 雷文霍克早期製作的顯微鏡示意圖，顯示 (1) 樣品針，(2) 主螺絲，(3) 鏡片，以及 (4) 視焦調整旋鈕。
(b) 雷文霍克實際製作的顯微鏡之一，裝在黃銅板上。

觀察，他頓時著了迷。[7]他認識的人中，沒有一個見過類似的情景。水裡有幾十種微小的生物體在翻騰——他稱它們為「微動物」（animalcules）。人們已經用望遠鏡看到了宏觀的世界——藍色的月亮、氣態的金星、有環的土星，上面有紅斑的火星，但沒有人提過在一滴雨水中竟有活生生世界的奇妙宇宙。「這是我在自然界中發現的所有奇蹟中最奇妙的一個，」他在一六七六年寫道，「在我所見過的景象中，再沒有比在一滴水中有成千上萬生物的奇觀，帶給我更大的樂趣。」[8]＊

雷文霍克想要看更多這樣的奇景，想要製造更精良的儀器來觀察這教人心醉的新生物宇宙，所以他買了最高品質的威尼斯玻璃珠和小球，然後費力地研磨拋光，製成完美的透鏡形狀（我們現在知道，他的一些鏡片是在火焰上把一根玻璃棒拉成細針，打破末端，讓針頭「冒泡」，變成透鏡狀的小球體）。他把這些鏡片放在由黃銅、銀，或金製成的薄金屬板上，每一個都有越來越複雜的微小支架和螺絲釘系統，以便上下移動儀器的零件，取得完美的焦點。他製作了約五百個這樣的儀器，每一個都是一再調整、精益求精的傑作。

在其他水的樣品中，是否也有這樣的生物存在？雷文霍克請了一個去海邊旅行的人為他用「乾淨的玻璃瓶」帶回海水樣本。他在其中再度發現微小的單細胞生物——「老鼠顏色的身體，橢圓的那端呈透明狀」[9]，在水裡游泳。最後，在一六七六年，他把他的發現記錄下來，並送到當時威望最高的科學協會。

＊早在一六七四年，雷文霍克就已觀察到極其微小單細胞生物的存在，但在他一六七六年寫給皇家學會的信中，對積水中這種生物體的描述最生動。

他寫信給倫敦皇家學會（Royal Society of London）說，「一六七五年，我發現雨水裡的生物，這些雨水在新陶瓶中才放了不到幾天。……當這些微動物或活原子確實開始動時，它們伸出兩隻角，不斷地移動自己。……身體其他的部分是圓的，到了末端變得尖一點，在那裡生出尾巴，幾乎是體長的四倍。」[10]

寫完上面這一段文字後，我也同樣心醉神馳，嚮往看到這樣的情景。處在疫情中期，懸在停滯狀態的我乾脆打造自己的顯微鏡，或至少是我所能創造最接近的版本。我訂購了一塊金屬板和一個旋鈕，鑽了一個孔，然後把我能買到最好的細小鏡片裝在金屬板上。它和現代顯微鏡的相似程度，就像牛車和太空船相像的程度一樣。我丟棄了幾十個雛型，直到終於做出一個可能可以用的樣本。在一個晴朗的下午，我把水窪裡的一滴死水放在夾針上，並把這儀器舉向陽光。

什麼都沒有。只有朦朧的形體，就如幽靈世界的影子，掠過我的視野。一片模糊。失望的我輕輕地調整調焦旋鈕，就如雷文霍克會做的那樣。期待讓我從心底感覺到螺絲的每一轉，就彷彿旋鈕在我的脊椎上一步步向上爬。突然之間，我看見了。水滴清晰地映入眼簾，然後是在它之中的一整個世界。一隻變形蟲的身影閃過鏡頭，我看到我叫不出名字來的生物體，然後是一個螺旋生物。圓圓的，正在移動的一團，由我所見過最美麗、最柔軟的一圈細絲包圍。我目不轉睛。**細胞**。

一六七七年，雷文霍克用他的精液和一名淋病患者的樣本觀察人類精子，[11]「一種生殖器微動物」，他發現它們「像在水中游動的蛇或鰻魚一樣移動」。[12]儘管這位布商充滿了熱情和生產力，但祕而不宣的作風卻馳名遠近，不情願讓其他觀察者或科學家檢視他的儀器。這種不信任是互相的，因為科學家對他也往往不屑一顧。皇家學會祕書長亨利．奧登柏格（Henry Oldenburg）請求雷文霍克「讓我們

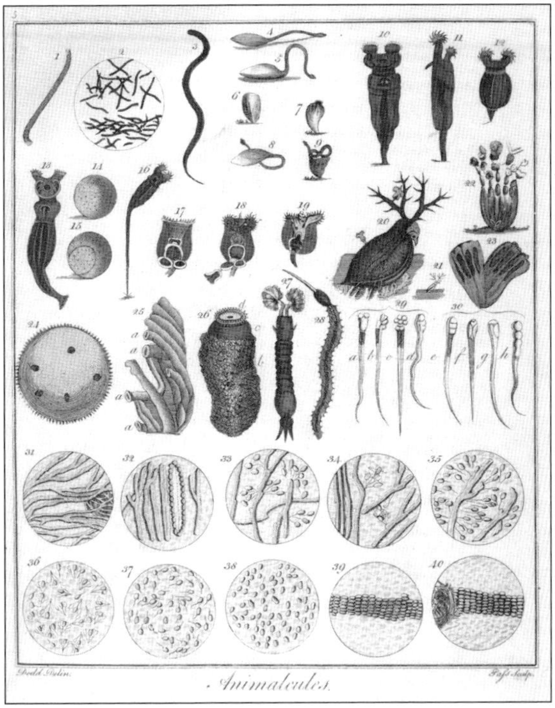

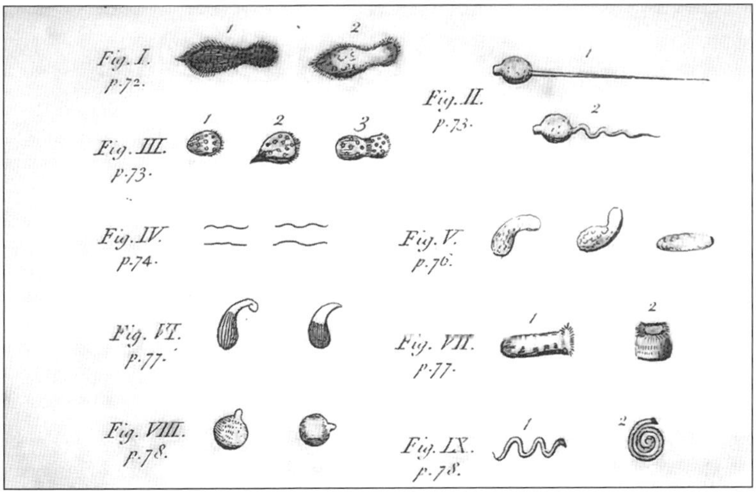

雷文霍克透過他的單鏡片顯微鏡觀察到的一些「微動物」。請注意，下圖中的圖 II 可能是人類的精子或帶有鞭毛尾巴的細菌。

了解他的觀察方法，以便其他人可以證實這些「觀察結果」，[13]並請他提供圖和驗證的資料，因為在雷文霍克寄給學會的大約兩百封信中，只有將近一半提供了證據，或用了被認為適合公開發表的科學方法。但雷文霍克卻只願提供他所用儀器或方法的模糊細節。正如科學史家史蒂芬．夏平（Steven Shapin）所寫的，雷文霍克「既不是哲學家，也不是醫學家或紳士。他沒上過大學，不懂拉丁文、法文，或英文。……他〔關於水中存有大量微生物〕說法的可信度教人懷疑，而他的身分對提高這些說法的可信度也無濟於事。」[14]

有時候，他似乎對自己守口如瓶、謹慎自持的業餘身分頗為自得——一個哄騙朋友把海水裝在玻璃瓶裡帶給他的布商。要相信這個賣布料的人竟能成為顯微鏡專家，提出了新的微生物宇宙，顛覆了生物學的視野，就得相信他所召集的烏合之眾——八名台夫特居民的證詞。他們發誓確實可以透過他的儀器觀察到「游泳的動物」。這種靠著發誓而得來的科學使雷文霍克的聲譽受損。[15]他既猜疑又惱怒，更進一步退縮到似乎只有他一人可以看見的微小世界。他在一七一六年憤憤不平地寫道：「我的研究已經做了很長的時間，不是為了獲得我現在享有的讚譽，而主要是來自對知識的渴望，我注意到這種渴望在我身上比在大多數其他人身上都多。」[16]

他彷彿被自己的顯微鏡吞噬了，聲望縮水了，很快地他就幾乎隱形了，變小了，遭到遺忘。

一六六五年，在雷文霍克發信描述水中的微動物之前近十年，英國科學家和博學者羅伯特．虎克（Robert Hooke）也看到了細胞——雖然不是活的，而且也不像雷文霍克的微動物細胞那樣多樣化。[17]

虎克身為科學家，資格或許正好與雷文霍克相對。他在牛津大學瓦德漢學院（Wadham College）接受教育，才華洋溢，穿梭在不同的科學世界，而且隨著他的移動，囊括了整個領域。虎克不僅僅是物理學家，同時也是建築師、數學家、望遠鏡專家、科學插畫家和顯微鏡專家。

他那個時代大多數都是紳士科學家——出身富裕，能夠在不必擔心收入的情況下思索自然科學，但虎克不同，他來自一個窮困的英格蘭家庭，靠著獎學金在牛津大學求學，是知名物理學家羅伯特·波以耳（Robert Boyle）的門生。儘管他身為波以耳的下屬，但到一六六二年，他依舊確立了自己的地位，成為很有影響力的獨立思想家，並在「皇家學會」找到工作，擔任實驗主任。

虎克的智慧散放著光芒，充滿彈性，就像伸展時熠熠發光的橡皮筋。他鑽研各種學科，然後擴大膨脹，就像內在的光一樣照亮它們。他寫了大量關於力學、光學，和材料科學的文章。一六六六年九月，大火肆虐倫敦長達五天，[18]摧毀了這座城市的五分之四，虎克協助備受敬重的建築師克里斯多福·雷恩（Christopher Wren）測量和重建建築物。他還建造了一個強大的新望遠鏡，可以透過它看到火星表面，另外他還研究化石，並作分類。

一六六〇年代初，虎克展開一系列的顯微鏡研究。他用的是複式顯微鏡，與雷文霍克的發明不同。兩片細磨的玻璃鏡片放在一根可以移動的管子兩端，然後把管子裝滿水，藉以提高透明度。他寫道：「如果……一個物體放在很近的地方，透過管子看，就能放大，並且比任何偉大的顯微鏡都能使物體更清晰。但由於這些東西雖然〔非常〕容易製造，但使用起來非常麻煩，因為它們很小，而且距離目標物很近；因此為了防止這兩個因素，而且也只有兩個折射，所以我用了一根黃銅管。」[19]

一六六五年一月，虎克出書詳述他的實驗，和用顯微鏡的觀察所得，題為《顯微圖誌：或用放大鏡觀察的微小群體生理描述，並附相關評論和問題》（*Micrographia: Or Some Physiological Descriptions of Minute Bodies Made with Magnifying Glasses with Observations and Inquiries Thereupon*）。這本書成了當年爆紅的黑馬——「這是我這輩子讀過最有創意的書，」日記作家山繆．皮普斯（Samuel Pepys）寫道。[20]這些微小生物群體的圖畫——先前從來沒有放大到這樣的程度，教讀者大感驚奇，為之著迷。在數十幅鉅細靡遺的插圖中，包括了一隻巨大跳蚤的圖像；龐大蝨子的圖片——這隻寄生蟲古怪的嘴部占了八分之一頁；還有一隻家蠅的複眼，有數百個眼面，就像微小的多面枝形吊燈。[21]「蒼蠅之眼……看起來幾乎就像格子架一樣，」他寫道。[22]虎克用白蘭地灌醉一隻螞蟻，好描繪它觸角的詳細影像。[23]但隱藏在這些寄生蟲和害蟲圖像中的，還有一個相對平淡無奇的圖，在未來卻悄悄地撼動了生物學的根本。這是虎克放在顯微鏡下一支植物莖的橫切面——一片薄薄的軟木片。

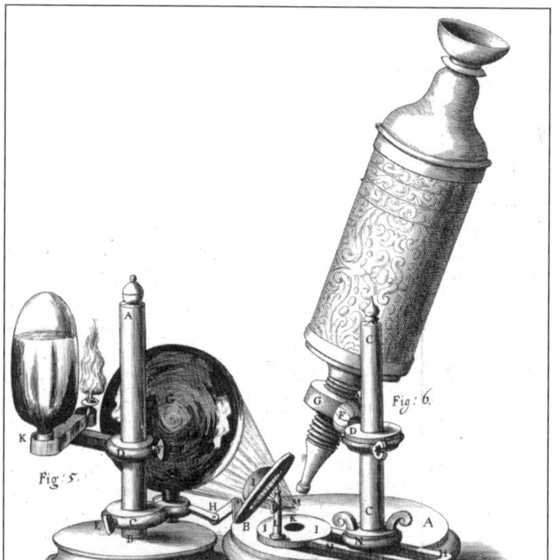

虎克所使用的複式雙透鏡顯微鏡。注意安裝了兩片鏡片的黃銅管，用火焰和一連串的鏡子作為固定的光源，還有放置在管子底部的樣本。

虎克發現這片軟木不僅僅是一片平凡、單調的材料。他在《顯微圖誌》說明道：「我拿了一塊乾淨的軟木，用磨得像剃刀一樣鋒利的小刀切下一塊，因此它的表面非常光滑。然後我用顯微鏡非常仔細地檢視它，我想我能感覺到它有一些氣孔。」[24]這些氣孔或細胞並不很深，但由「很多小盒子」組成。[25]簡而言之，這塊軟木是由多邊形結構的規律組合形成的，這些結構來自於各自獨立的重複「單元」，它們集合在一起形成一個整體。它們就像蜂窩裡的蜂房——或者就像修士的宿舍。

他要為它們取名字，最後決定用「細胞」（cells），來自拉丁文 cella，意思是「小房間」。（虎克並沒有真正看到「細胞」，而是植物細胞圍繞自身建造的細胞壁輪廓；或許坐落在它們之

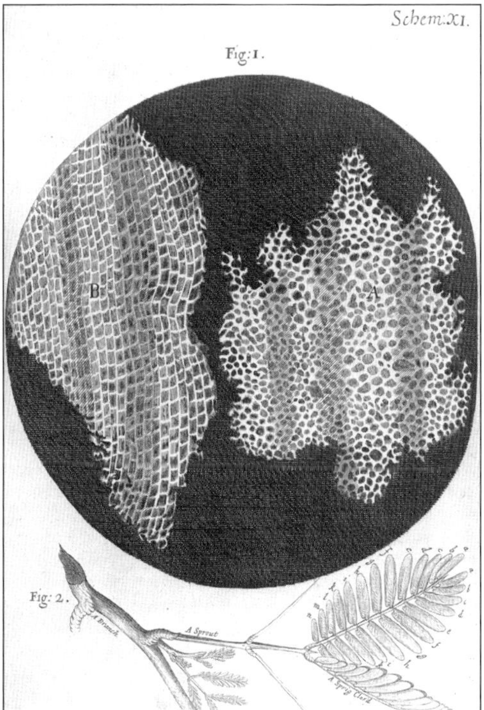

收在《顯微圖誌》（一六六五年出版）中由虎克繪製的一塊軟木塞。這本書出乎意料產生了巨大的影響，因為書中微小動植物的放大圖像而大受歡迎。虎克可能在這個標本中看到了細胞壁，不過後來他也能夠在水中看到實際的細胞。

中的是一個真正的活細胞，但並沒有證明這一點的插圖。）虎克想像它們是「很多小盒子」。在不知不覺中，他開創了關於眾生萬物以及人類的新觀念。

虎克更深入地觀察和研究這種肉眼看不見的小型獨立活單元。一六七七年十一月，他在皇家學會大會上描述了他用顯微鏡對雨水的觀察：

在那裡展示的第一個實驗是胡椒水，用雨水調製……大約九或十天前把全部放進去。在這個實驗中，虎克先生整週都看到大量極其微小的動物在裡面游來游去。透過放大十萬倍的玻璃片，它們呈現一隻蟎蟲的大小；因此可以判斷它們比蟎蟲小十萬倍。它們的形狀看起來像一個非常小的橢圓形或卵形透明氣泡；這個卵形氣泡最大的一端最先移動。它們被觀察到在水中有各種各樣的來回動作；所有看到它們的人都相信它們是動物；而且在外觀上不可能會有任何謬誤。[26]

在接下來的十年裡，雷文霍克聽說了虎克先前的工作，於是和他通信。他明白自己在顯微鏡下所見翻滾的微動物可能類似虎克在軟木中看到的生命單位（細胞）集合體，或者就像在胡椒水中翻滾的生物體。他在這些信件中流露出落寞和失望的語氣，例如一六八〇年十一月的這封信：「因為經常有話傳到我耳中，說我只會說虛構的微小動物故事……」[27]不過在一七一二年他寫了一份有先知灼見的短箋，他說：「不，我們還可以更進一步，在這小世界裡最小的粒子中發現無窮無盡物質的新資源，能夠分拆到另一個宇宙之中。」[28]

虎克雖然只是偶爾回信，但他確定雷文霍克的信經過翻譯，都提交給皇家學會。儘管虎克很可能為後來的世代挽救了雷文霍克的聲譽，但他自己對於細胞生物學觀點的影響力卻仍然相當有限。就如細胞生物史學家亨利．哈里斯所述：「虎克從來沒提到這些結構是所有動植物構成次單元的殘餘架構。就算他曾經想過基本的次單元，也未必會想到它們會有他所觀察軟木氣孔的大小和形狀。」[29]他看到了「軟木中活細胞的細胞壁，但誤解了它們的功能，而且他顯然對於在活生生的狀態下，占據這些壁裡面空間的是什麼，毫無概念。」[30]＊一塊有毛孔的死軟木；他的顯微圖還有什麼其他的用途？為什麼植物的莖是以這種方式生成？這些「細胞」是怎麼產生的？它們的作用是什麼？所有的生物都有它們嗎？這些活生生的隔間與健康的身體或疾病有什麼關係？

虎克對顯微鏡的興趣最後消退了。他洋溢的才華需要大範圍地漫遊，於是他又回到了光學、機械和物理學。確實，虎克幾乎對所有的事物都有興趣，這可能是他的致命傷。皇家學會的座右銘，Nullius in

＊一六七一年，皇家學會收到了另外兩封來信：一封來自義大利科學家馬切洛．馬爾皮基（Marcello Malpighi），另一封來自學會祕書尼西米亞．葛魯（Nehemiah Grew），他們都在信中描述不同組織中的細胞形式，尤其是植物材質。然而，即使雷文霍克和虎克都認可他們的研究，馬爾皮基和葛魯對細胞解剖學的觀察在十七世紀大體上仍遭忽視。葛魯所繪的植物莖細胞插圖已在歷史中湮沒，但馬爾皮基繼續探索動物組織的微觀解剖結構，他的研究如今留存下來，許多細胞構造都以他的名字命名：其中也括皮膚的馬氏層（Malpighian layer）和腎臟的馬氏細胞（Malpighian cells）。

verba，粗略地翻譯，意思是「不要把任何人的話當作證據」，這正是他個人的口號。他由一門科學學科跳到另一門學科，提供有力的見解，不相信任何人的話，聲稱掌握了一門科學的關鍵，但卻從未得到對任何一個主題的完全權威。他以亞里士多德哲人兼科學家的典範為榜樣——是世上所有事物的探索人，所有證據的仲裁者，而不是像現代這樣，把科學家當成單一學科的權威，而這也因此損及他的聲譽。

一六八七年，艾薩克・牛頓（Isaac Newton）發表了《自然哲學的數學原理》（*Philosophiae Naturalis Principia Mathematica*），[31]這部在深度和廣度都影響深遠的著作粉碎了過去，為科學的未來塑造了新的景觀。它的啟示包括牛頓的萬有引力定律。然而虎克爭辯說他更早就構想出了萬有引力定律，牛頓剽竊了他的觀察結果。

這個說法未免荒謬。其實，虎克還有其他幾位物理學家都曾提出行星體是因無形的「力量」而受太陽吸引，但先前的分析都遠遠不及牛頓在《原理》中對解開這個謎題的數學嚴謹性或科學深度。[32]虎克和牛頓的爭論持續了數十年，越演越烈，儘管可以說牛頓得到最後的勝利。有一個很可能是杜撰的故事：虎克唯一的一張畫像在一七一〇年牛頓監督皇家學會搬遷到鶴鳥廣場（Crane Court）新址時失蹤了，當時虎克已去世七年，而且後來也沒有委託補繪。這位光學的先驅，把整個宇宙帶入人類視野的人，我們卻不知道他的長相。如今沒有虎克確切的寫真或肖像存在。[33]

普遍的細胞：這個小世界最微小的粒子

我可以非常清楚地看到它全都有孔隙和漏洞，很像蜂巢，只是它的氣孔不規則。……這些氣孔或細胞……確實是我先前在顯微鏡下見到的第一批氣孔。[1]

——羅伯特．虎克，一六六五年

一旦將顯微鏡應用於調查植物的結構，它們結構的極簡……必然會引起注意。[2]

——西奧多．許旺，一八四七年

在生物學史上，重大發現的高峰往往伴隨著寂靜的山谷。緊隨孟德爾一八六五年發現基因之後的，是史學家所稱「科學史上最奇特的沉寂」[3]：一直到二十世紀初重新被人發現之前，有將近四十年沒有人提及基因（或者如孟德爾寬鬆地稱為「因子」和「元素」）。一七二〇年，倫敦醫師班傑明．馬騰（Benjamin Marten）推斷結核病——肺結核（當時的稱法是肺癆），是一種呼吸系統的傳染病，很可能是由微生物帶原。他稱這種潛在的傳染性元素為「非常微小的生物」，[4]以及 contagium vivum，即

「活的傳染」。[5]（注意「**活**」這個字。）要是馬騰能更進一步研究發現，就幾乎會成為現代微生物學之父，但後來卻花了將近一個世紀的時間，微生物學家羅伯特・柯霍（Robert Koch）和路易・巴斯德（Louis Pasteur）才各自把疾病和腐敗與微生物細胞聯想在一起。

然而，如果你放大這些歷史的低谷，就會發現它們絕非沉寂或停滯。它們代表的是科學家努力地把心智投注在某個發現的重要、普遍，和解釋力量，是他們思考異常活躍的時期。這個發現是生命體系普遍、全面的原則嗎？還是只是某種雞、某種蘭花或某種青蛙特有的特徵？它能解釋先前無法解釋的觀察結果嗎？在它後面還有沒有進一步超越它的組織層次？

造成這個寂靜山谷的部分原因，與需要開發儀器和模型系統來回答這些問題的時間有關。遺傳學必須要等待生物學家湯瑪斯・摩根（Thomas Morgan）的研究成果，他在一九二〇年代探索了果蠅性狀的遺傳，證明基因的實際存在；還得要等待一九五〇年代X射線晶體學（X-ray crystallography）的誕生，用這種技術解譯如DNA分子的三維結構，以了解基因的物理形態。最早在十九世紀初由約翰・道爾頓（John Dalton）闡述的原子論，也不得不等到一八九〇年陰極射線管的發展，以及二十世紀初模擬量子物理所需的數學方程式，才能解釋原子的結構。細胞生物學則必須等待離心機、生物化學的發展，和電子顯微鏡的發明。

但或許也有同樣的答案，存在需要由實體的描述作出概念或啟發法上的改變——比如顯微鏡下的細胞，或作為遺傳單位的基因，並設法了解它的普遍性、組織、功能和行為。其中最大膽的是原子論的說法：科學家提出的是把世界作根本的重組，變成單一的實體：原子、基因、細胞。你必須以不同的方式**思考**細胞：不是鏡頭下的物體，而是作為所有生理化學反應的功能部位，作為所有組織的組織單位，並作為生理學和病理學的統一位置。你必須由生物界的連續組織移至整合那個世界有關斷續、獨立、自主元素的描述。打個比方，我們可能會說，你得要看穿「肉體」（連續的、有形的，可見的），想像「活力」（不可見的、微粒子的，不連續的）。

一六九〇至一八二〇年之間的時期就代表了細胞生物學一個這樣的低谷。自從虎克在一塊削平的軟木上發現了細胞——或者精確地說，是細胞壁，其後一群一群的植物學家和動物學家就把他們的顯微鏡瞄準在動植物標本上，想要了解它們在顯微鏡下的次結構。雷文霍克一直到一七二三年去世為止，都在用他的顯微鏡觀察和記錄這隱形世界的元素——他稱它們為「活原子」。他頭一次和這個看不見世界不期而遇的激動，教他永難忘懷（而且我相信，也教我永難忘懷）。

十七世紀末，十八世紀初，如馬爾皮基和馬希．法杭索瓦－薩維耶．畢夏（Marie-François-Xavier Bichat）等顯微鏡學家發現，雷文霍克的「活原子」不一定是、或者未必完全是單一的細胞；在較複雜的動植物中，它們把自己架構成組織。法國解剖學者畢夏尤其還區分出二十一種（！）構成人體器官的基本組織形式。[6]可惜他以三十之齡因肺結核而去世。雖然畢夏在這些基本組織的結構上偶爾有一些錯誤，但他把細胞生物學推向組織學：組織的研究，以及合作細胞的系統。

然而，比任何顯微鏡專家都更努力，想從這些早期的觀察建立細胞生理學理論的，是法杭索瓦－文森．拉斯帕伊（François-Vincent Raspail）。是的，他承認，細胞存在——在植物和動物組織裡，到處都是細胞，但我們要了解它們存在的原因，它們一定在**做**什麼。

拉斯帕伊相信行動。[7]這位自學成功的植物學者、化學家和顯微鏡學家於一七九四年出生在法國東南部沃克呂茲（Vaucluse）省的卡龐特拉（Carpentras）。他把自己塑造成開明的自由思想家，拒絕接受天主教誓言，並致力於反對道德、文化、學術和政治權威。他勉為其難加入科學協會，認為他們排斥外人，墨守成規，他也故意不上醫學院。然而一八三〇年代法國七月革命期間，拉斯帕伊並沒有因為贊同祕密社團解放法國而自責懊悔，導致他在一八三二至一八四〇年間遭到監禁。他在獄中訓練獄友消毒、衛生和保健。一八四六年，拉斯帕伊再度受審，原因是企圖顛覆政府——以及沒有正式醫學學位卻向囚犯提供醫療諮詢。他被流放到比利時，不過就連公訴人都對這次的審判心懷歉意：「本庭今天面對的是一位傑出的科學家，如果他願意屈尊加入醫學界，並接受醫學院的文憑，杏林必然很榮幸。」[8]然而一如往例，拉斯帕伊拒絕了。[9]

不過在這一切政治紛擾之中，沒有受過正規生物學訓練的拉斯帕伊在一八二五至一八六〇年間發表了五十多篇各種主題的論文，包括植物學、解剖學、法醫學、細胞生物學和殺菌消毒。此外他還超越了他的前輩，開始研究細胞的組成、功能和起源。

細胞是由什麼構成的？「每個細胞都由它周圍環境中作選擇，只取它所需要的東西，」[10]他在一八三〇年代後期寫道，預示細胞生物化學的世紀。他接著寫道：「細胞有多種選擇方式，導致不同的水、碳和鹼的比例進入它們的細胞壁。我們很容易想像某些細胞壁允許某些分子通過。」他已經預料到了選擇性多孔細胞膜、細胞自主的想法，和細胞作為代謝單位的概念。

細胞做的是什麼？他設想：「細胞是〔……〕一種實驗室。」讓我們停下來思考一下這個想法的範圍。拉斯帕伊只用了關於化學和細胞的基本假設，就推論出細胞執行化學程序，讓組織和器官發揮功能。換句話說，它**推動了生理**。他把細胞想像成是維持生命種種反應的位置。但是生物化學還處於起步階段，而且拉斯帕伊看不見在這個細胞「實驗室」中發生的化學和反應，他只能把它描述出來，作為一種學說，一個假設。

最後，細胞從哪裡來？拉斯帕伊在一八二五年的一份手稿用了一句拉丁格言作為引言，Omnis cellula e cellula：「細胞來自細胞。」[11]他沒有進一步研究這個問題，因為沒有工具或實驗方法能證實他的觀點，但他已經改變了細胞是什麼和做什麼的基本概念。

特立獨行的靈魂會得到意想不到的酬報。拉斯帕伊對社會和各種學會都嗤之以鼻，從沒有得到歐洲科學界的認可，不過巴黎最長的林蔭大道之一，由地下墓穴（Catacombs）到聖日耳曼（Saint-Germain），就是以他的名字命名。當你沿著拉斯帕伊大道行進，經過賈科梅蒂研究所（Institut Giacometti）後方，看著形單影隻在小小基座上骨瘦如柴的雕塑，迷失在無盡的思緒中。我每一次在這條大道上漫步，都會想起細胞生物學這位心高氣傲、反抗權威的先驅（不過我該指出，拉斯帕伊並不特別瘦）。我想到細胞作為生物體生理實驗室的觀念：在我的培養箱中生長的每一個細胞，都是實驗室中的實驗室。我在牛津大學實驗室顯微鏡下看到的T細胞是「監視實驗室」，它們在液體中游動，尋找隱藏在其他細胞中的病毒病原體。雷文霍克在他的顯微鏡下見到的精子細胞是「資訊實驗室」，收集來自男性的遺傳資訊，把它融入DNA，並附上強大的游泳發動機，把它輸送到卵細胞繁殖。可以說，細胞在進行生理實驗，讓分子進出，製造和破壞化學物質。它是塑造生命的反應實驗室。

在另一個時間，或者在另一個地方，發現單一、自主的生命形式——細胞，可能並不會在生物學上激起多少漣漪。然而在細胞生物學誕生的那個時刻，碰巧碰上了十七、十八世紀歐洲科學對生命爭辯得如火如荼的兩個課題，如今看來，這兩個課題可能都很晦澀難解，但它們代表了細胞學說兩個最嚴峻的挑戰。隨著這門學科在一八三〇年代由陰暗的胎膜中浮現，細胞生物學家必須面對這兩個挑戰，他們的學科才能夠成熟。

第一個爭議來自活力論者：這是一群生物學家、化學家、哲學家和神學家，他們相信生物不可能由普遍存在自然界中的相同化學物質構成。自亞里士多德以來，活力論（vitalism，又譯生機論、生命力論）就存在，但它與十八世紀晚期浪漫主義的融合，產生了對大自然欣喜若狂的描繪，認為大自然充斥著一種特殊的「生命」性質，無法縮減為任何理化物質或力量。一七九〇年代的法國組織學者畢夏和一八〇〇年代初期的德國生理學家尤斯圖斯·馮·李比希（Justus von Liebig）都是深具影響力的支持者。一七九五年，山繆·泰勒·柯勒律治（Samuel Taylor Coleridge，英國浪漫派詩人）成了這個運動最富有詩意的代言人，他想像所有「有生命的自然萬物」都因這股生命力流過而在顫抖中誕生，就像清風吹過風弦琴產生共鳴，創作出無法簡化為純音符的音樂。柯勒律治原詩如下：「何妨把所有生意盎然的自然萬物／都看作形形色色富有生命的弦琴？／顫動著化為思想，因為掃過它們／柔和而遼闊，一股智慧的清風／既是各自的靈魂，又是共同的上帝。」[12]

活力論者主張，必然有某種神聖的標記，使生物的生命液和身體分開——那就是吹拂弦琴的風。人類不只是「沒有生命」無機化學反應的聚集而已，而且就算我們是由細胞構成的，細胞本身也必然擁有這些生命液。活力論者對細胞本身並沒有任何異議，在他們看來，要在六天之內鉅細靡遺創造所有生物的神聖造物主很有可能會用同樣一種組件來打造它們（用同樣的材料來建構大象和千足蟲，豈不是比用不同的材料容易得多，尤其如果你收到的是緊急訂單，只有六天就得交貨）。他們在乎的是細胞的**起源**。有些活力論者宣稱細胞是在細胞內產生，就像人在人體的子宮內產生一樣；有些則推測細胞是由生命液自然地「結晶」生成，就像無機世界中的化學物質結晶一樣——只是在這個例子裡，是生命物質產生了生命物質。活力論的一個自然推論就是「自發產生」的觀念：這種遍及所有生命系統的生命液對於自行創造生命——包括細胞，是必要的，而且只要有它就已足夠。

與活力論者相對的是一小群處境艱難的科學家，他們認為生命化學物質和自然化學物質是相同的，而且生物來自生物——不是自然發生的，而是要透過出生和發育。一八三〇年代後期，德國科學家羅伯特・雷馬克（Robert Remak）在柏林用顯微鏡觀察青蛙胚胎和雞血。他希望能看到細胞的誕生，這在雞血中非常罕見，因此他等待又等待。直到有一天深夜，他看到了：在鏡片下，他看到一個細胞顫抖、擴張、鼓起，然後分裂為二，產生了「子」細胞。雷馬克必然欣喜若狂，因為他已經發現了不容爭辯的證據，證明發育中的細胞起源於先前存在的細胞——Omnis cellula e cellula，正如拉斯帕伊藏在書中引言所寫的。*但雷馬克開創性的觀察卻遭到忽視，因為他是猶太人，無法在大學擔任正式教授。（一個世紀後，他身為傑出數學家的孫子在奧斯威辛〔Auschwitz〕的納粹集中營喪生。）

＊德國植物學者胡戈・馮・莫爾（Hugo von Mohl）也曾在植物的分生組織裡觀察到細胞由細胞中誕生。雷馬克和魏修都知道馮・莫爾的研究。後來西爾多・包法利（Theodor Boveri）和華爾瑟・佛萊明（Walther Flemming）等人把此說發揚光大，他們描述了植物和海膽細胞的細胞分裂階段。

活力論者依舊聲稱細胞是由生命液中凝聚出來的。要證明他們錯誤，非活力論者就必須找出方法，解釋細胞是如何產生的——活力論者認為這是永遠無法克服的挑戰。

在十九世紀初醞釀的第二個爭議是先成論（preformation）：認為人類的胚胎在受精後首次在子宮內出現時就已經完全成形，只是非常微小。先成論歷史悠久而且多采多姿。它可能起源於民間傳說和神話，被早期的煉金術士採用。十六世紀中期，瑞士煉金術士兼醫師帕拉塞爾蘇斯（Paracelsus）寫道，人類在胎兒時期就已有「透明」迷你小人存在，他說這種小人「有點像人」。有些煉金術士非常相信胎兒已預先擁有人類所有的形體，因此認為用精子孵育雞蛋，就可以產生完全成形的人，因為精子裡已有從頭開始建構人的指令。一六九四年，荷蘭顯微鏡學家尼古拉斯．哈特索克（Nicholaas Hartsoeker）就發表了精子內有迷你小人的一些素描，小人的頭、手，和腳都像摺紙一樣塞進精子的頭部，他顯然用顯微鏡觀察過精子。[13]細胞生物學者的問題就是要證明：如果受精卵中**沒有**預先形成的模板，那麼像人這樣複雜的生物，怎麼能由其中出現。

推翻活力論和先成論——並以細胞學說取而代之，才能讓這門新的科學站穩腳步，引向細胞的世紀。

一八三〇年代中期，拉斯帕伊正在獄中煎熬，而魏修還是苦苦掙扎的醫科學生之際，年輕的德國律師許萊登對他的職業感到沮喪，試圖用子彈射穿自己的腦袋，但因沒有瞄準而失敗。他因自殺未遂而感到愧疚，於是決定改行，放棄法律，投身他真正熱愛的領域——植物學。

他開始用顯微鏡研究植物組織。如今這個儀器比當年虎克或雷文霍克所用的複雜得多，採用高級的鏡片和精準的旋鈕，以達到銳利的焦點。身為植物學家，許萊登自然對植物組織充滿好奇，他觀察莖、葉、根和花瓣時，發現了與虎克所發現同樣的單一結構。他寫道，組織是由微小的多邊形單元聚集而成的：「是完全個別、獨立、分離單元——細胞本身的集合體。」[14]

許萊登與動物學者許旺討論他的發現，後者是忠實又富有同情心的夥伴，也是他終生的合作對象。許旺也觀察到動物組織有一個只有在顯微鏡下才能看到的組織系統：它們是由一個又一個的細胞單元構成的。

「動物組織的外形有很大一部分是源自細胞或由細胞組成，」許旺在一八三八年的一篇論文中寫道。[15]「〔器官和組織〕形狀教人驚奇的多樣性，是由簡單的基本結構以不同的聯結方式所產生，雖然它們呈現出不同的變化，但本質上是相同的，也就是：**細胞**。」[16]複雜的動、植物組織是由這些生命單元構成的——就像摩天大樓是由樂高積木堆出來的一樣。它們有相同的組織系統。肌肉的纖維狀細胞**看起來**或許和紅血球或肝臟細胞截然不同，但「即使它們表現出不同的變化，」許旺寫道，它們依舊是相同的——它們都是用來建構活生物體的生命單元。在許旺一絲不苟檢視的每一個組織中，都有更小的生命單元——虎克曾經描述過的「許多小盒子」。

許旺和許萊登都並沒有發現新的事物，或找出細胞尚未被發現的新特性。讓他們出名的並不是新事物，而是他們厚顏大膽的觀點。他們整理了前輩的研究——虎克、雷文霍克、拉斯帕伊、畢夏和一位名為揚·斯瓦默丹（Jan Swammerdam）的荷蘭醫師兼科學家，並把這些研究合成為激進的主張。這兩人了解，這些前輩學者發現的，並不是某些組織或在某些動植物中特殊或不尋常的屬性，而是一個廣泛而普遍的生物學原則。*細胞做什麼用？它們建構了生物體。逐漸地，不論在範圍或普遍性方面，許萊登和許旺的主張都十分顯而易見，他們也提出了細胞學說的頭兩個原則：

1. 所有生物體都是由一個或多個細胞所組成。
2. 細胞是生物體結構和組織的基本單位。

然而，即使是許旺和許萊登也難以理解細胞來自何處。如果動植物是由獨立自主的生命單元所構成，那麼這些單元是從哪裡來的？畢竟，動物的細胞必定是由第一個受精細胞產生的，接著這個細胞一定擴展了數百萬或數十億倍以建構這個生物。那麼，細胞產生和增殖的過程是什麼？

許旺和許萊登都十分崇拜他們的老師——生理學家繆勒，後者在清高的德國生物科學界占絕對的主導地位。正如科學史學者羅拉·奧蒂斯（Laura Otis）向我描述的，繆勒是個「矛盾、神祕、處在轉變時期的人物」，[17]他是困於矛盾之間的科學家——夾在兩者之間，一方面是活力論者的信念，認為生命物質具有特殊的屬性；但另一方面卻又在不斷地尋覓支配生命世界的統一科學原則。†許萊登受到繆勒尋求統一原則的影響，轉而研究細胞起源的問題。他所找到唯一能解釋他在顯微鏡發現細胞的機制——關於大量有組織的單元怎麼會由組織內部出現，就是把它們聯結到一個同樣也能由一種化學物質產生許多有組織單元的化學過程——那就是**結晶**。繆勒主張，細胞必須藉由在生命液中結晶的過程產生，而許萊登不能不勉強贊同。

然而許旺在顯微鏡下研究的組織越多，他就越可能推翻這個理論。這些所謂的活晶體在哪裡？他在自己的著作《顯微鏡研究》（*Microscopical Researches*）中寫道：「我們確實有把生物體的生長與結晶相比較。[18]……但〔結晶〕牽涉到很多不確定和自相矛盾的事物。[19]」只是儘管矛盾，儘管許旺的眼睛告訴他事實，但即使是許旺，也無法超越一般人普遍接受的活力論。他提出了這樣的說法：「主要的結果是發育所仰賴的共同原則。……就像同樣的法則支配著晶體的形成一樣。」他竭盡所能，依舊不明白細胞是如何誕生的。[21]

一八四五年秋天在柏林，二十四歲的魏修剛從醫學院畢業，奉召去看病。這個病例是一名五十歲的婦女，她感覺極度疲憊，腹部腫脹，可以摸到腫大的脾臟。他從她身上抽了一滴血，放在顯微鏡下檢

＊隨著科學史學家更深入地探究細胞生物學早期的歷史，許旺和許萊登聲稱他們是細胞學說頭兩位闡釋者的說法變得更加模糊。尤其我們似乎漠視了科學家揚・普爾基涅（Jan Purkinye，或較為人所知的拼法 Purkinjě）和他的學生，包括加布利爾・瓦倫丁（Gabriel Gustav Valentin）的努力。他們遭到忽略的部分原因可能是出於科學民族主義：許旺、許萊登和魏修在德國工作，並用被認為是高雅科學語文的德文寫作，而普爾基涅和他的學生則在布雷斯勞（Breslau，今波蘭的弗羅茨瓦夫）鑽研。雖然這座城市名義上是普魯士的領土，但大部分人都認為這裡是死氣沉沉的偏鄉，主要的人口是波蘭民眾。一八三四年，普爾基涅和瓦倫丁得到一架新的顯微鏡，對組織發表了幾篇評述，並把一篇論文送到法蘭西學會（Institute of France），主張某些動物和植物是由單一的成分構成。不過，他們不像許旺和許萊登，並沒有提出統一所有生命物質的全面、普遍原則。

†繆勒對於活力論的內心衝突，很明顯地呈現在他的許多文章中。例如，在他影響深遠的著作《生理學元素》（*Elements of Physiology*）緒論中，他反思自己對於生命是源自生命液或是「平凡」無機材質的不確定：然而無論如何，我們必須承認，最重要的元素在生物體中組合的方式，以及這樣的組合所影響的能量，非常奇特，〔而且〕它們不能藉由任何化學過程再生。」[20]

視，發現這個樣本的白血球細胞數量高得異常。魏修稱之為leukocythemia（白血球增多症），後來再簡化為leukemia（白血病）——血液中含有大量的白血球。[22]

蘇格蘭也傳出了類似的病例。一八四五年三月的一個晚上，一位名叫約翰・貝內特（John Bennett）的蘇格蘭醫師被緊急請去看一名因離奇原因瀕死的二十八歲石板工人。貝內特寫道：「他膚色黝黑，說自己原本健康而正常；二十個月前，他感到勞累而精神不振，一直持續迄今。去年六月，他注意到自己腹部的左側有個腫瘤，它逐漸增大，直到四個月後才停下來，靜止不動。」[23]

在接下來的幾週裡，這名病人的腋窩、腹股溝和脖子上都長出了巨大的腫瘤，幾週後解剖遺體時，貝內特發現這名工人的血液裡全是白血球，他認為患者死於感染。他寫道：「下面這個病例在我看來特別有價值，因為它可以證明真正的膿液存在，一般是在血管系統內形成。」[24]他稱之為一種自發的「血液化膿」——就像活力論者一樣，再次暗示這該回歸到自發發生的現象。只是在這名病人身體的任何地方，都沒有其他感染或發炎的跡象，教醫師大惑不解。

這個蘇格蘭的病例被視為醫學奇聞或反常現象，但魏修由於親眼看到了這種怪病的另一個特例，因而對此很感興趣。如果許旺、許萊登和繆勒認為細胞是生命液結晶的看法是正確的，那麼數百萬白血球為什麼——或者如何由血液中莫名其妙地冒了出來？

魏修對這些細胞的起源一直耿耿於懷，他想不出為什麼數以千萬計的白血球會無緣無故地無中生有。魏修開始懷疑這數千萬個異常的白血球是不是來自其他細胞。這些細胞甚至看起來也十分相似，因為癌細胞並沒有變化，而且外觀也類似。他知道胡戈・馮・莫爾對植物細胞的觀察，顯示細胞分裂形成兩個子細胞。當然，還有雷馬克，耐心地在他的顯微鏡旁等待，直到他看到青蛙和雞的細胞由細胞中產生。如果那個過程可以發生在植物和動物身上，那麼為什麼不能發生在人血之中？他看到的白血病是不是源自一個生理過程，細胞分裂出了差錯？會不會是因為功能失調的細胞會產生功能失調的細胞，而就是這種持續的、失調的細胞起源導致了白血病？

到目前為止，魏修一生的主軸很明顯地十分連貫：蠢蠢欲動、持續不斷的強烈好奇心，對社會大眾公認的智慧和約定俗成的解釋抱著懷疑的態度。一八四八年，這種躁動擴大到了政治層面。[25]當年稍早，西里西亞（Silesia）爆發了飢荒；接著致命的斑疹傷寒流行，席捲當地。由於媒體和民眾騷動不安，內政部和教育部才遲遲成立了一個委員會調查此事。魏修也奉派前往西里西亞，這個地區在普魯士王國與波蘭接壤的邊境（現在主要在波蘭）。他在那裡逗留數週，發現國家的病態來自於人民的病態。魏修寫了一篇的激烈文章談這種疫病，發表在他不久之前與人共同創辦的醫學雜誌《病理解剖、生理學和臨床醫學檔案》（*Archives for Pathological Anatomy and Physiology and Clinical Medicine*，後來更名為《魏修的檔案》〔*Virchow's Archives*〕）。[26]他在文中結論說，疫病發生的原因不僅僅是病原體，還因為數十年在政治上的管理不善和社會的忽視。[27]

魏修的指控文章並沒有躲過當局的注意。他被扣上自由主義者的帽子——這在當時的德國是帶有貶意的危險詞彙，他也遭到監視。一八四八年，在猛烈的民粹主義革命席捲歐洲時，魏修走上街頭抗議。他創辦了另一本刊物《醫療改革》（*Medical Reform*），用科學和政治信念作為對抗國家的大錘。

保皇派並不樂見這些煽動性運動家的誇張舉動——即使魏修已經建立崇高的地位，是那個世代最傑出的研究人員亦然。叛亂受到鎮壓，在有些地區的做法甚至非常殘酷，魏修被勒令辭去他在夏里特醫院的職務，還被迫簽署文件，聲明他會約束自己的政治文章，然後懷著無聲的屈辱，被送到符茲堡（Würzburg）一間比較寧靜的研究單位，讓他遠離人們的焦點，因而擺脫紛擾。

魏修由喧囂熱鬧的柏林搬到教人昏昏欲睡的符茲堡郊區，教人不由得想揣摩他心裡的感受。如果一八四八年的革命能帶來歷史的教訓，那就是國家與它的人民是相互聯結的。總和來自部分，部分構成了總和。光是一個部位生病或遭到忽視，可能會成為擴散至整體的疾病，就像一個單一的癌細胞可以產生數十億個惡性細胞，並造成複雜、致命的疾病。魏修寫道：「身體是一種細胞國家，其中每一個細胞都是公民，疾病只是這個國家的公民藉由外力的行動而引起的衝突。」[28]

在遠離柏林的狂歡喧鬧和政治是非的符茲堡，魏修開始構想另外兩條會影響細胞生物學和醫學未來的原則，他接受許旺和許萊登的信念，認為所有的組織，不論動植物，都是由細胞構成的。但他無法說服自己相信細胞是由生命液自發產生。

然而細胞來自何處？就像許旺和許萊登一樣，該是統一這個基本準則的時候了，而魏修也已經作好了準備。他的前輩已經列出了每一個證據；他只需要拿起冠冕，放在他的頭上就好。魏修說，由細胞產生細胞的特性不只在於**某些**細胞和**某些**組織，而是適用於**所有的**細胞。它並非異常或特質，而是放諸植物、動物，和人類皆準的生命普遍性質。一個細胞分裂產生了兩個細胞，而兩個又產生了四個，以此類推。「Omnis cellula e cellula，」他寫道——「細胞來自細胞。」拉斯帕伊的這句話已成為魏修的核心信條。[29]細胞並不是由生命液凝聚而來，也不是來自單一細胞的生命液之中。沒有「結晶」。這些都是幻想：沒有人觀察到任何這些現象。到現在為止，已有三世代的顯微鏡學者一直在觀察細胞，而這些科學家觀察到的，是細胞由其他細胞誕生——而那也是透過分裂。沒有必要使用特殊的化學物質或是用神聖的過程來描述細胞的起源。新的細胞來自於先前細胞的分裂；僅此而已。魏修寫道，「除非透過直接的繼承，否則就沒有生命。」[30]

細胞來自細胞。而細胞生理學是正常生理學的基礎。如果魏修的第一個原則與正常生理學相關，那麼他的第二個原則就是它的相反；它重新構思了醫學對異常的理解。他開始疑惑：細胞功能障礙是不是導致身體功能失調的原因？**會不會所有的病理學都是細胞病理學？**一八五六年夏末，魏修被請回柏林——有鑑於他在科學上日益突出的成就，他年輕時的政治罪行獲得了寬恕。此後不久，他出版了他最有影響力的著作《細胞病理學》（*Cellular Pathology*），這是他原先在一八五八年春於柏林病理研究所發表的一系列演講集結而成。

《細胞病理學》引爆了醫學界的反應。[31]幾個世代以來的解剖病理學家都認為疾病是組織、器官和器官系統失調所致，但魏修認為他們錯過了真正的病源。魏修推想，由於細胞是生命和生理學的基本單元，那麼在病變組織和器官所觀察到的病理變化，就應追溯到受影響組織單元的病理變化——也就是細胞的病理變化。要了解病理學，醫師不只該在可見的器官中，而且要在器官不可見的單元裡，尋找基本

的破壞。＊

功能及其反義詞**功能障礙**這兩個詞攸關緊要：正常細胞「做」正常的事，以確保身體的聖潔和生理機能。它們不僅僅是被動的結構特徵，它們是演員、主要參與者、執行者、工人、建設者、創造者——是生理的核心工作人員。當這些功能因某種原因遭到破壞時，身體就會生病。

再一次地，理論的單純發揮了力量和影響的範圍。要了解疾病，醫師沒有必要去尋找蓋倫所說的體液、心理的異常、內在的歇斯底里、神經官能症或瘴氣——或甚至引用上帝的旨意。結構的變化或症狀的範圍——石板工人的發燒和腫塊，以及接著出現的他血液中大量的白血球，都可以追溯到細胞的變化和功能失調。

基本上，魏修在許旺和許萊登的兩個細胞學說基礎原則（「所有的生物體都是由一個或多個細胞組成」和「細胞是生物體結構和組織的基本單位」）之外，又增加了三個更重要的原則，使這個學說更完善：

3. 所有細胞都來自其他細胞（Omnis cellula e cellula）。
4. 正常生理是細胞生理發揮功能。
5. 疾病，生理機能的破壞，是細胞生理遭到破壞的結果。

這五項原則將會構成細胞生物學和細胞醫學的支柱。它們會徹底改變我們對於人體是這些單元組合的了解。它們將會完成人體原子論的構想，以細胞作為人體基本的「原子」單位。

魏修一生最後的階段不僅見證了他關於人體是協作社會組織的理論——細胞與細胞合作，也見證了

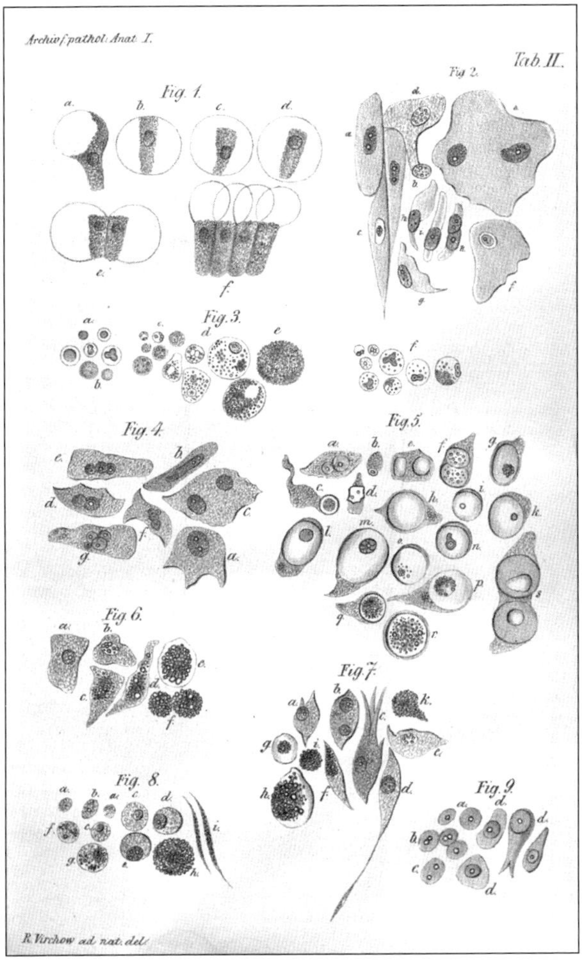

來自魏修檔案館的一幅圖畫，約繪於一八四七年，說明細胞和組織的構成。請注意圖 2 中的多個鄰接或黏附細胞的類型。圖 3f 顯示血液中發現的各種細胞，包括具有顆粒和多葉細胞核的細胞（嗜中性白血球）。

＊魏修記得前一個世紀兩位蘇格蘭外科醫師約翰・杭特（John Hunter）和他弟弟威廉，以及帕多瓦病理學家喬瓦尼・莫加尼（Giovanni Morgagni）的研究。杭特兄弟、莫加尼及其他許多病理學家和外科醫師所作的驗屍都顯示，當疾病侵襲一個器官時，受影響組織或器官的解剖病理結果免不了會出現一些明顯的病理跡象。比如在結核病中，肺部滿是膿液的白色結節，稱為肉芽腫。在心臟衰竭的情況，心臟的肌肉壁通常很薄，顯得憔悴而枯槁。魏修認為在每一個這種病例中，細胞功能障礙都是疾病的真正原因。在微觀層面上，心臟衰竭是心臟**細胞**衰竭的結果。充滿膿液的結核病肉芽腫是**細胞**對這種分枝桿菌疾病反應的結果。

國家是社會組織合作的信念——人與人一起合作。置身日益偏向種族主義和反猶太的社會中，他強烈地主張人民之間應該平等。疾病一視同仁；醫藥不該歧視。他寫道：「醫院必須對每一個需要它的病人開放，不論他有沒有錢，不論他是猶太人還是異教徒。」[32]

一八五九年，魏修當選柏林市議員（並最後在一八八〇年代進入國會）。他在德國開始目睹惡性的激進民族主義再度興起，最後在納粹國家達到顛峰。這個後來被稱為「雅利安」種族的優越感，以及由金髮碧眼，白皙皮膚的「乾淨」人民控制的國家，其中心神話就是一種已經惡性席捲這整個國家的病態。

魏修的回應一如他的特色，就是拒絕公認的智慧，並且試圖抑制風起雲湧的種族分裂神話：一八七六年，他主持一項針對六百七十六萬名德國人的研究，要了解他們的髮色和膚色，結果與國家神話不符。只有三分之一德國人擁有雅利安人優越主義的特徵，而一半以上的德國人都是混合特徵：棕色或白色皮膚、或者金色或棕色頭髮，以及藍或棕色眼睛的排列組合。尤其有47％的猶太兒童具有類似的五官組合，並且有整整11％的猶太兒童都是金髮碧眼——與雅利安的理想人種難以區別。他在一八八六年把這些資料發表在《病理學檔案》（*Archive of Pathology*）期刊上，[33]這個年份正是出生於奧地利的德國煽動家生日前三年（即生於一八八九年的希特勒），後來證明這個政客是神話建構大師，儘管已經有科學資料，卻依然憑著臉孔來創造種族，徹底摧毀了魏修所提出如此先進的公民觀念。

魏修晚年的大部分時間都致力於社會改革和公共衛生，著重汙水處理系統和城市衛生。他的角色由醫師轉變為研究員、人類學者、活動人士，和政治人物，一路上也留下了精彩（且大量的）論文、信

件、講稿和文章。但最歷久彌新的，還是他早年的作品——一名極度好奇的年輕人為追尋疾病的細胞學說而深刻的思考。在一八四五年一次先知先覺的演講中，魏修界定了生命、生理和胚胎發育為細胞活動的結果：「大體說來，生命就是細胞的活動。由使用顯微鏡展開有機世界的研究開始，影響深遠的研究〔……〕已經顯示所有的植物和動物，在一開始都是〔……〕一個細胞，其他的細胞在其中發展，產生新的細胞，它們一起經歷轉變，成為新的形式，而最後……構成了神奇的生物體。」[34]

曾有科學家問他疾病根源的問題，魏修在回信中指出，細胞是病理的場所：「每一種疾病都取決於生命體中數量或多或少細胞單元的改變，每一種病理的干擾，每一種治療效果，都只有在可以指定所牽涉的特定細胞元素時，才能找到最終的解釋。」[35]

這兩段文字——第一段主張細胞是生命和生理的一個單位，第二段主張細胞是疾病的單元位置，都釘在我辦公室的布告板上。只要一想到細胞生物學、細胞療法，以及用細胞建構新人類，我就免不了要回到它們身上。可以說，它們是貫穿本書的雙曲調。

二〇〇二年冬天，我見到我所經歷最複雜的病例之一，在我擔任了三年住院醫師的波士頓麻州總醫院（Massachusetts General Hospital）。大約二十三歲的年輕病患 M.K. 因持續不斷、對抗生素毫無反應的嚴重肺炎而住院。[36]他臉色蒼白，形容枯槁，蜷縮在床上，蓋著被單，因為時高時低沒有明顯模式的發燒而全身濕漉漉的。他的雙親——我得知是一對義大利裔美籍的堂表親，坐在他的床邊，一臉茫然。由於長期感染影響病人的身體發育，使他看起來好像只有十二、三歲。資淺的住院醫師和護理師在他手上找不到可以打點滴的靜脈，所以請我在他的頸靜脈中放置一根大口徑的中央靜脈導管，以便輸送抗生素和液體。我的針好像刺穿了乾燥的羊皮紙。他的皮膚質地像紙一樣半透明，在我碰觸時幾乎劈啪作響。

M.K. 的診斷是嚴重複合型免疫缺乏症（severe combined immunodeficiency，縮寫為SCID）的特殊變體，[37]其中B細胞（產生抗體的白血球）和T細胞（殺死微生物感染和協助建立免疫反應的細胞）功能失調。他的血液中長出了怪異的英式花園微生物——有些細菌很常見，有些則很奇特：鏈球菌、金黃色葡萄球菌、表皮葡萄球菌、怪異的真菌品種，還有我甚至連名字都唸不出來的罕見細菌品種，就彷彿他的身體已經變成了活生生的微生物培養皿。

但是這個診斷中有某些部分不合道理。我們檢查 M.K. 時，他的B細胞數比預期的低，但並沒有低到教人擔憂的地步。他血液中的抗體——免疫系統對抗疾病的步兵，含量也是如此。MRI和CAT掃描並沒有顯示惡性疾病的腫塊或隆起。醫囑進行進一步的血液檢查。在整個煎熬的過程中，病人的母親一直陪伴在他身邊，紅著眼睛，一言不發，睡在行軍床上，每天晚上都讓兒子的頭靠在她的膝上，讓他入睡。這個年輕人究竟為什麼病得這麼厲害？

我們一定是錯過了某種細胞功能障礙沒有查出。在一個寒冷的十一月晚上，我坐在波士頓的辦公桌前——厚厚的積雪封住了街道；如果開車回家會冒著在街上之字形打滑的風險。我在腦海中列出各種的可能。我們需要的是細胞病理學的系統解剖，類似人體解剖；這名病患身體的細胞圖譜。我打開了魏修講課的教科書，重讀了幾行：「每一個動物都是重要聯合的總和……一個所謂的個體總是代表各個組成部分的社會安排。」他繼續寫道，每個細胞「都有它自己的特殊作用，即使它來自其他部分的刺激因素。」[38]

「各個組成部分的社會安排。」「每一個細胞⋯⋯來自另一個細胞的刺激因素。」讓我們想像一個細胞網絡——一個社會網絡，其中一個接合點會使整個網絡斷裂。想像一張真正的漁網，在關鍵之處有個裂縫。你可能在漁網的邊緣發現了一個偶然鬆脫之處，並認定這就是問題的起點。然而你卻錯過了問題真正的根源——中心點。你專注在外圍，但支撐不住的卻是中心。

接下來的一週，病理學家把他的血液和骨髓帶到實驗室，開始一部分一部分解剖細胞亞群，就像外科解剖一樣——我會把它稱為「魏修式分析」。我敦促他們：「不要管B細胞，讓我們仔細檢查血液，一個細胞接一個細胞，找出破網的中心。」我們發現在他的血液和器官中流動，尋找微生物的嗜中性白血球是正常的，另一種具有類似功能的白血球——巨噬細胞也正常。但是當我們計算並分析他的T細胞時，答案就跳了出來：它們的數量非常低，發育不成熟，而且幾乎沒有功能。終於，我們找到了破網的中心。

所有其他細胞的異常，以及他免疫力的崩潰，都只是這種T細胞功能障礙的症狀：T細胞的崩潰引發連鎖反應，影響了整個免疫系統，導致整個網絡瓦解。這個年輕人罹患的並非最初診斷的SCID特殊變體。它就像出了差錯的魯布・戈德堡機械（Rube Goldberg machine）：T細胞的問題變成了B細胞的問題，連帶造成免疫力的全面崩潰。

在接下來的幾週裡，我們嘗試為M.K.骨髓移植，恢復他的免疫功能。我們推想，一旦植入新骨髓，我們或許可以為他注入捐贈者功能正常的T細胞，助他恢復免疫力。他撐過了移植手術，骨髓細胞又長出來了，他的免疫力也恢復了。感染減退，他又開始成長。細胞恢復正常讓生物體恢復了正常。在治療第五年後的追蹤回診時，他仍然沒有感染，並且恢復了免疫功能，B細胞和T細胞再度溝通。

我每一次想到 M.K. 的病例和我對他在病房的記憶——他的父親在雪中跋涉到波士頓的北區，去為他買他最喜歡的義大利肉丸，卻發現它們還是被放在這年輕人的床邊，一口都沒吃，還有大感困惑、百思不解的醫師寫下一個又一個的診斷，病歷上多個問號縱橫交錯。我也想到魏修，以及他提出的「新」病理學。光是在器官上找到疾病的位置還不夠；我們必須了解哪些器官的**細胞**必須負責。免疫功能障礙可能來自B細胞的問題、T細胞的功能失調，或是構成免疫系統數十種細胞類型之中的任何一種出現障礙。比如愛滋病患者免疫功能低下，是因為人類免疫缺乏病毒（HIV）殺死有助於協調免疫反應的特定細胞亞群——CD4T細胞。其他免疫缺陷的出現，是因為B細胞無法製造抗體。在每一種情況下，疾病的表面形式或許會重疊，但如果不查明原因，就不可能對特定的免疫缺陷作出診斷和治療。而找出原因就牽涉到要根據器官系統的單位元件解析器官系統：細胞和它的功能。或者，正如魏修每一天提醒我的：「每一種病理干擾，每一種治療效果，都唯有在可以指出所牽涉的特定活細胞元素時，才能找到它最後的解釋。」

要找到正常生理學或疾病的核心，首先必須研究細胞。

致病的細胞：微生物、感染，和抗生素革命

微生物就像隱士一樣，只管餵飽自己就夠了；雖然偶爾有些微生物會聯合起來，但它們大半都沒有必要和其他微生物協調合作。相較之下，多細胞生物中的細胞，由某些藻類的四個細胞，到人類的三十七兆個細胞，則會放棄獨立，而頑強地結合在一起；它們承擔特定的功能，並且為了群體更大的利益而縮減自己的繁衍，只依照發揮功能的需要生長。當它們反叛時，癌症就可能爆發。[1]

——伊麗莎白．潘尼希（Elizabeth Pennisi），《科學》（*Science*），二〇一八年

魏修並不是唯一一位在一八五〇年代思索病理學，而對細胞有所認識的科學家。雷文霍克幾乎在兩個世紀前就已經在顯微鏡下看到翻騰的「微動物」，也可能是自主的單細胞生物——微生物。儘管這類微生物絕大多數無害，但有些卻有能力侵入人體組織，造成發炎、腐爛，和致命的疾病。最先使細胞（在此例中是微生物細胞）和病理學及醫學產生密切關聯的，正是細菌學說——微生物是獨立的、活的細胞，在某些情況下能夠引起人類的疾病。

微生物細胞與人類疾病之間的聯繫，起源於一個困擾科學家和哲學家數世紀的問題：腐爛的原因是什麼？腐爛不僅僅是科學問題，也是神學問題。在某些基督教教義中，聖徒和國王的身體應該都不會腐朽，尤其是當他們在等待死亡、復活和升天之間的中間狀態。然而在聖人和罪人的腐化速度看似沒有差別之時，就需要有一番神學的推測：無論是什麼原因導致腐敗，顯然都不符合上帝的律法。畢竟，等著要升天的聖體與它一塊塊脫落的腐爛肉體遺骸，實在很難聯想在一起。

一六六八年，弗朗切斯科．雷迪（Francesco Redi，義大利科學家、醫師）發表了一篇引發爭議的文章，題為〈關於昆蟲發生的實驗〉（Experiments on the Generation of Insects）。[2]雷迪的結論是，物質腐爛最先的一個跡象——蛆的出現，只可能來自於蒼蠅的卵，而非憑空生成，再度挑戰主張活力論的自然產生之說。[3]雷迪用薄棉布覆蓋一塊小牛肉或魚，空氣可以進去，但不容蒼蠅進入，牛或魚肉就沒有蛆蟲，可是同樣的肉如果暴露在空氣中，和蒼蠅接觸，就會長出大量的蛆蟲。先前的瘴氣理論主張，肉的分解是來自於它自身內部，或者來自飄浮在空氣中的瘴氣。雷迪認為當活細胞（蛆卵）由空氣落在肉上時，腐化就開始了。雷迪寫道：「Omne vivum ex vivo，一切生命都來自於生命。」簡而言之，有「實驗生物學創始人」之稱的雷迪所說的這段話，是魏修更大膽言論的前身。他提出生命源於生命——離細胞來自細胞的想法僅有一步之遙。

一八五九年，巴斯德在巴黎把雷迪的實驗更推進一步。[4]他把煮開的肉湯放入鵝頸瓶中，這是一種圓形的燒瓶，垂直的瓶頸彎曲成S形，就像天鵝的脖子。當巴斯德打開鵝頸瓶，肉湯保持無菌：空氣裡的微生物無法輕易穿過瓶頸的彎曲處。但如果他傾斜燒瓶，使肉湯暴露在空氣中，或砸開鵝頸，肉湯中就會長出混濁的微生物。巴斯德結論說，細菌細胞是由空氣和灰塵攜帶。敗壞或腐爛不是由於生物的內部分解——也不是內心的罪愆反映在內臟上，而是唯有當細菌細胞落在肉湯上，才會腐敗。

腐爛和疾病在表面上可能完全不同，但巴斯德在它們之間建立了攸關緊要的聯繫。他研究蠶的感染、酒的腐化，和在動物身上的炭疽病傳播。在所有這些例子裡，他都確定感染不是由於瘴氣的粒子在空中飄浮或神的錯誤，而是由於微生物（進入其他生物體，造成病理變化和組織退化的單細胞生物）入侵之故。

在德國的沃爾斯坦（Wollstein），羅伯特・柯霍（Robert Koch）是職位雖低但受過醫學訓練的年輕軍官，在臨時實驗室工作。他把巴斯德的理論作了最激進的發展。[5] 一八七六年初，他學會從受炭疽病感染的牛羊身上分離出病菌，並放在顯微鏡下觀察。[6] 它們是顫動的透明桿狀微生物，雖然看來脆弱，但卻可能會致命。這種病菌也可以形成圓形的休眠孢子，高度耐旱耐熱；如果加水，或讓它們與容易受影響的宿主（susceptible host）接觸，孢子就會由休眠狀態恢復到足以致命的活躍狀態，產生桿狀的炭疽桿菌，迅速繁殖，使這種病爆發。柯霍從感染炭疽病的牛隻身上採集了一滴血，用無菌的薄木片在老鼠尾巴上切開一個小開口，然後等待。在一八七六年前，從沒有其他科學家做過這樣的實驗，以系統、科學的方式把疾病由一種生物體轉移到另一種生物體上。迄今這依舊是生物學史上教人費解且難以置信的空檔期。

炭疽細菌會分泌一種殺死細胞的毒素，老鼠生出炭疽病灶，牠的脾臟又黑又腫，塞滿了已死亡的細胞，肺部也布滿了類似的黑色病變。當柯霍在顯微鏡下檢查老鼠的脾臟時，發現裡面充滿同樣的顫動桿狀細菌，周圍是老鼠數以百萬計的死細胞。接著他重複這個實驗——把病菌接種在老鼠身上，摘除牠的脾臟，再把一滴血滴到另一隻老鼠身上，整整重複了二十次。每一次，接受血液的老鼠都罹患炭疽病。

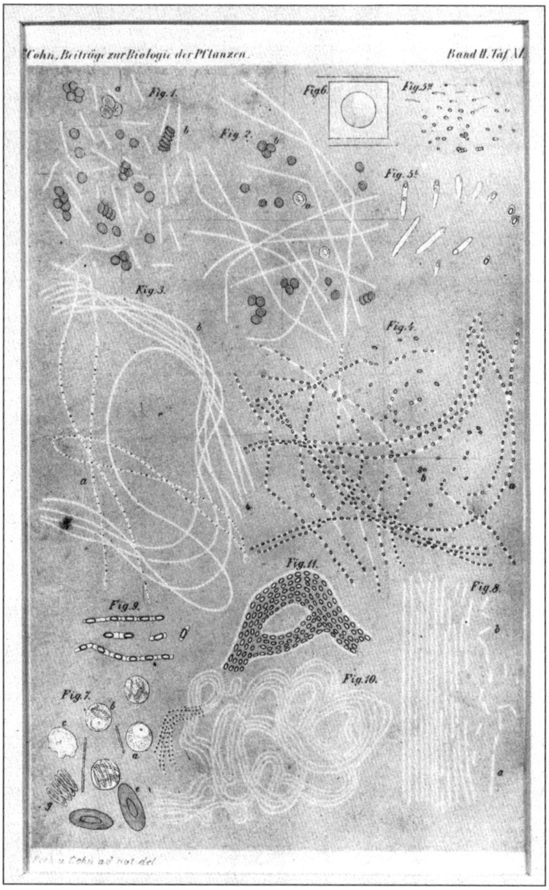

柯霍觀察炭疽桿菌所繪製的圖。注意桿菌的長鏈狀形式，以及微小的圓形孢子。

柯霍最後的一個實驗是最巧妙的一個：他打造了一間消毒玻璃室，把由死牛眼中提取的一滴液體懸在裡面。接著他把感染炭疽病小鼠的一塊脾臟注入這滴液體。同樣的桿狀細菌在液體中濃密生長，使得透明的液體因微生物細胞而變成黑色。

柯霍的實驗進展穩定而且井井有條——簡直像鑽子一樣精準。巴斯德則是藉著關聯推斷出因果關係：葡萄酒的腐敗與細菌的生長過度有關；肉湯的腐敗與它和微生物的接觸有關；而對照之下，柯霍想要更正式的因果關係架構。首先，他由患病的動物體內分離出微生物。接下來，他證明將病原體引入健康動物會引起同樣的疾病。然後他從接種過病原體的動物中重新分離出微生物，並在培養液中再次以純粹的形式培養這個微生物，並證明它可以重新創造這種疾病。怎麼可能有人不服這個邏輯？他在筆記中寫道：「鑑於這一事實，關於炭疽桿菌是否真的是炭疽病的病因和傳播者的懷疑，全都沉寂無聲了。」[7]

一八八四年，在柯霍完成炭疽實驗八年後，他用他的觀察和實驗提出了微生物疾病因果關係理論的四大原則。如果要說一種微生物導致某種特定疾病（例如，鏈球菌引起肺炎或炭疽桿菌造成炭疽病），他提出下列的主張：(1)這種生物體／微生物細胞必須存在於患病的個體中，而非存在於健康的個體；(2)微生物細胞必須由患病的個體分離培養；(3)健康個體接種了培養的微生物必須重現這種疾病的基本特徵；(4)必須由接種的個體中重新分離出這種微生物，並與原始微生物相符。＊

柯霍的實驗和他提出的原則在生物學和醫學中引起了廣泛的共鳴，也深深影響了巴斯德的思想。然而，儘管柯霍和巴斯德在想法上很接近（或許正因為如此），在接下來的幾十年裡，雙方展開了激烈的競爭。（當然，一八七〇年代的普法戰爭也並不鼓勵德法兩國的人民在科學發展方面建立友好的關

＊柯霍有關疾病因果關係的假設雖然適用於大多數傳染病，但並沒有考慮宿主因素，而且不容易應用於非傳染性疾病。例如，吸菸會導致肺癌，但並非所有的吸菸者都會罹患肺癌。二手菸雖然會導致肺癌，但你不能把癌症患者的香菸煙霧分離出來，再把疾病傳染給第二名病患。愛滋病毒無疑會導致愛滋病，但並不是每一個接觸愛滋病毒的人都會被病毒感染進而罹患愛滋病，因為宿主的遺傳會影響病毒進入細胞的能力。你無法由患有神經退化性疾病多發性硬化症（ＭＳ）的患者身上分離出微生物或病因，也無法把這個疾病傳染給另一個人。久而久之，流行病學家會制訂更廣泛的標準，來決定非傳染性疾病的因果關係。

係。）巴斯德關於炭疽病的論文幾乎與柯霍的著作同時出版，他幾乎帶著報復性的快感採用法文的專有名詞 bacteridia＊，並在含蓄的註腳中提及柯霍所用的專有名詞：「德國人所謂的 Bacillus anthracis。」[8]柯霍則以科學侮辱回敬他的嘲笑：一八八二年他在一本法國期刊上寫道：「到目前為止，巴斯德的炭疽研究並沒有得到任何結果。」[9]

歸根結柢，他們的科學爭論無傷大雅：巴斯德堅持，藉由在實驗室中重複培養，細菌細胞致病的能力可以減弱，或者用生物學術語來說，就是 attenuated（減毒，弱化）。巴斯德打算用減毒的炭疽病毒作為疫苗——減毒的細菌會增強免疫力，但不會致病。然而柯霍認為減毒是無稽之談，因為微生物的致病性是恆久不變的。到頭來，這兩位的理論都證明是正確的：有些微生物可以減毒，但有些則很難減弱。綜合起來，巴斯德和柯霍的研究為病理學指出了新的方向。他們證明，自主的活微生物細胞會導致腐敗和疾病——至少在動物模型和培養中是如此。

但微生物細胞引起的腐敗與**人類**的疾病之間有什麼關聯？第一個可能有關的提示來自匈牙利產科醫師伊格納茲．塞默維斯（Ignaz Semmelweis），一八四〇年代末期，他在維也納一家婦產科醫院擔任助理。[11]這個醫院分為兩區：第一診所和第二診所。在十九世紀，分娩造成死亡的可能幾乎和新生命降生一樣高。感染——產褥熱，或者比較通俗的說法，「產床熱（childbed fever）」——導致產婦在產後的死亡率由5％至10％不等。塞默維斯注意到一種奇特的模式：與第二診所相比，第一診所產婦的產褥熱死亡率高得多。和這種差異有關的八卦和謠言傳遍了維也納，成了公開的祕密。孕婦會懇求、哄騙或想盡辦法希望到第二診所分娩。有些婦女甚至明智地選擇在診所外進行所謂的「街頭分娩」，理由是在第一診所生孩子的風險比在街頭分娩高得多。

「在診所外分娩的人是受到什麼保護，才免於這些和地方相關的未知破壞性影響？」塞默維斯苦苦思索。[12]這是進行「自然」實驗的罕見機會：兩名婦女，情況相同，進入同一家醫院的兩扇門。其中一個抱著健康的新生兒出來；另一個則被送往太平間。為什麼？就像偵探淘汰可能的罪犯人選一樣，塞默維斯在心裡列出了一些原因的表單，然後再把它們一一排除。原因不是因為人潮過多、婦女的年齡、缺乏通風、分娩時間長短或病床之間的距離有多近。

一八四七年，塞默維斯的同事賈可布・柯雷契卡（Jacob Kolletschka）醫師在解剖時用手術刀割傷了自己，他很快就發燒並出現敗血症。塞默維斯不禁注意到柯雷契卡的症狀和患有產褥熱的婦女相似。[13]那麼，有個可能的答案：第一診所是由外科醫師和醫學生負責的，他們在病理科和產科病房之間任意穿梭——剛作完屍體解剖和驗屍就直接來接生。相對地，第二診所是由助產士負責，她們不接觸任何屍體，也從不作解剖。塞默維斯想知道是不戴手套就檢查婦女的醫學生和外科醫師是不是把某種物質——他稱之為「屍質材料」，由正在腐化的屍體轉入孕婦的身體。

塞默維斯堅持要求醫學生和外科醫師在進入產科病房之前，先用氯和水洗手。他仔細記錄這兩個診所的死亡情況。這樣做的效果非常驚人，第一診所的死亡率下降了90％。一八四七年四月，死亡率接近

＊法國科學家卡西米爾・德范（Casimir Davaine）也曾在炭疽標本中觀察到桿狀微生物，並把它稱為 bacteridia。巴斯德使用這個詞既是對他的法國同僚致敬，也是故意怠慢德國人。[10]

20%：五名產婦就有一名因產褥熱死亡。到了八月，在實行嚴格洗手後，新媽媽的死亡率已降至2%。

儘管結果令人震驚，但塞默維斯卻想像不出任何解釋。是血嗎？液體？某種粒子？維也納的資深外科醫師不相信細菌學說，對初級助理堅持要求他們進出診間要洗手也不予理會。塞默維斯遭到騷擾和嘲笑，不讓他晉升，最後遭醫院解僱。產褥熱其實是一種「醫師的瘟疫」——是因為醫師活動而造成、由醫師導致的疾病，這種想法很難讓維也納的教授接受。塞默維斯寫了語氣越來越沮喪、指責越來越嚴厲的信，寄給全歐洲的產科和外科醫師，他們全都認為塞默維斯是個怪人。最後他被攆回死氣沉沉的布達佩斯，精神崩潰；入療養院修養，卻遭守衛毆打，不但骨折，而且一腳壞疽。塞默維斯於一八六五年去世，很可能死於因受傷而造成的敗血症；也許是因為細菌——正是他試圖確定導致感染的「實質」物質。

一八五〇年代，塞默維斯遭解僱，回到布達佩斯後不久，一位名叫約翰．史諾（John Snow）的英國醫師正在追蹤肆虐倫敦蘇活（Soho）區的霍亂疫情。[14]史諾不僅以症狀和治療觀察疾病，還考慮到以地理和傳播作為致病因素：他直覺地懷疑這個流行病以特定的模式在特定的地區和環境發展，或許能為病因提供線索。史諾請當地居民指出每一個病例的時間和地點。然後他開始在時間和空間上倒退追蹤感染，就彷彿倒退看電影——尋找起源、來源和原因。

史諾的結論是，疫情的來源並不是飄浮在空氣中看不見的瘴氣，而是來自布羅德街（Broad Street）一個特定抽水機的水，疫病似乎由那裡向外蔓延——或者更確切地說，向外流動，就像一塊石頭扔進池塘裡激起漣漪一樣。史諾後來繪製疫情地圖時，每一個死亡病例都用一塊長條圖案標記，結果這些長條都圍繞著那個抽水機。（大部分流行病學家比較熟悉的是後來在一九六〇年代繪製的地圖，病例是以圓點標記。）「我發現幾乎所有的死亡病例都距離〔布羅德街〕抽水機不遠，」史諾寫道：「在明顯靠近另一條街抽水機的房子，只有十人死亡，其中五個病例，死者家屬告訴我，他們總是去布羅德街取水，因為他們比較喜歡那裡的水，而不是比較

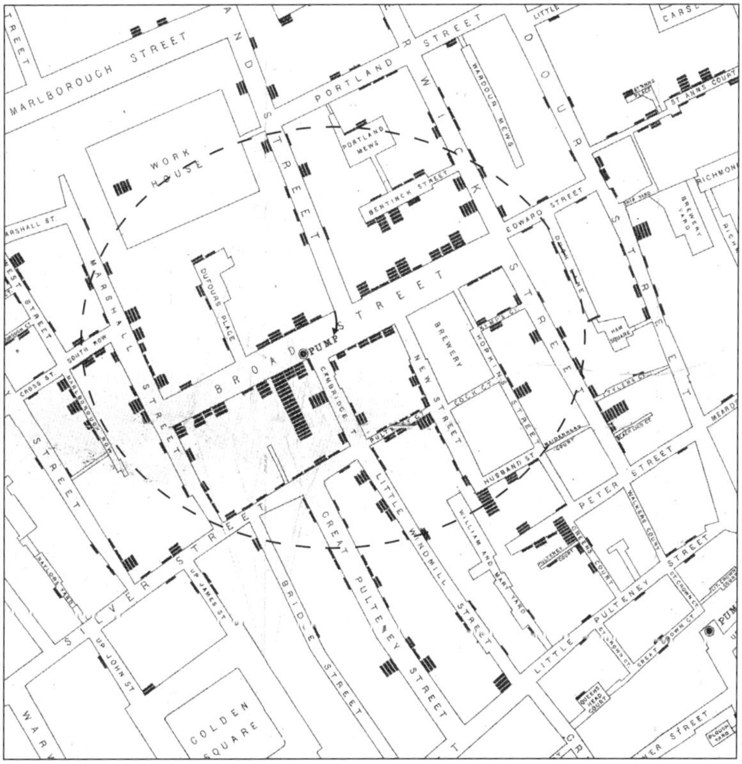

史諾在一八五〇年代繪製的原畫，描繪了圍繞倫敦布羅德街抽水機的霍亂病例。箭頭顯示抽水機的位置（由作者補充）。每戶的病例數由史諾以長條形的高度作為標記（注意史諾所標出地區外的圓圈，由作者補充）。

近這座抽水機的水。在另外三個病例中，死者都是在布羅德街抽水機附近上學的孩子。」[15]

但那個汙染源攜帶的是什麼物質？一八五五年，史諾開始在顯微鏡下檢查那裡的水。他相信它一定是能夠繁殖的東西；某種粒子，具有能夠感染和再度感染人類的結構和功能。他在《論霍亂的傳播方式》（*On the Mode of Communication of Cholera*）一書中寫道：「對於具有繁殖自己特性的霍亂致病物質，它必須有某種結構，最有可能的是細胞的結構。」[16]

這是深刻的見解，尤其是它使用了「細胞」一詞。史諾已經在本質上部分統一了三個截然不同的理論和醫學領域。第一個是流行病學，試圖由總體上解釋人類疾病的**模式**。流行病學（epidemiology）這門學科，「盤旋」在人的上方——它的字根來自 epi（在上方）和 demo（人）。這門學科要了解人類疾病在各種人群中傳播的情況、它發病率和流行程度的增減，以及它們在特定地域的存在與否，或實體分布的情況——例如和布羅德街抽水幫浦的距離。基本上，這是一門以評估風險為目標的學科。

但史諾也把流行病學的理論推向病理學的理論，由推斷的風險到實質的物質。在那水中的某個**物體**——也就是細胞，是導致感染的原因。地域，或者疾病的分布圖，只是疾病根本原因的線索；它是實體物質在時間和空間中移動的標記，是引發疾病的原因。

第二個領域——細菌學說，仍處於起步階段，它提出了下列觀念：傳染病是由微生物侵入身體，並擾亂其生理機能所引起的。

第三個是最大膽的一個領域：細胞學說，它主張導致疾病的隱形微生物其實是一種獨立的、活的生物體——是汙染了水的細胞。史諾沒有看過顯微鏡下的霍亂桿菌，但他憑直覺認定致病因子必須能夠在體內複製，重新進入汙水，並重新開始傳染的循環。傳染的單位必須是能夠自我複製的生命體。

就在寫這個段落時，我突然想到這個架構——細菌、細胞、潛在風險，仍然是醫學診斷技巧的基礎。我意識到自己每一次診察病人，就會透過三個基本問題來探究他或她的病因。它是不是來自外源因素，例如細菌或病毒？是不是因為細胞生理的內源失調？是不是特定風險的結果，比如接觸某種病原體、家族史，或是環境毒素？

多年前我還是年輕的腫瘤科醫師，有個來求診的病人是原本健康良好的教授。他突然感到反覆發作的疲勞，強烈到一連幾天他都無法抬起四肢下床。他多次向多位專科醫師求診，被診斷出各種可以想得到的疾病：慢性疲勞症候群、狼瘡、憂鬱症、心身症，原發位置未明癌症。這張含混不清的表一直在繼續增加。

除了診斷出他患有慢性貧血的血液檢查外，其他所有的檢查結果均為陰性。然而紅血球數量低是疾病的症狀，而非原因。同時他虛弱的情況繼續無情地蔓延。他的背上出現了奇怪的皮疹——又是一種原因不明的症狀。幾天後，這個病人又回到診所來，依舊沒有任何診斷結果。X光顯示他肺部周圍兩層的胸膜囊中有一層液體薄膜聚積，於是我確定了診斷結果，當然就是一直隱藏在體內的癌症。我把注射筒插入他的兩根肋骨之間，抽取少量液體，送往病理實驗室。我確信液體中一定可以發現癌細胞，我們就能破案。

然而，在送病人進行進一步的掃描和切片檢查之前，我卻感到一點疑慮。我的直覺起而反對我自己確定的診斷，所以我把他送到我所認識最好的一位內科醫師那裡去（一位不食人間煙火的怪人，有時他看起來幾乎就像是來自另一世紀的過時醫師。這位「醫師中的普魯斯特（Marcel Proust）」曾經建議過我「別忘了聞聞病人的氣味」，然後列出了僅憑氣味即可診斷的疾病；我站在他的辦公室裡，邊聽邊記，感到有點困惑）。

一天後，這位內科醫師來電。

我有沒有向病患詢問過潛在的風險？

我含含糊糊地說「有」，但卻羞愧地意識到自己的評估完全集中在癌症上。

我知不知道我的病人在他人生的頭三年都在印度？這位內科醫師問道。或者，我知不知道自從那時起，他已經去過印度好幾次？我沒想到要問這些問題。病人告訴我他從小就住在麻州貝爾蒙特（Belmont），但我沒有進一步探究，細問他出生的地方，或者他什麼時候移居美國。

「那你把肺部的液體送去細菌實驗室了嗎？」明智的普魯斯特醫師問道。

這時我已經臉紅了。

「為什麼？」

「因為這當然是再度活化的結核病。」

幸好實驗室保留了我送去的一半液體。不到三週，它就長出了結核病的病原體——結核桿菌。這名病人接受了適當的抗生素治療，慢慢康復。幾個月後，他所有的症狀都消失了。

整個事件都是關於謙遜的教訓。直到今天，當我看到病因無法診斷的病患，總會想到史諾和我那位喜歡嗅聞病人氣味的內科醫師朋友，輕聲向自己嘀咕：細菌、細胞、潛在風險。

細菌學說應用在醫學上，造成了革命性的改變。一八六四年，正是巴斯德完成他的腐敗實驗後幾年（比柯霍不容置疑地證明微生物在動物模型中會致病早了十多年），在蘇格蘭的格拉斯哥，一位名叫約瑟夫．李斯特（Joseph Lister）的年輕外科醫師偶然發現了巴斯德的論文《腐敗研究》（*Recherches sur la putrefaction*）。他靈機一動，把巴斯德在鵝頸燒瓶中親眼目睹的腐敗現象以及他在病房看到的外科感染聯想在一起。即使在古印度和埃及，醫師都會用煮沸的方法來清潔他們所用的器械，然而在李斯特的時代，外科醫師並不關心微生物汙染的可能。[17]手術的過程極不講究衛生，就彷彿刻意違背任何有關衛生的歷史知識。比如醫師由一名患者的傷口抽出沾滿膿液的手術探針，未經消毒就又插入另一個人的體內。外科醫師甚至用「值得讚揚的膿」（laudable pus）這個詞，因為他們認為膿液是痊癒過程的一部分。如果手術刀落在滿是血跡和膿液的手術室地板上，外科醫師只是用他同樣被汙染的圍裙擦拭一下，然後在下一個病人身上繼續使用同一器械。

李斯特決定把他的手術器械放進溶液中煮沸，這種溶液必須能殺死他認為會造成感染的細菌。但要放進什麼溶液？他知道人們用石炭酸去除汙水和廢水的腐敗惡臭；他想，果真如此，它就很可能殺死汙水周遭環境中造成瘴氣的細菌。於是他再度發揮靈感，把手術器械放在石炭酸裡煮沸，結果病人術後感染的比率急劇下降。傷口癒合迅速，敗血性休克——外科手術的可怕剋星，在病例中也驟減。外科醫師起先抵制李斯特的理論，但資料越來越不容置疑。就像塞默維斯一樣，李斯特也把細菌學說應用在行醫上。

由一八六〇年代到一九五〇年代，在不到一個世紀的時間裡，因為發明了可以殺死微生物細胞的抗生素藥物，而使預防感染的方法由僅有的無菌、衛生，和消毒殺菌等這些已經證實有效的方式大幅擴展。其中第一種藥物在一九一〇年出現，這是一種砷衍生物，稱為砷凡納明（Arsphenamine），保羅・埃利希（Paul Ehrlich）和秦佐八郎兩位醫師發現它可以殺死引起梅毒的微生物。[18]接著很快地就出現了似乎無窮盡的抗生素，其中包括青黴素，一種由真菌分泌的抗菌化學物質，一九二八年由亞歷山大・弗萊明（Alexander Fleming）在發黴的培養皿中發現，[19]還有抗結核藥物鏈黴素，由亞伯特・沙茲（Albert Schatz）和塞爾曼・瓦克斯曼（Selman Waksman）於一九四三年由土壤中的細菌分離出來。[20]

改變醫學面貌的藥物——抗生素通常能發揮作用，是因為它們攻擊區別微生物細胞和宿主細胞的事物。青黴素會殺死合成細胞壁的細菌酶，導致細菌的細胞壁上有「洞」。人體的細胞沒有這些特殊類型的細胞壁，因此針對依賴細胞壁完整的細菌種類，青黴素就成為靈丹妙藥。

每一種強效的抗生素——多西環素（doxycycline）、立汎黴素（rifampin）、左氧氟沙星（levofloxacin），都可以識別有別於細菌細胞的某種人類細胞分子成分。由這個意義來看，每一種抗生素都是一種「細胞藥物」——一種依賴微生物細胞和人類細胞之間區別的藥物。我們對細胞生物學了解得更多，就會發現更細微的區別，而且可以學習創造更有效的抗菌藥物。

在我們離開抗生素和微生物的世界之前，讓我們暫時談一下細胞生命形式的區別。地球上的每一個細胞——也就是說每一個生物的每一個單位，都屬於三個完全不同的生物體的域（domains）或分支中之一。第一個分支由細菌組成：由細胞膜包覆的單細胞生物體，缺乏在動物和植物細胞中所發現的特定細胞結構，並具有其他屬於它們的獨特結構。（正是這些差異，構成上述抗菌藥物特異性的基礎。）

細菌非常凶猛，非常詭異、十分成功，教人非常不安。它們主宰了細胞世界。我們把它們想成病原體——巴通氏菌（bartonella）、肺炎球菌、沙門氏菌，因為有些細菌會引起疾病。但我們的皮膚、腸道和口腔中卻充滿了數十億不會引起任何疾病的細菌。（科普作家艾德・楊〔Ed Yong〕的開創性著作《我擁群像：栽進體內的微米宇宙，看生物如何與看不見的微生物互相算計、威脅、合作、保護，塑造大自然的全貌》〔*I Contain Multitudes: The Microbes Within Us and a Grander View of Life*〕[21]提供了我們與細菌親密且通常共生的契約全貌。）其實，細菌不是無害，就是實際上對我們有所幫助。在腸道內，它們有助消化。有些研究人員猜想，細菌在皮膚上可以抑制比它們有害得多的微生物移生（colonization）。有一位傳染病專家曾告訴我，人類只是「攜帶細菌行走世界各地的漂亮行李箱」。他可能是對的。[22]

細菌的數量之多和韌性之強教人震驚。有些細菌活在海底熱泉噴口，那裡的水溫接近沸點；它們可以不費吹灰之力，就在熱氣騰騰的開水壺裡茁壯生長。有些細菌在胃酸裡欣欣向榮。有些則似乎同樣輕而易舉地生活在地球上最冷的地方，那裡的土地一年有十個月都凍結成硬梆梆穿不透的苔原。細菌能夠自主、移動、溝通和繁殖，它們具有強大的體內平衡機制，可以維持內部的環境。它們是完全自給自足的隱士，但也可以合作共享資源。

我們——你和我，位於第二個分支或域，稱為真核生物（eukaryotes）。*eukaryote* 這個字是一個學術用語：它是指我們的細胞以及動物、真菌和植物的細胞，都含有一種特殊的結構，稱為細胞核

（*karyon*，希臘文「核」之意）。我們很快就會看到，這個核是貯存染色體的地點。細菌沒有細胞核，因此稱為prokaryotes（原核生物）——即「在細胞核之前」。與細菌相比，我們是脆弱、單薄、挑剔的生物，居住在有限得多的環境和限制的生態區位（ecological niche）。

另外還有第三個分支：古菌（archaea）。這個完整的生物分支直到約五十年前一直都沒人發現，這可能是分類學史上最不可思議的驚人事實。一九七〇年代中期，伊利諾大學厄巴納－香檳（Urbana-Champaign）分校的生物學教授卡爾．烏斯（Carl Woese）用比較遺傳學——各種生物體基因之間的比較，推斷我們不僅僅把某個神祕的微生物分類錯誤，而且把**整個生命領域**都分錯。[23]幾十年來，烏斯打了一場激烈但孤獨而痛苦的戰爭，讓他身心俱疲。他堅持認為，分類法不僅錯失了重點，而且遺漏了生命的一整個域。烏斯認為，古菌並非「幾乎就像」細菌或「幾乎就像」真核生物。[24]（「幾乎就像」是父母對孩子說：「走開，別煩我。」的分類學家版本。）

許多著名的生物學家都嘲笑烏斯，或乾脆對他的研究視而不見。一九九八年，生物學家恩斯特．邁爾（Ernst Mayr）就寫了一篇關於烏斯的文章，[25]擺出好為人師的優越態度（「演化是表型的事……而非基因」），徹底誤解了烏斯的意思，烏斯爭論的焦點並不是演化，而是分類學——這正和基因息息相關。蝙蝠和鳥類可能有幾乎相同的身體特徵或表型，但牠們**基因**的差異洩露了祕密：牠們屬於不同的分類單元。《科學》期刊把烏斯描述為「傷痕累累的革命志士」。[26]然而在幾十年後，我們大致上已經接受、認可，和證實了烏斯的理論，因此古菌現在被歸類為獨特的第三域生物。

從表面上看，古菌大體和細菌相像。它們很微小，而且缺乏某些與動植物細胞相關的結構。但毫無疑問，它們與細菌、植物、動物，和真菌細胞不同。事實上，我們對它們的了解相對較少。就如倫敦大學學院（University College London）的演化生物學家尼克・連恩（Nick Lane）在他的書《生命之源：能量、演化與複雜生命的起源》（*The Vital Question: Energy, Evolution, and the Origins of Complex Life*）[27]中所寫的，它們是生命王國中的柴郡貓（Cheshire cats，《愛麗絲夢遊仙境》中的笑臉貓，即使身體消失，仍在空中留下一抹笑容）：對完整的故事而言絕對必要，但堅持「唯有因為它們缺席，它們才因而存在」——換句話說，是因為它們缺乏其他兩個領域的典型特徵，部分原因是我們一直忽視對它們的研究，直到最近。

這種把生命畫分為主要領域的做法，使我們又回到細胞故事軌跡另一個基本的區別。其實在這裡有兩個故事相互交叉，第一個是細胞生物學的歷史。我們已在這第一個故事中越過了廣闊的領土：在一六〇〇年代後期，由雷文霍克到虎克對細胞的想像，到兩個世紀後發現組織和器官；以及由巴斯德和柯霍發現細菌是腐敗和疾病的原因，到埃利希在一九一〇年合成第一種抗生素。我們已經從細胞生理學的起源——拉斯帕伊極具先見之明的「每個細胞都是〔……〕一種實驗室」，到年輕的魏修大膽地提出，細胞是正常的生理和病理兩者的所在地。

但那是細胞生物學的歷史，不是細胞的歷史。細胞的歷史還要更早數十億年，讓細胞生物學的歷史相形見絀。第一批細胞——我們的祖先中最簡單、最原始的一批——大約於三十五億至四十億年前在地球上出現，約是地球誕生後七億年。（仔細想想，這是一段非常短的時間；在生物開始繁衍之前，地球的歷史大約僅過了五分之一）那「第一個細胞」是怎麼出現的？它看起來像什麼？演化生物學家已經為解決這些問題努力了數十年。最簡單的細胞——稱為「原始細胞」（protocell），必須擁有可以自我複製的遺傳訊息系統。這個細胞最初的複製系統幾乎可以肯定是由一種稱為核糖核酸或RNA的鏈狀分子構成的。確實，在實驗室的實驗中，簡單的化學物質放置在類似於原始地球上大氣條件的情況下，被困在幾層的土壤中，可以產生RNA前體，甚至鏈狀的RNA分子。

但由RNA鏈轉變到**自我複製**的RNA分子是不小的演化壯舉。最有可能的是需要**兩個**這樣的分子——一個作為模板（即訊息攜帶者），另一個用來於製作模板的複本（即複製者）。

當這兩個RNA分子——模板和複製者相遇時，恐怕是我們這個活生生的星球歷史上最重要、最爆炸性的演化愛情事件。但這兩個戀人必須避免分離；如果兩條RNA鏈彼此飄開，就不會有複製，接下來也就不會有細胞生命。因此可能需要某種結構——一種球形的膜，來限制這些成分。

這三個成分（膜、RNA訊息載體，和複製者）可能已經界定了第一個細胞。[28]如果一個自我複製的RNA系統被球形的膜束縛，就會在球體範圍內產生更多的RNA複本，並藉著把膜擴大，增大球體的尺寸。

生物學家認為，在某個時刻，膜所束縛的球體會分裂成兩部分，各自攜帶RNA複製系統。[29]（在實驗室實驗中，傑克・索斯塔克〔Jack Szostak〕和同僚已經證明了簡單的球體結構受到脂肪分子形成的膜束縛，可以吸收更多的脂肪分子、成長，最後一分為二。）從那時開始，原始細胞將展開漫長的演化行軍，朝現代細胞的祖先邁進。演化會選擇細胞越來越複雜的特性，最後用DNA取代RNA作為訊息載體。

大約在三十億年前，細菌由這個簡單的祖先演化而來，迄今仍在繼續演化。*古菌可能至少與細菌一樣古老，大約在同一時間出現——儘管確切的日期仍然在喧鬧而激烈的爭論，它們也繼續存在，並持續發展迄今。

但是非細菌、非古菌的細胞呢——換句話說，就是我們的細胞呢？大約二十億年前（確切的日期再次眾說紛紜），演化發生了奇怪且難以解釋的轉變。那就是地球上出現了一種細胞，是人類細胞、植物細胞、真菌細胞和變形蟲細胞的共同祖先。正如連恩所說，「這個祖先顯然是一種『現代』細胞，具有精緻的內部結構和前所未有的分子活力，全都是由數千個大部分在細菌中所沒有新基因編碼的複雜奈米機器所驅動。」[30]新證據顯示這種「現代」真核細胞起源於古菌**之內**。[31]換句話說，生命只有**兩個**主要的領域——細菌和古菌，而真核生物（「我們的」細胞）則代表了古菌領域中相對較新的一個分支。也許，我們是後來的生命，是生命的兩個主要領域雕刻後剩下的鋸屑。

在接下來的各部和章節中，我們將要見到這個現代的細胞。我們將看到它複雜的內部結構。我們會發現它「前所未有的分子活力」，讓它得以繁殖和發展。我們將會了解有組織的細胞**系統**——具有特殊形式和功能的多細胞系統如何促使器官和器官系統的形成和功能，維持身體的穩定性，修復骨折的腳踝，對抗腐壞。我們也將設想一個未來，能運用這些知識來開發藥物，構建新人類的功能部位來改善或治癒疾病。

＊本書並沒有涵蓋這整個第三類細胞生物——古菌，只會簡短提及。有些生物學家主張，現代細胞的特性可以解釋為細菌和古菌之間的某種合作集合，但關於古菌或某種共同祖先的演化對有核細胞（也就是我們的現代細胞）的演化有多大的貢獻，還有爭議。這些論點對於探索生命早期歷史的演化生物學家十分重要，但不屬於本書的討論範圍。

但有一個問題我們不會回答，或許也不能回答。現代細胞的起源是演化之謎。它似乎只留下了它祖先或血統最稀有的指紋，沒有其他第二或第三代堂表兄弟姊妹的痕跡，沒有仍然存活足夠親近的同輩，沒有中介形式。連恩稱之為「無法解釋的空虛……位於生物學核心的黑洞。」[32]

我們很快將轉向這種現代真核細胞的結構、功能、發展和專門化。但就是這第二個故事——關於我們細胞的起源，本書和演化科學都還無法充分說明。

第二部

一與多

organism（生物體）和organized（組織化）這兩個字有共同的字根。兩個字都來自希臘文「organon」（後來成為拉丁文的「organum」），指的是一種儀器或工具，或甚至是一種邏輯方法，設計來實現某個目標。如果細胞是生命的基本單位——形成生物體的活工具，那麼「設計」它的目的是要它做什麼？

首先，它已經演化到可以自主，成為一個可以存活的獨立活單元。而反過來，這種自主性又依賴於組織——取決於細胞的內部結構。細胞不是一團化學物質；它的內部具有獨特的結構，或次單元，使它能夠獨立發揮功能。次單元被設計成可以供應能量、丟棄廢物、貯存營養物質、隔離有毒產品，並維持細胞的內部環境。第二、細胞是設計來繁殖，讓一個細胞可以產生填充這個生物體的所有其他細胞。最後，對於多細胞生物體，細胞（或至少第一個細胞）是設計來產生差異，並發育成其他專門的細胞，以形成身體的各個部分——組織、器官、器官系統。

因此，這些就是細胞的首要也是最基本的屬性：自主性、繁殖和發育。*

幾個世紀以來，我們一直都認為這些基本特性堅不可摧。細胞的內在結構及其內部的恆定狀態（homeostasis，體內平衡）是細胞內部和內在的黑盒子，而在子宮內發生的繁殖和發育，則是另一個黑盒子。但隨著我們對細胞的認識加深，我們發現自己能夠撬開這些黑盒子，並改變活單元的基本特性。我們能不能修復功能發生缺陷的細胞次單元——如果能，可以達到什麼程度？我們能不能創造具有不同類型內部環境、不同下層結構，因此擁有不同特性的細胞？如果我們能夠讓人類在子宮外繁殖，如我們現在已經在做的這樣，那麼這種由人工創造的胚胎能不能接受基因操作？改動生命最初基本屬性可容許的限制和危險是什麼？

組織化的細胞：細胞的內部結構

給我一個具有生命的有機囊泡（細胞），我就可以還你整個有組織的世界。[1]

——法杭索瓦—文森・拉斯帕伊

細胞生物學終於讓百年夢想成為可能：在細胞的層次上分析疾病，邁向最終控制它們的第一步。[2]

——喬治・帕拉德（George Palade）

魏修在一八五二年提出，「細胞是一個封閉的生命單元，本身就具有〔……〕管轄它生存的法

＊在單細胞生物中，我們可以把「發育」視為這個生物體的成熟。單細胞微生物的成熟現在已經獲得大家的公認。在多細胞生物中，發育比較複雜。它綜合了細胞增殖、成熟、移動到不同位置、與其他細胞的聯結，以及它們形成具有特殊功能的特殊結構，以構成器官和組織。

則。」[3]首先，一個受約束的、自主的活單元——一個具有管轄它生存法則的「封閉的單元」——必須要有個邊界。

這層膜界定了邊界；自我的外部界限。身體以多細胞的膜（皮膚）為界，心靈也是如此，以另一層膜——自我——為界。房屋和國家亦然。要界定內在的環境就是要定義它的邊緣——在內部結束之處，外部就開始了。沒有邊緣，就沒有自我。要成為一個細胞，要以細胞的身分存在，就必須把它自己與非自己區分開來。

但細胞的邊界是什麼？哪裡是一個細胞的結束，另一個細胞的開始？它同樣也是以圍繞它的一層膜作為開始和結束。

這層膜呈現了一個自相矛盾的焦點。如果它是密封的，不允許任何事物進出，那麼它可以維持它內部的完整。但如此一來，細胞如何處理生存時不可避免的要求和責任？細胞需要孔洞，才能容許營養物質進出。它需要嵌合對接點（docks）接收並處理來自外部的訊號。如果生物體處於飢餓狀態，細胞必須節約食物並暫停新陳代謝，該怎麼辦？細胞必須排泄廢物——但再一次地，在哪裡，或者該如何做一個開口來排除它？

每一個這樣的開口都是完整規則的例外；畢竟，通往外面的門口也是通往裡面的門口。病毒或其他微生物可能利用吸收營養或處理廢物的途徑進入細胞。簡而言之，孔隙代表了生命的一個基本特徵，但同時也是生命的一個基本弱點。完全密封的細胞是完全死亡的細胞。但透過入口打開封膜，會使細胞受到潛在的傷害。細胞必須包括這兩者：對外封閉，但又要對外開放。

但細胞膜是由什麼構成的？一八九〇年代，生理學家恩斯特・奧弗頓（Ernest Overton，順帶一提，他也是查爾斯·達爾文的表親）把各種細胞浸在數百種含有不同物質的溶液中。他發現可溶於油的化學物質往往會進入細胞，而不溶於油的化學物質則通常無法進入細胞。他得出的結論是，細胞膜一定是油性的層面，只是他無法解釋如離子或糖這種不溶於脂肪的物質怎麼能進出細胞。[4]

奧弗頓的觀察加深了這個謎團。細胞膜是厚還是薄？它是由一層脂肪分子（稱為脂質 lipids*）排成單排組成的，還是多層的結構？

兩位生理學家獨具匠心的研究解釋了細胞膜的結構。一九二〇年代，艾佛特·戈特（Evert Gorter）和法杭索瓦·格蘭德爾（François Grendel）由某個確定數量的紅血球表面提取所有的脂肪，然後把分子以單層攤開，並計算其表面積，接著他們再確定這些細胞膜所屬細胞的表面積。[5]紅血球表面所提取脂質的表面積幾乎是紅血球總表面積的兩倍。

這個數字顯示了一個意想不到的事實：細胞膜必然具有兩層脂質，是雙層脂膜。想像一下，兩張紙背靠背黏在一起，然後做成三度空間的物體——比如氣球。如果氣球是細胞，那麼這兩張紙就形成了雙層細胞膜。

這個拼圖的最後一片——像糖或離子等分子怎麼進出雙層脂質，以及細胞如何與它的外部溝通，這個問題在戈特和格蘭德爾的實驗之後近五十年，於一九七二年解決。[6]葛斯·尼可森（Garth Nicolson）和西摩·辛格（Seymour Singer）這兩位生化學家提出了一種模型，蛋白質嵌在細胞膜上，就像活板門

＊它的成分後來經進一步細分：最大量的是特殊種類的脂質，它們攜帶了帶電分子（磷酸鹽）作為「頭部」，並有一長段的碳作為它的「尾巴」。另外還發現脂質膜內嵌入了其他分子，例如膽固醇。

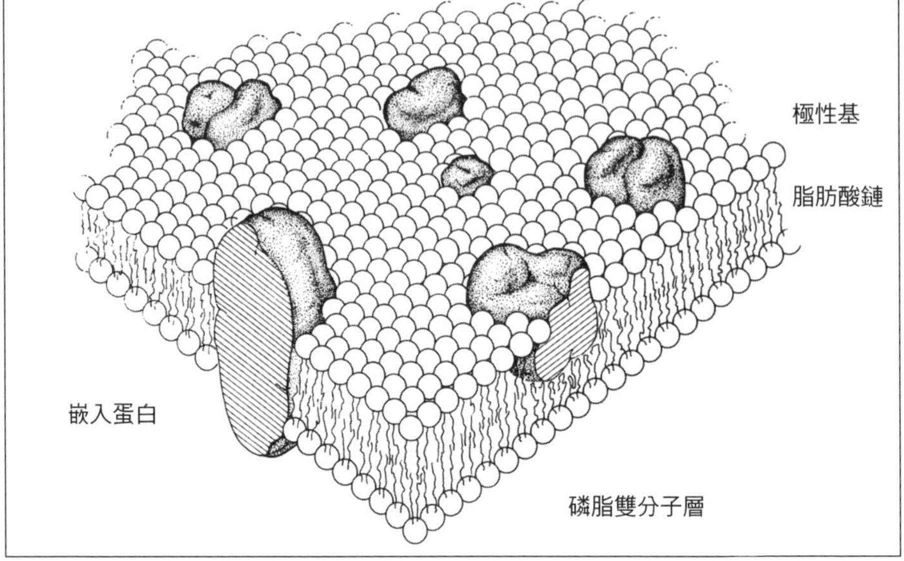

細胞膜結構示意模型。注意雙層脂質，圓頭朝外和朝內，中間有一條長尾巴。頭部代表帶電的磷酸鹽，可溶於水（因此面向內和外），而附著在磷酸鹽上的尾部是一長串不溶於水的碳和氫分子（因此面向上下雙層的內部）。漂浮在膜中的團狀結構是蛋白質，如通道、受體和孔隙等。

或通道一樣橫跨在上面。脂質雙分子層（lipid bilayer）並不整齊，也並非毫不變化；它的設計是多孔的。蛋白質漂浮在膜上，從內跨向外，容許分子滲透這層膜，也讓其他蛋白質和分子與細胞外部結合。

注意膜的鑲嵌狀結構，多個組件點刻在一起，尼可森和辛格稱之為細胞膜的液態鑲嵌模型——後來電子顯微鏡證明這個模型是正確的。

如果我們把自己想像成如太空人探索一艘不熟悉的太空船一樣，進入並探索細胞的內部，或許比較簡單。由遠處，你可能會看到細胞的外部輪廓：卵母細胞灰白色的橢圓形球體，或紅血球的深紅色圓盤。

在你靠近細胞膜時，你可能會更清晰地看到它的外層。漂浮在液態表面的是蛋白質，有些可能是訊號的受體，其他可能發揮像分子膠一樣的功能，把一個細胞附著到另一個細胞上。這其中有些可能是通道。如果幸運，你可能會看到一個養分或離子悄悄通過孔洞，進入細胞。

現在，你也可以「登上」這艘太空船。你會潛入船身，亦即進入雙層細胞膜，快速穿過兩層之間的空間，這裡只有大約十奈米厚，比人類頭髮絲還要細一萬倍。然後你就進入裡面。

你環顧四周和上方：現在細胞膜的內層會懸在你的上方，就像你由海洋下面看它的液體表面一樣。你還會看到蛋白質的內部懸在你頭上，就像浮標的底盤。

首先，你可能會游過細胞的內部液體，稱為原生質（protoplasm）、細胞質（cytoplasm），或是細胞質液（cytosol）。原生質是十九世紀生物學家在活細胞和活生物中發現的「生命液體」。*儘管許多細胞生物學家都注意到細胞內有液體存在，但頭一位使用這個術語的學者是一八四〇年代的胡戈．馮．莫爾。原生質是化學混合物，複雜得教人吃驚，在有些地方，它呈黏稠膠狀；但在其他地方，它則像水

＊原生質無比重要，因此在一八五〇年代，發生激烈的爭論：是否應該說原生質（而非細胞）才是生命單一的基礎？細胞只是容納它的容器。德國細胞生物學家雷馬克是這種觀點最有力的擁護者。最後細胞學說派獲勝，而「原生質論者」則採取妥協的立場，認為儘管細胞位居首要，但每個細胞本身都含有這種不可或缺的液體。在細胞的原生質內發現多種其他胞器，也可能沖淡了原生質是生物體唯一必要且充足的組成要素之觀點。

一樣。[*]它是維持生命的膠狀體。

在一八四〇年代馮・莫爾對原生質的研究之後，有近半個世紀的時間，細胞生物學家都把細胞想像成是充滿了不定形液體的液態氣球。但是一旦你進入細胞，可能會注意到的第一件事就是，細胞質具有維持細胞形態的分子「骨架」，就像維持生物體形態的骨架一樣。[†]這種支架稱為細胞骨架（cytoskeleton），主要是由一種稱為肌動蛋白（actin）的繩狀蛋白質細絲，和一種稱為微管蛋白（tubulin）的蛋白質產生的管狀結構所組成。[‡]不過，這些縱橫在細胞上的繩狀結構與骨骼的不同之處在於，它既非靜態，也不僅是結構性的而已。它們形成了一個內在的組織系統。細胞骨架把細胞的各個組成部分連接在一起，在細胞運動時也需要它。當白血球朝微生物移動時，會用肌動蛋白絲和其他蛋白質來推動它的觸角向前移動，它的前端膠凝（gelling）和去膠凝（un-gelling），就像外星生物的外質運動（ectoplasmic movement）一樣。[7]

數以千計的蛋白質與細胞骨架結合，或者漂浮在原生質液中，使細胞能夠作出生命反應（呼吸、新陳代謝、廢物處理）。當你游過原生質時，一定會遇到一種極其重要的特別分子：一種長鏈狀分子，稱為核糖核酸或RNA。

RNA鏈由四個次單元組成：腺嘌呤（A）、胞嘧啶（C）、尿嘧啶（U）和鳥嘌呤（G）。一條鏈可能由ACUGGUUUCCGUCCGGGCCC數千個這樣的次單元組成。這條鏈攜帶建構蛋白質的訊息或代碼。[#]你可以把它想成一組指令；就像沿著一條帶子延伸的摩斯電碼。在細胞核中新產生的一種特定RNA可能攜帶著建構如胰島素等的指令抵達。其他編碼不同蛋白質的鏈則可能會漂過去。

這些指令如何解碼？朝左右看一下，你就會發現一種稱為核糖體的巨型大分子結構，這是一種多部分的組合體，羅馬尼亞裔美國細胞生物學家喬治．帕拉德在一九四〇年代首次描述它的存在。[8]你絕不會錯過它：比如一個肝細胞就含有數百萬個核糖體。核糖體捕捉RNA，並把它們的指令解碼，以合成蛋白質。這個細胞蛋白質工廠本身是由蛋白質和RNA組成的。這是生命中又一個令人著迷的遞迴（recursion），在這個遞迴中，蛋白質使得製造其他蛋白質成為可能。

建構蛋白質是細胞的主要任務之一。蛋白質形成控制生命化學反應的酶。它們創建細胞的結構組件。它們是來自外部訊號的受體。它們在膜上形成孔和通道，以及回應刺激而開關基因的調節器。蛋白質是細胞的重要設備。

你可能還會遇到另一種大分子結構，形狀像管狀絞肉機。它是細胞的垃圾壓縮機——蛋白酶體（proteasome），蛋白質在這裡死亡。蛋白酶體把蛋白質降解為它們的組成成分，並把壓碎後的碎片彈

＊原生質物理特性的變化——水狀、半流體或像稠密的果凍——已成為近來研究日益重要的焦點。懸浮在細胞內的化學物質累積起來形成水滴狀，可以作為特定生化反應的場所。這種界定的「相」（phases，它們被如此稱呼）在許多關鍵反應中的重要性已經充分證實，並且在繼續探索其他的反應。

†一九〇四年，植物學家尼古拉．柯斯托夫（Nikolai Kolstov）是最早提出原生質具有這種有組織內部結構性質的人之一。後來用高倍數的顯微鏡觀察細胞骨架的各種元素時，證明了柯斯托夫正確。

‡其他蛋白質也對細胞骨架有貢獻。第三種類型的蛋白質稱為中間絲（intermediate filament），在某些細胞中也是細胞骨架的一部分。構成各種中間絲的蛋白質有七十多種。

#RNA還有多種其他功能，包括調節基因的開啟和關閉，以及協助蛋白質的合成，但在這裡我們把重點放在它的編碼功能。

入原生質，完成合成和分解的循環。

在你繼續游過細胞的原生質時，必然會遇到許多較大的膜結合結構。你可以把它們想像成太空船內的雙層封閉房間。有一個發電室、一個貯藏室、一個輸出和輸入訊號，另一個用於丟棄廢物。由於顯微鏡學者和細胞生物學者觀察細胞的方式越來越精確，因此他們發現了數十個有組織的功能性子結構，類似維薩留斯和其他解剖學家在人體內發現的器官——腎臟、骨骼和心臟。生物學家稱它們為胞器（organelles）：在細胞內發現的微型器官。

在這些結構中，你首先可能看到的是腎臟形的胞器，[9]一八四〇年代德國組織學家理查·阿特曼（Richard Altmann）最先在觀察動物細胞時描述過它，只是敘述含糊。這些胞器後來更名為粒線體（mitochondria），科學家發現它是細胞的發電機；是不斷發光和燃燒以產生生命所需能量的火爐。學者對於粒線體的起源有一些爭論，但其中最有趣且被廣泛接受的理論是，十多億年前，胞器實際上是微生物細胞，它們發展出透過氧氣和葡萄糖的化學反應產生能量的能力。這些微生物細胞被其他細胞吞噬或捕獲，而構成某種合作夥伴關係，這種現象稱為內共生（endosymbiosis）。

一九六七年，演化生物學家琳·馬古利斯（Lynn Margulis）在一篇題為〈有絲分裂細胞的起源〉（On the Origin of Mitosing Cells）的科學論文中描述了這一現象。[10]就如尼克·連恩在《生命之源》中所說明的，馬古利斯認為複雜的生物體「並不是透過『標準』的天擇演化的，而是藉由合作的狂歡聚會，細胞彼此密切接觸，甚至進入彼此的體內。」[11]這種說法太激進，時機太早。若是在舊金山和紐約的街頭，這可能是愛之夏（Summer of Love），年輕男女因激情而互相吞沒，但在科學的大廳裡，馬古利斯的吞噬理論遭到懷疑論者的攻擊。對她來說，內共生之愛的夏天變成了嘲笑和排斥的漫長冬天——直到數十年後，科學家才開始注意到粒線體和細菌之間不僅僅是結構相似，它們的分子和遺傳物質也有共通性。

所有的細胞中都有粒線體存在，但在需要最多能量，或者調節能量貯存的細胞中，它們特別密集，例如肌肉細胞、脂肪細胞和某些腦細胞。它們被包覆在精子的尾部，為它們提供足夠的游泳能量，以到達卵子。它們在細胞裡分裂，但在輪到細胞繁殖時，粒線體僅在兩個子細胞之間分裂。換句話說，它們沒有自主的生命；它們只能在細胞裡生存。

粒線體擁有它們自己的基因和基因體，這表示它們與細菌的基因和基因體有一些相似之處，這再次支持了馬古利斯的假設，即粒線體是被其他細胞吞噬，然後與它們共生的原始細胞。

細胞如何產生能量？有兩種途徑：一快一慢。快速的途徑主要發生在細胞的原生質中。酶陸續地把葡萄糖分解成越來越小的分子，這個反應產生能量。由於這個過程不用氧氣，因此稱為「無氧」。就能量而言，快速途徑的最後產物是一種稱為腺苷三磷酸（adenosine triphosphate，或ATP）化學物質的兩個分子。

ATP是幾乎所有活細胞中能量的核心貨幣。任何需要能量的化學或物理活動，例如收縮肌肉或蛋白質的合成，都得利用或「燃燒」ATP。

醣類較深層的緩慢燃燒在粒線體中進行，用以產生能量。（缺乏粒線體的細菌細胞只能用第一種反應鏈。）在這裡，糖解作用（這個名詞就是字面的意思，糖的化學分解）的最終產物被送入反應循環，最後產生水和二氧化碳。這個反應循環要用到氧氣（因此稱為有氧），是生產能量的小奇蹟；它再一次地以ATP分子的形式產生大得多的能量收穫。

快慢燃燒的組合讓每個葡萄糖分子產生大約相當於三十六個ATP分子。（實際的數量略低，因為並非每個反應都完全有效。）在一天之內，我們會產生數十億個小燃料罐，用於點燃在我們體內數十億個細胞中的十億個小引擎。物理化學家尤金．拉賓諾維奇（Eugene Rabinowitch）寫道：「如果數十億徐緩燃燒的小火燄全都停止燃燒，那麼沒有心臟能夠跳動，沒有植物可以抗拒重力逆向生長，沒有變形蟲可以游泳，沒有感覺可以沿著神經快速傳遞，沒有思想可以在人的腦中閃現。」[12]

接下來，你可能會見到多條蜿蜒的小徑，宛如迷宮，它們也由細胞膜束縛，在細胞體上縱橫交錯。這也是一個胞器，被稱為內質網（endoplasmic reticulum），不過大多數生物學家都把它簡寫為ER。這種結構首先是在一九四〇年代由紐約洛克菲勒研究院（Rockefeller Institute）的細胞生物學家基斯．波特（Keith Porter）和亞伯特．克勞德（Albert Claude）提出，*他們與喬治．帕拉德密切合作。他們的實驗描述了這個路徑的功能，以及它在細胞生物學的核心作用，代表科學界最重要的旅程之一。

帕拉德本人踏入細胞生物學的旅程就很曲折。他於一九一二年出生於羅馬尼亞的雅西（Iasi，當時稱為Jassy）。他的父親是哲學教授，原本希望兒子也能成為哲學家，但喬治卻對一門更「有形和具體」的學科有興趣。他習醫，並在首都布加勒斯特展開醫師生涯。但他很快就被細胞生物學吸引。和魏修一樣，帕拉德也希望統一細胞生物學、細胞病理學和醫學。他後來寫道：「〔它〕最後讓長達一個世紀的夢想成為可能：在細胞的層面上分析疾病，這是朝向最後控制疾病的第一步。」[13]

一九四〇年代，帕拉德獲聘要前往紐約擔任研究員。他穿越烽火連天的歐洲前往美國，這是歷經折磨的朝聖之旅。他行經滿目瘡痍一片荒涼的波蘭，耽擱了數週等待移民。帕拉德的一位同事告訴我：「他認為自己就像是《天路歷程》（*The Pilgrim's Progress*）中「基督徒」角色的科學版本，不知怎麼豁免了可能阻礙他前往紐約旅程的數千次封鎖以及陷阱，或者該說是阻礙他進入細胞中心的旅程。」[14]

一九四六年，當時三十四歲的帕拉德終於抵達紐約。他在紐約大學展開研究生涯，後來接下了洛克菲勒研究院的工作。一九四八年，他被任命為助理教授，並在研究所最古老建築之一的地下室三樓「毫無吸引力的地牢」中，獲得了一間實驗室。

無論這座地牢多麼難看，它卻是細胞生物學家的避風港。[15]「這個新領域幾乎沒有傳統；在裡面工作的每個人都來自自然科學領域的其他學科，」帕拉德寫道。[16]所以他由科學的每個分支和學科中抽出、借用和竊取——基本上，他創造了自己的學科：現代細胞生物學。帕拉德展開與波特和克勞德的重要合作。[17]這個實驗室很快就會成為亞細胞解剖學和功能領域的知識地下室，在這個基座上建立崇高的專業學科。

＊法國細胞學家查爾斯·加尼耶（Charles Garnier）在一八九七年使用光學顯微鏡，首次觀察到內質網，但他並沒有確定它們有任何的特定功能。

十七世紀的虎克和雷文霍克用顯微鏡觀察，徹底改變了細胞生物學，帕拉德、波特和克勞德也和他們一樣，發現了一種更抽象的方式，可以用來「觀察」細胞的內部。首先，他們打開細胞，把內容物放在高速離心機裡，以逐漸增加的密度旋轉。當離心機以令人眼花繚亂的速度轉動時，會把細胞最重的子部分拉往底部，留下較輕的子部分在上方，細胞的不同成分會沿著管子的長度，在不同的梯度上出現。

接著可以由這個管子特定的部分中提取每個成分，並分別評估，以確定它的解剖構造和其中包含的生化反應：如氧化、合成、解毒和廢物處理等反應。然後把細胞分割成最薄的切片，並用電子顯微鏡瞄準它們，讓研究人員可以回溯這些成分和反應到它們在動物細胞中的位置。

這也是「看」——不過是用兩種鏡頭。一方面，是生物化學的抽象鏡頭：亞細胞成分的離心分離以及局限其中化學反應和成分的發現；另一方面，是電子顯微鏡的物理鏡頭，把這些化學功能分配給細胞內的解剖結構和位置。帕拉德把兩種觀察方式的結合描述為一個由微觀解剖學到功能解剖學，然後再返回的鐘擺：「結構——如顯微鏡學家傳統上所想像的——註定要併入生物化學。而亞細胞成分的生化似乎是了解某些新發現的結構功能的最佳方法。」[18]

這是一場雙方都是贏家的乒乓賽。顯微鏡學者會看到亞細胞結構；生化學者則會為它們分配功能。或者生化學者會找到一個功能，然後請顯微鏡學者確定負責這個功能的結構。帕拉德、波特和克勞德運用這種方法，進入了細胞明亮的中心。

讓我們回到內質網，這是幾乎每個細胞中都存在的蜿蜒路徑。這種結構顯得豐滿：它十分繁複，一圈覆蓋著一圈，就像折疊的皺褶。透過極高倍數的顯微鏡觀察狗的胰臟細胞，可以看到內質網膜的外緣布滿了微小而濃密的顆粒。

這裡的結構很豐富，但它們都有些什麼作用呢？帕拉德問道。他由先前研究者的結果，知道ＥＲ與合成和輸出蛋白質有關，而這實質上就是執行細胞所有的工作。有些工作，例如負責代謝葡萄糖的酶，在細胞內合成，並停留在那裡執行它們的功能。但如胰島素或消化酶等其他的蛋白質，則是由細胞分泌進入血液或腸道。還有的蛋白質，例如受體和孔隙，則是插入細胞膜。但是蛋白質如何到達它的目的地？

一九六〇年，帕拉德和他的同事，其中最重要的是菲利浦·西凱維茲（Philip Siekevitz），使用放射性（一種分子信標 molecular beacon）來標記細胞中的蛋白質，然後隨著時間的推移追蹤它們的進展。他用高劑量的放射性「脈衝」（pulse）細胞，藉此標記所有正在合成的蛋白質，然後用電子顯微鏡「追蹤」蛋白質的位置，以顯示這些蛋白質的進展。*

教人欣慰的是，他發現這個放射性訊號首先與核糖體相關，這裡就是蛋白質最初合成的位置（核糖體就是帕拉德在內質網邊緣所看到微小而稠密的顆粒）。

＊一九六一年，波特離開了這個團隊，前往哈佛大學開始自己的研究，而克勞德則在更早的時候就前往比利時新魯汶大學（University of Louvain）。但也有一組新的細胞分離專家加入帕拉德：西凱維茲、劉易斯·葛林（Lewis Greene）、柯文·雷德曼（Colvin Redman）、大衛·薩巴提尼（David D. Sabatini）和田代裕（Yutaka Tashiro），以及兩位電子顯微鏡專家露西安·卡羅（Lucien Caro）和詹姆斯·傑米森（James Jamieson）。帕拉德結合這兩個小組之力，追蹤了蛋白質穿過內質網的進展。

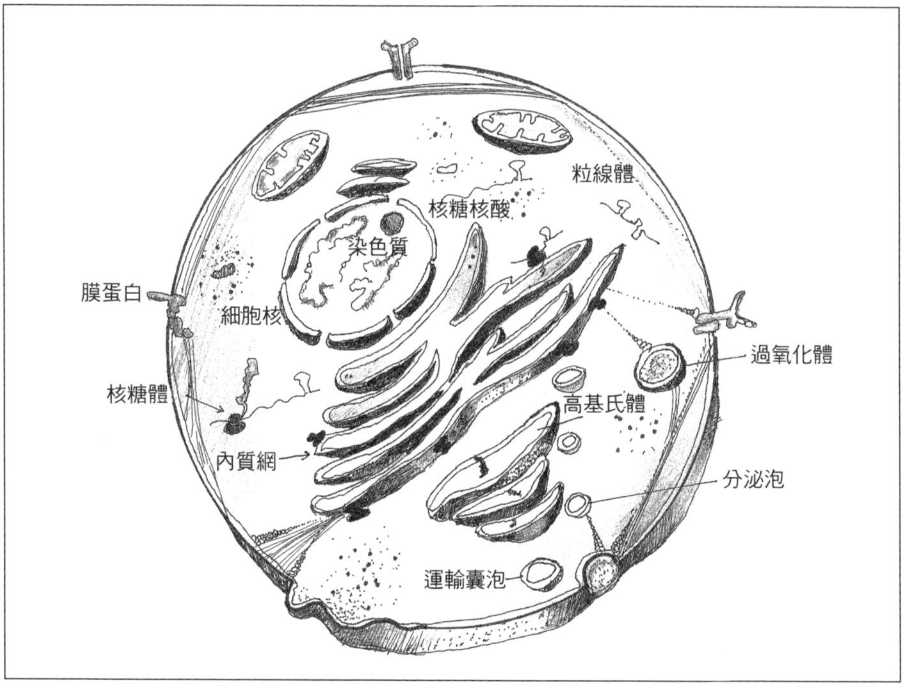

本書作者對細胞的詮釋，其中顯示了其各種子結構，包括 ER（內質網）、N（細胞核）、R（RNA）、CM（細胞膜）、C（染色質，chromatin）、P（過氧化體，Peroxisome）、G（高基氏體）、M（粒線體）、Rb（核糖體）、MP（膜蛋白）。細胞內的鏈對應於細胞骨架的成分。請注意，本圖並未按比例繪製。

接下來，教他驚喜的是，有些蛋白質由核糖體中轉移出來，進入內質網。＊

隨著他追蹤蛋白質的旅程，他逐漸發現蛋白質穿過內質網，然後進入一個稱為高基氏體（the Golgi apparatus）的專門隔間，這種結構是由義大利顯微鏡學家卡米洛·高爾基（Camillo Golgi）在一八九八年首先發現，但他並沒有說明它有什麼功能。被標記的蛋白質從那裡開始前往由高基氏體冒出的分泌顆粒，[19]然後到達它們最後的終點：被彈出細胞（生物學家詹姆斯·羅斯曼〔James Rothman〕、蘭迪·謝克曼〔Randy Schekman〕

和托瑪斯．蘇德霍夫〔Thomas Südhof〕率先研究了不準備輸出的蛋白質最後怎麼到達細胞內的正確位置。這三位科學家因為這項蛋白質在細胞內運輸的研究，而獲得二〇一三年的諾貝爾獎）。幾乎在它們旅程的每一點上，都有一些蛋白質被修飾：它們可以被剪短，或者添加一個糖分子作化學修飾，或者轉動它，與另一個蛋白質結合（要進行這些修飾的訊號通常都包含在蛋白質本身的序列中）。

這整個過程可以想像為一種複雜的郵政系統，由基因的語言代碼（RNA）開始，被翻譯為這封信（蛋白質）。蛋白質是由細胞的寫信人（核糖體）所書寫（或合成），然後把它投進郵箱（蛋白質進入內質網的孔隙）。這個孔隙把它引導到中央郵站（內質網），把信件送到分揀系統（高基氏體），最後帶到郵務車上（分泌顆粒）。事實上，蛋白質上甚至還附有代碼（郵票），讓細胞能夠確定它們最終的目的地。帕拉德明白，這種「郵政系統」就是大多數蛋白質到達它們在細胞內正確位置的方法。

帕拉德、波特和克勞德的開創性研究開啟了亞細胞解剖學的新世界。兩種觀察方式——顯微鏡和生物化學的結合有加乘的效果。生物學家在細胞身上用這些方法，發現了數十種具有功能性、構造明確的

＊在帕拉德的發現之後那幾年，薩巴提尼和一位名叫剛特．布洛貝（Günter Blobel）的德國移民做出了最具開創性的發現之一，即蛋白質如何導向內質網準備分泌到細胞外，或插入細胞膜。簡而言之，引導蛋白質分泌或進入膜的訊號已經附在這個蛋白質的序列中，就像郵票一樣。特定的細胞通路認出這枚郵票，把這個蛋白質引往它預定的目的地。比較詳細的版本是這樣的：薩巴提尼和身為生物學家的布洛貝發現，已經分泌並駐留在膜內的蛋白質在它們的序列中攜帶了這種特定的訊號——一個氨基酸序列。當核糖體解碼RNA並合成蛋白質時，一種稱為訊號識別顆粒（signal recognition Particle，SRP）的分子複合物識別這個目標訊號，並把這個蛋白質拖向內質網。由細胞進入內質網的孔道能夠讓蛋白質轉運至內質網。

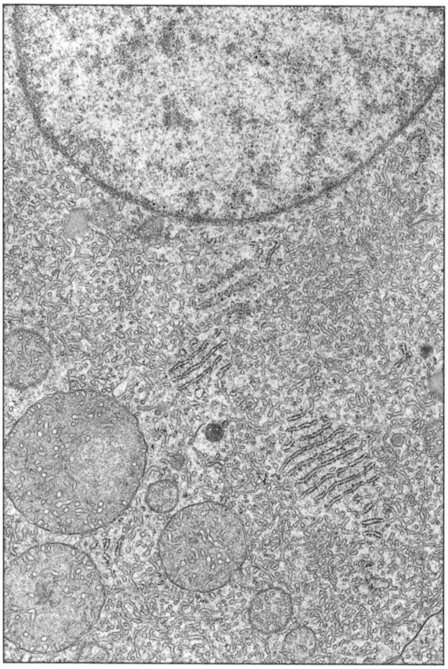

（a）

（a）人類胎兒腎上腺的內質網（ER）。在頂部是細胞核（半球體），圖像中間的平行結構是粗糙內質網，周圍是光滑內質網。

（b）本書作者對分泌蛋白由核糖體遷移到內質網，再到高基氏體，最後到分泌顆粒的描繪。注意蛋白質在合成時插入內質網。這個蛋白質在內質網中經修飾，可以添加糖鏈。它的旅程繼續進入高基氏體，可能在那裡作進一步的修飾，然後被引導到一個分泌囊泡，把蛋白質由細胞中擠出；或者引導至其他囊泡，把它帶到其他細胞隔間。

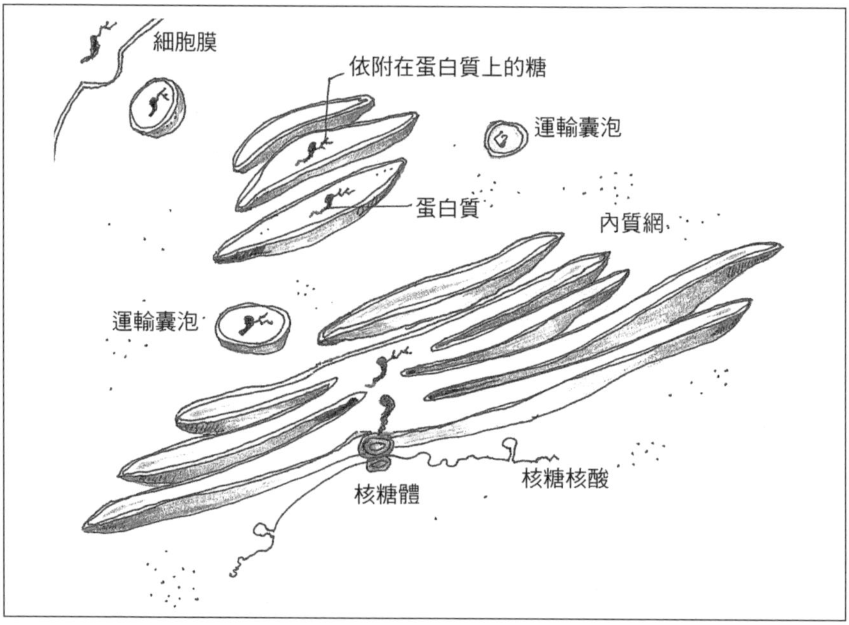

（b）

亞細胞結構。另一位洛克菲勒研究所的科學家——比利時生物學家克里斯蒂安·德·迪夫（Christian de Duve）發現了一種充滿酵素的結構，稱為溶小體（lysosome）。[20]它就像細胞的「胃」一樣，消化耗損的細胞零件以及入侵的細菌和病毒。

植物細胞含有稱為葉綠體的結構，是光合作用的場所，把光轉化為葡萄糖。葉綠體就像粒線體一樣，攜帶自己的DNA，這再度顯示它起源於被其他細胞吞噬的微生物。有一種由膜結合的結構，稱為過氧化體，是德·迪夫的另一個發現，生命最危險的一些反應——例如分子的氧化，就隔離在此，其中反應性強烈的化學物質過氧化氫就在此生成。要是過氧化體開啟，釋出其內部的毒物，細胞就會遭到自身反應內容物的攻擊。它是充滿毒物以代謝其他毒物的聖杯，細胞小心地關閉保存。

我把最重要、也依舊是最神祕的胞器留到最後來談：細胞核。細菌沒有細胞核，但在有細胞核的細胞——所有的植物和動物細胞，包括人類細胞，細胞核是細胞大部分遺傳物質（生命的指導手冊）所貯存的地方。它是DNA、基因體的貯存庫。

細胞核是指揮中心；細胞的艦橋（指揮台）。這是接收並傳播大部分生命訊號的地方。建構蛋白質的代碼RNA，就是由這裡的遺傳密碼複製而來，然後輸出到細胞核外。我們可以把細胞核想像成生命中心的中心。

細胞解剖學家羅伯特·布朗（Robert Brown）在一八三六年觀察蘭花細胞的核，他注意到它在細胞裡的中心位置，所以把這種結構按希臘文的「核」一字命名。然而它的功能，或者說它對細胞功能生存和發展的能力，在整整一個世紀內依舊不為人知。像所有的細胞一樣，細胞核被一層多孔的雙層膜包圍。

如我先前提到的，細胞核容納了由長段去氧核糖核酸組成的生物基因體。DNA雙螺旋經精心折疊，包覆在稱為組蛋白（histones）的分子周圍，並且收緊並進一步纏繞成稱為染色體的結構。如果把單一細胞的DNA像電線一樣拉直，量起來約為六呎半（約一九八公分）。如果把人體的每一個細胞都這樣做，並將所有的DNA首尾相連，就可以由地球往返太陽六十多次。把地球上每一個人所有的DNA都綁在一起，它就可往返仙女座星系近兩倍半。[21]

細胞核就像細胞內的液體——細胞質一樣，也有組織，只是我們對它的組織結構仍然所知甚少。研究細胞核的科學家認為它有自己的骨架，由分子纖維構成。蛋白質穿過細胞質，進入細胞核膜的孔與DNA結合，開關基因。與蛋白質結合的荷爾蒙則由孔進出。通用的能量來源ATP則迅速穿過孔隙。開關基因的過程極其重要，賦予細胞身分。這組開／關基因指示神經元成為神經元，白血球成為白血球。在生物體的發育過程中，基因——或者說是由基因編碼的蛋白質，告訴細胞它們的相對位置，並指揮它們未來的命運。基因的開啟和關閉取決於如荷爾蒙等外在的刺激，也會顯示出細胞行為的變化。

在細胞分裂時，每一條染色體都會經過複製，兩個副本在空間上分開。在人體細胞中，細胞核的核膜溶解，一組完整的染色體各自遷移到兩個新生子細胞內，核膜在它們周圍重新出現——本質上就是再生一個子細胞，裡面有一個新的細胞核和染色體。

然而，細胞核還有很大部分仍然是個謎：指揮中心的大門仍然部分封閉。正如一位生物學家所說的：「我們只能希望遺傳學家霍爾丹（J. B. S. Haldane）對宇宙的假設不會發生在細胞核上。『現在，我懷疑宇宙不僅比我們想像的還要奇怪，而且比我們**能夠**想像的更奇怪。』要是我們能夠恰如其分地記住，細胞核可能比我們先前想的更複雜，但也許還是可以了解的，那麼這個信念可能為我們、我們的學生和後繼者帶來力量，能夠深入這個課題正在等待的深處，現在已亮起的下一個深處。我們有一切的理由相信這個計畫會成功。所以讓我們高興起來吧。」[22]

膜、原生質、溶小體、過氧化體、細胞核。我們已見到的細胞次單元對細胞的生存舉足輕重；它們執行專門的功能，讓細胞擁有並維持獨立的生命。它們的位置、組織和編排非常關鍵。簡而言之：細胞的自主性在於它的構造。

而接下來，這種自主性又促成了生命系統的一個基本特性：維持內部環境恆定的能力——一種稱為「體內平衡」（homeostasis，這個字源自希臘文 homeo 和 stasis，大致的意思是「與靜止不動相關」）的現象。體內平衡這個觀念最早是由法國生理學家克勞德．貝爾納（Claude Bernard）在一八七〇年代提出，由哈佛大學生理學家華特．坎農（Walter Cannon）在一九三〇年代進一步發展。

在貝爾納和坎農之前的幾個世代，生理學家已經把動物描述為機器的組裝，是動態零件的聚合。肌肉是發動機；肺是一對風箱，心臟是一個幫浦。規律跳動、旋轉、抽送；生理學的重點在於運動、行動、工作。**不要只是站在那裡，做點什麼**。

貝爾納顛倒了這個邏輯，他在一八七八年寫道 "La fixité du milieu intérieur est la condition de la vie libre, indépendante"[23]：「內部環境的恆定是自由和獨立生活的條件。」他把生理學的焦點由行動轉為固定性的維持，改變了我們對生物體的身體如何運作的觀念。生理「活動」的一個要點，看似矛盾的是，要能維持靜止。**不要只是做什麼，站在那裡**。

貝爾納和坎農研究的是生物體和器官的體內平衡，但學界越來越認為這是細胞——事實上，是生物的基本特徵。要了解體內平衡，我們要再度由把細胞與其外部環境分開的細胞膜著手，好讓它的內部反應可以隔離，並且自給自足。這層膜還演化出了幫浦，可以把不要的物質移出細胞——再一次地，保持細胞內部空間的恆定。原生質含有化學緩衝劑，即使細胞外的化學環境發生變化，細胞的酸鹼度也不會改變。細胞需要能量，由粒線體提供。蛋白酶體處理不需要或錯誤折疊的蛋白質。在某些細胞裡專門用來貯存的胞器可以充當備用貯存庫，確保當外在營養短缺時，營養物質供應無虞。新陳代謝的有毒副產品被引導至過氧化體排除。

我們很快就會由自主和體內平衡轉而探究細胞的其他基本特徵——繁殖、功能專門化和細胞分裂及形成多細胞生物的能力。但請再停留一下，向本章所涵蓋的非凡發現致敬。一九四〇至一九六〇這二十年可說是細胞生物學家探究細胞內部功能解剖學成果最豐碩、最多產的時期。這二十年的宏偉成就和對這個課題的卓越掌控，和幾乎恰巧在一個世紀之前，許旺、許萊登、魏修等人奠定了細胞生物學基礎的宏偉成就和卓越掌控相當。如果在這段時間所展現的見解如今看似「慣例常規」（「粒線體是細胞的能量工廠」這句話的某個版本在每一本高中科學教科書中都免不了會出現），那是因為，就像我們經常做的那樣，我們已經忘記了這每一個發現在當時讓人激動無比的敬畏。由發現細胞，到揭示它的結構構造，最後到解釋它功能的解剖學，如果說這樣的轉變是科學最具啟發性的成就之一，我認為絕不誇張。

功能解剖學的發現使人們能夠對細胞，以及推而廣之——生命的定義特徵，有整合的觀點。如前所述，細胞並不僅僅是由多個零件並列組成的系統，就像汽車並不是光把化油器放在引擎旁邊一樣。它是整合的機器，必須把這些單獨部分的功能聯合起來，讓生命的基本特徵發揮作用。一九四〇至一九六〇年間，科學家們開始整合細胞的各個分離部分，以了解自主的生命單位如何發揮功能，變成「活的」。

不可避免地，這些基本的發現最後推動了新醫學的發展。如果大體解剖學和生理學在十八和十九世紀啟動了外科和醫學的新紀元，功能細胞解剖學和生理學則宣布了二十世紀疾病和治療的新位點。我們早就知道器官的功能失調會導致疾病：腎臟衰竭、心臟衰弱、骨折。但是細胞的胞器功能故障又會發生什麼後果呢？

二〇〇三年夏天，十一歲的冰球運動員賈瑞德雙眼視力開始惡化。[24]世界逐漸地變暗，儘管賈瑞德盡最大的努力繼續參加運動，但他卻看不見冰球冰面上的界線。他的父母帶他去紐約州羅徹斯特（Rochester）的梅約診所（Mayo Clinic）找眼科醫師求診。

一週後，診所找到了病源：賈瑞德罹患的是一種稱為雷伯氏遺傳性視神經萎縮症（LHON）的疾病。[25]梅約診所的這位眼科醫師和緩地告訴賈瑞德的父母：「我非常遺憾，但賈瑞德將會失明。」這種遺傳疾病是由粒線體中一個名為 mtND4 的基因突變引起的。（這個禍首基因於一九八八年被發現並定位，就在「人類基因體計畫」〔the Human Genome Project〕開始前兩年。[26]）由於迄今尚不明的原因，它專門影響眼睛視網膜節細胞的功能，節細胞負責把訊息由視網膜傳遞到視神經，再傳送到大腦。

在罹病的兒童中，疾病會一路發展，無法阻止。起先，沿視神經盤的神經纖維開始腫脹，接著視神經萎縮，視網膜神經外觀變得細弱晦暗。賈瑞德遺傳的是最常見的ＬＨＯＮ突變：在總長大約有一萬六千個鹼基的粒線體基因體中，位於第一一七七八號位置的核苷酸發生突變。*

「一一七七八，」賈瑞德在日記中寫道：「我希望這是我的冰球吊墜盒，或自行車鎖，甚至是我學校貯物櫃鎖的號碼。然而它卻是核苷酸第一一七七八號位置基因突變的號碼，在我十一歲時開啟我體內的疾病，最後永遠改變我的人生……失明，失明是什麼？我十一歲，我是冰球員。我喜歡美眉，她們也喜歡我。我有很多朋友，無憂無慮。失明？他們說我會看不到是什麼意思？看不到什麼？……爸爸，解決它，讓我去和朋友打球。」[27]

但儘管爸爸竭盡全力，卻無法解決這個問題。賈瑞德的神經節細胞開始衰退。父母很明智地讓賈瑞德把注意力轉移到彈奏吉他上。他學會只靠觸摸和聲音來彈奏。雖然視力衰退的情況日益嚴重——逐漸發展，但卻並沒有停頓，但同時他的音樂也在進步。「因此我現在在加州洛杉磯的音樂家學院（Musicians Institute），在我於吉他中心（Guitar Center）為我的父母演奏我第一場刺耳的音樂會之後八年。我相信我是第一個在這個了不起的音樂學校就讀的盲人學生，這非常酷。我猜他們認為我夠好，可以跟上所有其他需要視奏的學生。」[28]賈瑞德失去了視力，但找到了聲音。

二〇一一年，中國湖北省的一群眼科醫師修改了一種稱為ＡＡＶ2的病毒，讓它攜帶正常版本的ＮＤ4基因。[29]這種病毒會感染人類和靈長動物的細胞，但不會引起任何明顯或急性疾病，而且可以對它進行修飾，以攜帶如ND4等「外來」的基因。數百萬個經過基因修飾的病毒粒子懸浮在一滴液體中。醫師用一根極小的針刺入患者角膜邊緣，把一滴布滿這種病毒的液體注入就在視網膜上方的玻璃體。

科學家知道他們踏進了危險的地雷領域：一九九九年九月，傑西．蓋爾辛格（Jesse Gelsinger）注入基因修飾的腺病毒。這名青少年患有輕度的代謝疾病，影響肝臟代謝蛋白質降解副產品的能力，導致他血液中的氨接近中毒的程度。醫師希望採用實驗性的治療法注入病毒，治癒傑西的病。可惜傑西對病毒產生了嚴重的免疫反應，很快造成致命的器官衰竭。他的死造成立即的惡果，在二十一世紀的頭十年裡，基因治療被迫進入嚴冬。幾乎沒有研究人員嘗試把經過基因修飾的病毒注入人體，而且監管單位對這個領域訂定了嚴格的規則。

但視網膜是個特殊的部位，不但一滴量的病毒就足以感染細胞，而且視網膜也具有獨特的免疫特權：它和包括睪丸在內的身體其他一些部位不會被免疫反應主動偵查，因此極不可能對感染原產生嚴重反應。此外，自蓋爾辛格事件以來，基因治療載體已經有了很大的進步，提高了科學家的信心，認為可以在不造成不良反應的情況下傳遞這個基因。

＊粒線體突變很特殊，因為它們只能由你的母親遺傳給你，而大多數其他的突變則可以來自父母任何一方。粒線體並不獨立存在，它們只能活在細胞內。當細胞分裂時，它們會分裂，然後分配給兩個子細胞。當卵細胞在母親體內形成時，它所有的粒線體都來自她的細胞。受精後，精子細胞把它的DNA注入卵子，但沒有任何粒線體。因此，你生下來就有的每一個粒線體都來自母親。賈瑞德繼承的 mtND4 基因突變一定是來自他的母親，但因為他的母親沒有這種疾病，因此可能是在卵子形成過程中偶然發生的。

二〇一一年，這群中國醫師徵得八名LHON病患進行小型臨床試驗。[30]成功的早期跡象已經出現：病毒攜帶基因進入視網膜神經節細胞，細胞也合成了正確的ND4蛋白，蛋白找到了途徑進入粒線體。在接下來的三十六個月，八名病患中有五名的視力得到改善。

在我撰寫本文時，研究仍在繼續，研究人員不斷改善參與病患的性質，並延長觀察期。這個現在稱為 Lumevoq 的病毒產品目前已進入針對早期視力喪失LHON患者的臨床試驗後期階段。二〇二一年五月，試驗者報告 RESCUE 試驗已經完成，讓攜帶突變基因的患者在視力開始衰退的六個月之內，用基因治療來阻止視力逐漸喪失。[31]用安慰劑對照、雙盲、多中心、隨機試驗——堪稱黃金標準的研究，總共有三十九名病患參與。（一名患者接受的病毒劑量較低，因此剩下三十八位可評估的患者。）他們的一隻眼睛注射了病毒，而另一個則接受模擬注射（sham injection，不含病毒）。在二十四週時，治療組和對照組（未治療）視力持續不可避免的衰退，但在四十八週時，雙眼視力衰退的程度穩定停滯。令人驚訝的是，到第九十六週時，大約有四分之三接受治療的受測者，治療和未治療的眼睛**兩者**敏銳度顯著改善。因此，這項試驗雖然成功，卻也很神祕：接受了基因治療的眼睛本該改善，但為什麼未經治療的眼睛也改善了？視網膜神經節細胞之間是否存在某種聯繫，或者在兩隻眼睛之間有我們不知道的其他聯結機制？病毒是否洩漏到循環系統中，影響另一隻眼睛？

不幸的是，對於像賈瑞德這樣完全失去視力的病患來說，代換ND4不太可能有什麼助益：對他們來說，恢復視力為時已晚。在反應細胞死亡之後，胞器功能的替代不再有益處。一個胞器只能在正確細胞的環境中發揮作用。

如果試驗繼續快速進行，並且證明益處是長期的——不過這仍然沒有把握，Lumevoq 最後會在醫學藥典中占有一席之地。但推出試圖改變粒線體功能的細胞修飾療法已經預示了醫學的新方向。

一九五〇和六〇年代，醫學和外科發生了器官導向治療的爆炸式增長：改變心臟血管的路徑繞過阻塞，或握用移植器官取代患病的腎臟。新的藥物範疇出現了——抗生素、抗體、預防血栓或降低膽固醇的化學製品。但這種針對胞器的治療：在視網膜神經節細胞重新補足粒線體的功能缺陷；它代表的是數十年細胞結構、亞細胞區室的解剖，和它們在疾病狀態下功能障礙研究的頂點。當然，它是基因療法，但也是原位細胞療法——也就是恢復患病細胞在人體自然結構位置的功能。

分裂的細胞：細胞繁殖和體外受精的誕生

沒有再製（reproduction，繁殖）這回事……。在兩個人決定要生孩子的時候，他們參與的是製造（production，生產）的行為。[1]

——安德魯・所羅門（Andrew Solomon），
《背離親緣：那些與眾不同的孩子，他們的父母，以及他們尋找身分認同的故事》
（*Far from the Tree: Parents, Children, and the Search for Identity*）

細胞會分裂。

或許細胞生命週期中最重大的事件就是產生子細胞的那一刻。並不是每一個細胞都能夠繁殖：有的細胞，比如一些神經元，已經經歷了永久或最後的分裂，永遠不會再分裂。但反之則不然：每一個細胞都是由另一個細胞誕生的產物——Omnis cellula e cellula。正如法國生物學家法杭索瓦・賈可布（François Jacob）所說的：「每個細胞的夢想就是變成兩個細胞」（當然，那些已經選擇退出夢想的細胞除外）。[2]

就觀念上而言，動物的細胞分裂可以大致分為兩個目的或功能：製造和繁殖。我所謂的製造，意思是創造新細胞來建構、生長或修復生物體。在皮膚細胞分裂以治癒傷口、T細胞分裂產生免疫反應時，細胞就在製造新細胞，以產生組織或器官，或履行某種功能。

但當精子或卵子在人體中產生時，則完全是另一回事。它們生成，是為了要繁殖——分裂的目的不是新的功能或器官，而是一個新的生物體。

在人類和多細胞生物中，產生新細胞，形成器官和組織的過程稱為有絲分裂（mitosis）——源自希臘文的 mitos（線）。相比之下，為了繁殖（形成新生物體）而產生的新細胞：精子和卵子的誕生，則稱為減數分裂（meion），源自希臘文的meion，意思是「減少」。

發現有絲分裂的那位德國科學家，是個憧憬破滅的軍醫，一心想要追尋生物學的新視野。身為精神科醫師之子的華爾瑟·佛萊明於一八六〇年代習醫。[3]就像魏修一樣，他也曾就讀於軍事醫學院，而且也像魏修一樣發現這門學科死板僵化，因此很快就轉而研究細胞。人類——所有的多細胞生物，都是由細胞構成，然而由細胞構成生物體的過程，從一個細胞到幾十億，卻十分神祕。一八七〇年代，佛萊明對細胞解剖學產生特別的興趣，他開始用苯胺染料及它的衍生物對組織進行染色，希望了解亞細胞結構。

起先佛萊明看不到什麼東西。染料只顯露出纖細的線狀物質，幾乎完全位於細胞核內，也就是蘇格蘭植物學家羅伯特·布朗於一八三〇年代最先發現細胞內的球形膜包覆的結構。

佛萊明跟著他的同僚威廉・馮・瓦爾代爾—哈茲（Wilhelm von Waldeyer-Hartz），把細胞核內的線狀物質命名為染色體——「有色物體」，這是個中性的名字。他想知道它們的功能，以及它們在細胞分裂過程中的動態。佛萊明滿懷好奇，觀察顯微鏡下正在分裂的細胞，但他視而不見。視力——真正的看見——需要洞察力。其他科學家，如馮・莫爾和雷馬克，都觀察到細胞分裂，但對這個過程的編排或階段卻沒有什麼結論。佛萊明明白，他們一直在看細胞，但並沒有觀察細胞內部。他關鍵的洞察力在一八七八年出現：在細胞分裂的過程中，他用藍色染料把染色體染色，然後在顯微鏡下觀察整個分裂過程，因此捕捉到細胞內染色體和細胞核的活動。

染色體做了什麼？細胞核或其中的染色體又和細胞分裂有什麼關係？「在細胞分裂時，什麼力量起了作用？」他在一八七八年和一八八〇年寫的一篇由兩部分組成的論文中問道。「在細胞中可見成形結構的位置（在細胞分裂期間的細胞核和染色體）是否遵循一個計畫，如果是，那又是什麼計畫？」[4] *

他發現，這個計畫驚人地井然有序，†它精心策畫的程度和軍事演習不相上下。在蠑螈的幼蟲中，在哺乳動物、兩棲動物和魚類的分裂細胞中，佛萊明發現了細胞分裂有個共同的節奏，幾乎遍及所有的生物體。這個結果教人振奮；在他之前沒有任何一位科學家曾經模糊地想像過，如此多樣化的生物體在細胞分裂期間，竟會遵循幾乎相同且規律的計畫。

佛萊明發現，第一步是絲狀染色體凝聚，變成加厚的線束——他稱之為「skein」（線團）。染料現在牢牢固定；染色體在顯微鏡下閃閃發光，就像用深靛藍染色的線軸一樣。然後濃縮的染色體加倍，並沿著一個確定的軸分裂，創造出讓他聯想到兩顆星爆分裂的結構。「在分裂的過程中，細胞核的外形開始組織，進入連續的階段，」他寫道。[5] 核膜溶解了，細胞核也開始分裂。最後，細胞本身分裂，它的膜裂開，產生兩個子細胞。

一旦進入子細胞，染色體就會緩慢解壓縮，恢復它們纖細的「休息階段」，回到子細胞的細胞核中——就好像逆轉啟動細胞分裂的過程。由於染色體先加倍，然後在細胞分裂時減半，因此子細胞中的染色體數量保持原樣。四十六變成九十二，再減半為四十六。佛萊明稱之為同型（homotypic）或「守恆」（conservative）細胞分裂：母細胞和子細胞保留相同數量的染色體。具有相同、守恆的染色體數量。‡在一八八〇至一九〇〇年代初，生物學家博維里、奧斯卡・赫特維格（Oscar Hertwig）和愛德

＊西奧多・博維里（Theodor Boveri）和華特・蘇頓（Walter Sutton）提出了下一個邏輯聯結[6]：把染色體與遺傳聯繫起來。簡言之，他們把基因遺傳與染色體的解剖／物理遺傳聯繫起來，因此把基因（和遺傳）定位在染色體上。孟德爾在豌豆實驗中，只能把基因抽象地識別為會跨越世代的「因子」（factors），把性狀或特徵由父母傳給後代。他無法確定這些因子的物理位置。蘇頓和博維里等人提供了第一個證據，證明特徵（即基因）的遺傳是透過染色體的遺傳而發生的。果蠅遺傳學家湯瑪斯・摩根和其他人的研究就建立在這個理論的基礎上，終於把基因的位置定位在染色體上。數十年後，弗雷德里克・格里菲斯（Frederick Griffith）、奧斯華・艾佛里（Oswald Avery）、詹姆斯・華生（James Watson）、法蘭西斯・克里克（Francis Crick）和羅莎琳・法蘭克林（Rosalind Franklin）等人的研究確定了ＤＮＡ（位於染色體中心的分子）是遺傳資訊的載體。馬歇爾・尼倫伯格（Marshall Nirenberg）和美國國家衛生研究院（ＮＩＨ）的同事所作的進一步研究則確定基因如何被解碼，以產生最終為生物體提供形式和特徵的蛋白質。

†植物學家卡爾・威廉・馮・內格里（Karl Wilhelm von Nägeli）認為佛萊明的實驗是異常現象，但他也認為孟德爾的論文是怪人之作。直到數十年後，所有生物體細胞分裂的通則才終於闡明。

‡另外兩位細胞學家愛德華・史特拉斯柏格（Eduard Strasburger）和艾德伍・范・貝內登也觀察到染色體分離，隨後細胞膜分裂成兩個子細胞（有絲分裂）。

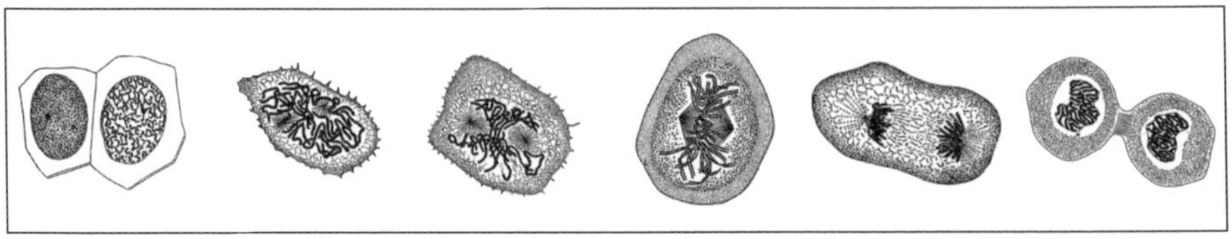

佛萊明繪製有絲分裂或細胞分裂的連續階段圖。首先，染色體以鬆散的絲線形式存在於細胞核中。圖中顯示了兩個相鄰的細胞，各自都有細胞核和未凝聚的染色體。接著絲線綳緊成為密集的線束。核膜溶解，染色體就像被某種力拉扯一樣分成細胞的兩側。當它們完全分離時（倒數第二個圖），細胞分裂，產生兩個新細胞。

蒙．威爾遜（Edmund Wilson）為這個細胞分裂最初的草圖貢獻了很多細節，進一步深入研究佛萊明最先描述的每一個單獨步驟。

佛萊明把有絲分裂的過程繪成一個週期：線狀的染色體凝聚成線團，分裂，然後再恢復靜止狀態。當細胞走向下一次分裂時，它們再次壓縮並擴展——凝聚、分裂、解凝聚，幾乎就像生命的呼吸穿過它們。

但一定要有另一種不同的細胞分裂——能夠繁殖的分裂。如今回顧起來，很容易了解這種形式的細胞分裂不可能與有絲分裂相同；這是初等數學的問題。在有絲分裂中，親細胞和子細胞最後都具有相同數量的染色體。比如你由四十六（人類細胞中的染色體數量）開始；染色體複製（九十二），然後每個子細胞得到一半：回到四十六。

但這些數字在生殖時怎麼作用？如果精子和卵子的染色體數量與其親代細胞相同，都是四十六條，那麼受精卵就會含有這個數字的兩倍，即九十二條染色體。這個數字在下一代會加倍到一百八十四條，然後再下一代加倍到三百六十八條，以此類推，一代又一代地呈指數級增長。細胞很快就會因染色體劇增而爆炸。

因此，精子和卵子形成時，必須先把染色體的數量減半，各二十三條，然後在受精時讓它們恢復到四十六條。一八七〇年代中期，博維里和赫特維格就在海膽身上觀察到這種細胞分裂的變異——先減少，再恢復。一八八三年，比利時動物學家艾德伍・范・貝內登（Édouard van Beneden）也觀察到蠕蟲的減數分裂，證實了減數分裂在較複雜的生物體中的共通性。

簡而言之，多細胞生物體的生命週期可以重新想成往返於減數分裂和有絲分裂之間非常簡單的遊戲。人類由每個身體細胞都有四十六條染色體開始，透過減數分裂在睪丸中產生精子細胞，在卵巢中產生卵細胞，最後各自都有二十三條染色體。當精子和卵子相遇形成受精卵，染色體的數量就恢復到四十六條。受精卵藉由細胞分裂、有絲分裂，產生胚胎，然後逐漸發育成為成熟的組織和器官——心臟、肺、血液、腎臟、大腦——每個細胞都有四十六條染色體。隨著生物體成熟，最後發育出性腺（睪丸或卵巢），每個細胞有四十六條染色體。這時遊戲規則再次轉變：當性腺中的細胞產生男性和女性生殖細胞時，經歷減數分裂，產生各自具有二十三條染色體的精子和卵子。受精使染色體數量恢復到四十六條。受精卵誕生，如此循環往復。減數分裂，有絲分裂，減數分裂。減半、恢復、成長。減半，恢復、成長。無窮無盡。

控制細胞分裂的是什麼？佛萊明親眼目睹了有絲分裂系統性的各個階段。但是誰，或者更確切地說，是什麼，指揮了這些階段的分期？在佛萊明發表關於細胞分裂的開創性研究後幾十年裡，細胞生物學家發現：要分裂的細胞生命週期可以分為幾個階段。

讓我們由選擇徹底退出這個週期的細胞開始。它們是永久或半永久地休息——用生物學術語來說就是靜止（quiescent）。這個階段現在被稱為Ｇ０，Ｇ０指的是「間隙」，或循環的休息。事實上，其中有些細胞永遠不會分裂；它們是有絲分裂後靜止期（post-mitotic）。大部分成熟的神經元就是很好的例子。

在細胞決定進入分裂週期時，它會移動到新的間期，稱為Ｇ１。就好像它正把腳趾浸入細胞分裂之水，思考它的決定一樣。在顯微鏡下，Ｇ１期間幾乎看不出什麼變化，但由分子的角度來看，這第一個間隙意義重大：協調細胞分裂的蛋白質被合成，粒線體經複製。細胞聚集分子，召喚並合成對新陳代謝和營養至關重要的物質，並增加它們的數量，以便把它們分配給兩個子細胞。這也是細胞決定是否要進行細胞分裂重任的第一個關鍵檢查點。做？還是不做？如果欠缺某些營養素，或者如果荷爾蒙環境不合適，細胞可能就會選擇留在Ｇ１。這是走上不歸路**之前**的一點。

Ｇ１之後的階段非常明顯而且獨特：染色體的複製——以及因此必須的：新ＤＮＡ的合成。它需要能量、承諾，以及焦點的重大轉變。這個時期稱為Ｓ期，來自 synthesis（合成）一字——合成複製的染色體。如果你住在細胞內，像先前一樣在原生質中游泳，可能就會感覺到它的活動中心由細胞質轉向細胞核。複製ＤＮＡ的酶會附著在染色體上，還有其他酶開始解開ＤＮＡ。ＤＮＡ的建構材料被運送到細胞核。複製ＤＮＡ所需要各種酶的複雜組合沿著染色體排列，組合出ＤＮＡ的副本。並且拉開複製染色體的胞器開始在細胞內形成。

第三階段也許是最神祕最難理解的階段：第二個休息階段，稱為Ｇ２。為什麼在細胞合成複製染色體之後讓它停止分裂？為什麼浪費剛合成的ＤＮＡ鏈？Ｇ２的存在是作為細胞分裂前的最後檢查點，因為細胞無法承受染色體的災難，例如易位、ＤＮＡ臂斷裂、嚴重突變、缺失。這是細胞檢查再檢查ＤＮＡ複製的準確度，防止ＤＮＡ損傷，或染色體發生破壞性事件的時候。承受傷害ＤＮＡ放射線或化療的細胞可能會在這個階段停止。稱作「基因體守護者」的蛋白質會掃描基因體和細胞，[7]在生成新細胞之前確保其健康。*

最後一個階段是M——有絲分裂本身，細胞分裂成兩個子細胞。細胞核膜溶解，即將分離的染色體進一步收緊到佛萊明沾上染料認為的稠密結構中。要拉開複製的染色體的分子裝置已完全組裝好。接著複製的染色體並排躺著，就像嬰兒床上的雙胞胎一樣，開始彼此拉開，直到一半在細胞的一側，而另一半則被拉到對面那一側。細胞之間出現裂溝，細胞中的細胞質減半。母細胞產生兩個子細胞。

二〇一七年，我在乘車穿越荷蘭平原的旅程中遇見了保羅・納斯（Paul Nurse）。他身材矮小，一口英國腔，笑容燦爛，讓我想到年老、乾瘦的比爾博・巴金斯。我倆都要在烏特勒支的威廉明娜兒童醫院（Wilhelmina Children's Hospital）演講，因此一起由阿姆斯特丹乘車赴校園。納斯友善、謙虛、親切，是我立刻就喜歡的那種科學家。我們周圍的景物平坦而且相似：犁過的乾草和麥桿乾田，中間點綴

＊就檢查點而言，G２似乎是非常簡單的解決方案，直到你明白它必須執行相當細膩的平衡行為。就我們所知，保留G２「停止點」（arrest）主要是為了檢測細胞中的災難性突變。突變在S期發生。就像任何有基本誤差率的影印機一樣，在合成階段產生DNA新副本的分子機器也會出錯。其中一些會立即修復，但有些錯誤卻會留下來。如果G２能夠阻止每一個突變，發現每一個錯誤，並糾正每一個錯誤，那麼突變體就永遠不會產生，演化就會戛然而止。因此G２必須是一個有識別力的守護者，知道何時該看，何時該移開眼光。

著幾座風車，隨著偶爾吹拂的強風循環轉動。

循環。能量的力學——風的起落，驅動機器的循環。分裂的細胞是否為這樣的機器，在分裂和休息之間循環？納斯在愛丁堡作博士後研究時，開始思考細胞週期的協調。哪些因素管理細胞是否或何時決定分裂？在一八七〇年代和一八八〇年代，佛萊明和博維里等人觀察到細胞分裂的不同階段。問題是：哪些分子及訊號傳導和調節這些階段？細胞如何「知道」何時進入下一階段，比如由G1期進入S期？

納斯出身工人階級家庭。「家父是藍領工人，」[8]他在二〇一四年告訴記者。「家母是清潔工。我的兄弟姊妹全都在十五歲時就輟學。我不一樣。我透過了各種考試，進了大學，獲得獎學金，取得博士學位。」納斯大學畢業數十年後，才知道他的「姊姊」實際上是他的母親。由於納斯是非婚生子女，他的外婆一直扮演他的母親，直到多年後，他已經六十多歲之時，這個祕密的安排才終於揭露。在我們已快到烏特勒支時，他就事論事地告訴我這個故事。他的眼睛閃閃發光。「生殖從來都不像看起來那麼簡單，」他不帶感情地補充道。

納斯在愛丁堡大學的導師默多克・米奇森（Murdoch Mitchison），一直在研究一種稱為裂殖酵母（fission yeast）的特殊酵母菌株細胞週期——稱為「裂殖」，因為它們的繁殖方式很像人類細胞，是在中間分裂。較常見的酵母細胞是透過「出芽」（budding）分裂，在這個過程中，細胞分裂時會出現一個較小的子細胞結塊。

納斯在一九八〇年代開始製造不會適當分裂的酵母菌突變體。在近五千哩之外的西雅圖，細胞生物學家李・哈特維爾（Lee Hartwell）也採用了類似的策略：他也藉著產生不同菌株的突變體——出芽生殖的麵包酵母（baker's yeast），來尋找影響細胞週期和細胞分裂的基因。

哈特維爾和納斯都希望突變體能夠引導他們發現控制細胞分裂的正常基因。這是古老的生物訣竅：破壞一種生理功能，以了解正常的生理。解剖學者可能會切割或結紮動物的動脈，然後追蹤不再有血流灌注的身體部位，藉此了解動脈的功能。或者遺傳學者可能會讓某個基因突變，以破壞遺傳過程——例如細胞分裂，藉此揭示控制有絲分裂過程的主要調控因子。

一九八二年夏天，劍橋大學的細胞生物學家提姆·杭特（Tim Hunt）赴麻州伍茲霍爾（Woods Hole）海洋生物實驗室（Marine Biological Laboratory），協助教授胚胎學課程。這個實驗室位於風景秀麗的鱈魚角（Cape Cod），穿著鯨魚圖案短褲和亞麻襯衫的遊客來到鱈魚角大啖炸蛤蜊，在遼闊的沙灘上徜徉。而科學家來鱈魚角，則是在岩石構成的淺潮池中尋找蛤蜊，更常見的是尋找海膽。

海膽的卵尤其是寶貴的資源，因為它們大，而且是很容易使用的實驗模型。以食鹽溶液注入母海膽，牠就會爆出數十個橙色的卵。用公海膽的精子使卵子受精，受精卵就會以時鐘般的規律性發展，並開始分裂，形成新的多細胞動物。由一八七〇年代的佛萊明，到一九八〇年代的杭特，科學家一直都利用這些帶著情欲肉舌的棘刺狀球形生物（誰會想**吃掉**它們？），作為研究受精、細胞分裂和胚胎學的模型系統。海膽對細胞週期研究的重要，就如果蠅對早期遺傳學的貢獻。

杭特想要研究受精後如何控制蛋白質的合成，但這工作斷斷續續，教人沮喪。他寫道：「到一九八二年，控制海膽卵蛋白質合成的工作幾乎已經完全停頓；學生和我測試的每一個想法證明都是錯誤的，而且這個系統的基礎本質上是有缺陷的。」[9]

但在一九八二年七月二十二日黃昏降臨時，杭特注意到了一個奇特的現象：就在受精的海膽細胞分裂前正好十分鐘，有一種大量的蛋白質濃度會達到高峰，然後消失。這樣的變化有節奏、有規律，就像風車葉片的精確轉動。在晚間的研討會及隨後的點心時間，他發現其他的科學家，包括哈佛大學的馬克・柯希納（Marc Kirschner），也在疑惑精卵子結合（或減數分裂）時，細胞如何從一個階段過渡到下一階段。蛋白質多寡的起伏變化可能就意味著由一個階段到下一個階段的轉換，這個想法教杭特著迷。他恐怕連一杯酒都還沒喝完，就趕回實驗室。

在接下來的十年裡，杭特年復一年地帶著手提箱中的實驗用具——「試管、吸管尖和凝膠墊，甚至還有蠕動幫浦（peristaltic pump）」，[10]試圖破解在細胞週期中造成轉變的機制。到一九八六年冬天，杭特和他的學生發現更多這種配合有絲細胞分裂的階段精確增減的蛋白質。其中一種可能會隨S期（染色體複製的階段）準確地達到高峰和下降，另一種則可能會隨著G2期（細胞分裂之前的第二個檢查點）而升降。杭特將這些蛋白質稱為cyclins（週期素），因為他愛騎自行車（cycling）。他很快就發現這個名字非常合適：這些蛋白質似乎與細胞分裂週期的階段異常協調。這個名字一直沿用迄今。

與此同時，納斯和哈特維爾也用追獵酵母細胞突變體的方法，逐漸逼近細胞週期控制基因。此外，他們還發現了與細胞分裂不同階段相關的幾個基因。在一九八〇年代後期，他們把這些基因命名為cdc，後來又改為cdk基因。*它們編碼的蛋白質稱為CDK蛋白。

但在這兩種不同的發現中，卻有個教人擔心的謎團。儘管雙方的問題明顯地趨於一致，但他們卻沒有找到相同的蛋白質，只有一個值得注意的例外：納斯的突變體之一確實位於類週期素（cyclin-like）的基因中。

為什麼？為什麼杭特在尋找細胞週期的調節因子時，發現了週期素？為什麼哈特維爾和納斯發現協調細胞分裂的是（大部分）不同的另一組蛋白質？這就好像兩組數學家在解決了相同的方程式後，卻出現了兩個不同的答案——然而，至少在方法上，兩者似乎都是正確的。簡而言之，週期素與CDK有什麼關係？

一九八〇和九〇年代，杭特、哈特維爾和納斯與研究團隊合作，發現了所有觀察結果的融合——本質上，協調週期素和CDK蛋白在細胞週期中的作用。這些蛋白質一起作用，來調節細胞分裂階段的轉變。它們是夥伴和合作者——在功能上、基因上、生物化學上、物理上相連。它們是細胞分裂的陰和陽。

現在我們知道，一種特定的週期素與特定的CDK蛋白結合，並使它活化。而這種活化反過來則會釋放出細胞內一連串的分子事件——由一個活化的分子到另一個活化的分子，就像彈珠台一樣——最後「命令」細胞由細胞週期的一個階段轉變到下一階段。杭特已經解決了一半的謎題；納斯和哈特維爾解決了另一半。我們以簡圖的形式表示如下。

＊這些基因最初被稱為 cdc 基因（cdc 指 cell division cycle，細胞分裂週期），但這個專有名詞後來改為 cdc/cdk，然後再改為 cdk。K 指的是這些基因編碼蛋白質的酶活動（一種激酶），它把磷酸基團添加到目標蛋白質，並通常啟動它。為了簡單起見，我用小寫的 cdk 代表基因，而用大寫的 CDK 表示蛋白質。週期素家族也採取同樣的做法：基因以小寫字母表示，而蛋白質（「週期素」）以大寫字母開頭。

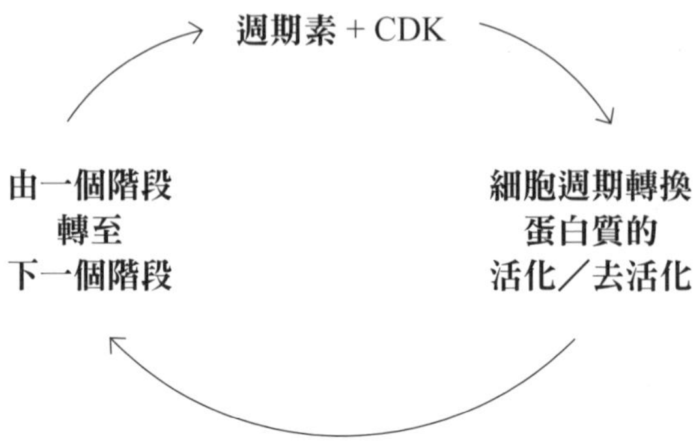

就如納斯在前往烏特勒支的途中告訴我的，「我們只是由不同的兩側觀察同一件事物。如果你退後一步，就會發現那真的是同一件事。就彷彿我們捕捉到同一件物體的兩個不同的影子。」[11]風車在我們周遭轉動，又完成了一個循環。

週期素和CDK合作，但不同的配對表示不同的轉變。一個特定的週期素－CDK組合可能是由G2轉換到M的調節因子。週期素活化了CDK，然後活化更多蛋白質，以促進轉變。在週期素被降解之時，CDK的活性停止，細胞等待啟動下一個階段的下一個訊號。

另一種週期素－CDK的組合調控由G1到S的轉換，數十種其他蛋白質參與細胞分裂的協調，但週期素和與它相關CDK之間的關聯是必要的：它們是細胞週期控制的合作夥伴；是佛萊明在近一個世紀之前就觀察到了的樂團中央指揮。

很難指出有哪一個醫學或生物學的領域沒有因為我們對細胞週期或細胞分裂動態的了解而改變。讓癌細胞分裂的是什麼？我們能不能找到專門阻止這種惡性分裂的藥物？*造血幹細胞如何在某些情況下分裂，產生自己的副本（稱為「自我更新」〔self-renewal〕），而在其他情況下又如何產生成熟的血細胞（「分化」）？胚胎是如何由單一細胞中生長出來的？二〇〇一年，哈特維爾、杭特和納斯共同獲得了諾貝爾生理學和醫學獎，以表彰他們闡明細胞控制分裂機制研究的共同重要性。

也許沒有哪個醫學領域在觀念上能比人工或醫療輔助的人類生殖——也就是體外受精（ＩＶＦ）——更接近細胞分裂——有絲分裂和減數分裂。（「人工」一詞在此顯得奇怪。所有的醫學不都是「人工」的嗎？我們應該把用抗生素治療肺炎稱為「人工免疫」嗎？或者把接生嬰兒稱為「胎兒的人工外化」？因此儘管「人工生殖」是較常見的術語，我還是用「醫療輔助」生殖一詞。）†

讓我們由一個對細胞治療師來說非常明顯，但卻會教外人吃驚的事實開始：體外受精就是細胞療

＊有趣的是，儘管我們知道週期素和ＣＤＫ蛋白在細胞分裂中的核心角色，卻罕有能夠阻斷週期素或 CDKs 的癌症療法出現或成功。這主要是因為細胞分裂是生命必有的普遍現象，在癌症治療上它成了過於退步的目標：殺死正在分裂的癌細胞，同時也殺死了正在分裂的正常細胞，因此釋出無法忍受的毒性物質。一九九〇年代後期曾發現一系列藥物可以抑制 CDK4/6（ＣＤＫ家族的兩個特殊成員），近二十年後，試驗證明新一代的這些藥物，如果以低劑量以及配合其他藥物（例如抗乳癌的抗體藥物賀癌平 Herceptin）使用，可以延長某些乳癌患者的生命。儘管這些藥物免不了有毒性的陰影，但對癌症特定週期素和ＣＤＫ抑制劑的研究仍在繼續。

†我所說的「醫療輔助生殖」指的是運用藥物、荷爾蒙、手術干預和人類細胞的 ex vivo（體外）操作，來增強人類生殖的醫學體系。這個專業領域的範圍很廣泛：它可能包括增強人類精子和卵子的產生，以及提取和貯存它們的能力。它可能包括在體外使精子和卵子受精的方法，或者培養活的人類胚胎，然後把它們植入女性子宮中以產生嬰兒。在這個表中，我們可能會添加與生殖策略快速交會的新技術：人類精子、卵子和胚胎的基因工程，以產生新型的細胞，進而產生新型的人類。

法。事實上，它是人類最常用的細胞療法。四十多年來，它已經成了一種生育的選項，並且已經產生了約八百至一千萬個孩子。許多體外受精的嬰兒現在已經成年，並且有了自己的孩子——通常不需要再用體外受精生殖。確實，如今它已十分常見，教我們甚至想不到它是細胞醫學，然而它當然是；對人類細胞進行治療，以減輕一種古老而痛苦的人類折磨——不孕。

這項技術的誕生很不穩定，差點就胎死腹中。伴隨體外受精而產生的科學敵意、個人競爭，和輿論的反對——甚至醫學上的異議，大半都因它的成功而粉飾了，但這項技術的開始卻充滿了激烈的動盪和爭議。

一九五〇年代中期，哥倫比亞大學婦產科教授蘭德魯姆・謝特爾斯（Landrum Shettles）[12]展開創造體外受精人類嬰兒的計畫，治療不孕症。[13]不按牌理出牌，作風神祕的謝特爾斯有七個孩子，但他很少回家休息。他的實驗室有一個長滿水草的大魚缸和一系列時鐘，在持續不斷的滴答聲中，他睡在一張折疊床上，住院醫師常常會在深夜看到他穿著皺巴巴的綠色手術服，在走廊上徘徊。

謝特爾斯起先在培養皿和試管中進行他的實驗。他由一名女性捐贈者那裡取得人類卵子，然後用人類精子使它們受精，並設法使原始胚胎存活六天。他經常發表文章並獲獎，包括哥倫比亞大學的馬克爾獎（Markle Prize）。

但隨後他的職業生涯發生了奇怪的轉變。一九七三年，謝特爾斯同意協助一對來自佛羅里達的夫婦約翰・德爾・齊奧（John Del Zio）醫師和多麗絲・德爾・齊奧（Doris Del Zio）懷孕。謝特爾斯並沒有向醫院的監管或實驗委員會報告他擴大了研究的範圍——由培養皿受精開始，變成了胚胎植入。他也沒有知會醫院的產科主任。

一九七三年九月十二日，紐約大學醫院的婦科醫師由多麗絲身上摘取卵子，約翰帶著卵子和一小瓶他的精液搭計程車前往上城謝特爾斯的實驗室。穿過上城交通的這趟車程大約需要一個小時，可能會被列入紐約史上最緊張的一段計程車程。

然而這時，謝特爾斯醫師的主管得知了這個實驗，不由得勃然大怒。在體外培育人類胚胎——試管嬰兒，並植入真正的子宮，非但聞所未聞，而且它在醫學和倫理的意義顯然也還未知。後來（或許是杜撰的），主管闖入實驗室，打開裝有受精卵的培養箱，破壞了實驗。德爾·齊奧夫婦控告醫院，並獲得了五萬美元的精神損害賠償。

不出所料，謝特爾斯很快就捲了鋪蓋——包括魚缸、小床、時鐘、午夜的綠色工作服，全都被趕出大學。他搬到佛蒙特州，在一家診所執業，但他非傳統的舉止再度惹上麻煩，最後他到拉斯維加斯自行開業，安頓下來，他承諾會繼續他的夢想，透過體外受精製造人類嬰兒。

在同一時期的英國，兩位科學家羅伯特·愛德華茲（Robert Edwards）和派屈克·史泰普托（Patrick Steptoe）也正在嘗試體外受精。與謝特爾斯不同的是，他們並沒有對在玻璃罐中生產人類胚胎所引起的科學和道德異議充耳不聞。他們盡職地寫了紀錄和報告，在會議上報告他們的工作，並向醫院委員會和部門通報他們的計畫。他們有條不紊地緩慢進行，推翻了一個又一個的正統觀念。他們特立獨行，不過按照科學史學家瑪格麗特·馬許（Margaret Marsh）的話來說，是「謹慎的特立獨行」。[14][15]

愛德華茲的父親是鐵路工人，母親是銑床工人，他是對細胞分裂和染色體異常有興趣的遺傳學者和生理學家。他的職業生涯因二次大戰期間在英國軍隊服役四年，以及在大學修習動物學位而暫時停頓，他把學業描述為「一場災難。我的補助金花光了，負債累累。但和有些學生不同，我沒有富裕的父母……我不能寫信回家：『親愛的爸爸，因為我沒考好，請寄一百英鎊來。』」[16]

但愛德華茲最後在愛丁堡大學找到了學習動物遺傳學的機會，在那裡，他的興趣開始轉向研究生殖。他用小鼠精子進行實驗，然後轉向卵子。愛德華茲與他的妻子，成就卓越的動物學家露絲．福勒（Ruth Fowler）合作，證明為小鼠注射促排卵荷爾蒙可以產生數十個處於生命週期相似階段的卵子，因此原則上可以在體外，在培養皿中收穫和受精。一九六三年，在經歷了漂泊各大學的職業生涯之後，愛德華茲來到劍橋大學研究人類卵細胞的成熟。他、露絲和他們的五個女兒在巴頓路附近高夫路的一所小屋裡安頓下來，他也搬進生理實驗室上方的實驗室，生理實驗室共有七間冷颼颼的房間。

生殖生物學領域，尤其是卵子和精子成熟和細胞週期之間的關聯，還處於起步階段。杭特為細胞週期奠定基礎的海膽研究，還有數十年才會發表，而使納斯和哈特維爾成名的細胞分裂基因則尚未發現。

愛德華茲聽說過哈佛大學科學家約翰．洛克（John Rock）和米瑞安姆．曼金（Miriam Menkin）的研究，[17]他們在一九四〇年代中期由接受婦科手術的婦女身上提取了近八百個卵子，並嘗試用人類精子使這些卵子受精，是否成功要碰運氣。「我們已經進行了多次嘗試，要展開人類卵巢卵子的體外受精，」曼金在一篇期刊論文中寫道。但這個計畫比洛克和曼金預期的複雜得多。卵子多半都無法受精。

一九五一年，沒沒無聞的科學家張明覺在麻州伍斯特學院（Worcester Institute）從事生殖研究，他發現不僅僅是卵子，精子可能同樣會導致體外受精無法完成的問題。[18]透過對兔子的研究，他提出精子細胞在使卵子受精之前必須活化──他稱之為「獲能」（capacitated）。他推斷，這種能力是因精子在女性輸卵管接觸特定的條件和化學物質中而達成的。

愛德華茲連續幾個月坐在倫敦磨坊山（Mill Hill）英國國家醫學研究所（National Institute of Medical Research）安靜肅穆的圖書館裡，仔細審視先前所有的實驗。這就像研究一連串的失敗，但他想嘗試再度在體外使人類卵子受精。起先他在埃奇韋爾總醫院（Edgware General Hospital）與婦科醫師莫莉·羅斯（Molly Rose）一起工作，讓卵子「成熟」——基本上，就是讓它們能夠受精。但人類的卵子與兔子和小鼠的卵子不同，不會成熟。「三、六、九、十二小時，它們的外觀都沒有任何變化。它們回瞪著我，」他寫道。[19]這些卵子看起來難以穿透，教人費解。

接著，在一九六三年的一天早上，愛德華茲有了一個重要的啟發，簡單而深刻。他疑惑，「在如人類等靈長動物身上，卵子的成熟是否可能需要比嚙齒類更長的時間？」[20]愛德華茲再一次由羅斯那裡取得了一蒲式耳的卵子，並使其成熟，但這回他選擇了等待。

「我不能太早去看它們，」他寫道，斥責自己沒耐心。「整整十八個小時後，我去看了，唉，細胞核沒有變化，根本沒有成熟的跡象。」[21]再次失敗。現在盤子裡只剩下兩個卵子了，它們在培養皿中倔強地、泰然自若地盯著他。二十四小時後，愛德華茲取出一個，他覺得他看到了最輕微的成熟跡象：細胞核中的某個東西正在變化。

還剩一個卵。

二十八小時後，他取出最後一個卵，並為它染色。

「興奮到令人難以置信，」他寫道。「染色體才剛剛開始穿過卵的中心。」細胞已經成熟了；它已準備受精。「在這組最後一批的一個卵中，放著人類計畫的全部祕密。」[22]

這寓意是什麼？我們不像兔子那樣繁殖。我們的卵需要多一點誘惑。

愛德華茲孤獨的十年即將結束。但當時還有他不得不面對的另一個循環困境：羅斯提供的卵來自接受婦科手術的婦女，她們所作的手術範圍很廣泛，因此極不可能作體外受精。所以來自羅斯的卵雖然作實驗材料最為方便，但卻是最不適合再植入的手術。要完成實驗，愛德華茲需要來自其他來源的人類卵子。

這些卵子來自史泰普托醫師的病患：同意捐贈卵子的卵巢障礙患者。史泰普托是奧爾丹（Oldham）總醫院的產科顧問醫師，這是曼徹斯特附近日漸沒落的織造小鎮，終日霧氣繚繞。史泰普托特別感興趣的是卵巢腹腔鏡手術，一種需要用可彎曲的內視鏡，透過下腹部的小切口對卵巢及其周圍組織作業的過程。這種微創技術常遭婦科醫師嘲笑，因為他們認為與侵入性的開腹手術相比，它不夠精準。在一次醫學會議上，一位知名的婦科醫師就站起來，武斷地宣布：「腹腔鏡根本沒有用。不可能看到卵巢。」[23]平常總是沉默寡言，就算發言也總是輕聲細語的史泰普托不得不站出來捍衛自己的工作，他答道：「〔你〕大錯特錯，用腹腔鏡可以檢查整個腹腔。」

愛德華茲正好在座。雖然婦科醫師對史泰普托嗤之以鼻，但愛德華茲卻豎起了耳朵，因為他明白腹腔鏡摘除術對他的成功攸關緊要。和他由侵入性外科手術取得的卵不同，腹腔鏡摘除術使這個程序更容易處理——這也許正適合想要把受精卵重新植入子宮的婦女。

演講結束，在觀眾爭論吵嚷之時，愛德華茲緩步走向正在門廳的史泰普托。

「你是派屈克・史泰普托，」他輕聲說。

「是的。」

「我是羅伯特・愛德華茲。」

他們針對體外受精交換了意見和想法。一九六八年四月一日，愛德華茲前往奧爾丹拜訪史泰普托。他們擬訂了一個實驗計畫，史泰普托同意把他透過腹腔鏡手術取得的一些人類卵子送去給愛德華茲。奧爾丹離劍橋的路程雖然要整整五小時，但這並不妨礙他們兩人。把卵子由史泰普托的診所帶到愛德華茲的實驗室，來回往返可能就要在火車上耗掉大半天的時間，坐在火車上緩緩地搖晃行駛，穿過煙雨濛濛的蘭開夏郡城鎮。實驗方案看似簡單，但細節卻很複雜：哪種培養液可以讓卵子和精子存活？在取卵後幾個小時該引入精子？受精卵在人體內存活之前需要進行多少次細胞分裂？還有我們怎麼知道要挑哪一個胚胎？

愛德華茲由劍橋大學的同事貝瑞・巴維斯特（Barry Bavister）博士那裡得知，如果增加溶液的鹼度，受精率會大大提高；這是阻礙張明覺的精子獲能部分，愛德華茲掌握了更多使精子活化的技巧，而且他學會了在培養液中催熟卵，在添加精子之前，等待成熟的精確時刻。有些比率還待確定——每個卵子要配多少精子？以及用於培養胚胎液體的確切成分。愛德華茲和史泰普托一點一滴地解決了體外受精的問題。一九六八年冬末的一個下午，與愛德華茲共事的科學家兼護理師琴・柏蒂（Jean Purdy）安排了關鍵的實驗。[24] 她寫道：「那些卵子很快就在培養基的混合物裡成熟了……添加了貝瑞〔巴維斯特〕的一些液體。三十六小時後，我們判斷它們已經可以受精了。」

當天晚上，巴維斯特和愛德華茲開車去醫院研究顯微鏡下的培養物。一個令人驚嘆的事件在鏡頭下展開：人類生命觀念的第一步。根據柏蒂的說法，「一個精子剛剛進入第一個卵子……一個小時後，我們查看了第二個卵。是的，就在那裡，受精的最初階段。毫無疑問，一個精子已經進入了卵子——我們辦到了……我們檢查了其他卵子，發現了越來越多的證據。有些卵子處於受精的初期階段，精子的尾部跟隨精子進入卵子深處；其他的甚至更進一步，有兩個細胞核——一個來自精子，一個來自卵子，因為各自〔精子和卵子細胞〕都把它的遺傳成分捐給胚胎。」[25]他們已經完成了體外受精。

愛德華茲、史泰普托和巴維斯特的論文〈體外成熟人類卵母細胞體外受精的早期階段〉發表在一九六九年的《自然》（*Nature*）期刊上。[26]遺憾的是，執行這項實驗的柏蒂卻未列名，這是科學界排除女性的傳統做法。後來，愛德華茲和史泰普托都數次嘗試要承認她的貢獻，因為體外受精是在她的手中誕生的。在實驗室裡，她創造了第一個透過體外受精而產生的人類胚胎；後來在醫院裡，她也抱著第一個試管嬰兒。一九八五年，她因黑色素瘤去世，年僅三十九歲，從未完全獲得她應有的科學成就認可。

這項研究幾乎立即引起了社會大眾、科學界和醫界的憤怒。攻擊同時由四面八方襲來。有些婦科醫師並不認為不孕是疾病。他們主張，繁殖並不是健康的必要條件，因此為什麼要把缺乏它定義為「疾病」呢？就如一名歷史學者所寫的：「現在也許很難了解當時英國大多數婦科醫師對不孕毫無認識，史泰普托是其中一個了不起的例外……人口過剩和計畫生育是當時的主要問題，不孕者遭到忽視，他們充其量只是極小的一群、無關緊要的少數人；如果由最壞的方面來看，他們對人口控制作出了積極的貢獻。」[27]英美的許多婦科研究把重點放在避孕——也就是讓更少的嬰兒來到人世。有科學論文指出，在美國，「一九六五和一九六九年間避孕藥和用具的開發研究增加了六倍，私人慈善資助則提高了三十倍。」[28]

另一方面，宗教團體則指出這種人類胚胎的特殊地位：為了植入人體而在實驗室培養皿中產生的胚胎，違背了最不可侵犯的人類「自然」繁衍法則。倫理學家對一九四〇年代納粹實驗餘毒高度敏感，在這樣的實驗中，人類承受可怕的風險但幾乎沒有任何收益；如果後來發現透過這種方法產生的嬰兒，或孕育這些嬰兒的母親承擔了未知的風險，又該怎麼辦？

〈體外受精的早期階段〉發表後，花了將近十年，才說服醫學界認定不孕實際上是一種「疾病」。一九七〇年代中期，他們和產科醫師與實驗室技術人員團隊合作，首次嘗試透過體外受精技術「製造」活的嬰兒。

一九七七年十一月十日，一小群大約比一粒米還要小二十五倍的活胚胎細胞被植入萊斯莉．布朗（Lesley Brown）的子宮內。[29]這位三十歲的英國婦女和她的丈夫約翰九年來一直試圖自然受孕，但多次嘗試都失敗了。萊斯莉的輸卵管遭堵塞，她的卵子雖然功能正常，但由卵巢到輸卵管或子宮內受精部位的運動卻因結構而受到阻礙。在奧爾丹總醫院的手術過程中，醫師直接由她的卵巢中取出卵子，按照愛德華茲和柏蒂的步驟使它成熟，然後用約翰的精子使它受精。柏蒂頭一個發現胚胎細胞以微小的運動開始分裂——可以說是在玻璃罐中捕捉到的細胞胎動。

大約九個月後，在一九七八年七月二十五日，這家醫院的手術室擠滿了研究人員、醫師和一組政府官員。接近午夜時分，產科醫師約翰·韋伯斯特（John Webster）以剖腹產接生了一名女嬰。這項作業是在絕對保密的情況下進行的。史泰普托最初宣布分娩的時間將是第二天早上，但卻悄悄地改為前一天晚上午夜時分，部分原因是為了避開擠在醫院外的記者。當天晚上稍早之時，他駕著他的白色賓士離開醫院，這是精心設計的煙幕，要讓記者相信團隊收拾東西準備回家。但夜幕降臨時，他偷偷地溜回來了。

分娩過程非常平淡無奇。「（這個寶寶）根本不需要復甦術，檢查她是否有任何缺陷的小兒科醫師也沒有發現任何缺陷，」韋伯斯特回憶說：「我們都有點擔心，萬一她生來就有唇顎裂或者其他我們事先未能發現的小缺陷……就會實際扼殺了這項研究——因為人們會說這是（體外受精）技術造成的。」[30]每一個指甲、每一根睫毛、每一個腳趾、每一個關節、每一吋皮膚都經過檢查。這個嬰兒就像天使一樣完美。

韋伯斯特說，並沒有「瘋狂的慶祝活動」。分娩後，產科醫師上床，安靜地睡了一夜。「我感覺筋疲力竭，真的，」他回憶說：「我回到住處，吃了點晚餐。我想櫥櫃裡連酒都沒有。」[31]

嬰兒被命名為露易絲·布朗（Louise Brown）。她的中間名是喬伊（Joy，歡喜之意）。

第二天早上，布朗出生的消息在媒體上引爆。接下來的一週，醫院擠滿了手持閃光燈相機和筆記本的記者，他們使盡渾身解數，要拍下這對母女的照片。露易絲·布朗被稱為「試管嬰兒」——一個奇怪的術語，因為受精過程中幾乎沒有用到試管。[32]（實際孕育她時所用的大玻璃罐在倫敦科學博物館展出。）她的出生引發了憤怒、慶祝、寬慰，和驕傲的海嘯。一名密西根州的婦女在給《時代》（*Time*）雜誌的信中憤怒地寫道：「布朗夫婦……貶低了孩子，讓她受到不良的影響，為了這樣的行為，而非為了他們醫療輔助的生殖行為，應該把布朗夫婦視為西方道德墮落的象徵。」[33]一個來自美國的匿名包裹送到布朗夫婦位於布里斯托（Bristol）的家裡，裡面有一根破損的試管，上面噴灑了醜惡的假血。

然而，其他人卻稱她為奇蹟寶寶。七月三十一日那期的《時代》雜誌封面[34]借用了米開朗基羅裝飾西斯汀禮拜堂天花板的畫作〈創造亞當〉（The Creation of Adam）中著名的細節，其中上帝的手指準備觸碰亞當的手指，只是在這裡，懸在兩根手指之間的是一個試管，裡面有一個胚胎的圖形：子宮內的露易絲．布朗。對於無法生育的男女性而言，這個突破帶來了非凡的希望：不孕症已經被治癒了，至少對仍然有存活精子和卵子的人來說是如此。

露易絲．喬伊．布朗現年四十三歲。她有她母親柔和圓潤的五官，她父親開朗的笑容，還有一頭金棕色的秀髮，原本是捲曲的洪流，如今則拉直而呈金黃色。她在一家貨運公司工作，住在布里斯托附近。她四歲時，有人告訴她，她「與其他人的出生方式略有不同。」[35]這句話可能是科學史上最重要的保守陳述之一。

愛德華茲因他的成就而於二〇一〇年獲得諾貝爾獎。很遺憾，當年十二月，他還來不及參加頒獎典禮就去世了。比愛德華茲大十二歲的史泰普托於一九八八年去世。謝特爾斯於二〇〇三年在拉斯維加斯去世，直到最後，他都堅持如果他的努力沒有遭到主管傳統觀念的破壞，他就會是第一個發展體外受精的人。

本書談的是細胞和醫學的改變。雖然體外受精可能是最常用的細胞療法之一，但它的歷史上有一個必須面對的特點：讓這個過程得以誕生的，是生殖生物學和產科進步的完美風暴——而非細胞生物學。露易絲·布朗的誕生標誌著生殖醫學的重生，體外受精的程序層面對細胞生物學迅速發展的領域保持相當冷漠的態度。甚至連最初因卵子成熟過程中染色體異常的分裂而產生對生殖興趣的愛德華茲（他在一九六二年的一篇科學論文標題為〈成年哺乳動物卵巢卵母細胞的減數分裂〉[36]），對一九八〇年代納斯、哈特維爾和杭特對細胞週期、染色體分離，和減數分裂及有絲分裂的分子控制的發現有了新見解之後，也幾乎再沒有寫什麼相關的文章。更奇怪的是杭特是他在劍橋的同事，而納斯工作的地方離他不到五十哩。你認為應該與受精和胚胎成熟有最自然的細胞生理學層面——細胞分裂的動態、精子和卵子的產生、受精卵的有絲分裂階段，仍然位於這個領域願景的遙遠邊緣。

簡而言之，體外受精主要是被當成一種荷爾蒙干預和接下來的產科手術。卵子和精子被提出再植入；接著一個人類嬰兒就出生了。在受精和胚胎成熟之間的實驗室只是一串連鎖中的一個環節。培養箱名副其實就是一個黑盒子，只不過是個潮濕、溫暖的盒子。如何使卵子或精子變得更加多產，或者如何選擇最好的胚胎植入子宮——這兩個與細胞生物學以及染色體和細胞評估密切相關的問題，仍然沒有答案。

但納斯、哈特維爾和杭特的見解終於開始進入這個領域並且改變它。現在越來越明顯的是，人類繁衍過程中出現的問題只能藉著了解細胞的繁殖，才能得到解答——這再度讓我想到魏修的信條：所有的疾病都是細胞疾病，因此，體外受精正在學習週期素和CDK的詞彙。比如，為什麼有時候儘管經過荷爾蒙刺激，但仍難以由某些女性身上獲取卵子？二〇一六年，一組研究人員證明，納斯、哈特維爾和杭特所發現的分子——週期素和 CDKs 都牽涉其中。只要其中的一種組合（CDK-1 和一個週期素）在卵細胞中保持不活躍的狀態，細胞就會維持休眠。靜止，留在G－0。釋出這些分子並活化它們，卵細胞就會開始成熟。[37]如果卵子「過早」成熟，它們就會隨著時間逐漸消失。即使有荷爾蒙刺激，它們也可能會消耗殆盡而無從開始。在這樣的情況下，這個動物就會不孕。

有趣的是，這種由靜止（或細胞「睡眠」）的釋出，以及隨之而來過早的成熟，都可以當作一種新合成藥物的標靶。可以想見，這種實驗分子是透過阻止 Cyclin-CDK 活化來發揮作用。原則上，這樣的藥物應該能夠讓人類卵子回到「睡眠」狀態，因而可能讓某些頑固性不孕的婦女群體提高體外受精的成功率。

二〇一〇年，史丹佛大學醫學院的研究人員採用更簡單的方法來開發體外受精的工具箱，更密切依賴細胞週期的動態。醫學輔助生殖的一個不斷發生的挫敗是，只有三分之一的受精胚胎達到可能產生可存活胎兒的階段。為了提高成功機率，醫師會植入多個胚胎——但這樣做會導致雙胞胎和三胞胎的頻率增加，而多胞胎的情況也有它們自己的醫療和產科併發症。

有沒有可能辨識出最有可能產生健康、成熟胚胎的單細胞受精卵？我們能不能前瞻性地識別出這樣的受精卵——也就是在植入它們之前就辨識出來，因而增加單胎兒誕生的成功率？史丹佛大學研究小組採集了兩百四十二個人類胚胎，[38]並拍攝它們由單細胞受精卵發展為中空多細胞胚胎球的成熟過程，這種胚胎球稱為囊胚，是健康、有活力胚胎的早期跡象。囊胚由兩部分組成，它的外殼形成胎盤和臍帶，是發育中胎兒的滋養系統，而內部的細胞團懸在充滿液體的腔壁上，形成胚胎。外殼和內部物質都是由第一個受精細胞透過細胞的快速分裂，一次又一次的有絲分裂，而形成的。

只有約三分之一的單細胞胚胎形成囊胚，這一事實反映出臨床所見體外受精的成功率只有三分之一。[39]史丹佛大學的研究小組藉由倒放影片，並使用軟體測量各種參數，確定了三個可以預測未來囊胚形成的因素：第一個細胞第一次分裂所需的時間；第一次分裂和第二次分裂之間的時間；以及第二次和第三次有絲分裂的同步性。依賴這三個參數，囊胚形成的機率（以及隨後可植入的機率）增加為93％。想像使用單個胚胎進行體外受精——不會出現雙胞胎和三胞胎的高風險妊娠，而且成功率高達90％。

我們可能還會困惑地注意到，正是諸如同步性、有絲分裂時間和細胞分裂的精確度之類的測定，使納斯和他的學生能夠在約三十年前仔細分析酵母細胞的細胞週期。

遭篡改的細胞：露露、娜娜和信任的背叛

先做，再想

——諺語的相反

二〇一七年六月十日，由生物物理學者轉為遺傳學者的賀建奎（人稱ＪＫ），在中國深圳南方科技大學的校園裡和兩對夫妻見面。會議地點是一間不起眼的會議室，配有旋轉人造皮革座椅和空白的投影機銀幕。另外兩位科學家，ＪＫ先前的導師美國萊斯大學（Rice University）教授麥可．迪姆（Michael Deem）和北京基因組研究所共同創辦人于軍也出席了會議，不過于軍後來表示，他們只是坐在一旁，忙自己的事。或許他們正在討論蠶複雜的基因體，于軍已經為這個基因體定序。「我和迪姆正在談別的事，」他後來說。[1]

我們對這次的會議所知甚少。它的影帶紀錄十分模糊，另外還剩下幾張零散的截圖。這兩對夫妻來見ＪＫ，是為了要對一個醫療程序——體外受精授予同意權，但有個關鍵的轉折。ＪＫ打算在把胚胎植回子宮之前，永久改變胚胎的基因——基本上就是創造「轉基因」，基因編輯嬰兒。

兩年多後，在二〇一九年十二月三十日，賀建奎因違反「知情同意」（informed consent）基本協議和不當使用人體實驗受試者，遭處三年徒刑。要談生殖生物學的故事，或是細胞醫學的誕生，就不可能不提JK的寓言——改變人類嬰兒的誘惑，科學願望出了差錯，以及懸在半空中的胚胎基因治療脆弱的未來。[2]

但要講述這個故事，必須先從約半個世紀之前開始。一九六八年，以體外受精而聞名的愛德華茲很有先見之明地發表了一篇題目看似晦澀的論文：〈兔子胚胎的性別決定〉。在對醫學輔助生殖產生興趣之前，愛德華茲最初對生殖生物學的興趣是來自於檢測胚胎染色體異常的可能性。例如唐氏症這種遺傳疾病是因精子或卵子細胞的第二十一號染色體多了一條額外的染色體而造成。愛德華茲想要了解是否可以在胚胎中檢測到這種染色體的問題——或許在細胞的空心球——囊胚階段；還有，這些染色體異常的胚胎是否可以在植入子宮前經過選擇並丟棄。他推想，如此一來，夫妻就可以選擇不植入有唐氏症或任何這類染色體改變的胎兒。也就是在實際上，他們可以選擇「正確的」胚胎植入子宮。[3]

一九六八年，愛德華茲讓兔子的卵子受精，培育成囊胚。他用微量吸管固定囊胚——這個任務像用真空吸塵器固定水氣球——接著再以神奇靈巧的手法使用極小的手術剪由囊胚外殼去除大約三百個細胞，接著用染色質把取出的細胞染色，以確定哪些細胞同時具有X和Y染色體，表示是雄性囊胚。（雌性囊胚具有兩條X染色體。）於一九六八年四月發表在《自然》期刊的一篇論文中，愛德華茲和合著者理查．加德納（Richard Gardner）報告說，藉由選擇植入雄或雌性兔子胚胎，他們可以控制這種哺乳動物後代的性別，這在自然界中是辦不到的任務。愛德華茲以他一貫輕描淡寫的語氣展開和結束這篇題為〈藉由轉移有性別的囊胚來控制足月兔子的性別比例〉的論文：「人們做了無數的嘗試，要控制各種哺乳動物後代的性別，其中也包括人類的後代……既然我們可以正確判斷兔子囊胚的性別，或許也可能發現男性和女性胚胎的其他差異。」[4]愛德華茲已經發明了以遺傳評估為基礎的胚胎選擇方法。

到一九九〇年代，試管受精和基因科技已經發展到可以把愛德華茲的技術應用到人類胚胎上的程度。在倫敦的哈默史密斯（Hammersmith Hospital）醫院裡，科學家艾倫．漢迪賽德（Alan Handyside）與有X染色體病史的數對夫妻合作，這類疾病只有男孩才有罹病的風險。正如愛德華茲對兔子所做的那樣，漢迪賽德和他的同事在植入子宮前對胚胎進行「性別鑑定」——證明他們可以確保只有女性胚胎被植入，因此消除生育患有X染色體相關疾病嬰兒的風險。這項技術稱為植入前遺傳診斷（preimplantation genetic diagnosis，簡稱ＰＧＤ），通俗地說，就是胚胎選擇。ＰＧＤ很快就擴展到篩選唐氏症、囊腫性纖維化、戴薩克斯症（Tay-Sachs disease）和肌肉強直症（myotonic dystrophy）等疾病。

但明確地說，胚胎選擇基本上是消極的過程。藉由只刪除男性胚胎，可以選擇已獲得特定遺傳基因體合的胚胎。然而，你無法在根本上改變賦予胚胎基因的遺傳輪盤。換言之，你可以由一組排列中篩揀或剔除胚胎，但你不能用新的（從頭開始）基因體來製造胚胎。你得到你原本就有的（而且不會因此而感到不安）：來自父母雙方的基因排列，但在預定的組合之外沒有增加任何組合。

但如果我們想要製造出具有父母雙方都沒有的遺傳特徵（和未來）的人類胚胎又如何？或者，如果你想要改變胚胎基因體的一些訊息——例如關閉某個可能會導致致命疾病的基因，又該怎麼辦？舉個例子，二〇一二年，一名家族有不幸乳癌病史的婦女來找我。BRCA-1 基因突變會提高罹患癌症的風險，而在這個家族中，這個突變在親戚中交錯。她自己就攜帶了不利的突變基因，她的兩個女兒之一也有。我能不能找出治療方法，協助她讓女兒胚胎中的突變基因恢復正常？我愛莫能助，只能希望她或她的女兒未來能夠用胚胎選擇以淘汰（篩除）攜帶 **BRCA-1** 突變的胚胎。

或者，如果父母雙方在致病基因的兩個副本都攜帶突變怎麼辦？父親有兩個突變副本，母親也有兩個突變副本。一個患有囊腫性纖維化的男性想要與他所愛的女性生育，而這名女性也患有囊腫性纖維化。他們**所有的**孩子都免不了會攜帶兩個副本中的突變，因此免不了會產生這種疾病。科學家能不能做點什麼，確保這樣結合產生的子女至少有一份改正過的基因副本？也就是說，人類胚胎可不可能不僅僅是消極過程——胚胎選擇的目標，而且是**積極**過程的標的：添加或改變一個基因，或者稱作基因編輯？

幾十年來，科學家一直在用動物胚胎作嘗試。一九八〇年代，他們成功地把基因修飾細胞引入小鼠囊胚中。經過多個步驟，他們培育出基因體已經刻意且永久改變的活「轉基因」小鼠。之後很快也出現了轉基因的牛和羊，全都是用類似的技術創造出來的。當這些動物產生精子和卵子時，會攜帶遺傳改變傳遞給後代。

但用來創造這種動物的方法並不容易應用在人類身上，不但技術障礙很大，而且基因干預以及隨之而來關於人類優生學的問題這些道德方面的顧慮也同樣教人卻步。產生轉基因人類的夢想——基因體永久改變，會遺傳給他們的子女，仍然懸而未決。

然而二〇一一年，一項令人震驚的新技術突然出現。科學家偶然發現了一種基因改變方法，可以更容易地用在細胞上，並有可能適用於早期的人類胚胎。*這種技術稱為基因編輯，源自一種細菌防禦系統。

基因編輯——在基因體中進行定向、蓄意和具體的改變，可以藉由多種策略展開，但最常用的形式是依賴於一種稱為Cas9的細菌蛋白。這種蛋白質可以被引入人體細胞，然後「引導」或定向到細胞基因體的特定部分，進行刻意的改變：通常是在基因體中進行切割，因而使目標基因失能。細菌利用這個系統切斷入侵病毒的基因，因而使入侵者失活。基因編輯的先鋒，包括珍妮佛・道納（Jennifer Doudna）、伊曼紐・夏彭提耶（Emmanuelle Charpentier）、張鋒，和喬治・丘奇（George Church）等人改編了這種細菌防禦系統，並把它轉變為一種刻意編輯人類基因體的方法。

讓我們把整個人類基因體想像成一座巨大的圖書館，裡面的書籍全都是用僅包含四個字母的字書寫：A、C、G和T，這是DNA的四種基本化學物質。人類基因體有三十多億個這樣的字——如果算上父母雙方的基因體，每個細胞就有六十億個。把它們重新建構為一圖書館裡的書，每頁大約兩百五十

＊我們不可能列出每一位對這個領域作出貢獻的科學家——數量太龐大，但有些研究人員特別突出。一九九〇年代，西班牙科學家法蘭西斯・莫吉卡（Francis Mojica）第一個發現細菌基因體中有抗病毒防禦系統編碼其中。在二〇〇七至二〇一一年間，在法國丹尼斯克（Danisco）優格工廠工作的菲利普・霍瓦特（Philippe Horvath）和在立陶宛首都維爾紐斯（Vilnius）的維吉尼由斯・希克什尼斯（Virginijus Syksnys）加深了科學界對這種免疫形式的了解。二〇一一至二〇一三年間，道納、夏彭提耶和張鋒對這個系統做了基因操縱，在DNA上做可程式化的切割。這個表必需要縮短；[5] 較完整的歷史可參見 Broad Institute 網站的「CRISPR Timeline」，https://www.broadinstitute.org/what-broad/areas-focus/project-spotlight/crispr-timeline

個字，每本書有三百頁，我們就可以把我們自己，或者該說，是建構、維持和修復我們自己的指令，想像成寫在八萬本書裡。

Cas9，如果與一段引導它的RNA結合，就可以接受指令在人類基因體中作出刻意的改變。你可以把這種做法比擬成：在藏有八萬本書的圖書館中的一本書中的一頁上找到並刪除一個句子中的一個字，它偶爾會出錯，並意外刪除原本並不要刪除的字，但整體的準確度依然非常出色。近年來，這個系統已經被人修改，不僅只是刪除字，還可以在基因中作大量可能的變化，例如添加新訊息，或者進行更細膩的改變。Cas9是搜尋並摧毀的橡皮擦。再進一步類比，它可以把一座擁有八萬冊藏書的大學圖書館中的《山繆・皮普斯日記》（*Samuel Pepys' Diary*）第一冊序文中的Verbal一字改為Herbal，圖書館裡其他每一本書的每一個句子的每一個字，通常都留著不動。

二〇一七年三月，根據JK的說法，深圳市和美婦兒科醫院醫學倫理委員會批准了他編輯人類胚胎中一個基因的研究。JK寫道：「委員會由七人組成，我們獲悉，在得出批准的結論之前，委員會進行了全面的風險和收益討論。」醫院後來否認曾閱讀或批准這項試驗計畫書，也沒有任何批准前的「全面討論」紀錄。此外，據稱批准這項試驗計畫的七人身分還未查明。

JK提案要在人類胚胎中編輯的基因是CCR5，這是一種免疫相關基因，已知是HIV病毒進入人體的方法。先前的研究證明，[6]如果人類恰好因為一種名為delta 32的自然突變而擁有兩個失活的CCR5基因副本，那麼他們就能抵抗HIV感染。

但ＪＫ實驗的邏輯由這裡開始瓦解。首先，他之所以選擇這兩對夫婦，是因為**父親**（而非母親）患有慢性但已獲得控制的愛滋病毒感染。如果在精子已經清洗之後再用於體外受精，那麼由精子傳播愛滋病毒的風險為零。簡而言之，這些胚胎感染愛滋病毒的風險，並不比愛滋病毒陰性夫婦所產生的胚胎大。更糟的是，ＣＣＲ5是協調免疫反應的關鍵，有證據顯示如果讓ＣＣＲ5失活，可能會在感染其他病毒（例如西尼羅和流感，後者在中國尤其常見）時，提高嚴重程度。ＪＫ選擇編輯的基因，對人類胚胎沒有明顯的益處，但卻有可能在未來產生危及生命的風險。而且這兩對夫婦是否已被告知這個程序可能產生的不利影響，以及是否真的取得了他們的知情同意，尚存疑問。ＪＫ急著要搶先製造基因編輯的人類，但實際上卻顛覆了管理人類作為臨床研究受測者道德的每一項原則。

我們很難重建接下來發生的事情和時間，但在二〇一八年一月初，ＪＫ由其中一名婦女身上採集了十二個卵子，用她丈夫清洗過的精子受精。由ＪＫ的投影片來看，他似乎是用微針（microneedle）把單個精子注射到卵子中，這個程序稱為胞漿內單精子注射（ＩＣＳＩ，單一精蟲顯微注射）。同時他必然也在卵中注射了Cas9蛋白和ＲＮＡ分子以切割ＣＣＲ5基因。

ＪＫ寫道，六天後，四個單細胞受精卵長成了「能發育的囊胚」。[7]之後不久，他必然對囊胚的外殼做了切片檢查，以確定編輯是否已經進行。

「兩個囊胚已成功編輯，」這位遺傳學者寫道。在其中一個囊胚中，ＣＣＲ5基因的兩個副本都已經編輯，而在另一個囊胚，則只有一個副本已編輯。但ＪＫ獲得的基因編輯和在人類身上發現的自然

delta 32 突變不同。他在基因中產生了不同的突變，可能會產生愛滋病毒抵抗力的效果，但也可能不會——我們不可能知道，因為先前沒有人進行過這樣的基因編輯。而且其中只有一個胚胎的兩個副本都被刪除；另一個還保留著一份完整的副本。囊胚切片的細胞顯然經過掃描，以尋找不經意間在基因體的其他部分進行基因編輯——脫靶編輯（off-target edits）。在切片細胞的一個樣本中發現了一個潛在的意外編輯，但研究團隊在沒有太多支持證據的情況下得出結論說，這「無關緊要」。

儘管有這麼多重的警告，JK的團隊還是在二〇一八年初把兩個經過編輯的胚胎植入了母親的子宮。不久之後，他寫了一封電子郵件給他先前在史丹佛大學作博士後研究的指導教授史蒂夫．奎克（Steve Quake），電郵的標題是「成功。」文中寫：「好消息！這名婦女懷孕了，基因體編輯成功！」[8]

奎克立即開始擔心。他在二〇一六年在史丹佛與JK會面時，曾多次勸他，還嚴厲地敦促他尋求道德委員會的許可，並且必須要獲得患者的知情同意。JK曾經向史丹佛大學小兒科教授馬修．波特斯（Matt Porteus）求教，波特斯也給他同樣的建議。波特斯回憶說：「我花了接下來半小時，四十五分鐘，告訴他們這樣做是錯誤的所有原因，這樣做在醫學上沒有正當的理由；他並不是在解決未得到滿足的醫療需求，你知道，他沒有公開談論過此事。」[9]在這次的會面中，JK一直保持緘默，他滿臉通紅，因為他沒料到會受到如此激烈的抨擊。

奎克把JK的電子郵件轉發給一位未透露姓名的同事，他是生物倫理學家。「供你參考，這可能是第一次人類生殖細胞系編輯……我強烈敦促他獲得IRB（instituional review board，人體試驗倫理委員會，亦有譯為機構審查委員會）的批准，並且據我了解，他有這麼做。他的目標是協助愛滋病毒呈陽性的父母懷孕。現在慶祝對他來說還有點早，但如果她足月分娩，我想這就會成為大新聞。」[10]

這位同事回信說：「我上週才在說，我猜這種事情已經發生了。這必然會是新聞……」

是的，它成了新聞。二〇一八年十一月二十八日，在香港舉行的國際人類基因體編輯高峰會上，JK拎著皮製的公事包走上講台，他穿著深色褲子和條紋襯衫，由英國遺傳學家羅賓．勒維爾－貝吉（Robin Lovell-Badge）介紹他出場。勒維爾－貝吉才剛剛得知JK要在他的演講中宣布基因編輯人類嬰兒的誕生，他料到這一定會引發媒體風暴。即將發生重磅新聞的消息已經洩露給媒體，台下的記者、倫理學者和科學家如飢似渴地盯著講台，準備提問。勒維爾－貝吉吞吞吐吐地介紹JK（賀建奎）：

只是在這裡提醒各位……呃……我們要給賀博士一個機會說明他所做的事情……嗯……尤其是就科學方面，而且……嗯……嗯……呃……也就他所做的事情其他的方面。所以請各位不要打斷，讓他說話。如我所說，我有權取消會議，如果噪音太大或干擾太多……。我們事先並不知道這件事。事實上，他先前向我發送了他要在本次會議中所用的投影片，但它並沒有包括任何他現在要講的內容。[11]

JK的報告生硬呆板，含糊不清——幾乎就像宣讀預先準備講稿的蘇聯外交官。他無精打采地播放投影片，對實驗作同樣乏味的描述，就好像他只是實驗的旁觀者。他說，由一個囊胚中的細胞切片攜帶兩個「可能」失活的CCR5基因副本——不過正如我先前所提的，這兩種變體都與在人體中發現自然的 delta 32 突變不同。[12] *另一個胚胎有一個完好無缺的副本，而另一個副本則帶有自然界中未發現的新突變——可能賦予對愛滋病毒的抵抗力，但也可能沒有。JK說，作母親的選擇植入了兩個修飾過的胚胎，但沒有植入另外兩個未修飾的胚胎。她選擇走的路風險高得多，她是怎麼做出這個決定的？誰為她提供了這個選擇的倫理和醫學指導？這些問題似乎根本都未經考量。

JK報告說，「基因編輯」雙胞胎於二〇一八年十月誕生——不過奇怪的是，在他提交關於這項實驗的文稿中，日期被改為十一月。這篇文稿從未在同行評審的醫學期刊上發表過，只公布在網路上。兩名女嬰顯然很健康，分別取名為露露和娜娜。JK拒絕透露她們的真實身分。雙胞胎的細胞——來自臍帶血和胎盤，在確認是否有突變存在方面，有一些零星的結果，但關鍵問題仍未得到解答。她們體內所有的細胞都攜帶突變，還是只有一些細胞？†任何新的脫靶突變都已經觀察了嗎？她們刪除了CCR5的細胞是否能抗愛滋病毒？

JK在他的文稿中多次重複「**成功**」一詞，但正如史丹佛大學法律和生物倫理學家漢克・葛瑞利（Hank Greely）所說的：「**成功**在這裡並不確定。這些胚胎沒有一個是發生在數百萬人身上所見 CCR5 32 個鹼基的刪除。相反地，胚胎／最後的嬰兒身上出現了新的變異，其影響尚不明確。還有，對愛滋病毒的『部分抵抗』是什麼意思？部分到什麼程度？這是否足以作為正當理由，把人類身上從未見過的CCR5基因胚胎移植到子宮以作為可能誕生之用？」[13]

JK演講後的提問時間只能說是醫學史上最超現實的時刻之一。在他的演講結束時，勒維爾－貝吉和波特斯呼籲與會者發揮專業精神，極力克制，才得以讓ＪＫ面對文明、有條理的資料討論。他們問他在露露和娜娜身上基因編輯可能的有害影響、知情同意的性質，以及他所使用招募夫婦參加研究的方法。

答案並不連貫。ＪＫ對他的實驗及其倫理後果就像在夢遊一樣。「在我的團隊之外……嗯……大約有四個人讀過知情同意書。」他結結巴巴地說，拒絕透露其中任何人的姓名。他承認是由他本人取得同意，並且有兩位教授——大概是麥可・迪姆和于軍，目睹了他獲得了一些患者的同意。（但迪姆和于軍不是在房間的另一頭討論蠶的遺傳學嗎？）更多追根究柢的問題引出的答案似乎很零散：關於全球流行

＊為了了解用ＪＫ的方法引入嬰兒基因體的突變確切的性質，我們得由基因的組成開始。基因被「寫入」ＤＮＡ中，ＤＮＡ是由四個亞基組成的鏈構成：Ａ、Ｃ、Ｔ，和Ｇ。如ＣＣＲ５等基因是由這些亞基的序列組成，例如 ACTGGGTCCCGGGG 等。對於大多數基因來說，這串字母可以延伸成數千個這樣的亞基。在自然人類突變 CCR5-delta 32 中，基因中間的三十二個連續字母被刪除，因而使基因失活。然而ＪＫ並沒有確切地重建那刪除的三十二個字母。藉由基因編輯，定位一個基因並刪除它的一部分非常簡單，但**確切地**重建突變在技術上更具挑戰性。可是ＪＫ走了捷徑，因此雙胞胎之一的一個ＣＣＲ５基因副本缺少了十五個（而非三十二個）字母，而另一個副本則完整無缺。雙胞胎中的另一個在一份副本中缺少四個字母，而第二份副本中則增加了一個額外的字母。這兩個雙胞胎都沒有在人體自然發生的 CCR5-delta 32 突變。

†有一些基本的科學問題，賀建奎並沒有回答，而且仍然沒有答案。在他使用ＣＲＩＳＰＲ系統對胚胎作出改變時，胚胎中是每一個細胞都被基因改變了，還是只有改變一些細胞？如果只是改變一些細胞，又是哪些細胞？生物體的某些細胞作了基因改變，而另一些細胞未作基因改變，這個現象稱為「嵌合」（mosaicism）。露露和娜娜是遺傳嵌合體嗎？第二組問題源自基因操縱的脫靶效應。其他基因是否被改變？是否對單細胞進行定序，以確定是否只有ＣＣＲ５發生了變化？如果有定序，評估了多少個細胞？我們全都不知道。

病愛滋病毒和對新藥物的需求，但對於在這對雙胞胎身上進行的實際基因編輯，卻罕有說明。小組討論結束時，高峰會主辦者之一，諾貝爾獎得主大衛・巴爾的摩（David Baltimore）上台，他憤怒地搖頭，對JK臨床研究發表了最尖刻嚴厲的評論：「我認為這不是透明的程序。我們才剛得知這件事……。我認為由於缺乏透明度，科學界的自律有缺失。」14

然後是聽眾發言。他們好不容易聽完整個演講，迫不及待地紛紛提問。一位科學家起身問，這項實驗解決了什麼「未滿足的醫療需求」：畢竟，雙胞胎感染愛滋病毒的風險為零，不是嗎？

JK含糊地提到露露和娜娜或許愛滋病毒檢測陰性，但仍暴露於愛滋病毒之下——這種情況稱為HEU（HIV exposed but uninfected，暴露於愛滋病毒但未感染）。但這也是建立在教人難以置信的薄弱邏輯上：這位母親並沒有攜帶愛滋病毒，而精子清洗加上體外受精，也可確保胚胎完全不會接觸到病毒。接著他告訴聽眾，他為自己進行了這項實驗而感到「驕傲」，只聽到聽眾倒抽了一口氣。其他發問者更深入地探討病人同意的問題，還有人質疑這項實驗的祕密紗幕：為什麼社會大眾或科學界幾乎沒有人獲悉這樣的選擇？

最後，JK的報告——也許是為了鞏固他作為第一位對人類胚胎進行基因編輯科學家的聲譽，陷入一團混亂。配備了麥克風的記者在演講廳外排隊等著質問他。他在一群主辦人的簇擁之下被護送出演講現場，簡直就像保安隊伍護送政治犯一樣。

基因編輯系統的先驅，與夏彭提耶共同獲得二〇二〇年諾貝爾獎的生化學家道納記得，當時自己對JK的演講「感到錯愕和震驚」。這位中國生物物理學家在發表報告之前曾試圖聯繫道納博士——或許是為了爭取她的支持，但她十分驚駭。在她抵達香港時，她的收件匣裡塞滿了尋求建議的急切電子郵件。「老實說，我當時想，這是假的吧？這是笑話，」她回憶道。[15]「『嬰兒出生了』，誰會把這種話放在那麼重要電子郵件的主旨上？這看起來教人震驚，以一種瘋狂、近乎喜劇的方式。」演講證實了道納的直覺：JK已經跨越了界限，而且幾乎沒有覺得道德上的愧疚。生物倫理學家阿爾塔．沙蘿（R. Alta Charo）表示，「聽了賀博士的報告之後，我只能得出這樣的結論：這是受到誤導、不成熟、不必要，而且基本上沒有用。」[16]

二〇一九年底，JK在中國被判處三年有期徒刑；他也被禁止在未來進行任何體外受精研究。而當我在二〇二一年六月寫到這裡時，一位在俄羅斯最大的政府資助體外受精設施工作的俄羅斯遺傳學家，精壯、熱情的丹尼斯．雷布里科夫（Denis Rebrikov）宣布，他計畫要編輯造成人類遺傳性失聰的基因。遺傳GJB2基因的兩個突變副本會導致耳聾。人工耳蝸可以恢復部分言語的聽力，但奇怪的是，卻無法恢復音樂的聽力；而且植入人工耳蝸的病患通常需要多個月的時間作聽力復健。

雷布里科夫承諾，將追隨史泰普托和愛德華茲的腳步，要「謹慎地特立獨行」，但無論是否謹慎，他仍然想要特立獨行：他表示儘管自己會尋求監管部門的批准，並依據嚴謹的標準取得「知情同意」，但他依舊會繼續進行對胚胎的基因操縱。[17]據他的說法，他會一步一步地推進這個過程：發表資料，對基因體深度定序以確定靶向效果和脫靶效應。他肯定地表示，他的療法會完全是針對兩個基因副本都攜帶突變的失聰夫婦，獲得他們完全的同意，想要生一個不聾的孩子。他已經找出了五對這樣的夫婦，其中有一對正在認真考慮他的提議——這對GJB2突變的莫斯科夫婦已生了一個失聰的女兒。

世界各地的醫學和科學界目前爭相建立管理人類胚胎基因編輯的規則和標準。有些組織呼籲國際上暫停基因編輯，但缺乏執行的權力；其他組織則認為該允許用基因編輯來治療令人極其痛苦的疾病——但遺傳性耳聾是否符合條件？儘管國際科學和生物倫理組織當然可以選擇回答這個問題，但卻沒有任何管理機構有權力允許或禁止對人類胚胎進行基因編輯實驗。

正如我先前所述，體外受精是一種能夠實現深入人類操縱形式的細胞操控。胚胎選擇、基因編輯，以及把新基因傳遞到基因體的可能最重要的是取決於細胞繁殖（精子和卵子的相遇）和培養皿中細胞產生的第一次爆發（早期胚胎的生長）。一旦人類胚胎被移出子宮——一旦胚胎按照不同的階段可以進行顯微注射、培養、冷凍、剔除、基因修飾、生長、切片，那麼整個系列變革性遺傳科技就會隨之釋出。

JK在每一個層面都做了糟糕的選擇：錯誤的基因、錯誤的病患、錯誤的醫療計畫、錯誤的目的。但他也回應了新技術不可避免的誘惑：他想成為「第一個」。他經常提到他的研究是他爭取諾貝爾獎的敲門磚。他把自己比為愛德華茲和史泰普托，但事實上，他讓我想到的是當今版本的謝特爾斯：野心勃勃、難以駕馭、對科學充滿熱情，但他似乎無法區分人類實驗對象和水族館中魚的差別。

這並不是要為他的選擇找藉口；其他擁有相同技術的科學家設法克制自己。只是不論是藉由胚胎選擇或者基因編輯，對人類胚胎進行基因操作以阻止疾病（或者增強人類的能力）似乎日復一日成為醫學的必然歸宿。原本用來治療人類不孕症的方法現在重新用作人類弱點的治療法。而位於這種療法中心的，是越來越容易遭控制，也越來越珍貴的細胞——受精卵細胞，人類的受精卵。

我們即將離開單細胞受精卵的隱居世界，開始探究發育中的胚胎。不過我們要在這裡暫停一下，問一個問題：為什麼我們要離開單細胞世界？為什麼「我們」會變成「我們」——也就是多細胞生物？拿一個酵母細胞或某種單細胞藻類來看。這些單細胞，或者生物學家連恩所稱的「現代細胞」，幾乎有更複雜生物體（包括人類）細胞的所有特徵。它們數量眾多，在各自的環境中非常成功，並且可以在地球上不同的地方繁衍生息。它們彼此溝通、繁殖、代謝和交換訊號。它們擁有細胞核、粒線體和使自主細胞發揮非凡效率功能的胞器。這就引出了另一個問題：它們究竟為什麼選擇建構成多細胞生物？[18]

當演化生物學家在一九九〇年代初探究這個問題時，他們推斷，在真核生物（細胞具有細胞核）中，由單細胞轉變為多細胞可能會牽涉到攀越一堵高聳的演化牆。畢竟，一個酵母細胞不能光是早上醒來，決定要成為多細胞生物體，就變成多細胞。用匈牙利演化生物學家拉斯洛·納吉（László Moholy-Nagy）的話來說，轉變成多細胞一直「被視為一個重大轉變，有很大的遺傳〔以及演化〕障礙。[19]」

但最近一系列實驗和遺傳研究的證據卻顯示截然不同的看法。首先，多細胞性自古就有。形狀如同蕨類植物初生第一片葉片的藍綠藻和綠藻螺旋化石，早在大約二十億年前就開始出現；它們全都是細胞的集合，似乎是為了某種原因而聚集在一起。大約五億七千萬年前，出現了葉狀「生物體」，生有類似小靜脈（微靜脈）的放射狀結構，並含有多個細胞，在海床上茁壯成長。海綿是單個細胞聚集在一起。微生物群落把自己組織成新的「生命」，預示一種新的存在。

但多細胞生物最令人驚訝的特性，或許是它是**獨立**演化，而且是在多個不同的物種，不僅僅是一次，而是很多很多次。[20]就彷彿要成為多細胞的動力是如此強烈而普遍，讓演化一次又一次地跨越柵欄。基因證據證明這點不容置疑。集體存在——超越孤立，在選擇性上極其有利，因此天擇的力量一再傾向集體生存。一如演化生物學家理查·葛羅斯柏格（Richard Grosberg）和理查·史特拉斯曼（Richard Strathmann）所寫的，由單細胞到多細胞的轉變，是「次要的重大轉變」。[21]

就某種程度而言，從單細胞到多細胞的「次要重大轉變」可以在實驗室中研究和重現。其中最引人入勝的嘗試之一，是二〇一四年由麥可·特拉維薩諾（Michael Travisano）和威廉·拉特克利夫（William Ratcliff）領導的研究人員在明尼蘇達大學所進行使單細胞生物演化為多細胞生物的實驗。[22]

身材瘦削，戴著黑框眼鏡的拉特克利夫滿腔熱情，儘管他是論文經常受人引用的教授，在亞特蘭大有個大型實驗室，但看起來就像是研究生一樣。[23]二〇一〇年的一天早上，即將完成生態學、演化論和行為學博士學位的拉特克利夫正在和特拉維薩諾閒聊多細胞的演化。他們倆都知道不同的單細胞生物體因為不同的原因並使用不同的途徑，而演化成不同的多細胞形體。

拉特克利夫在描述這個實驗時笑著以托爾斯泰經典之作《安娜·卡列尼娜》中著名的第一句：「幸福的家庭都是相似的；不幸的家庭則各有各的不幸。」他告訴我，就多細胞演化而言，邏輯正好顛倒過來：每個朝多細胞演化的單細胞生物體都走了獨特的路。它以自己獨特的方式變得「幸福」——或者說，在演化上更加合適。單細胞生物體則仍然維持類似的單細胞。用拉特克利夫的話說，這是「安娜·卡列尼娜倒過來的情況」。

特拉維薩諾和拉特克利夫用酵母來作這個研究。於是在二〇一〇年十二月耶誕假期，拉特克利夫設立了最簡單的演化實驗之一。他讓酵母細胞分別在十個燒瓶中生長，然後讓燒瓶靜置四十五分鐘，讓單細胞酵母仍然漂浮在瓶中，而較重的多細胞聚集體（cluster，「簇」）則下降至底部。（經過幾次迭代〔iteration〕，他們發現在離心機以低速旋轉這個液體會使選擇更加有效。）拉特克利夫把因重力而落至瓶底的多細胞團簇取出來，培養它們，並讓這十個原始培養物重複同樣的過程六十多次，每一次都選擇落到底部的聚集體。這是對選擇和生長的多代模擬——達爾文的加拉巴哥群島裝在瓶子裡。[24]

拉特克利夫第十天回到實驗室時，正下著大雪。「又大又重的明尼蘇達式雪花，」他回憶道。他撣去鞋子和雪衣上的雪，查看燒瓶，立刻就知道發生了變化：第十次的培養物是清澈的，底部有沉澱物。他在顯微鏡下看到的景象宛如戶外的鏡子：十瓶培養物的沉澱物都聚集為一種新的多細胞聚集體——數百個酵母細胞如晶體一般，有許多分支的聚集體。一片**活生生的雪花**。它們一旦聚集在一起，「雪花」就繼續在這些團簇中生存。再度培養之後，它們並沒有變成單細胞，而是保留了多細胞的結構。演化進入多細胞狀態後，就拒絕倒退。

拉特克利夫明白這些聚集體（他稱之為「snowflakeys」〔如雪花〕）形成的原因是母細胞和子細胞黏在一起，甚至在細胞分裂後亦然。這種模式代代重複，就像一個大家庭，成年的孩子永遠拒絕離開他們的老家。

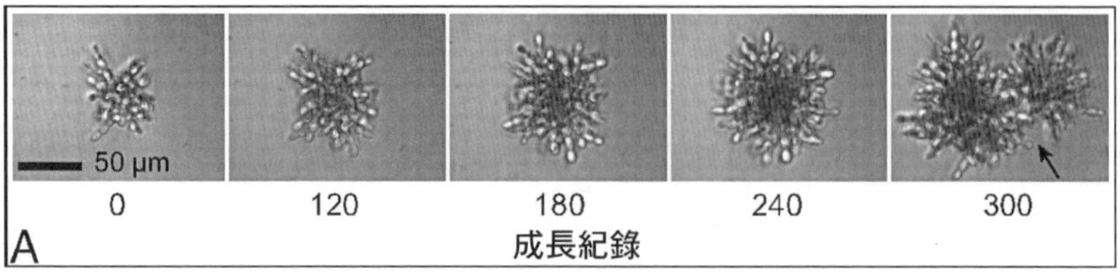

雪花酵母的生命週期。雪花的形狀是由單細胞酵母細胞藉由選擇更大的團簇演化而來。長久下來，它們維持這些大團簇形體而不會再恢復為單細胞——也就是說，它們在演化選擇了多細胞性。新細胞被添加到正在生長的分支中，使團簇增大。起先雪花因其大小的物理壓力而分裂，就像樹枝長得太長而無法附在樹身上一樣。然而，經過幾個世代，已經演化出會刻意作程序性自殺的特化細胞，以產生一個會斷裂的分裂位點，以促進一個團簇分裂成另一個團簇。

隨著實驗持續，建立了越來越大的雪花團簇，研究人員又產生另一個問題。這些聚集體如何繁衍？用簡單的模型可能會顯示單一細胞由一個團簇中分離出來，然後長出小枝，以形成新的多細胞四射形體。然而，他們發現並非如此，團簇達到一定的大小之後，會由中間分裂成新的團簇。一個大家庭分裂為兩個大家庭。「這真教人屏息，」拉特克利夫告訴我：「演化——多細胞演化，在一個燒瓶裡。」

起先，多細胞團簇的繁衍是來自於物理的限制：雪花已經變得太大了，它們的尺寸造成了物理壓力，迫使它們分裂。但接下來還有另一個驚人之處：隨著團簇不斷演化，中間的一個細胞子集刻意地程序性自殺，因而創造出一個裂縫——兩個聚集體之間的一條裂痕，一條溝，使其中一個團簇得以從母體分離。

我問拉特克利夫如果他一代又一代繼續培養這些雪花，會發生什麼後果。他已經有幾千代，還想要在有生之年繼續培養，至五萬甚至十萬代以上。「哦，我們已經看到了新屬性出現，」他出神地回答，彷彿在想像這個新生物的未來。「現在這些團簇已經比單細胞大兩萬倍，而且細胞已經演化出彼此纏結的狀態。現在很難把它們分開，除非死細胞形成裂溝。而且有些已經開始溶解它們之間的牆。我們想要了解它們是否會開始形成某種溝通管道，在這些大的團簇之間傳送營養或訊號。我們已經在其中添加血紅素基因，看它們會不會產生傳遞氧的機制。我們已經開始添加可能讓它們像植物一樣，把光轉化為能量的基因。」

演化科學家已經對許多不同的單細胞生物——酵母、黏菌、藻類，進行了這個實驗的變異，並且由其中得出了一個通則。[25]在正確的演化壓力下，單細胞可以在僅僅幾世代之內變成多細胞聚集體。然而，有些的確需要較長的時間：在一個實驗中，單細胞藻類經過七百五十代才變成多細胞聚集體。在演化的時間長河裡，這不過是一眨眼，一聲滴答，但對一個藻類細胞，卻是七百五十輩子。

我們只能對於單細胞**為什麼**如此不尋常地形成多細胞團簇提出理論和在實驗室中作實驗。要看到天擇的力量真實地作用，需要時光倒流。不過當今盛行的理論主張，專門化和合作可以節省精力和資源，同時允許新的協同功能發展。例如，集體的一部分可以處理廢物，而另一部分則負責取得食物——因此讓這個多細胞團簇取得演化上的優勢。一個有實驗和數學模型支持的重要假說是，多細胞性的演化是為了支持較大的規模和快速的動作，因而使生物體能夠逃避捕食者（很難吞下雪花大小的身體），或者是為了向較弱梯度的食物作出更迅速、更協調的動作。演化奔向集體存在，因為「生物體」可能會奔逃以免被吃——或者，同樣重要的，為吃而奔逐。[26]答案可能無法得知，或許也可能有很多答案。我們所知道的是，多細胞的演化並非偶然，而是有目的、有方向的。正如我在拉特克利夫的酵母實驗中所述，某些細胞獲得能力，執行程序化形式的細胞死亡或自我犧牲，以便讓一個團簇與另一個團簇分開——在特別的、確定的位置細胞專門化的跡象。而且就如拉特克利夫所發現的，他的多細胞聚集體一代又一代地成長，它們可能正在發展通道的過程中，要把養分輸送到它們結構的深處。

注意這些詞：**專門化**、**結構**，和**位置**。或許未來有一天，拉特克利夫會把他的團簇描述為「生物體」。他已經開始剖析它們是如何得到它們的結構。他想要了解細胞如何分裂以創造特殊的結構，是什麼使它們獲得專門的功能，以及這些結構如何決定它們在團簇中的位置。我們會如何設想這些新形成的管道？細胞血管？營養輸送系統？原始的訊號裝置？細胞生物學家可能會想用一個詞來描述有組織和功能結構的形成，以及隨著這些「生物體」規模和複雜性的增長，而出現專門化的細胞。她可能會把它稱為「發育」。

發育中的細胞：一個細胞變成了一個生物體

生命與其說是「發生」，不如說是「變成」。[1]

——伊格納茲・多林格（Ignaz Döllinger），十九世紀德國博物學家，解剖學家，和醫學教授

暫停一下，想想人類受精卵的誕生。一個精子游過*看似汪洋般的距離，並穿透卵子。卵子表面的特殊蛋白質及它在精子上的同源受體把兩個細胞結合在一起。一旦單個精子穿透卵子，卵子內就會擴散

＊精子游動的主要機制是一條擺動的長尾巴，稱為鞭毛（flagellum）。它的底部是一連串蛋白質分子，它們相互作用，形成一個微小但強大的馬達，尾巴就附著在這個馬達上，使它能夠不斷地擺動。粒線體圍繞著分子馬達，為精子奮力到達卵子提供所有所需的能量。與擺動的巨大鞭毛相比，類似的蛋白質也可以形成小得多的、可移動的、毛髮狀的突起或細絲，稱為纖毛（cilia），它們是細胞生物學的核心。纖毛以恆定、通常是單向的運動方式擺動它們的細絲，使多種類型的細胞能夠在體內移動。讓我舉幾個例子：附著在腸道細胞上的纖毛可以讓營養物質穿過身體，而白血球上的纖毛則可以讓它們快速穿過血管，保護身體免受感染。輸卵管細胞中的纖毛可以推動新釋出的卵子朝向受精的位置移動，而呼吸道內壁細胞中的纖毛則不斷擺動，排出黏液和異物。在生物體的發育過程中，纖毛

出一波離子，引發一系列反應，阻止其他精子進入。

就細胞的意義而言，我們終究是一夫一妻制。

亞里士多德把胎兒形成接下來的步驟想像成一種月經雕刻。他認為胎兒的「形體」是經血，來自母親。而父親則提供精子——「資訊」，把經血塑造成胎兒的形式，並為它注入生命和溫暖。這個想法有它的邏輯，儘管是扭曲的邏輯：亞里士多德推想，受孕會導致月經不再來潮，這些血液如果不是用來塑造胎兒，還會到哪裡去？

這是完全錯誤的想法，但它包含了一個真理的核心。亞里士多德打破了古老的預先形成（preformation）觀念，這種觀念認為：預先形成的霍爾蒙克斯（homunculus，指煉金術士創造的人工生命，小矮人）迷你小人是早就做好的，眼、鼻、口、耳一應俱全，只是縮成極小的尺寸，緊緊包在精子裡，就像玩具一樣，加水就會伸展為正常的大小。自古以來，直至十八世紀初，許多對科學有興趣的人一直都抱持這種先成說。

相較之下，亞里士多德的主張是，胎兒的發育是透過一系列獨特的事件，最後導致它成形。這個「發生」是由「創始」（genesis）而來——而不僅僅是擴展。就如生理學家威廉・哈維（William Harvey）在一六〇〇年代所寫的：「世上有些〔動物〕，其中一個部位比另一個部位先製成，之後，再由相同的材料，同時獲得營養、體積和形狀。」後面這種理論後來被稱為後成論（epigenesis），大致反映了生物體生成是藉由一連串的胚胎改變，對發育中的受精卵本身或其上（epi）產生影響所致。

一二〇〇年代中期，由化學到天文學興趣廣泛的德國修士艾伯特斯．麥格努斯（Albertus Magnus）開始研究動物和鳥類胚胎。就像亞里士多德一樣，他誤以為胎兒形成的第一步是精子和卵子之間的一種肉體凝結，就像起士一樣。但麥格努斯從根本上推進了後成論：他是第一批發現胚胎中不同器官形成者之一：原本沒有突出物的部分出現了眼睛的凸起，小雞的翅膀是從胚胎兩側幾乎難以察覺的凸起中發展出來的。

大約五個世紀後，到一七五九年，二十五歲的德國裁縫之子卡斯帕．佛瑞德里希．沃爾夫（Caspar Friedrich Wolff）撰寫了一篇題為「Theoria Generationis（生殖理論）」[2]的博士論文，他在文中描述胚胎發育過程中的一系列連續變化，進一步發展了麥格努斯的觀察。沃爾夫設計了一種巧妙的方法，在顯微鏡下研究鳥類和動物胚胎。他還能夠觀察器官的逐步發育：胎兒心臟開始第一次搏動，以及腸道形成曲折的管子。

令沃爾夫震驚的是發育的**持續性**：他可以追蹤源自較早結構的新結構形成，儘管它們最後的形態與早期胚胎在外觀上幾乎沒有相似之處。他寫道：「新的物體必須加以描述和解釋，同時必須提出它們

促使胚胎內的細胞運動。如果沒有正常運作的纖毛，幾乎不可能繁殖、發育或修復人體。有些兒童患有一種罕見的遺傳疾病，稱為原發性纖毛運動障礙（primary ciliary dyskinesia，簡稱PCD），會損害纖毛保持身體大小路徑正常運轉的能力，這可能導致多種系統異常，例如慢性鼻塞和因呼吸道中聚積的痰和異物而引起頻繁的呼吸感染。更複雜的是，大約一半的PCD病患由於發育過程中的細胞功能障礙而患有先天性器官移位。例如，他們的心臟可能位於胸腔的右側而非左側。患有PCD的女性往往不孕，因為生殖道中的細胞無法把卵細胞移到受精的位置。

的歷史，即使它們尚未達到確定、持久的形式，而仍在**持續地變化**（粗體是作者所加）。」在德國詩人歌德看來，由胚胎形態連續且神奇地變形到成熟的生物，是大自然「玩弄」的跡象。他在一七八六年寫道，「人們逐漸知覺到大自然，可以說，總是在玩弄形式，而玩弄帶來了豐富多樣的生命。」[3]胎兒並不是被動地像氣球那樣膨脹進入生命；大自然「玩弄」胚胎的早期形式，就像兒童玩弄黏土一樣——塑造它、雕刻它，使它成為成熟生物體的形式。

麥格努斯和後來的卡斯帕．沃爾夫（Caspar Wolff）對胎兒器官持續變化的觀察——大自然的遊戲，最後會摧毀預成論。[4]它會被胚胎發育的**細胞生物學**理論所取代，其中發育中胚胎的所有解剖結構都是由細胞分裂形成的，創造不同的結構並執行各種功能。正如十九世紀博物學家伊格納茲．多林格所寫的：「生命與其說是『發生』，不如說是『變成』。」

但讓我們回到漂浮在子宮中的受精卵。受精的細胞很快就一分為二，然後二分為四，以此類推，直到形成一個細胞組成的小球。細胞不斷地分裂和移動——護理師／科學家柏蒂在愛德華茲的實驗室所觀察到的細胞胎動，直到初始的細胞團掏空了內部，就像一個中心充滿液體的水氣球，這些新形成的細胞形成了氣球的壁——一種稱為囊胚的結構。一小團細胞進一步分裂，並開始懸掛在空心球的內壁上。洞穴的外牆——氣球的內襯，將會附著在母體的子宮上，變成胎盤（圍繞著胎兒的膜）的一部分和臍帶。懸掛在球內像蝙蝠的小細胞團塊將會發育成人類胎兒。*

接下來的一系列事件代表了胚胎學的真正奇蹟。懸掛在細胞氣球壁上的微小細胞簇——內細胞團塊拚命地分裂，開始形成兩層細胞——外層稱為外胚層，內層稱為內胚層。受孕後大約三週，第三層細胞侵入這兩層，並夾在中間，就像一個孩子擠到床上的父母之間。它成為中間層，稱為中胚層。

這個三層胚胎——外胚層、中胚層、內胚層，是人體各器官的基礎。外胚層會產生面向身體外表面的一切：皮膚、頭髮、指甲、牙齒、甚至眼睛的水晶體。內胚層產生面向身體內表面的一切，例如腸和肺臟。中胚層處理中間的一切：肌肉、骨骼、血液、心臟。

胚胎現在已準備好進行活動最後的序列。在中胚層內部，一系列細胞沿著細軸集合，形成稱為脊索的桿狀結構，由胚胎的前部橫跨到它的背面。脊索將會成為發育中胚胎的ＧＰＳ，確定內臟器官的位置和軸線，並分泌稱為誘導物的蛋白質。作為回應，就在脊索上方，一段外胚層（外層）內陷，向內折疊，形成一根管子。這個管子將成為神經系統的前身，由大腦、脊髓和神經組成。

胚胎學眾多的諷刺之一是，在建立了胚胎的架構之後，人類脊索就喪失了在胚胎發育和成年之間的重要性和功能。它在成人體內僅存的細胞殘餘物是卡在骨骼之間的漿狀物。到頭來，胚胎的製作大師被

＊這多少是一種簡化，我試圖避免使用許多胚胎學術語。對於想要更深入了解的讀者：囊胚壁，稱為滋養層，會產生容納早期胚胎的膜——絨毛膜和羊膜，以及供給營養的結構稱為卵黃囊。當絨毛膜侵入子宮，形成胎盤時，卵黃囊退化，因而使胎盤成為營養的主要來源。含有血管和柄的臍連接胚胎與母體血液循環，使氣體和營養物質能夠交換。要徹底了解滋養層的發育，[5]建議參考 Martin Knofler et al.，"Human Placenta and Trophoblast Development: Key Molecular Mechanisms and Model Systems," *Cellular and Molecular Life Sciences* 76, no.18（二〇一九年九月）：3479–96，doi：10.1007/s00018-019-03104-6。資料來源：https://pubmed.ncbi.nlm.nih.gov/31049600/

困在它所創造的生物的骨骼監獄之中。

一旦脊索和神經管生成，個別的器官就開始由三層（如果加上神經管就是四層）細胞開始形成：原始心臟、肝芽、腸道、腎臟。妊娠約三週後，心臟將產生第一次跳動。一週後，神經管的一部分會開始伸出，成為人腦的起源。請記住，這一切全都來自單一細胞：受精卵。就如劉易斯．托馬斯（Lewis Thomas）醫師在他的散文集《水母與蝸牛——一個生物學觀察者的手記》（*The Medusa and the Snail: More Notes of a Biology Watcher*）中所寫的，「在某個階段出現了一個單一的細胞，它會有人腦作為它所有的後代。光是那個細胞的存在應該是地球上最令人驚奇的事物之一。」[6]

但如上所寫的只是描述。驅動胚胎發育的機制是什麼？這些細胞和器官怎麼**知道**要變成什麼？不可能用幾段文字來表達這種巨大的複雜性，讓細胞與細胞和細胞與基因相互作用，容許發育中的胚胎得以創造它的各個部分——器官、組織和器官系統，在正確的時間和體內正確的位置。每一個這樣的互動都是一場精湛的表演，是一首精心製作的多聲部的交響樂，經過數百萬年的演化而盡善盡美。我們在這裡**可以**捕捉到的是那首交響曲非常基本的主題——讓發育中的細胞轉變成發展完成生物體的基本機制和過程。

在一九二〇年代，一位身材魁梧、作風直率的德國生物學家漢斯．斯佩曼（Hans Spemann）和他的學生希爾德．曼戈德（Hilde Mangold）作了可能是胚胎學領域最迷人的實驗之一，開始解謎。正如雷文霍克學會把玻璃球研磨成精緻透明的鏡片，斯佩曼和曼戈德也學會把磨尖玻璃移液器和針頭放在本生燈上加熱，然後輕輕拉動尖頭，直到半融化的管子拉伸、變薄，幾乎達到看不見的程度，讓它們變尖。（確實，說不定細胞生物學的歷史可以透過玻璃史的角度來書寫。）斯佩曼和曼戈德用這些移液管、針頭、抽吸裝置、剪刀和顯微操作器，可以在青蛙胚胎仍呈球形時，由這些胚胎的特定部分提取微小的組織塊——早在複雜的結構、器官和層次形成之前。

斯佩曼和曼戈德由一個非常早期的青蛙胚胎中採下了一塊這樣的組織。[7]在先前的實驗中，他們追蹤了胚胎各個部分的命運，因此他們知道這群細胞已經註定要承擔脊索的前端、腸道的一部分，及其鄰近的器官。這一塊組織後來被稱為「組織者」。

他們把組織移植到另一個青蛙胚胎的表面下，然後等待蝌蚪成長。在顯微鏡下出現的是一個像兩面神賈努斯（Janus，羅馬神話中前後各有一張面孔的神）一樣的怪物。一如所料，嵌合的蝌蚪有兩個脊索和兩條消化道——一條是自己的，一條是供體的。但胚胎成長變成更駭人，發育成的蝌蚪有兩個完整並排的連體上半身，兩個完全成形的

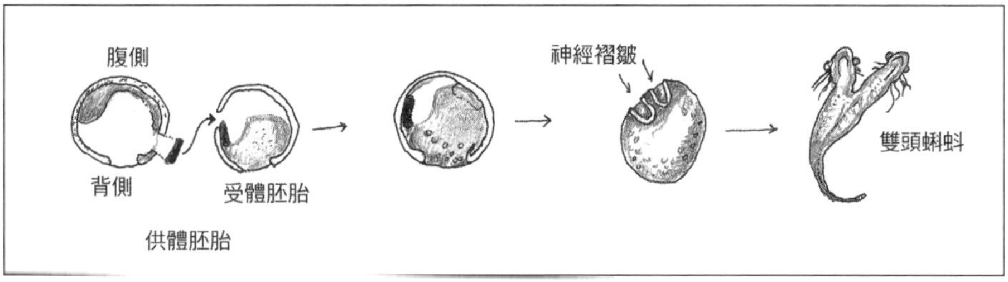

斯佩曼和曼戈德在描述他們實驗的論文中，所繪的早期圖表。注意組織由一個胚胎的背唇（dorsal lip）轉移到另一個誘導了具有兩個神經褶皺的胚胎，因而產生有兩個頭的蝌蚪。來自非常早期青蛙胚胎背唇的一部分（在任何器官或結構形成之前）被移植到受體的胚胎中。受體現在有兩個這樣的背唇：一張是自己的，一張是供體的。斯佩曼和曼戈德發現由供體青蛙移植來的組織者細胞會產生自己的神經管、消化道，以及最後的、第二個完全成形的蝌蚪頭。換句話說，來自背唇細胞的訊號誘導其上方和周圍的細胞形成胚胎的結構，包括頭部和神經系統。因此，組織者細胞必然具有決定鄰居命運的先天能力。

神經系統，和兩個頭。由第二個蝌蚪胚胎中提取的組織不僅組織了自己，還指揮了在它上面和周圍的宿主細胞按照它的規格接受命運。[8]用斯佩曼的話來形容，它已經「誘導」完整的第二個頭生長。*

科學家後來花了數十年的時間，才鑑定出被分泌出來以「驅使」細胞形成新的神經系統和一個新頭的確切蛋白質。但斯佩曼和曼戈德發現了胚胎不同結構逐步發育的基礎。如組織者細胞這種早期發育的細胞，會分泌局部因子，使晚期發育的細胞的命運和形態得以固定，而反過來，這些細胞分泌創造器官和器官之間連接的因子。†胚胎的生長是一個**過程**，一種級聯反應（cascade）。在每一個階段，預先存在的細胞會釋放蛋白質和化學物質，告訴新出現和新遷移的細胞要去哪裡以及變成什麼。它們指揮其他層的形成，並且在之後指揮組織和器官的形成。這些層內的細胞本身會根據位置和它們先天的屬性開關基因，以獲得他們的身分認同。一個階段是建立在由前一階段出現的訊號之上——早期胚胎學者生動描繪的後成論因而崩塌。

自一九七〇年代以來，胚胎學家已發現這個過程甚至更加複雜。由細胞內基因編碼的內在訊號和周圍細胞誘導的外在訊號之間相互作用。外在訊號（蛋白質和化學物質）到達受體細胞，並活化或抑制其中的基因。它們也彼此互動：取消或放大它們的作用，最後導致細胞接受它們的命運、身分、聯繫，和位置。

這就是我們建造我們的細胞之家的方式。

一九五七年，一家名為格蘭泰（Chemie Grünenthal）的德國公司開發了一種它認為是神奇的鎮靜和抗焦慮藥物，稱為沙利竇邁（thalidomide），並積極行銷。這個藥物尤其以孕婦為目標。[9]由於當時的社會普遍存在貶抑女性的風氣，經常認為孕婦「焦躁」和「情緒化」，因此需要服用鎮靜劑。沙利竇邁很快就在四十個國家獲得批准，並且開處方給數以萬計的女性服用。

沙利竇邁有望成為美國的暢銷藥物，因為這裡的醫師更喜歡給病人服用鎮靜劑，而且新藥上市的法規也比歐洲要少，對德國製造商來說，這是打從一開始就非常明顯的事實。一九六〇年代初，格蘭泰開始尋找合作夥伴，要讓藥物在美國上市。它唯一的障礙就是獲得美國聯邦食品藥物管理局（FDA）的許可，通常這是個簡單的任務，只是有大量公文，有點麻煩而已。他們已經找到了完美的合作夥伴梅瑞爾公司（Wm. S. Merrell Company），當時已和另一家公司合併成為理查森－梅瑞爾（Richardson-Merrell）製藥集團。

同時，在一九六〇年初，FDA任命了一位新委員，法蘭西斯・凱爾西（Frances Kelsey）。凱爾西生於加拿大，當年四十六歲，已獲得芝加哥大學博士學位和醫學學位，並在南達科他州擔任了一段時間的藥理學教師（她在那裡學會如何評估藥物的安全）和全科醫生（她在那裡了解到即使是「安全」的

＊在這個案例中，被移植的細胞恰好來自脊索的前端，因此形成了帶有兩個神經系統的兩個頭。而要由脊索後端和中胚層發育青蛙胚胎的後端，則因為解剖學的原因，要困難得多。

†這就引出了一個問題：組織者如何設想**它們的**命運？由較早發育的細胞所出現的訊號——一直到單細胞受精卵。受精卵已經含有呈梯度分布的蛋白質因子。它一開始分裂，這些預設的梯度就會發出訊號，並開始決定胚胎各個部分細胞的未來。

藥物，如果服用的劑量錯誤，或給予錯誤的患者，也可能產生嚴重的副作用），她開始在FDA的長期職業生涯。最後她被升為新藥處主管，也是新藥合規辦公室（Office of Compliance）的科學與醫學事務的副處長，是個中級官員，一個看門人。在由製藥巨頭開發，並由另一個巨頭銷售的閃亮新藥上市旅途上，她只是眾多石板中一塊無關緊要的石板。

梅瑞爾集團把沙利竇邁引入美國的申請書在FDA迂迴前進，最後落在凱爾西的辦公桌上。但在凱爾西閱讀這個藥物的資料時，卻發現自己對它的安全性有所顧慮。資料看起來太完美了。「它就是太正面了，」她回憶道：「這不可能是沒有風險的完美藥物。」

一九六一年五月，梅瑞爾的高層向FDA施壓，要FDA趕快把這種藥物放行，以便普遍使用，凱爾西寄出了回應，很可能是FDA史上最重要的信件之一：「證明藥物安全的責任……**在於申請人**」[10]（粗體是由作者所加）」。她熬夜閱讀一份又一份的個案報告。她指出，一九六一年二月，一位英國醫生報告說部分患者用此藥治療後，周圍神經嚴重麻痺；一名能取得這個藥物的護理師生下患有嚴重肢體缺陷的孩子。她引用了英國醫師的病例。「針對此例，我們非常擔心，貴公司知道在英國這個周圍神經炎的明顯證據，但沒有坦白披露。」[11]

梅瑞爾的高層威脅要採取法律行動，但凱爾西更深入地調查。她開始聽到有關出生缺陷的報告；現在她想要這種藥物安全的證明——不僅是對周圍神經細胞，而且要對孕婦安全。當梅瑞爾公司再次嘗試申請許可證時，凱爾西堅持要求公司證明沙利竇邁安全，否則就撤回申請。

隨著梅瑞爾與凱爾西之間在華府的對抗越來越激烈，更多不祥的報告開始由歐洲傳來。在英國和法國，懷孕期間服用過此藥的婦女開始注意到她們的寶寶發生嚴重的先天畸形：有的是泌尿系統畸形，有的心臟有問題，有的則腸道有缺陷。最明顯而可怕的表現是有些嬰兒出生時四肢嚴重萎縮，而有些則根本沒有四肢。在接下來幾年內，總共約有八千個畸形嬰兒出生的報告，另外還有七千名嬰兒可能在子宮內已經死亡——兩者都可能嚴重低估了實際危害的程度。

然而，儘管由歐洲傳來一個又一個令人震驚的病例報告，梅瑞爾集團對這種藥物仍然保持著冷淡的樂觀態度。這家公司不顧凱爾西的反對，已經把藥物分發給大約一千兩百名美國醫師，作為「試驗藥」（investigational agent）。（另一家公司史克美占 Smith, Kline & French 也參與了病患試驗。）一九六二年二月，梅瑞爾寫了一封措辭平緩的信給醫師，漫不經心地建議他們繼續開這種藥：「目前仍然沒有積極證據，顯示懷孕期間使用沙利竇邁與新生兒畸形之間有因果關係。」

到了七月，隨著歐洲病例的浪潮達到頂峰，FDA向所屬官員轉達了一條緊急訊息：「有鑑於社會大眾在這個情況下的利益，這是我們很長一段時間以來最重要的〔工作〕之一。我們必須盡一切努力在規定期限內聯繫醫師……最遲是八月二日（一九六二年）週四上午」。[12]當月稍晚，這種藥的所有處方都停止。沙利竇邁完了。

到了秋天，FDA開始審查梅瑞爾開立沙利竇邁作為「試驗藥」是否違法，以及它是否在遞交給這個政府機構的藥物安全文件中隱瞞資料，含糊其詞。FDA的律師列出了二十四條獨立的違法事項。然而在一九六二年，聯邦司法部助理部長賀伯特・J・米勒（Herbert J. Miller）選擇不起訴該公司，並如悲喜劇一般荒謬地主張，藥廠已經把藥物分發給「專業地位最高的醫師」，[13]而且只有「一個畸形嬰兒」確實證明受到傷害。這兩種說法都是不真實的。它的結論是「刑事起訴既不合理也不必要」。案子結案。而同時，梅瑞爾已悄悄撤回向FDA的申請，並永久擱置了這種藥物。沙利竇邁該為滔天大罪負責，但卻找不到罪犯。

沙利竇邁是怎麼導致先天的缺陷？在受精卵發育時，它的細胞需要整合外來因素（來自鄰近細胞的蛋白質和化學物質，發出訊號，告訴細胞要去哪裡以及變成什麼）和內在因素（細胞中的蛋白質，由根據這些訊號而開關的基因編碼）來確定塑造自己的身分和位置。

如今我們了解，沙利竇邁與細胞裡的一種（或數種）分解其他特定蛋白質的蛋白質結合細胞；它就像一種特定蛋白質的降解者，細胞內的蛋白質橡皮擦。正如我們在週期素基因中看到的，細胞中特定蛋白質受調控的分解對於細胞整合訊號的能力十分重要——分裂、分化、整合外來和內在的線索，以及決定它命運的訊號。在細胞生物學中，**缺乏**某個蛋白質與某個蛋白質的存在，對調節細胞的生長、身分和位置同樣重要。

尤其，軟骨細胞、某些類型的免疫細胞，和心臟細胞都可能受到沙利竇邁改變的蛋白質調節破壞影響，儘管其中一些仍然是假設的目標。細胞無法整合它們接收到的訊號，可能會死亡或功能失調。許多細胞受到影響，導致數十種由沙利竇邁引起的瀰漫性先天畸形。[14]這種藥物效力非凡：一錠二十毫克的藥片就足以導致先天缺陷。全球數以萬計的婦女並不知道她們的孩子是否因為沙利竇邁而流產、死產或因不可逆轉的先天缺陷而致殘。

凱爾西就像最後的監管堡壘，因為對抗製藥鉅子無情的攻擊，而可能拯救了成千上萬人的生命。一九六二年，她獲頒總統榮譽勳章。[15]本章旨在紀念她的努力和堅持。

如果這本書是關於細胞醫藥的誕生，那麼它也一定標誌著它的邪惡對立面的誕生：細胞毒藥的誕生和死亡。

我把本書的第二部命名為「一與多」，不僅僅是為了在我們的故事中標識由單細胞到多細胞生物體的轉變，也是為了要捕捉科學中的一種基本張力。生物學家經常單獨或有時成對工作，但就像細胞本身一樣，他們也會聯合起來形成科學社群。而這些社群也屬於、而且必須回應全人類的社群。有一，也有多，也有「很多很多」。

我們在這一部中討論了細胞的基本屬性：自主性、組織、細胞分裂、繁殖和發育。那麼，擅自改動這些最初、基本屬性的可容許的限制和危險是什麼？隨著新科技的進步，我們對「篡改」的看法又有什麼樣的改變？以體外受精為例，「醫療輔助」生殖曾經被認為是激進的、禁忌的、甚至讓一些人感到厭惡的做法，但如今已經成為常態。當俄羅斯生物學家雷布里科夫準備在實驗室對有聽力障礙的胚胎作基因編輯時，我們面臨了操縱生殖的新方法，破壞我們對於規範的感受。沙利竇邁的傳奇顯然是對於（無意中）篡改發育中胎兒的警示研究。但近年來，對子宮內的胎兒作糾正先天缺陷的手術已經有了大幅的進步，尤其是針對胎兒的藥物輸送系統也正在動物模型中開發。自人類誕生以來就未曾改變過的「自然」過程是否已成過去，而「篡改」正在發育的細胞是否是我們不可避免的未來？

這一部分是不可否認的事實：我們已經打開了細胞的黑盒子。現在把盒蓋關上，可能會排除美好未來的可能。在沒有指導方針和規則的情況下任它保持開放狀態，就等於假設我們已經達成了某種全球的默契：對於操縱人類生殖和發展方面，什麼是允許的，什麼是不允許的——而當然，我們還沒有這樣的協議。從前我們總以為我們細胞的基本屬性是我們的命運，是上蒼賜給我們的；如今我們開始把這些屬性視為科學併吞的合法領域——改造它們是我們的神聖使命。

在我撰寫本書時，這些爭論——對生殖和發育的操縱，或者對改變胚胎基因的爭論，在全球各地你來我往（我在《基因》一書中對這些科技的承諾和風險也多所著墨）。這樣的爭論不會輕易解決，因為它們不僅影響細胞的基本屬性，而且影響人類的基本特徵。找出合理答案或甚至妥協的唯一方法，在於持續參與持續發展的辯論，探討科學干預的限制以及細胞科技不斷前進的前沿。每個人在這場辯論中都是利益相關者，它牽涉到一、多，和「很多很多」。*

---

* 對某些讀者來說，「持續參與」有關改動人類細胞的公開辯論，這種建議聽來是個模糊而生硬的解決方法。誰有發言權，如何發言？這樣的意見如何得到認可或授權？花費和途徑怎麼算？我有一些意見。首先，我刻意避免在政策法規方面提出更具體的建議，而且在本書後續的章節中，我們必然會回到細胞和基因治療的倫理問題。然而我要指出，關於使用重組DNA的厄西勒瑪（Asilomar）會議恰恰就是關於基因操縱倫理界限進行公開討論的論壇，而且儘管它起先也被評為模糊而生硬，但最後卻非常有效地激發了有價值的公眾對話，轉為成功的政策。這裡可能需要全球類似的努力，而且已經在進行中。

第三部

血液

多細胞，讓單細胞生物體組織自己，成為許多細胞組成的生物，這種演化轉變雖然可能無法避免，但卻並非易事。多細胞生物體必須演化出專門且獨立的器官，以發揮它們的多種功能。每一個這樣的生物體都必須發展出功能單元——各自分離但又彼此連結，以處理各式各樣的要求：自衛、自我識別、訊號在體內的移動、消化、代謝、貯存、廢物處理。

身體的每一個器官都展現了這些特性：細胞和細胞專門化的協同作用，以發揮器官的功能。但也許與任何細胞系統相比，血液更能代表一種模型，描述整個細胞系統如何發揮這些功能。血液不斷的循環，是身體的中央高速公路，為身體輸送氧氣和營養到所有的組織。它確保受傷時的協調反應：血小板和凝血因子利用循環系統來調查和引導身體，對急性傷害做出反應。而且它也能夠回應感染：白血球流過同樣的血管系統，提供層層防禦對抗病原體。

解譯這些系統的生物學轉而讓我們創造出新的細胞醫學——血液移植、免疫活化，和血小板調節等。因此，我們現在由單細胞轉向多細胞系統：合作、防禦、耐受，和自我認知，這些都是具體表現多細胞性好處和風險的特徵。

躁動不安的細胞：血液的循環

細胞……是個聯繫：控制能力、方法、技術、觀念、結構和過程的連接點。它對生命、生命科學及其他領域的重要性是來自作為連接點的這個非凡位置，也因為在這種聯繫關係中可以發現細胞顯然無窮無盡的潛力。[1]

——微生物學哲學家莫琳・奧馬利（Maureen A. O'Malley）及科學史學家史泰芬・穆勒—威利（Staffan Müller-Wille），二〇一〇年

我有很多優柔寡斷和躁動不安之處。[2]

——魏修，寫給他父親的信，一八四二年

想想在我們的故事中，我們現在處於什麼位置。我們由細胞的發現開始：它們的結構、它們的生理學、它們的新陳代謝、它們的呼吸，以及它們的內部解剖結構。我們短暫地進入了單細胞微生物的世界以及這一發現對醫學顛覆性的影響：消毒殺菌，以及最後抗生素的發現。接下來我們看到了細胞分裂：

由現有細胞產生新細胞（有絲分裂）和細胞為了有性生殖而形成（減數分裂）。我們目擊了鑑定細胞分裂四個階段（G1、S、G2、M）的特徵，它關鍵調節因子的特徵——週期素和CDK蛋白——以及它們功能協調的陰陽舞蹈。我們發現我們對細胞分裂的了解如何改變癌症醫學和體外受精，以及生殖技術如何與細胞生物學相結合，迫使我們進入干預人類胚胎的陌生倫理領域。

到目前為止，我們已經面對了單獨的細胞：侵入人體並引發感染的單細胞微生物；正在分裂的受精卵，像孤星一樣獨自漂浮在培養皿中；分別裝在不同小瓶中的卵子和精子，悄悄地搭計程車在曼哈頓的各醫院之間傳送；藉著基因治療治療退化的視網膜神經節細胞。

然而，細胞在多細胞生物體中的目的不是為了單獨存在或獨自生活；它是為了滿足生物體的需要。它的功能必須是作為生態系統的一部分；它必須是總和中不可或缺的一部分。「細胞是……一種聯繫，」奧馬利和穆勒－威利在二〇一〇年寫道。每個細胞都以「在這種聯繫關係中可見的，顯然無窮無盡的潛力」生存和發揮作用。

我們現在要探討的，正是這些**聯繫關係**——細胞與細胞之間、細胞與器官細胞之間，以及細胞和生物體之間。

每逢週一，我大部分的時間都是在研究血液。我是科班出身的血液學者。我研究血液，治療血液疾病，包括癌症和白血球癌前病變。每個週一，我都比病人早到許久，當晨光仍然斜映在實驗室長凳黑色的石板上時，我已經抵達。我拉上百葉窗，透過顯微鏡觀察血液抹片。一滴血已經被抹在載玻片上，形

成由單一細胞組成的薄膜，每個細胞都用特殊染料染色。這些載玻片就像書籍預覽或電影預告片一樣，細胞將會開始揭示病患的故事，甚至在我見到患者本人之前。

我坐在陰暗房間裡的顯微鏡旁，身邊放著記事本，一邊瀏覽載玻片，一邊低聲自言自語。這是個老習慣；經過的人很可能會認為我精神錯亂。每一次我檢視載玻片，都會喃喃有詞地唸出醫學院的血液學教授教我的方法，口袋裡裝著一支永遠漏水的鋼筆的這位高個子老師教我：**「把主要的血液細胞成分分開。紅血球，白血球，血小板。分別檢查每種細胞型態。寫下你對每種型態的觀察結果。有條不紊地進行。數量、顏色、形態結構、形狀、大小。」**

到目前為止，這是我一天中最喜歡的工作時間。**數量**、**顏色**、**形態結構**、**形狀**、**大小**。我井然有序地進行。我喜歡觀察細胞，就像園丁喜歡觀察植物一樣——不僅是整體，還有各部分之間的各部分：葉子、蕨類的葉狀體、蕨類植物周圍土壤的精確氣味，就像啄木鳥鑽進樹木的高枝上一樣。血液對我說話——但前提是我得要聚精會神。

中年婦女葛麗塔被診斷出貧血，醫師懷疑這是因月經出血引起的，並給她開了鐵劑。然而她的貧血並沒有緩解，光是走幾步路，她就氣喘吁吁。她赴海拔六千呎的內華達山脈度假時，幾乎無法呼吸。醫師增加了葛麗塔的鐵劑劑量，但沒有效果。

後來發現，葛麗塔的病比她的醫師起初所懷疑的更加神祕。如果看一下她的血細胞計數，就會發現問題不是單純的貧血。是的，正如預期，她的紅血球計數低於正常值，但她的白血球也是如此——只比她年齡的正常極限低一點點。血小板也低於正常範圍，儘管只有差一點點。

在顯微鏡下，葛麗塔的血液抹片透露了更複雜的故事。我的眼睛盯著抹片，就像野獸在察看新的景觀——停下腳步，嗅聞，把思緒送進我的大腦。紅血球看起來幾乎正常。**幾乎**。我在這個詞下畫了線。在掃視抹片時，我發現了一些看起來很奇怪的紅血球，中間帶有明顯的藍點——這是大部分成熟的紅血球沒有的細胞核殘留物，因為它們通常會把細胞核排入骨髓中。「那個細胞核殘留物不應該在那裡，」我大聲說道，並把它記在我的筆記本上。

她的白血球看起來最奇怪。正常的白血球有兩種主要形式：淋巴球和白血球。（我們稍後會再談這其中的區別。）在葛麗塔的病例中，一種稱為嗜中性白血球（neutrophil）的白血球是其中最怪的一種。正常嗜中性白血球的細胞核有三到五個葉片，就像由三或五個島嶼組成的群島，由狹窄的地峽連接。但葛麗塔的嗜中性球細胞核只有兩個葉片，都是正圓形，中間由一條藍色的窄線連接，就像十八世紀的眼鏡。「夾鼻眼鏡細胞」，我寫道。甘地的眼鏡。而且至少有幾個嗜中性球有膨脹的大細胞核擴張，染色質看起來雜亂無章。不成熟的血液細胞，或者出芽細胞。這是惡性白血球的初步跡象。

我讀了一遍我的筆記。紅血球和白血球——血液中的兩種主要細胞成分有異常現象。骨髓切片證實她有骨髓增生不良症候群（myelodysplastic syndrome，簡稱ＭＤＳ），這是一種其中骨髓不產生正常血液的臨床症候群。大約三分之一的ＭＤＳ患者會發展為白血病（血癌）。

葛麗塔的鐵劑停用了，她開始用實驗性藥物治療。她的血細胞計數大約正常了六個月，但隨後貧血復發，骨髓中芽細胞的百分比又開始上升。在正常情況下，芽細胞最多占骨髓的5％；她的芽細胞數目是這個數字的好幾倍，顯示ＭＤＳ正在轉變為白血病。到那時，她的治療選擇就會僅限於用化療殺死白血病，或嘗試另一種實驗藥物來遏止疾病。

在醫學院，教授教我怎麼說血液的語言；而現在，這個組織終於對我說話了。其實，血液會對每一個人、每一件事說話：它是人體內長途溝通、傳播的中央機制。無論是荷爾蒙、營養素、氧氣或廢物，都是由血液輸送並聯結（**說話**）每一個器官，以及由一個器官到下一個器官。它甚至也對自己說話：它的三種細胞：紅血球、白血球和血小板尤其參與了一個複雜的訊號和串擾（cross talk）系統。血小板結合在一起形成凝塊。孤立的單一血小板不能凝結成塊，但數以百萬計的血小板與血液中的蛋白質結合，合作封閉出血部位。白血球的系統最複雜：它們互相發出訊號，以細胞系統來協調免疫反應、癒合傷口、對抗微生物以及檢查身體是否有入侵者。血液是一個網絡。就像年輕的免疫缺陷肺炎患者M.K.一樣，網絡中一小塊的坍塌可能會導致整個網絡崩潰。

血液作為器官之間溝通或傳輸的器官，這樣的觀念歷史悠久。大約在公元一五〇年，佩加蒙的蓋倫（Galen of Pergamon）——治療羅馬角鬥士的希臘外科醫師，最後成為皇帝盧修斯．奧勒留．康茂德（Lucius Aurelius Commodus）的醫師——提出，正常的身體由四種體液的某種「平衡」組成：血液、痰、黃膽汁和黑膽汁。[3]這種疾病的體液學說比蓋倫更早就已出現：亞里士多德已經寫過它，吠陀醫師也經常提到人體體液的相互作用。但蓋倫是最大聲疾呼的擁護者之一。他認為體內的體液有一種失衡時，就會生病。肺炎就是因為痰多而生，黃疸（或更確切地說是肝炎）來自黃膽汁，癌症是黑膽汁累積而生的疾病，這種體液也和憂鬱症或抑鬱有關（憂鬱症 melan-cholia 字面的意思就是「黑膽汁」）——

這個堂皇的學說，雖然在比喻上很誘人，但在機械學上卻有瑕疵。

在四種液體中，血液是我們最熟悉的。它由角鬥士的傷口中傾瀉而出；很容易由屠宰用來實驗的動物取得；確實，它已經融入了人類共同語言的詞彙。蓋倫注意到它一開始是溫暖的、活躍的、紅色的，然後，就像流血的受害者一樣，它變得藍色、遲緩，且冷。蓋倫把它的正常功能歸為熱、能量和營養。它的紅色，或者說像發炎皮膚的紅，是它溫暖和活力的標誌。蓋倫認為，血液存在是為了要把營養和熱分配給器官。他想像心臟是身體的熔爐——一個產生熱量、用來冶煉的機器，靠著像風箱的肺冷卻。這個說法重述了亞里士多德的觀念，認為血液是人體內的「食用油」。血液由心臟收取加熱的食物，並且就像送餐車一樣，保持營養物質的熱度，直到它們抵達大腦、腎臟和其他器官。

一六二八年，英國生理學家威廉．哈維在他的著作《關於動物心臟與血液運動的解剖研究》（*Exercitatio Anatomica de Motu Cordis et Sanguinis in Animalibus*）[4]中，顛覆了這種理論。早期的解剖學家提出血流是單向的，比如由人的心臟到腸道，在那裡到達盡頭。哈維認為血液是以連續循環的方式流動：進入心臟，離開心臟，完成運送路線後再回到心臟。沒有加熱和冷卻的單獨管道。「我開始私下認為，它可能有某種運動，可以說是繞了一圈，」他寫道。[5]「〔血液〕流經肺和心臟，並被抽吸，送到全身。它經過肌肉上的毛孔進入血管，然後經由血管，由身體的外圍各處回到中心，由較小的血管到較大的血管，終於再次來到〔心臟〕。」[6]心臟不是火爐或工廠，甚至不是熔爐或工廠的冷卻風扇。它是個幫浦——或者更精確地說是兩個幫浦，彼此連接——為這兩個迴路提供力量。（再過幾個章節，我們會再回頭談哈維關於心臟的研究。）

但血液循環運動的目的是什麼？在這些圍繞著身體躁動不安、連續不斷的循環中，血液帶著的是什麼物質？

除了其他物質之外，當然還包括**細胞**，紅血球細胞。雷文霍克曾經看到它們在血液中漂浮，他在一六七五年八月十四日寫道：「在健康身體中的那些血液小球〔紅血球細胞〕如果要穿過小的毛細靜脈和動脈，必須非常靈活柔韌，還有，它們在通過時，會變成橢圓形，等到它們進入更大的空間時，再恢復圓盤狀。」[7]那是先見之明：紅血球在穿過管壁薄的微血管時，結構會扭曲變形，然後再恢復原本的圓盤狀。十七世紀義大利解剖學家馬切洛・馬爾皮基（Marcello Malpighi）也看到過這些紅色的小球體。[8]荷蘭醫學家兼科學家楊・斯瓦默丹（Jan Swammerdam）亦然，他在一六五八年由蝨子的胃中抽取了一滴剛攝入的人類血液。在一七七〇年代，英國解剖學家兼生理學家威廉・休森（William Hewson）更仔細地研究了紅血球的形狀，他的結論是，它們不是圓形的球體，而是圓盤狀，中間有一個凹痕，就像剛剛挨了一拳的圓枕頭。[9]

休森推測，這種細胞數量這麼多，一定有什麼功能。然而紅血球攜帶的是什麼這個謎團——為什麼這個圈子如此不停地持續循環，以及它們為什麼如此刻意地擠過微小的毛細血管，扭曲它們的形狀，仍然沒有解決。一八四〇年，德國生理學家佛里德里希・洪費爾德（Friedrich Hünefeld）在蚯蚓的紅血球內發現了一種蛋白質，[10]他對這種蛋白質的數量之多感到驚訝——紅血球脫水之後乾重的90％以上都只由一種蛋白質組成，但他不明白它的作用。這個蛋白質的名字——血紅素（hemoglobin，又稱血紅蛋白），只是對它細胞位置的直白描述，血（hemo）中的一個團塊（glob）。

不過到一八八〇年代末，生理學家開始了解這個「團塊」的重要。他們注意到血紅素攜帶鐵原子，而鐵會與負責細胞呼吸的分子——氧結合。哈維、斯瓦默丹、洪費爾德，和雷文霍克的觀察開始具體化為一種學說。紅血球的主要目的是要把與血紅素結合的氧氣輸送到身體所有器官中的組織。紅血球在肺部與氧結合，然後輸往心臟，再由心臟推動它們通過動脈到達身體的其他部位。*

除了細胞之外，血漿（血液的液體成分）還攜帶了對人體生理攸關緊要的其他物質：二氧化碳、荷爾蒙、代謝物、廢物、營養物質、凝血因子和化學訊號。

身體循環系統的一個驚人特徵是，就像所有的循環一樣，它是反覆的。紅血球把氧氣輸送到身體的各個部位，並在適當的時候輸送到心臟的肌肉，而心臟正是負責把血液推動到全身的器官。心臟由紅血球中吸取氧進行抽送，因此把紅血球送往另一輪循環任務，為它們帶來更多的氧氣以便抽送，如此反覆循環。簡而言之，循環要依賴心臟，而心臟的基本功能則依賴……循環。因此，體內每一種物質的傳輸，以及推而廣之，**每一個**器官的運作，都依賴我們所有細胞中最躁動不安的那一種。

但血液還能做另一種輸送：它可以由一個人轉移到另一個人。輸血，第一種現代形式的細胞療法，將為手術、貧血治療、癌症化療、外傷醫療、骨髓移植、分娩的安全，以及免疫學的未來，奠定基礎。

輸血的起源並不怎麼吉利：早期人類輸血實驗的範圍可以說既恐怖又瘋狂。一六六七年，法國國王路易十四的私人醫師讓—巴蒂斯特．德尼（Jean-Baptiste Denys）用水蛭為一名小男孩多次放血，然後又試圖把羊血輸給他。男孩奇蹟般地活了下來——可能是因為輸血量極少，並沒有過敏反應。那年稍晚，德尼嘗試把動物血液輸入患有精神疾病的男子安東．莫魯瓦（Antoine Mauroy）。[11]他選擇的是小牛的血液，因為這是以冷靜的天性而聞名的動物，他認為小牛的血可能會平息莫魯瓦太激烈的瘋狂——再度肯定蓋倫認為血液是心靈載體之一的觀念。不幸的是，輸了三次血之後，莫魯瓦表現得不僅僅是異常平靜；他死了，他的身體和臉孔因過敏反應而腫脹。他的妻子揚言要控告德尼謀殺，但這位醫師僥倖地逃過了牢獄之災。他不再行醫。這一事件在法國掀起了小小的騷動，由動物輸血給人類的實驗也遭到禁止。

在十七和十八世紀，關於輸血的其他研究繼續進行。科學家發現，同卵雙胞胎動物的輸血可以接受，但手足之間，包括異卵雙胞胎的輸血，卻都遭到排斥——這表示輸血如果要成功，需要一定的遺傳相容性。但這種相容性的本質仍然是個謎。

一九〇〇年，一位名叫卡爾．蘭德斯坦納（Karl Landsteiner）的奧地利科學家開始以更有系統的方式來面對人類輸血的挑戰。儘管在他之前為了輸血有不少瘋狂之舉——把綿羊和小牛的血液輸入因水蛭而缺血的男孩或精神失常的病患，但蘭德斯坦納著重的是方法。血液是液體器官，它在體內自由流動。

＊但為什麼需要**細胞**來輸送氧氣？為什麼不讓血紅素作為游離蛋白質，漂浮在血漿裡，讓它在體內移動？這個難題仍未解決，並且與血紅素的結構有關——我們將在本書的最後再次探討這個有趣的主題。

為什麼不能同樣自由地從一個人的身體流到另一個人的身體？

蘭德斯坦納混合了一個人（A）的血液和另一個人（B）的血清，並觀察兩者在試管和載玻片上的反應。[12]血清與血漿不同：它是血液凝固後留下的液體，它含有包括抗體等蛋白質，但不含細胞。A的血清與A的血液混合顯然不會產生任何反應——相容的跡象。蘭德斯坦納指出「這個結果和血液細胞與它們自己的血清混合完全一樣。」[13]混合物融為一體，並保持液態。但在其他情況下，把病患A的血液與病患B的血清混合，得到的混合液會形成微小的半固體團塊。（我的血液學教授描述它們是「草莓汁裡的種子。」）不相容的原因不可能是因A的細胞排斥B的細胞；要記得，血清沒有細胞。一定是因為A的血液中存在或缺乏一種蛋白質——後來發現是一種抗體，這種蛋白質攻擊了B的細胞，造成免疫不相容的跡象。*

蘭德斯坦納混合搭配不同捐贈者的血液，終於發現人類的血液可以分為四類：A、B、AB和O。† 這些類別表示輸血的相容性。A型血的人只能接受A型（和O型）者的血液，B型的人只能接受其他B型（和O型）者的血。O型的人最奇怪：O型血和A或B型都不會發生反應。這一組的人可以捐血給A或B兩種血型的人，但除了同為O型者的血之外，他們不能接受任何人的血液。不久之後，他發現了第四種，也是最後一種主要血型：AB型，這些人可以接受所有捐贈者的血液，但只能捐血給其他AB型的人。按通俗的說法，就是這四大類血型被稱為A、B、O（通用捐血者）和AB（通用受血者）。蘭德斯坦納用一張表格（收錄在他的論文集中，後來於一九三六年發表）描述了四種基本血型，並為輸血奠定了基礎。它在醫學和生物學上的意義非比尋常，因此僅憑這張表，就足以讓蘭德斯坦納在一九三〇年獲得諾貝爾生理學或醫學獎。

隨著時間的進展，血型系統又經過改進，加入其他因子，例如Rh陽性（表示紅血球的表面存在一種遺傳性蛋白質（稱為恒河猴因子，Rhesus Factor）和Rh陰性（表示缺乏Rh因子），用於確定各組內的相容性：A^{+}、B^{-}、AB^{-}等等。

血液相容性的發現改變了輸血的領域。一九〇七年，在紐約西奈山醫院（Mountain Sinai Hospital），魯本·奧騰伯格（Ruben Ottenberg）醫師開始用蘭德斯坦納的相容反應進行人類之間首次的安全輸血。藉著在輸血**之前**搭配捐血者和受血者之間的血液，奧騰伯格證明血液可以在彼此相容的人之間安全地轉移。輸血慢慢變成有系統的、安全的科學。一九一三年，有五年多的配血經驗後，奧騰伯格寫道：

> 輸血後發生的意外非常頻繁，因此許多醫師除了非常嚴重的情況之外，在建議輸血時總是猶豫不決，〔但是〕自從我們一九〇八年開始注意這個問題以來，發現透過謹慎的初步測試可以避免此類事故……。我們對超過一二五個病例的觀察證實了這一觀點，我們絕對肯定地相信可以預防意外的症狀。[14]

＊後來發現這個抗體與在紅血球表面發現的一組獨特的糖類發生反應。

†蘭德斯坦納最初只發現三種血型，以A、B，和C表示。但在他一九三六年發表的論文集中，已經區分出四種獨立的血型，現在以A、B、AB和O表示。

即便如此，早期的輸血仍然異常麻煩。時機至關重要；就像一場緊張的接力賽，用充滿血液的注射器作為接力棒。技術人員用針插入捐血者的手臂，反覆抽取數品脫血液，另一名技術人員則以最快的速度把這深紅色液體送到房間另一頭，第三名技術人員再把血液注射到受血者的手臂中。或者，可能由外科醫師在捐血者的動脈和受血者的靜脈之間建立**實體**連接，貨真價實地讓他們「血脈相通」，讓血液可以直接由捐血者的循環流動到受血者的循環，而不必接觸空氣。要是不用這樣的干預，液體形式的血液在體外很快就不能用了。如果不去管它，即使只是多個幾分鐘，它也會凝結，由救命的液體變成無法使用的凝膠塊。

為了讓輸血能夠在現場使用，還需要一些最後的技術進步。檸檬汁中提取的一種單鹽——檸檬酸鈉，添加在血液中可以防止血液凝固，延長它貯存的時間。一九一四年，也就是一次大戰爆發的那一年，阿根廷醫師路易斯．阿戈特（Luis Agote）把加了檸檬酸鈉的血液由一個人輸給另一個人——這是科技搶先需求的光輝例子。[15] 英國外科醫師傑佛瑞．凱因斯（Geoffrey Keynes）一九二二年寫道：「輸血技術的這一巨大進步幾乎與戰爭的開始同時發生，簡直就像因為**預知**輸血技術在治療戰爭創傷的必要而刺激了研究。」另一項進步：冷藏，延長了血液貯存的壽命。進一步的創新還包括使用石蠟塗層的貯存袋，並添加單醣（葡萄糖）以防止血液變質。世界各地醫院的輸血數量激增。一九二三年，西奈山醫院進行了一百二十三次輸血。到一九五三年，每年有三千多次輸血。[16]

輸血的真正試驗——可以說是實地試驗，是在一次和二次大戰血淋淋的戰場上。砲擊炸斷了四肢；

內傷血流不止；被子彈切斷的動脈會使受傷的人在幾分鐘內失血。一九一七年，當美國加入同盟國對抗德國和其他軸心國時，兩位軍事醫學專家布魯斯・羅伯森（Bruce Robertson）少校和奧斯華・羅伯森（Oswald Robertson）上尉率先採用輸血治療急性失血和休克。血漿也廣泛用於救治重傷士兵。血漿雖然只能暫時解決失血的問題，但它更容易貯存，並且不需要鑑定血型和匹配。

這兩位羅伯森並無血緣關係。隸屬美國醫療隊，在法國前線服役的奧斯華把血液視為一種移動的器官——不停地移動，不僅在人體內或人與人之間，而且在國界和戰場之間。他在某地由康復中的士兵身上採集O型血，然後把加入檸檬酸、補充葡萄糖的血液裝入無菌的兩公升玻璃瓶，再放進裝滿鋸屑和冰塊的彈藥箱中，運往戰場使用。實際上，奧斯華上尉建立了最早的血庫之一。（一九三二年，在列寧格勒將會設立更正式的血庫。）

感謝的信函如潮水般湧來。一名士兵在一九一七年寫給布魯斯少校的信中說：「六月十三日，你們切掉了我膝蓋以上的腿，你們認為我死亡的賭注是三比一，直到我輸了別人的血。……你能撥冗讓我知道捐血給我的人的姓名和地址嗎？我很想寫信給他。」[17]

才不過二十年後，二次大戰爆發時，血庫、血型匹配以及輸血在戰場上已經十分普遍。和一次大戰相比，到達野戰醫院的傷兵死亡率幾乎減半——部分原因是來自輸血。一九四〇年代初，在美國紅十字會的幫助下，美國啟動了全國的捐血和血庫計畫。到戰爭結束時，紅十字會已經收集了一千三百萬單位的血液，在短短幾年內，美國血液系統就有了一千五百個醫院血庫，四十六個社區捐血中心，和三十一個區域捐血中心。[18]

正如一位作者在一九六五年的《內科醫學年鑑》（*Annals of Internal medicine*）期刊上所寫的：「戰

爭從來沒有為人類帶來厚禮；一個例外可能是血液和血漿使用的推動和普及……要歸因於西班牙內戰、兩次大戰和南北韓的衝突。」[19]輸血和貯存血液——細胞療法，或許比任何其他干預措施都稱得上是戰爭最重要的醫學成就。

如果沒有發明輸血，幾乎無法想像現代外科手術、安全分娩，或癌症化療的發展。一九九〇年代末，我曾急救過一名肝衰竭的男病患，他患有我所見過最嚴重的出血。他來自南波士頓，年紀約六十多歲，患有肝硬化，肝臟主治醫師一直無法確定原因。他原本是餐館老闆，雖然喝酒，但他堅稱他的飲酒量絕不至於導致肝臟衰竭。他沒有慢性病毒感染。一定是某種遺傳體質使他飲酒的結果惡化，引起了細胞慢性發炎，最後導致他的肝臟遭到破壞、萎縮。他的眼睛因黃疸而呈黃色，白蛋白（一種在他的血液中合成的蛋白質）的量低得危險。他的血液無法正常凝固——這又是肝病的跡象，因為肝臟產生血液凝固所需的一些因子。現在他已住院，準備作肝臟移植手術。但整體而言，他狀況良好，並已安排常規監測。

當晚起先平靜無事。但後來這名病患感到噁心，血壓也下降。小監視器發出嘟嘟聲。血壓計臂帶反覆讀取數字——有些不對勁。在幾分鐘之內，他的內臟就彷彿開了栓塞，血流得到處都是。肝功能衰竭通常會導致胃和食道的血管擴張，並且變得容易脆裂；一旦血管爆裂，鮮血噴湧就難以停止。再加上因肝硬化導致的凝血功能受損，出血可能會演變成醫療災難。加護病房和醫師竭力止血，接著匆匆發出緊急求助訊號。我是那天晚上值班的資深住院醫師。

等我走進病房，房裡已經亂成一團。插入他靜脈的點滴管太細。「我要一根管子。」我命令道，對自己的音量和自信感到驚訝。我們插入了兩條新的管子，但生理食鹽水袋滴得緩慢，很難跟上失血的速度。

這時，這個病人已開始手腳亂動，失去知覺。他瘋狂地說話——髒話、情境劇的角色、童年回憶，然後卻完全不再說話了，這是個不祥的兆頭。我觸摸他，他的腳摸起來很冰冷：皮膚上的血管收縮，以保留重要器官中的血液。同時地板上鋪著的白毛巾已經變成了深紅色。我的手術鞋上有已經乾了的血塊，我的手術服也有了硬皮了，變成了紫紅色。一名護理師把沾滿血的毛巾換成新毛巾，但幾分鐘後，新毛巾也變成了鮮紅色。

一名外科住院醫師設法把一根大口徑的管子插入他脖子上的靜脈，而我則瘋狂地尋找腹股溝處的靜脈注射部位。

脈搏，脈搏，脈搏，我對自己說。就在這當兒，病人的血壓繼續下降，他的脈搏變得細弱。急救團隊繼續以精心設計的舞蹈步伐工作，讓我想起初期的輸血：這也是一場接力賽，以血液為接力棒。

我感覺彷彿過了好幾個小時，血袋才送上來，但其實整個過程只用了不到十分鐘。我們掛了兩袋血。「輕輕擠，」我說，護理師設法把一袋血在幾分鐘之內輸進他的體內。我改變了主意，說：「用力擠壓，」好像我可以加快速度。我們花了十一袋，也許十二袋血，才讓他穩定下來。我數不清了。我們添加了一兩袋凝血因子和血小板，幫助他的血液凝結。兩個小時後，我們終於恢復了他的脈搏，出血速度已經減慢。到了晚上，血已經止住了。他的皮膚變暖了，他開始對命令做出反應。「移動左手。」他做到了。「搖動你的腳趾。」他做到了。我感到一種無法形容的喜悅。第二天他醒來，手裡還能夠拿著一杯冰。

那天晚上給我留下最深刻的印象，就是走在六樓孤寂的走廊上，閃進洗手間用噴霧瓶消毒泡濕的手術鞋，洗掉乾涸的血跡。但血深深地凝結在皮革上，讓我想吐。那個時刻就像馬克白劇中一樣：我洗不掉血漬。我把手術鞋扔進垃圾桶，第二天早上到醫院商店去買了一雙新的。

從那天晚上開始，我就不再隨便用「血洗」這個詞了。我恰巧成了少數真正血洗過的人之一。

癒合的細胞：血小板、血栓和「現代流行病」

專橫的凱撒死後化為泥土，或許會為禦寒而去堵破洞。
噢，曾經威震四方的那團土，竟然會為了抵禦寒風而補破牆。

——威廉．莎士比亞，《哈姆雷特》，第五幕，第一景[1]

如果說外科醫師、護理師，或我，那天晚上在波士頓為這名男子止住了血，就太淺薄了。我們是配件。在控制出血方面扮演核心角色的，是一個細胞——或者更確切地說，是一個細胞的碎片。

一八八一年，義大利病理學家兼顯微鏡學家朱利奧．比佐澤羅（Giulio Bizzozero）發現人體血液中攜帶著微小的細胞碎片——非常小、被剪斷的碎片，幾乎看不見，但始終存在。[2]先前幾十年，血液學家一直對這些漂浮在血液中的碎片十分好奇。一八六五年，德國顯微解剖學家克斯．舒茲（Max Schultze）把它們描述為「顆粒狀的碎片」。[3]舒茲認為它們是破碎的血細胞碎片，他在血液凝塊中發現它們，並「強烈建議關切人類血液深入研究的人，對人類血液中的這些顆粒進行研究。」[4]

比佐澤羅認為它們是血液的獨立成分。他寫道：「幾位作者已經疑惑一段時間，認為持續有一種血液粒子存在，和紅、白血球都不同。教人驚訝的是，先前竟沒有一位研究者運用對活體動物循環血液的觀察。」[5]他把這些碎片取了一個義大利文的名稱：piastrine，因為它們的外觀扁平、呈圓形、板狀。在英文中，它們被稱為 platelets（小板的意思）。

比佐澤羅不僅僅是顯微鏡學家，也是毫不含糊的生理學家。他觀察到血液中的這些細胞碎片後，開始疑惑它們的功能。它們只是殘骸——血液紅海洋中的漂浮物嗎？他用針刺破兔子的動脈，觀察到積聚血小板在受傷部位：「血小板隨著血流沖來，一到達受傷的位置就被困住了，」他寫道：「一開始，我們只看到二至四至六個（血小板）；很快這個數字就攀升至數百。通常其中會滯留一些白血球。它的體積逐漸增大，很快地，血的凝塊就充滿了血管腔，越來越阻礙血液流動。」[6]

血小板從它們一出生開始，就具有不尋常的生物學特性。二十世紀初，波士頓血液學家詹姆斯·萊特（James Wright）開發了一種新的染色劑，可以看見骨髓中的細胞。在各種細胞類型中——正在成熟的嗜中性白血球緩緩地把它們早期的卵狀細胞核展開成多葉細胞核；緊密成簇的紅血球正在發育，他發現了一個似乎違背了細胞生物學常規的巨大細胞。它並沒有單一的細胞核，而是具有十幾個核葉的細胞。它的母細胞應該是複製了細胞核的內容物，但卻停止子細胞的分裂或誕生，而傾向於在成熟後分裂成上千個碎片。確實，就在萊特追蹤這些巨核細胞（攜帶多核葉的巨大細胞）之時，卻發現它們像煙火一樣破裂，分解成數千片小碎片——血小板。

這項早期的解剖在接下來的一段時間引發了對這些細胞功能和生理學的深入研究。正如比佐澤羅先

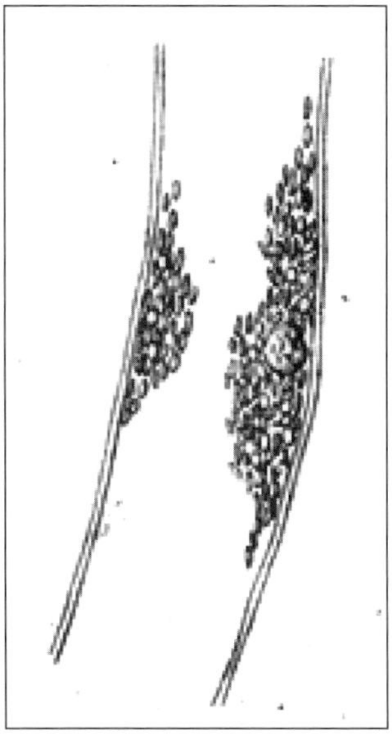

比佐澤羅在關於凝血的論文中所繪的插圖顯示了血管損傷部位周圍的凝塊生長。注意中央的大細胞，可能是嗜中性白血球，受到發炎吸引，周圍被血小板包圍。

前觀察的，血小板是凝塊的核心成分。人體發出受傷（例如有傷口或血管破裂）訊號啟動它們，它們就會蜂擁到傷口部位，開始自行持續循環以止血。這是一種癒合的細胞（或者更準確地說，是細胞碎片）。

另一方面，研究人員發現在血液中還有第二個交叉的系統能夠止血。這牽涉到一系列漂浮在血液中的蛋白質，感知受傷，也協助凝結成稠密的網狀結構，以穩定血小板凝塊並止血。這兩個系統——血小板和形成凝塊的蛋白質彼此溝通，互相加強對方的效果，形成穩定的凝塊。

許多和血小板功能衰竭相關——並導致凝血異常的遺傳疾病，可以進一步說明血小板如何感知損傷。一九二四年，芬蘭血液學家艾瑞克·馮·維勒布蘭德（Erik von Willebrand）描述了來自波羅的海奧蘭群島（Åland Islands）一名五歲女孩的病例，她的血液無法正常凝結。[7]馮·維勒布蘭德分析了她家族成員的血液，其中幾人也有類似的凝血障礙，他發現他們都擁有一種破壞血小板功能的遺傳異常。一九七一年，研究人員終於逮到了罪魁禍首：患有這種以馮·維勒布蘭德命名的疾病者，體內不是缺乏一種關鍵的凝血蛋白，就是含量不足，這種蛋白恰如其分地就稱為馮·維勒布蘭德因子（vWf）。

馮·維勒布蘭德因子在血液中循環，並且位置很有策略性的就居於血管內壁細胞的下方。血管損傷，vWf 就會暴露出來。血小板攜帶與 vWf 結合的受體，因此在傷口使血管暴露時，它們有能力「感知」，並且開始聚集在受傷部位的周圍。

但凝塊的形成是複雜得多的過程。受傷細胞分泌的蛋白質發出進一步的訊號，召喚血小板來到損傷部位，增強它們的活化。漂浮在血液中的凝血因子還用其他感測器來檢測傷害。一連串的變化開始啟動。最後，一系列的反應導致一種稱為纖維蛋白原（fibrinogen）的蛋白質轉化為一種稱為纖維蛋白（fibrin）的網狀蛋白質。血小板被困在纖維蛋白的網內，就像網中的沙丁魚一樣，最後形成成熟的凝塊。

如果因為古代人類生活變幻莫測，必須要堵住傷口以維持體內平衡，那麼現代生活的反覆無常卻引發了相反的問題：血小板**太活躍**。原本用來治癒傷口的過程如今變成了病理性的；魏修可能會說，細胞生理學來了個大轉彎，成為細胞病理學。一八八六年，現代醫學之父威廉·奧斯勒（William Osler）曾描述在心臟瓣膜和主動脈（流經全身的拱形大血管）中形成富含血小板的凝塊。[8] 近三十年後的一九一二年，芝加哥的一位心臟病專家提及一名五十五歲銀行家「像個廢物一樣倒下」的神祕病例。醫師調查這個病例時，發現把血液輸送到患者心臟的動脈已被血栓堵塞。這種情況通常被稱為「heart attack」（心臟病發作）——用「attack」（攻擊）這個字意味著這個危機發生的速度和突然。

因此，儘管古代人類可能為了治癒傷口，而渴望一種能活化血小板的藥物，現代人類卻在尋求能夠抑制血小板活性的藥物。我們的生活方式、壽命、習慣，和環境——高脂飲食、缺乏運動、糖尿病、肥胖、高血壓，尤其還有吸菸，接下來又導致斑塊（plaque）的累積：發炎、鈣化、富含膽固醇的斑點懸掛在動脈壁上，就像公路旁危險的碎片堆，事故隨時都會發生。* 當斑塊脫落或破裂時，就會被當成傷口。啟動並釋出一連串治療傷口的古老反應。血小板猛衝去堵住那個「傷口」——只是這個塞子非但沒有封住傷口，反而阻礙了流入心肌的必要血流液。原本要使傷口癒合的血小板，現在變成致命的血小板。

＊解開膽固醇代謝機制、它與心臟病的關係，以及創造控制膽固醇的新藥物是個精采的故事，說明敏銳的臨床觀察、細胞生物學、遺傳學，和生物化學如何相輔相成，解決神祕的臨床問題。[9]這個故事始於對幾個血液中膽固醇含量過高而出現異常症狀家庭的臨床觀察。例如在一九六四年，一個名叫約翰·德斯波塔（John Despota）的三歲兒童被帶到芝加哥去看家庭醫師。他的皮膚長滿了充滿膽固醇的黃棕色腫塊，他血液中的膽固醇是正常值的六倍。到十二歲時，他的動脈中出現了膽固醇斑塊的跡象，並且經常出現胸痛。顯然，約翰有膽固醇異常累積的遺傳傾向——他在**十二歲**時心臟病發作，因此他的醫師把他的皮膚切片樣本送去給兩位研究膽固醇生物學的研究人員麥克·布朗（Michael Brown）和喬·戈德斯坦（John Goldstein）。在接下來的十年裡，這兩位研究人員在分析如約翰這樣的病例時發現，正常細胞的表面攜帶一種受體，可結合在血液中循環的一種富含膽固醇的顆粒：低密度脂蛋白，即ＬＤＬ。在正常的情況下，細胞內化膽固醇，並把它代謝，把它由血液中拉出，導致血液循環中的ＬＤＬ量低。但在德斯波塔這樣的病患中，這種內化和新陳代謝的過程由於基因突變而中斷。高量的ＬＤＬ在血液中循環，最後導致動脈（包括心臟動脈）中出現粥狀沉積物，造成胸痛和心臟病發作。在接下來的幾年裡，布朗和戈德斯坦發現了數十種擾亂膽固醇代謝的罕見基因突變。但在隨後對這項工作的綜合分析中，心臟病專家開始明白，高量的ＬＤＬ不僅對於具有基因突變的少數個人是膽固醇沉積的罪魁禍首，而且也威脅大量人口，讓他們有心臟病的風險。而這接著又導致了立普妥（Lipitor）和其他降膽固醇藥物的開發，這些藥物對心臟病已經產生了巨大的正面影響。布朗和戈德斯坦在一九八五年榮獲諾貝爾獎；他們的工作拯救了數百萬人的生命。一九八〇年代，在布朗和戈德斯坦實驗室工作的海倫·霍布斯（Helen Hobbs）和喬納森·科恩（Jonathan Cohen）發現了其他可以改變ＬＤＬ膽固醇內化和代謝的基因，因而催生了新一代降低ＬＤＬ和預防心臟病的藥物。

「心臟病的現代流行」，醫學史學家詹姆斯．勒．法努（James Le Fanu）寫道，「在一九三〇年代驟然開始。醫師不費吹灰力之就看出它的嚴重性，因為他們有許多同事都是這種病早期的受害者，表面上健康的中年醫師，無緣無故地突然倒地身亡……。這種新疾病需要一個名字。病因似乎是被粥狀物質窄化的心臟動脈中出現血塊……這種粥狀物是由纖維物質和一種叫做膽固醇的脂肪組成。」[10]

如果讀一下一九五〇和六〇年代地方報紙上的訃聞（無可否認，這是一種病態的興趣），你就可以見證這種現代流行病的誕生。報上的訃聞充斥著男男女女因為「突如其來的胸痛」而倒地死亡的名字：在加州門多西諾（Mendocino）擔任主管的艾默．史威特（Elmer Sweet），一九五〇年，五十三歲；明尼蘇達州派恩市（Pine City）的錫匠約翰．亞當斯（John Adams），一九五二年，七十七歲；紡織廠主管戈登．米契爾（Gordon Mitchell），一九六二年，四十歲；勞伊德．雷．盧赫辛格（Lloyd Ray Luchsinger），一九六三年，六十一歲；等等，每天都有。隨著心臟病發作的死亡人數增加，藥物學家也把注意力轉向尋找能夠阻斷凝血反應的藥物，其中最突出的是阿司匹靈，它的活性成分水楊酸最初是在柳樹提取物中發現的，古希臘人、蘇美人、印度人和埃及人早就用它來控制發炎、疼痛和發燒。

一八九七年，一位在德國拜耳製藥公司的年輕化學家費利克斯．霍夫曼（Felix Hoffman）找到了可以化學合成水楊酸的方法，這種合成的藥物被稱為阿司匹靈，或ＡＳＡ，是 acetyl salicylic acid（乙酰水楊酸）的縮寫。[11]（這個名字取自乙酰基 acetyl 中的 a，以及用來提取水楊酸的植物 Spiraea ulmaria 榆繡線菊 spir 的 s。）

霍夫曼合成阿司匹靈是化學奇蹟，但由分子到藥物之路卻很曲折。拜耳公司的高層佛瑞德里希．德萊瑟（Friedrich Dresser）懷疑阿司匹靈的效力，說這種藥會使心臟「衰弱」，幾乎停止它的生產。他比較希望集中精力開發另一種藥物——海洛英，作為止咳糖漿和止痛藥。但霍夫曼十分固執地堅持生產阿司匹靈，甚至到拜耳高層差點把他解僱的程度。最後這些藥物終於製造出來，公開銷售。諷刺的是，為了迎合德萊瑟的憂慮，因此最初宣稱療效是緩解疼痛和退燒這種藥物，必須在包裝上貼上「不會影響心臟功能」的標籤。

到一九四〇和五〇年代，加州郊區的普通科醫師勞倫斯・克雷文（Lawrence Craven）開始給病人服用阿司匹靈預防心臟病。[12]克雷文以自己為實驗，把阿司匹靈的劑量提高到十二錠——遠遠高於推薦劑量，直到他流出大量的鼻血。他用餐巾止血後，確信阿司匹靈是有效的抗凝血劑，於是用這種藥物治療了近八千名病患。他注意到病人的心臟病發作率顯著下降。

可是克雷文並非兼具臨床與基礎研究方法的傳統醫師科學家（physician scientist）；他沒有未經治療的患者作為對照組，與服用阿司匹靈的患者進行比較。他的研究被忽視了幾十年，直到七〇和八〇年代，大規模隨機試驗證明阿司匹靈確實是預防和治療心臟病最有效的療法之一。

一九六〇年代，對血小板生物學的深入研究顯示了阿司匹靈如何預防血栓。血小板與其他一些細胞一起產生化學物質來發出損傷訊號，並且活化。低劑量的阿司匹靈可以阻斷關鍵的酶，防止產生感應受傷的化學物質，因此減少血小板活化和隨之而來的血栓。阿司匹靈作為預防心臟病發作的機制，可以稱得上是上個世紀最重要的藥物之一。

當冠狀動脈中的斑塊破裂，引發血栓時，就會造成心臟病發作或心肌梗塞。一九九〇年代，我在一家內科診所接受培訓，這家診所的經營者是一位童山濯濯的八旬老人，穿著擦得發亮的翼紋（wing-tip）紳士鞋，散發著優雅的貴族氣息。他告訴我當年他自己接受醫學訓練時，心臟病發作的唯一治療方法就是臥床休息、吸氧和用玻璃注射器注射嗎啡作鎮靜之用。這和當前的診斷試驗及治療方法相去甚遠：如今的做法是火速衝往醫院（浪費的每一分鐘就等於心肌死亡增加一分鐘，會造成不可挽回的損害）；用於測量心臟電生理活動的心電圖（ECG），在救護車上進行，然後以數位方式傳送到醫院；阿司匹靈、氧氣，以及瘋狂地把病人送到心導管實驗室，病人可能會注射一種稱為血栓溶解劑的靜脈藥物，它可以迅速溶解血栓，或者接受手術，使用可充氣的氣球狀裝置，打開栓塞的動脈。

我的導師宣稱他只要透過身體診查，就可以診斷出冠狀動脈疾病。首先，他會在心裡列出病人風險因素的清單，有些是可以避免的，有些則不可避免——肥胖、某種膽固醇的量高、長期吸菸、高血壓和／或有冠狀動脈疾病家族史，他在只讓自己知道的演算中配置了每個點。他會把聽診器放在病人的脖子上，聆聽是否有雜音——咕嚕聲，這可能意味著穿過頸部直上大腦的頸動脈中有斑塊沉積；一條動脈中有脂肪黏稠物，通常表示另一條動脈中也會有脂肪黏稠物。他會仔細記錄病人在走路或跑步時的任何胸痛史，甚至連最輕微的刺痛也不放過。然後他會在送病人去作測試以確認是否患有冠心病之前，先以魔術師般的誇張姿態，宣布病人是否有冠心病。他通常都預測得很準。他也用了一點相同的誇張姿態，把提供血液給心臟的冠狀動脈稱為「生命之河」。

就像河邊堆積越來越多的垃圾和淤泥一樣，冠狀動脈斑塊通常會是經過幾十年內形成——向中空血管的中心凸出，減緩血液流動，雖然並沒有完全阻礙血流。斑塊含有膽固醇沉積物、發炎的免疫細胞，和鈣以及其他成分。動脈的開口（管腔）變窄，堵塞的交通顯現為間歇的強烈胸痛，稱為心絞痛，這是因為心肌緊繃，以便獲取足夠的含氧血液，來滿足它的需求。

但心絞痛可能預示著更嚴重的危機。未來的某一天，碎片可能會破裂，溢出到河的中心。身體損傷的偵探－血小板，衝進被炸開的損傷部位，要把它堵住。原本設計為傷口的生理反應，變成了對斑塊的病理反應。河裡已放緩的交通現在變成了限入停滯的堵塞——心臟病發作。

這些年來，藥物學家已經發現了一系列的藥物和療法，可以預防或治療心臟病。可以防止血小板形成血栓的阿司匹靈當然名列其中。也有一些溶解血栓的藥物，可以分解活躍的血栓，而抑制血小板的藥物則可以確保血小板不會活化。[13]至於在預防的方面，則有立普妥，這是用來降低一種特定形式膽固醇量的眾多藥物之一，膽固醇由呈斑點狀顆粒稱作ＬＤＬ（低密度脂蛋白）的物質攜帶，在血液中流動。立普妥等藥物可以降低血液中低密度脂蛋白的量，以防止富含膽固醇的廢物堆積，堵塞我們的動脈。

但這些藥物需要每天服用，一輩子不能停藥。最近，一家新近在波士頓成立的生技公司——Verve Therapeutics 提出了降低血液中ＬＤＬ蛋白膽固醇量的大膽策略。這家公司的創辦人是遺傳學家和心臟病專家塞克．凱西雷桑（Sek Kathiresan），早我幾年在麻州總醫院受訓。麻州總醫院是秉持「人人，實作，教學」教育方法的醫院；經驗最豐富的醫師教導資深住院醫師，再由資深住院醫師教導新進的醫師和實習醫師。在我還是實習醫師時，正是跟著已經擔任資深住院醫師的塞克，學會如何把靜脈導管彎曲插入在加護病房中痛苦扭動男病患的頸靜脈，或者把導管通過一名女病人的頸部靜脈插入心室，以確切測量其中的壓力。數年後，我發現塞克對心臟病的興趣有非常私人的原因：他四十多歲的哥哥有一次跑步回來，卻因心臟病而倒地死亡。接下來的數十年，塞克開創性的研究將識別出數十個基因，這些基因在以改變的形式遺傳時，會提高心臟病發作的風險。

許多促使所謂「壞膽固醇」形成、運輸，和循環的關鍵蛋白質，都是在肝臟中合成的。回想一下賀建奎（JK）用來改變人類胚胎基因的基因編輯技術——本質上是重寫人類細胞的遺傳腳本。塞克和 Verve 公司都沒有興趣或欲望改變人類胚胎中的基因；他們想要做的，是運用基因編輯技術，讓人類肝細胞中編碼這些膽固醇相關蛋白質的基因不活化，而且無需把肝臟由體內移除。Verve 的科學家已經設計出把導管插入通往肝臟的動脈的方法。（塞克幾十年來治療心臟病的經驗而學到的熟練技術也有幫助。）這些導管把裝載在微小奈米粒子內的基因編輯酵素輸送到肝臟。一旦這些粒子在肝細胞內卸載它們的貨物，基因編輯酵素就會改變助長和促進膽固醇代謝的基因腳本，因而大幅減少在血液中循環膽固醇的量——本質上就是啟動LDL代謝途徑。這是只要一次就能達成目標的輸入。只要改變了基因，它們就會終生改變。如果成功，Verve 的基因療法就能使你的膽固醇量永遠降低，永久免受冠狀動脈疾病的侵害，永久不會有心肌梗塞的風險。這將是心臟病的細胞再造工程的終極壯舉。生命之河（用我老師喜歡的詞）將永遠得到淨化。

護衛的細胞：嗜中性白血球和它們對抗病原體的戰鬥

一七三六年，我失去了一個兒子，一個四歲的好孩子，原因是以常見的方式感染的天花。我深深地懊悔了很久，迄今仍然遺憾沒有讓他接種疫苗。[1]

——班傑明．富蘭克林

血液如此殷紅——那個顏色在我們對血液的印象中根深柢固，因此幾個世紀以來，甚至沒有人注意或發現白血球。一八四〇年代，巴黎的法國病理學家蓋布瑞爾．安德拉（Gabriel Andral）在顯微鏡下發現了兩個世代的顯微鏡學者似乎都錯過的東西：血液中的另一種細胞。這些細胞與紅血球不同，缺乏血紅素，有細胞核，形狀不規則，偶爾有偽足——手指狀的延伸和突出。它們被稱為「leukocytes」，或白血球。[2]（它們的「白色」，意義只在於它們不是「紅色」。）

一九四三年，英國醫師威廉．艾迪森（William Addison）敏銳地指出這些白血球——他稱之為「無色小體」（colorless corpuscles），在感染和發炎時發揮重要的作用。[3]艾迪森原本在編輯肺結核的驗屍報告：充滿膿液的白色結節通常與結核病有關，但也與其他感染有關。他在一篇報告中記錄道：「一名優秀的年輕人，二十歲，主訴咳嗽和身體一側疼痛……他有點咳嗽（短促的乾咳），讓他感覺不適。」[4]很快地，他的症狀發展為「一種不明顯的、深層的黏液聲音，咳嗽時會出現非常特別的痰。」這名病人在四個月之後去世，「伴隨所有嚴重而迅速衰弱的症狀。」艾迪森醫師在驗屍時檢查了他的肺部，發現裡面充滿了「結節，數量相當多」。[5]把結節放在載玻片之間，它們往往會破碎或融成一團。在顯微鏡下可以看到這些團狀物由膿液和數千個白血球組成，彷彿這些細胞是特別招募到發炎的部位來的。艾迪森指出，其中一些「充滿了顆粒」。[6]他推想，也許它們正在把這種顆粒狀的貨物運送到身體受感染的部位。

但是白血球和發炎之間有什麼關聯？一八八二年，一位飄泊不定的動物學教授艾利（或伊利亞）·梅契尼可夫（Elie 或 Ilya Metchnikoff）與他在敖德薩大學（U of Odessa）的同事爭吵，一氣之下前往西西里島墨西拿（Messina），在那裡成立了私人實驗室。[7]他脾氣暴躁，有抑鬱的傾向——一生中曾兩次自殺未遂，其中一次是吞下一種病菌。他常常與一般普遍接受的科學觀念相悖，但對實驗真理卻有敏銳的洞察力。

在墨西拿，溫暖多風的淺灘帶來了豐富多樣的海洋生物，梅契尼可夫開始用海星來作實驗。一天晚上，他獨自一人——他的妻子帶著孩子們去馬戲團觀賞猿猴，於是他開始構想一項實驗，不但奠定了他的職業生涯，也改變我們對免疫的了解。海星是半透明的；他一直在觀察細胞在海星體內移動的情況。他對受傷後細胞的運動特別感興趣，因此想到如果他把刺刺進海星的一隻腳，會有什麼後果？

他度過了一個不眠之夜，第二天早上又繼續進行實驗。一群游動細胞——「厚厚的一層」[8]，忙碌地聚集在刺的周圍。基本上，他觀察到了發炎和免疫反應的初步過程：把免疫細胞徵召到受傷部位，以及它們在偵測到異物（在本例中是刺）後的活化。梅契尼可夫記錄到，免疫細胞自動地向發炎部位移動，彷彿受到力量或引誘劑的推動一樣。（後來確定這些引誘劑是特定的蛋白質，稱為趨化因子chemokine 和細胞激素 cytokine，由細胞在受傷時釋出。）「游動細胞聚積在異物周圍，並沒有血管或神經系統的任何幫助，」他寫道，「原因很簡單，因為這些動物沒有這兩種東西。因此，正是由於某種自發行為，細胞才得以繞著碎片聚集。」[9]

接下來數年，梅契尼可夫萌生了免疫細胞被主動召喚到發炎部位的想法，並進行了一連串的實驗。他把自己的觀察擴展到其他生物體和其他形式的傷害。他引入了侵入 Daphnia（一般稱為水蚤的微小甲殼類動物）內臟的傳染性孢子，結果發現，免疫細胞不僅僅到達發炎的部位，而且還試圖攝入（吃掉）積聚在那裡的感染源或刺激物。他把這種現象稱為吞噬作用（phagocytosis）：免疫細胞吞噬和攝食感染因子。[10]

梅契尼可夫在一八八〇年代中期發表的一系列論文，最後為他贏得諾貝爾獎。他在論文中使用了德文單字「Kampf」概括說明生物體及其入侵者之間的關係，這個字的意思是「戰鬥」、「鬥爭」或「打鬥」。[11]他把「生物體內上演的戲劇」描述成像一場永恆的鬥爭。（教人忍不住猜想他與科學機構的關係也是一場永恆的戰鬥。）根據梅契尼可夫的說法：「兩種成分（微生物和吞噬細胞）之間發生了戰鬥。有時候孢子會成功繁殖，產生的微生物會分泌一種能夠溶解游動細胞的物質。總體而言，這樣的案例並不多見。游動細胞殺死並消化傳染性孢子，確保生物體免疫力的情況，發生的次數要多得多。」

梅契尼可夫發現的吞噬細胞在人體的版本——巨噬細胞（macrophages）、單核細胞（monocytes，單核球）和嗜中性白血球，是最早對受傷和感染做出反應的細胞。[12]嗜中性白血球在骨髓中產生。它們的名字顯示它們可以被中性染料染色，但不能被酸性或鹼性染料染色；因此稱為「嗜中性」（neutrophil），「neutral loving」（愛中性之意）。*

嗜中性白血球進入循環後僅存活幾天。但這幾天是多麼戲劇化啊！在感染的刺激下，這些細胞由骨髓中成熟，湧入血管，一心要戰鬥。它們的臉變成顆粒狀，它們的細胞核擴大了——一支由少年士兵組成的隊伍被部署去戰鬥。它們已經發展出特別的機制，可以快速穿過組織，像軟骨功表演者一樣蠕動穿過血管，就彷彿受到瘋狂的驅使，到達感染和發炎的部位——部分是因為它們對因受傷而釋出的細胞激素和趨化因子的濃度梯度十分敏銳。它們是精幹、精力充沛、可移動的機器，專為免疫攻擊而設計，執行任務的職業殺手——守護者細胞。

它們抵達感染地點，開始精心設計、像軍人一樣的戰鬥部署。首先，它們向血管邊緣移動，然後開始沿著血管壁滾動，在黏住和脫離血管壁上特定的蛋白質時迅速行動。最後，它們把自己更牢固地束縛在血管邊緣，然後主動移入組織中——肺部或皮膚，在那裡用它們顆粒中攜帶的有毒物質轟炸微生物。它們可能會開始吞噬微生物或其碎片，把碎片內化，並將它們引導至溶小體——充滿有毒酵素以分解微生物的特殊隔間。

這種早期免疫反應的一個驚人特徵是，它的細胞（包括嗜中性白血球和巨噬細胞）**本質上**就配備有受體，可以識別在某些細菌細胞和病毒的表面或內部的蛋白質（和其他化學物質）。讓我們暫停一下，想想這個事實。我們——多細胞動物，在演化史上已經與微生物交戰了很長一段時間，就像古老的連體敵人一樣，我們已經互相定義，鎖在步調一致的跳舞之中。我們的急救免疫細胞攜帶著識別模式的受體，這些受體的設計天生就是為了捕獲微生物細胞或並非針對特定病原體（例如鏈球菌），而是廣泛存在於所有細菌和病毒中的受損細胞中的分子。有些受體能識別在細菌細胞壁但不在動物細胞膜中的一種蛋白質，有些則會與某些細菌游泳尾巴中獨特的蛋白質結合，還有一些可以感知被病毒感染的細胞所發出的訊號。一般來說，這些受體分為兩類：識別「損傷相關分子模式」（細胞損傷時釋放的物質）的受體，和感知「病原體相關分子模式」（微生物細胞的成分）的受體。簡而言之，它們在身體周圍嗅探，尋找受傷和感染的**模式**——發出入侵和致病訊號的物質。

當嗜中性白血球或巨噬細胞遇到細菌細胞時，它已經做好戰鬥的準備。它們的免疫並不是「學來的」或適應性的免疫形式；而是細胞固有的，而且反應的感應器由一開始嗜中性白血球生成時就已存在。簡言之，我們細胞的表面就攜帶了一些微生物的反向圖像，或者它們在我們體內激發的記憶，就像照相底片一樣。我們和它們：即使它們不在我們體內，它們還是在我們體內。它是我們**戰鬥**的象徵。

＊這種依據白血球細胞染色反應結果的分類是保羅．埃利希對生物學的另一開創性貢獻。他使用了數千種染色劑，發現有些具有與細胞或其子結構之一結合的傑出能力。起先埃利希用這種結合特徵來區分細胞，因此產生了嗜中性白血球（它們與中性染色劑結合時呈藍色）和嗜鹼性白血球（basophils，血液中發現的另一種細胞類型，和非酸性染劑結合）。埃利希把這個觀念稱為特定親和力，[13]並疑惑化學物質對特定細胞的特定親和力是否不僅可用來為細胞染色，還可用來殺死細胞。這個想法是他在一九一〇年發現抗生素灑爾佛散（Salvarsan）的基礎，也讓他想要尋找一種可以治療癌症的靈丹妙藥——一種對惡性細胞具有特定親和力和毒性的化學物質。

一九四〇年代，免疫反應的這一部分——嗜中性白血球、巨噬細胞以及其他細胞類型，及伴隨它們的訊號和趨化因子——開始被稱作「先天免疫系統」（innate immune system）。*之所以稱為先天，部分的原因是它本質上就存在於我們體內，無需適應或學習造成感染微生物的任何特點。（我們將在下一章討論免疫反應的適應部分，包括B細胞、T細胞和抗體。）先天，也因為它是免疫系統最古老的部分，因此是我們祖先固有的。正如梅契尼可夫最先觀察到的那樣，海星就有這種能力，水蚤、沙魚、大象、獺猴、大猩猩，當然還有人類，也是如此。

幾乎所有多細胞生物都有某種版本的這類先天反應。果蠅只有一個與生俱來的系統；如果你讓這個系統的基因突變，果蠅——這種正是與分解有關的生物，就會被微生物侵擾，並且開始分解。我在細胞生物學所見過最教人難忘的畫面之一，是一隻果蠅——它的先天免疫系統遭到破壞，被細菌活活吃掉。

先天系統不僅是最古老的系統之一，而且作為第一線急救員，對我們的免疫力攸關緊要。我們把免疫與B細胞和T細胞或抗體聯想在一起，但如果沒有嗜中性白血球和巨噬細胞，我們就會遭遇到被分解蒼蠅的命運。

儘管先天免疫反應具有核心地位，或者可能就是因為它的核心地位，因此已經證明難以透過醫學手段操縱。但是或許在不知不覺之中，我們已經研究先天免疫逾一世紀。操縱先天免疫的這種古老做法是接種疫苗——當然，在最初疫苗發明時，還沒有先天免疫這個詞彙，人們也不知道它的保護機制。甚至連「疫苗」（vaccine）這個詞，也是在疫苗接種已在中國、印度和阿拉伯國家廣泛實施幾個世紀之後，才創造出來。

二〇二〇年四月一個悶熱的早晨，在印度加爾各答我旅館的房間外，幾隻鷹正順著溫暖氣流的推動向上盤旋。我去參觀希塔拉（Shitala）女神的神殿，她是掌管治療天花的神靈。她與蛇女神瑪納莎（Manasa）共用這座神殿，瑪納莎是治療毒蛇咬傷和抵禦毒液的保護神。希塔拉名字的意思是「涼的神」：傳說她是從祭祀之火冷卻的灰燼中誕生的。不過她要散發的熱不僅僅是六月中旬轟炸這座城市的頑強暑熱，還有體內因發炎而生的熱。她的角色是要保護兒童，防止他們感染天花，並治癒天花病患的痛苦。她是主管抗發炎的女神。

這座神殿坐落在學院街邊緣一間潮濕的小房間，距離加爾各答醫學院數哩。在因水霧而濕潤的內殿裡，有一尊坐在驢背上的女神雕像，她手裡拿著一罐冷卻的液體——自吠陀時代以來，人們一直以這種方式描繪她。服務員告訴我，這座寺廟已有兩百五十年的歷史。或許並非巧合，大約就在那個時期，

＊先天免疫系統還有多種其他細胞，包括肥大細胞（mast cells）、自然殺手（natural killer，簡稱ＮＫ）細胞，和樹突細胞（dendritic cells）。這些細胞類型中的每一種，在針對病原體的早期免疫反應中，都會發揮不同的功能。它們共同的特徵是，它們沒有任何攻擊特定病原體的學習或適應能力，對特定的病原體也不保留任何記憶（儘管最近的研究顯示，自然殺手細胞的子集可能對某些病原體具有有限的適應性記憶）。相反地，作為先遣急救細胞，它們是由感染、發炎和受傷時釋出的一般訊號活化，並具有攻擊、殺死和吞噬細胞的機制，同時召喚和活化B細胞和T細胞反應。

婆羅門教的一個神祕教派在恆河平原四處游蕩，推廣提卡（tika）療法：由天花患者身上取出一個活的膿皰，把它和煮熟的米飯和草藥混合，製成糊狀，然後把這糊狀物塗擦在兒童皮膚上的尖銳切痕上。（「tika」一詞源自梵語，意為「標記」。）

一位看了這種做法不敢置信的英國醫師在一七三一年這樣描寫道：「切割的部位地方通常會出現festures〔原文如此〕，並出現小面積化膿。……如果穿刺處確實化膿，但沒有發燒或出疹，那麼他們就不會再受到感染。」[14]

這些印度提卡治療者很可能是由阿拉伯醫師那裡學來這樣的方法，而阿拉伯醫師又是從中國人那裡學來的。早在公元九百年，中國的治療師就明白天花倖存者不會再次感染這種疾病，因此他們是照顧天花患者的理想人選。先前患過的疾病不知何故可以保護身體，免受未來同樣疾病的影響，就好像它保留了最初接觸這個疾病的「記憶」一樣。[15]中國醫師運用這樣的想法，從病人身上採集了天花的結痂，把它磨成乾燥的細粉，然後用一根長的銀管把它吹入兒童的鼻子內。[16]接種疫苗就像走鋼絲一樣：如果這種粉末中含有過多的活病毒接種物，孩子得到的就不是免疫力，而是疾病——大約有百分之一會發生這種毀滅性的結果。但如果孩子在接種疫苗，經歷「潰爛」後，倖存下來，那麼他或她只會患上一種減弱的局部疾病，沒有症狀或症狀輕微，並且終身免疫。

到了十八世紀，這種做法已經傳播到整個阿拉伯世界。一七六〇年代，蘇丹的傳統治療師就已經會 Tishteree el Jidderee（「買痘」）。[17]治療師（通常是女性）會去找病童的母親，討價還價，購買最成熟的膿皰用來接種。這是經過精心考量的技巧：最精明的治療師認得成熟度正好合適的病變，能夠產生**正好足夠**的病毒物質以提供保護，但又不會引入疾病。膿皰的各種大小和形狀導致了天花在歐洲的名稱：variola（來自 variation 變異一字）。預防天花痘的免疫接種被稱為 variolation（人痘接種）。

在十八世紀初，英國駐土耳其大使夫人瑪麗・沃特利・蒙塔古（Mary Wortley Montagu）本人也感染了天花，原本無瑕的皮膚上布滿了病變。她在土耳其親眼目睹了人痘接種的實際情況，並且於一七一八年四月一日寫信給好友莎拉・奇斯韋爾（Sarah Chiswell）夫人，十分驚訝地描述道：

> 每年秋天，在九月，酷暑消退的時候，一群以這種手術為己任的老嫗……。這位老婦人帶來了一個堅果殼，裡面裝滿了最好的天花物質，問你要畫開哪條靜脈。她立即用一根大針劃開你選定的血管（疼痛的程度不會比一般劃傷更嚴重），盡可能把針頭上的物質打進靜脈中，然後用空殼包紮那個小傷口，並以這種方式為四、五個人施作。接著這些人開始發燒，在床上躺個兩天，很少會需要三天。他們的臉上很少會有超過二、三十顆痘子，從來都不會留下天花的痕跡，八天後他們就恢復到患病前的模樣了。他們受傷的地方在生病期間仍然會疼痛，我相信這對他們很有幫助。每年都有數千人接受這種療法，法國大使開玩笑說，他們藉著轉移注意力的方式得到天花，就像其他國家的人洗礦泉浴以保健康一樣。沒有任何人因此而死亡的例子，你可以相信我對這個實驗的安全非常滿意，因為我打算讓我親愛的小兒子嘗試一下。[18]

她的兒子從未得到天花。

人痘接種還有另一個成就：它可能促成頭一次使用「免疫」（immunity）一詞。一七七五年，一位對醫學有所涉獵的荷蘭外交官傑拉德・范・史維騰（Gerard van Swieten）用 immunitas 一字來描述因由人痘接種而引起的發燒和對天花的抵抗力。[19]免疫和天花的歷史也因此永遠地交織在一起。

下面這個或許出於杜撰的故事發生在一七六二年，內容是說藥劑師的學徒愛德華・金納（Edward Jenner）聽到一個擠奶女工說：「我永遠不會得天花，因為我生過牛痘。我永遠不會有醜陋的麻子臉。」[20]說不定他是無意間聽到了當地的民間傳說，因為英國文化中經常流傳「擠奶女工宛如牛奶一般的皮膚」這種想法。一七九六年五月，金納提出了一種比較安全的方法接種天花疫苗：牛痘，這是與天花相關的一種病毒，引起的疾病嚴重程度比天花輕得多，沒有深的膿皰，也沒有死亡風險。

金納從年輕的擠奶女工莎拉・內姆斯（Sarah Nelmes）身上採集了膿皰，為他園丁八歲的兒子詹姆斯・費普斯（James Phipps）接種了這種疫苗。他在七月再次為這個男孩接種疫苗，但這次使用的是來自天花病變的物質。儘管金納幾乎違反了人體實驗所有的道德界限（例如，沒有知情同意紀錄，而且後來採用活病毒的「挑戰」很可能會使這孩子喪命），但這種做法顯然有效：費普斯沒有罹患天花。在面臨醫界最初的阻力後，金納擴大了他的疫苗接種工作，並被譽為疫苗接種之父。事實上，vaccine（疫苗）這個字就帶著金納實驗的紀念，它源自拉丁文「vacca」，意思是「牛」。

然而，這個在教科書中一再重述的故事，可能充滿了張冠李戴的錯誤。莎拉・內姆斯感染的病毒很可能是馬痘，而不是牛痘。金納在一七九八年自行出版的書中承認了這一事實：「因此，這種疾病（據我猜想）是由馬發展到牛的乳頭，再由牛發展到人類。」[21]此外，金納可能並非西方世界第一個使用疫苗的人：一七七四年，多塞特（Dorset）郡耶特明斯特（Yetminster）村身材魁梧的富裕農民班哲明・傑斯蒂（Benjamin Jesty）也相信擠奶女工感染牛痘會對天花免疫的故事，據說他由受感染母牛的乳房採集了病灶，為他的妻子和兩個兒子接種了天花疫苗。[22]傑斯蒂成了醫師和科學家的笑柄，但他的妻子和孩子卻在天花流行時倖免，並沒有感染這種疾病。

但究竟接種怎麼會產生免疫力，尤其是長期的免疫力？人體內產生的某些因子一定能夠抵抗感染，並且能夠在多年之內保留對感染的記憶。我們很快就會知道，疫苗接種通常是透過激發對抗某種微生物的特定抗體來發揮作用。這些抗體來自B細胞，它們保留在宿主的細胞記憶中，因為這些細胞中有一些可以存活數十年——在引入最初的接種物之後很長一段時間。在下一章裡，我們會討論B細胞如何保留記憶，以及T細胞如何協助免疫。

但關於疫苗接種，一個沒有得到充分認識的事實是，它首先是對先天免疫系統的一種操縱。早在B細胞和T細胞在此出現之前，疫苗接種的第一步是活化先遣急救細胞：巨噬細胞、嗜中性白血球、單核球和樹突細胞。吸收了接種物的正是這些細胞，尤其在它與刺激物混合之時；我之前提到的米飯和草藥糊可能無意中達到了這個目的。然後，透過包括吞噬作用在內的各種訊號傳導過程，它們消化並處理了接種物，以啟動免疫反應。

而免疫的中心難題是：如果你不用古老的、非適應性的先天系統——對微生物一視同仁發動攻擊的系統，你就會使適應性的B細胞和T細胞失靈，也就是有區別地保留了特定微生物記憶的系統。在小鼠中，先天免疫的基因失活，使牠們對疫苗的反應不佳。[23]缺乏正常運作先天系統的人——通常是患有罕見遺傳症候群的兒童，免疫功能嚴重低落，也大幅降低他們對疫苗的反應。他們會因細菌和真菌感染而死亡，就像缺乏先天免疫力的蒼蠅因免疫失靈而慘死一樣——遭到微生物侵擾、占據、擊潰。

疫苗接種比任何其他形式的醫療干預——比抗生素、心臟手術，或任何新藥，對改變人類健康的面貌都有更多的建樹。（一個接近的對手可能是安全分娩。）如今已經有針對最致命人類病原體的疫苗，諸如白喉、破傷風、腮腺炎、麻疹、德國痲疹等。也已經設計出預防感染人類乳突病毒（ＨＰＶ）的疫苗，這種病毒是迄今子宮頸癌的主因。我們很快就會看到不只一種，而是幾種針對 SARS-COV2 的獨立疫苗，這種病毒造成了新冠疫情的大流行。

但疫苗接種的故事並不是科學理性主義發展的故事。它的英雄不是第一個發現白血球的艾迪森，也不是發現吞噬細胞，可能打開了保護性免疫力之門的梅契尼可夫，甚至也不是發現對細菌細胞先天反應，值得被譽為這個醫學里程碑背後英雄的科學家。*相反地，它的歷史是隱祕的傳聞、流長蜚短，和神話。它的英雄沒有名字：風乾第一批天花膿皰的中國醫師；把病毒物質與煮熟的米飯一起接種給兒童的希塔拉的神祕教派；辨識最成熟病變的蘇丹治療師。

二〇二〇年四月的一個早晨，我在我位於紐約的實驗室裡打開了顯微鏡。組織培養瓶中充滿了移動的單核細胞，這是我的一位博士後研究生一直在培養的細胞。

「就在這裡了，」我對自己說。那是實驗室裡沒有人的一個早晨，我可以趁著沒人聽到，和自己的內心對話。這些單核細胞是可以「吃掉」病原體及其碎片的先天免疫系統細胞，經過我們基因改造，成為超級吞噬細胞，它們的飢餓感比同類增加了十倍。我們插入了一個基因，使它們想要吃掉比正常的吞噬細胞多十倍的細胞物質，而且吃掉它們的速度也快十倍。這個與科學家羅恩・魏爾（Ron Vale）合作的計畫是要設計一種新的免疫系統。請記住，單核細胞，以及巨噬細胞及嗜中性白血球，對於特定的刺激物無感；相反地，它們攜帶與許多細菌和病毒常見的因子結合的受體，而且它們會遷移到因損傷或發炎而發出一般SOS訊號的細胞。

但是如果我們重新把單核細胞定向，讓它去吃並殺死特定的細胞？如果我們用基因武裝這些細胞，讓它們不是檢測一般的感染模式，而是與僅存在於如癌細胞表面的特定蛋白質相協調，會有什麼結果？原本通常是部署在營隊的士兵，現在成了奉派去追捕特定目標的定向刺客。這就是我們正在嘗試的：我們已經創造了一種新的受體，可以表現在單核細胞上，與癌細胞上的蛋白質結合，並引發一種過度活躍的吞噬作用——有希望讓單核細胞以前所未有的速度和貪得無厭的熱情，吞噬癌細胞。在本質上，我們試圖製造一個中間細胞，存在於具有非專一細胞吞噬傾向的單核細胞，以及具有追蹤特定目標能力的T細胞之間某處。它是生物學上從沒有存在過的一種細胞——一種嵌合體。我們希望這樣的細胞能夠融合先天免疫不分青紅皂白毒殺的憤怒，和適應性免疫較有區別性的殺戮能力，能對癌症產生強而有力的打擊，但總體上不會激起發炎反應。

＊我們對先天免疫以及活化這部分免疫反應基因的大部分了解，都來自查爾斯・簡威（Charles Janeway）、魯斯蘭・梅德澤托夫（Ruslan Medzhitov）、布魯斯・波特勒（Bruce Beutler），和朱爾斯・霍夫曼（Jules Hoffman）在一九九〇年代所作的實驗。

在早期的動物實驗中，我們把腫瘤植入小鼠體內，並為牠們注入了數百萬個這樣的超級吞噬細胞。這些細胞把腫瘤活生生的吃掉了。現在我們正在大量培養這些細胞，並測試讓它們能被重新定向的各種機制，抑制乳癌、黑色素瘤和淋巴癌。

自我在我的實驗室裡第一次看到這個超級吞噬細胞吃癌細胞的四月早晨，已經近兩年了。而一個神祕的巧合是，當我在二〇二三年三月九日早上寫下這句話時，第一位患者，一名在科羅拉多州患有致命T細胞癌症的年輕女性正在接受這種實驗療法（治療方案已獲得FDA和審查委員會所有的必要核准）。要等幾個月的時間，我們才能知道治療是否有效。對於結果，我獲悉的只是這名女病患存活，並無併發症。但隨著點滴滴進她的體內，我彷彿能感覺到每一滴輸液進入她的血管。**她在想什麼？她在看什麼？她是否獨自一人？**

那天晚上我終於在凌晨四點左右睡著了，我夢見了我的童年。在夢中，我是在德里的十歲男孩，一心在想——還能想什麼？我想的是水滴。季風將在七、八月襲擊這座城市，而我會玩一個遊戲：在雨開始下時，我會站在窗邊，張開嘴，試圖接住水滴。在我昨晚做的夢中，一開始我張口接住了水滴，但突然濺起的水花落在我的眼睛上。然後遠處傳來了雷聲，雨停了。

很難形容當你實驗室的發現變成了人類的醫藥時，你所體會到那種混合了恐懼、期待，和興奮激動的感覺。發明家愛迪生曾經把天才定義為90%的努力和10%的啟發。我沒有天賦；我只感覺到汗水。我無法把嘗試新療法那女子的形象趕出腦海。我唯一有過類似感受的時刻，是在我的兩個孩子出生後的最初幾分鐘。

但這也是個誕生的時刻。也許，一種新的療法正在誕生。隨之而來的，是一個新的人類。

我關掉顯微鏡，想到希塔拉的奇特神廟，以及冷卻或加熱先天免疫，讓它成為我們醫療需求的媒介，需要多長的時間和有多困難。希塔拉，清涼女神，也有她暴躁的一面：激怒她，她可能會用天花病毒、發燒、瘟疫引起的發炎，對身體造成嚴重破壞。在不久的將來，我們將學會如何用先天免疫系統的憤怒來對抗癌細胞；在患有自體免疫性疾病時使它平靜；增強它，以針對病原體製造新一代的疫苗。一旦我們教會我們的先天免疫細胞攻擊人體內的惡性細胞，我們就發明了一種利用發炎的全新細胞療法模式。或許我們可以把它比喻為癌症中的天花。

防禦的細胞：當一個人遇見另一個人

如果一個人遇見另一個人
穿過麥田，
如果一個人親吻另一個人——
需不需要喊叫。[1]

——羅伯特·伯恩斯（Robert Burns），〈穿過麥田〉（Comin Thro' the Rye），一七八二年

位於加爾各答的希塔拉女神廟內還供奉了第二位神明，這絕非巧合：蛇女神瑪納莎是免受毒液和蛇咬的保護神。她通常被描繪成莊嚴堅毅的模樣，站在眼鏡蛇上，頭上是由舉著頭的眼鏡蛇組成的光環籠罩。蛇從她纏結如蛇髮女妖梅杜莎（Medusa）的頭髮上爬下來。孟加拉部落對瑪納莎的描繪更可怕：她生著蛇的身體，而且全身經常被蛇盤繞。

兩種古老疫病的結合承載著古老的記憶：蛇咬傷和天花像雙生惡魔一樣糾纏著十七世紀的印度，保護人們免受這兩種疫病侵害的女神很可能共用一座神廟。（迄今印度每年仍有八萬起蛇咬事件，是舉世

最多的數量。）

因而，如果先天免疫系統的故事始於希塔拉，那麼第二部分後天免疫系統（adaptive immune system，又譯適應性免疫系統）——由抗體、B細胞和T細胞組成的系統，它的故事可能始於蛇咬。

這個傳說有如此多的變體，因此有時很難區分事實與神話。一八八八年夏天，在柏林羅伯特．柯霍實驗室工作的保羅．埃利希醫師感染了他用於實驗的結核菌。埃利希是用他所設計的抗酸染色（acid-fast staining）測試來檢測自己痰液中的細菌，為自己作出診斷。他被送往埃及療養，因為人們認為尼羅河沿岸的溫暖空氣有益健康。[2]

埃利希逗留在埃及的一天早晨，被緊急請去幫助處理一個病例，因為一名男子的兒子被蛇咬傷，而當地人知道埃利希是來訪的醫師。這個男孩後來是否存活不得而知，但他的父親向埃利希敘述了他自己非比尋常的經歷：他小時候也被蛇咬過，成年後又被咬了幾次。他在第一次遭蛇攻擊後倖存，隨後每一次被蛇咬，症狀就變得越來越輕微。由於多次接觸這種特定蛇類的毒液，因此這名男子對這種蛇已經產生了抵抗力。在印度的捕蛇人群中，也常聽說類似的故事。傳說他們由童年到青春期，會在皮膚上切開微小的傷口，讓自己暴露在微量的毒液中，並逐漸增加毒液的劑量。接觸過幾次毒液之後，他們也能不怕蛇咬。

這個父親說的故事一直縈繞在埃利希的腦海。顯然，這名男子已經發展出對毒液的一些反應（抗蛇毒血清），並且保留免疫記憶。但武裝人體產生保護性免疫力的機制是什麼？我們可能會疑惑，為什麼單一一次接觸乾燥的天花膿皰，就能對這種疾病產生終身免疫？

一八九〇年代初期，埃利希從埃及返回德國後不久，認識了剛剛加入柏林新成立皇家普魯士傳染病研究所的生物學家埃米爾·馮·貝林（Emil von Behring）。馮·貝林和日本來的訪問科學家北里柴三郎很快就在這個研究所中推出了一系列專一性免疫（specific immunity）實驗。其中最具戲劇性的實驗教埃利希想到了那名埃及男子的保護性免疫力[3]：北里和馮·貝林證明，在動物接觸了破傷風或白喉細菌後，其血清可以轉移到另一隻動物身上，並賦予後者對這種疾病的免疫力。[4]在這篇白喉論文相當散漫的註腳中，馮·貝林最先用了「antitoxisch」（抗毒素）一字來描述血清的活性。[5]

但問題仍然存在：這種抗毒素是什麼，它是如何產生的？[6]馮·貝林把它想像為血清的一種屬性——是抽象的。但說不定它可能是體內製造的**物質**？埃利希在一八九一年發表了一篇題為「免疫實驗研究」（Experimental Studies on Immunity）內容廣泛的推測性論文中，敦促他的科學家同僚不僅要思考這個物質的潛力，還要思考它的**物質**本質。他大膽地創造了 Anti-Körper（抗體）這個字。Körper 來自 corpus，或 body（體），這表示他越來越相信抗體是一種實際的化學物質：為保衛身體而產生的「體」。

這種抗體是如何製成的？它們怎麼能針對一種而非另一種毒素發揮效力？到一八九〇年代，埃利希開始建立一個偉大的學說。他認為，身體的每一個細胞都具有一組獨特的巨大蛋白質——他稱之為側鏈（side chains），附著在它的表面。埃利希本質上是化學家，他又回到了製作染劑的語言。他知道我們可以藉由附著一個不同的化學側鏈來改變染劑的顏色，說不定抗體也是這樣：透過改變化學物質的側鏈，你就可以改變抗體的結合特性或特異性親和力。當毒素或致病物質與細胞中的一個這樣的側鏈結合時，細胞就會增加那種抗體的產生。埃利希推測，經過反覆接觸後，細胞產生極多與細胞結合的抗體，

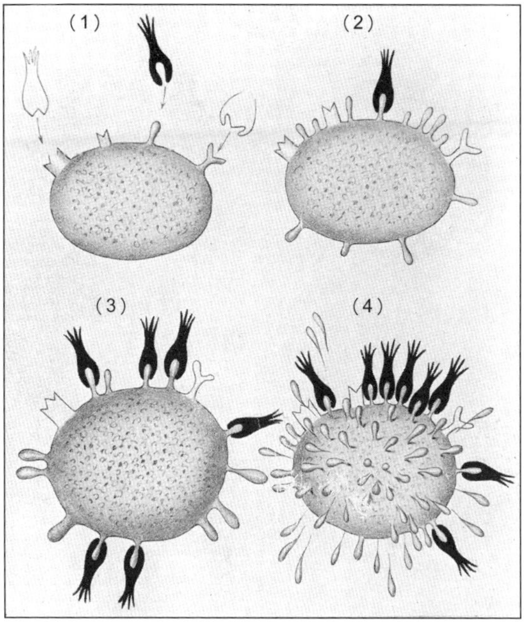

（a）

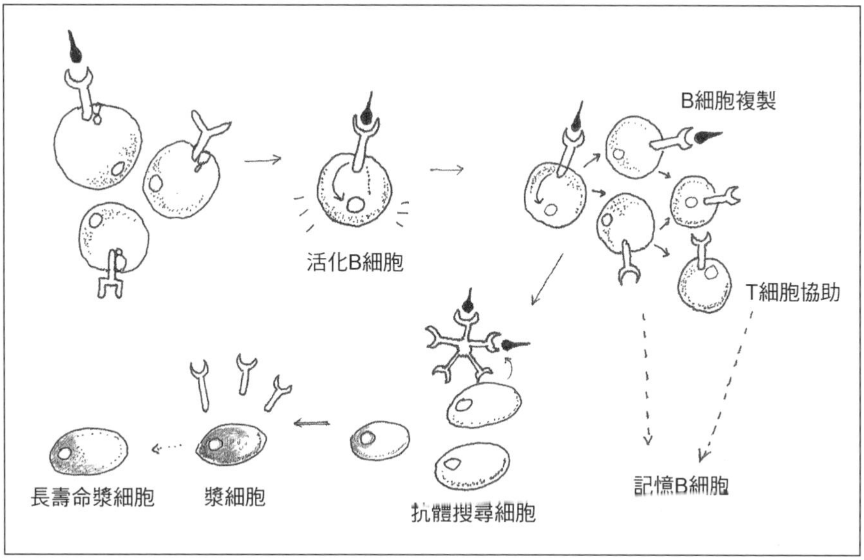

（b）

（a）埃利希關於抗體如何產生的插圖。這位德國科學家想像 B 細胞（如 1 所示）的細胞表面有許多側鏈。當抗原（黑色分子）結合這樣一條側鏈（2）時，B 細胞就會生成越來越多那種特定的側鏈（3），而排除其他側鏈，直到最後開始分泌那種抗體（4）。

（b）本書作者用類似埃利希的圖形主題來說明透過複製選擇產生抗體的實際過程。每個 B 細胞在它的細胞表面表現獨特的受體。當抗原結合時，那個特定的 B 細胞就會擴增，並產生短壽命的抗體分泌細胞（初始抗體通常是五種抗體的複合物，即五聚體）。最後會形成分泌抗體的漿細胞。其中一些漿細胞會變成長壽命漿細胞。活化的 B 細胞在 T 細胞的幫助下，也變成記憶 B 細胞。

以至於它最後分泌到血液中。血液中抗體的存在造成了免疫記憶。被抗體結合的物質——毒素或外來蛋白質，很快就被稱為 antigen（抗原）——產生抗體的物質。

埃利希的學說是由許多正確構成的錯誤。他正確猜想到抗體與它的同源抗原物實體結合，就像鑰匙與鎖結合一樣。他也正確猜想到抗體最後被分泌到血液中，並且是一種免疫記憶的來源。但他的側鏈學說卻還有許多問題未解。蛋白質本身的壽命有限，最後會被破壞或排出體外，但免疫記憶怎麼能持續近一輩子？

到頭來，保留在科學記憶中的，是埃利希所塑造的字，而不是他的理論。其他研究人員曾試圖採用「immune body」或「amboceptor」或「copula」這些可能更準確掌握抗體特性的字詞。但 antibody（抗體）這個字精簡如詩，讓一代又一代的學者覺得它有吸引力。抗體是一個實體——一種蛋白質，它鎖定了另一種物質，而抗原是產生抗體的物質。正如一位科學家所寫的：「這兩個詞註定會成為不可分割的一對，就像羅密歐與茱麗葉或勞萊與哈台一樣。」[7]這兩個名稱，就像這兩個化學物質一樣，是鎖在一起，形影不離的一對。他們卡在一起。

到一九四〇年代初，在鳥身上作的實驗證明抗體是來自於靠近牠們肛門（泄殖腔）一個奇特器官的細胞，這個器官稱為法氏囊（the bursa of Fabricius），名稱的由來是因為它的囊狀結構（bursa）和發現它的人，十六世紀的解剖學家：阿卡潘登特的希羅尼穆斯．法布里修斯（Hieronymus Fabricius of Aquapendente）。產生抗體的細胞被稱為B細胞，來自 bursa 這個字。包括人類在內的哺乳動物都沒有泄殖腔囊。我們的身體主要是在骨髓中產生B細胞（幸運的是，骨髓 bone marrow 的英文也是B起首），它們接著在淋巴結中成熟。

到那時為止，埃利希的側鏈學說——抗體是由附有抗原側鏈受體的細胞產生的，基本上都未改變。抗體真正的分子「形狀」將在幾年後發現[8]：一九五九至一九六二年間，傑拉德．艾德曼（Gerald Edelman）和羅德尼．波特（Rodney Porter）分別在牛津大學和紐約洛克菲勒研究所發現抗體是Y形分子，有兩個尖銳的頭。[9]Y的頭部或尖叉與抗原結合，每一個的作用都像叉子一樣；因此，大多數抗體都有兩個結合抗原的尖頭。Y的幹或莖有多種用途。巨噬細胞（進食細胞）用抗體的莖幹包圍然後吞噬抗體結合的微生物、病毒，和胜肽片段，就像叉子的柄用來把食物送進嘴裡一樣；巨噬細胞上的特定受體抓住抗體的柄，就像手抓住叉子。這確實是吞噬作用的一種機制，也就是梅契尼可夫觀察到的現象。

Y的幹或莖還有其他用途：一旦它與細胞結合，就會吸引血液中的一系列有毒免疫蛋白來攻擊微生物細胞。簡而言之，我們可以把抗體視為具有數個部分的分子——把自身附著在抗原上的結合叉頭，以及能夠與免疫系統聯絡，成為有效分子殺手的軸柄。抗體這兩種不同的功能（抗原結合劑和免疫活化劑）結合在同一個分子中，並且形成與它的功能密切相關的形式——免疫乾草叉。

但讓我們把時間倒回十年：一九四〇年代，早在人們知道抗體是乾草叉形狀之前，埃利希所提出的想法就有深刻且教人困擾的哲學和數學問題。他理論最重要的關鍵，是細胞能夠在它們的表面上對一個抗原布置數百甚至數千**預製**的受體，就像神話中的刺蝟，生有上百萬種不同形狀的刺。免疫反應只是在這些受體中有一個碰巧結合了一個抗原時——在一根刺主動脫落時，增加這些抗體的產生。

但這些數字並不合理。在一個細胞表面上有多少預製抗體可能存在？一隻刺蝟可以生多少根刺？整個抗原世界是否「映像」（mirror imaged）在細胞上的受體中——一隻生有無限的刺的刺蝟？B細胞怎麼可能有足夠的**基因**來製造這樣一個抗體反宇宙？如果埃利希的理念正確，那麼我們的每一個B細胞都得永遠攜帶一個所有能夠產生免疫反應的倒置宇宙。對每一個我們能想到的抗原？印度有一個關於印度主神克里希納（Krishna）的母親耶輸陀羅（Yashodhara）的傳說，嬰兒克里希納吞下了一塊泥土，因此她撬開他的牙齒，目睹了他體內的整個宇宙：恆星、行星、百萬個太陽、旋轉的銀河、黑洞。我們的每一個B細胞是否都攜帶著反射的宇宙——宇宙中每一個抗原的同源反轉？

一九四〇年，加州理工學院的知名化學家萊納斯．鮑林（Linus Pauling）提出了一個答案——一個錯到最後卻指出了真相的答案。[10]鮑林的科學成就堪稱傳奇，他解開了蛋白質結構的一個基本特性，並描述了化學鍵的熱力學——但他也可能錯得離譜。有個故事說，暴躁的脾氣和聰明才智一樣出名的量子物理學家沃夫岡．包利（Wolfgang Pauli）在學生的報告上給了如下的評語：「太糟糕了，甚至連錯都算不上。」經常在科學會議上漫不經心提出大膽而古怪理論的鮑林，則得到相反的評語：他的假設或模型有時錯得離譜，連糟糕都算不上。鮑林的同僚已經習慣他的狂妄理論；他們甚至還珍惜它們。因為藉由分析鮑林模型內部的矛盾——換句話說，透過思索鮑林所提出假設的錯誤，以及它**為什麼**不正確的原因，他們往往發現自己可以了解真正的機制，發現真理。

鮑林想像，當抗體遇到抗原時，它們會被抗原主動扭曲並變形。簡而言之，抗原（比如細菌蛋白質的一部分），如他所說的，「指導」抗體的形狀，充當建構或模製抗體的模板，就像倒入融化的蠟以製作死亡面具一樣。

但研究人員很難把鮑林的抗體指導理論和遺傳學和演化論的基礎理論協調。畢竟，蛋白質是由基因編碼的，如果基因固定它的代碼，那麼由那個代碼建構的蛋白質結構也會固定。抗體——一種蛋白質，是一種具有預定物理形式的生化物質，而不是某種可以變換形狀的喪葬蓋屍布，可以完美地包裹在木乃伊化的抗原周圍。

只有一個可能的答案：如果抗體的結構是可塑的，那麼編碼它們的基因也必須是可塑的——透過突變。在史丹佛大學，遺傳學家約書亞·萊德伯格（Joshua Lederberg）對鮑林的想法提出異議，[11]並提出另一種想法：「抗原是否帶有抗體特異性的指示，抑或它們選擇透過突變產生的細胞系？」在萊德伯格看來，至少從理論上來說，答案十分明顯。在細胞生物學和遺傳學中——事實上，在人部分的生物世界中——學習和記憶通常是透過突變，而非指令或期望發生的。長頸鹿的長脖子並不是牠世世代代的祖先渴望伸長脖子以搆到高大樹木的產物。是因為突變和天擇，結果產生了具有延長脊椎結構的哺乳動物，而這接下來又創造了長脖子。抗體究竟是如何「學習」扭曲，以配合抗原的形狀？為什麼抗體會一反常態，就像某種有延展性的中世紀布料那樣，可以自動自發地改變形狀以適應抗原？

當然，萊德伯格是對的。抗體的起源這個複雜問題的正確答案最後被發現埋在一篇不起眼的論文中，由澳洲免疫學家法蘭克・麥克法蘭・伯內特（Frank Macfarlane Burnet）於一九五七年發表在《澳洲科學期刊》（*Australian Journal of Science*）上。（即使到今天，許多免疫學教授也承認從未讀過它。）伯內特在一九五〇年代，借鑑了尼爾斯・傑尼（Niels Jerne）和大衛・塔馬奇（David Talmage）先前的研究，了解到無論鮑林或埃利希都沒有找到謎題的答案。抗體不是透過指令或期望產生的。單一的B細胞也無法顯示可以結合每一種潛在抗原的潛在抗體的整個宇宙。

伯內特否定了埃利希的觀念。要記得，埃利希的想法是，每一個細胞——（一隻有無限刺針的刺蝟）都展示眾多的抗體，在抗體與抗原結合時，它們就會被選中。但伯內特推想，如果每個B細胞只顯示針對一**種**抗原的受體，而且當它與抗原結合時，被選擇並且生長的是細胞，而非抗體，結果如何？蛋白質不會按照指令生長，但細胞卻可以。在細胞表面蛋白上攜帶單一抗原結合受體的B細胞，只要獲得一個適當的訊號，就正會這樣做。

伯內特認為，可以用新達爾文邏輯來做這種直接的比較。想像一下一座有許多雀鳥的島，每隻雀都攜帶一種突變，讓牠們生有獨特且略微不同的喙：有些雀的喙又大又平，有些又細又尖。然後再想像一下，自然資源突然變得有限：暴風雨摧毀了果樹，所有軟的果子都沒了；唯一剩下的食物是硬殼種子。能夠敲碎落下的種子的粗喙雀鳥可能經過天擇生存下來，而原本以果肉果漿為食的細喙雀鳥卻會死亡。

簡而言之，個別的雀鳥就像個別的細胞一樣，沒有無限種類或整個宇宙的喙可供選擇或適應最適合的情況。**相反地，天擇選擇了恰好生有適應天災理想喙嘴的個別雀鳥**。這類被選擇的雀鳥數量不斷增長。而對先前災難的記憶仍然持續。

伯內特把這個類比擴及B細胞。[12]想像一個身體帶有龐大群體的B細胞，每一個B細胞都攜帶一個與其表面結合的獨特受體——可以把每個細胞想成一隻生有獨特喙嘴的雀鳥。把每一個受體想成一個抗體——只是它是結合在B細胞的表面（並且連接到一個活化細胞的訊號分子網絡）。當一個抗原與這樣的一個B細胞（clone，細胞株）結合，它就會受到刺激，開始長得超越所有其他細胞。恰好攜帶正確喙嘴（或抗體）的雀（或B細胞）就被選中。這不是天擇，而是**株落**選擇（clonal selection）：選擇能夠結合抗原的個別細胞。

當顯示出正確受體的B淋巴細胞遇到外來抗原時，就發生了奇妙的過程。正如劉易斯・托馬斯在他所著《細胞的生命：生物學觀察者的筆記》（*The Lives of a Cell: Notes of a Biology Watcher*, 1974）中所寫的：「當連結完成，一個帶有特定受體特定的淋巴細胞被帶到特定抗原的面前，自然最偉大的小景觀就發生了。細胞增大，開始以很快的速度製造新的DNA，一如形容得恰如其分的『爆炸』。然後它開始分裂，把自己複製成全都標識同一受體相同細胞的新群落。」[13]最後，占優勢的B細胞自我複製，顯示出「正確的」受體（最能結合抗原的受體）爆炸，超越其他所有的細胞。這是個達爾文式的過程，就像擁有合適嘴喙的雀鳥被天擇「選中」一樣。

正如埃利希在一八九一年所想像的，這些爆炸現在開始分泌受體進入血液。這些受體脫離B細胞的細胞膜，現在漂浮在血液中，「變成」抗體。*而當抗體與它的標靶結合時，它可以召喚一系列蛋白質

---

* 我稍微簡化了這個過程，不過依舊在這裡說明了抗體生成的基本細節。抗原活化B細胞受體、把這個受體分泌到血液中、逐漸地改進抗體、漿細胞持續分泌抗體以及一些活化的B細胞轉變為記憶B細胞，基本上刻畫了這個過程。我們很快就會看到，一些抗體分泌細胞——漿細胞，也變得長壽。兩者似乎都有助於先前感染的記憶。輔助T細胞在這個過程中攸關緊要，我們將在下面的章節中討論這些細胞。

來毒害這個微生物，並可以招來巨噬細胞來吞食或 phagocytose（吞噬）它。幾十年後，研究人員證明其中一些活化的B細胞並不會單純地逐漸消失。它們以記憶細胞的形式持續存在體內。用托馬斯的話來說，「新的〔受抗原刺激細胞的〕細胞簇是一種記憶，千真萬確。」一旦爆發性感染停止，微生物遭清除後，其中一些B細胞變得比較平靜，但是它們仍然在存留——就像雀鳥在山洞裡擠成一團。當身體再遇到同一抗原，記憶B細胞就重新被活化。它由休眠中進入活躍分裂，然後成熟為產生抗體的漿細胞，因此編碼免疫記憶。總而言之，免疫記憶的位置並不像埃利希想像的那樣，是持久的蛋白質。它是一種先前受到刺激的B細胞，具有先前接觸的記憶。

各個B細胞如何獲得它獨特的抗體？達爾文雀是透過精子和卵細胞的突變，改變了每一個喙的形態，而發育出各自的喙。這些突變是生殖系（germ line）突變：它們存在於這種雀每一個細胞的DNA中，並且原封不動地由一代傳到下一代；因此，粗喙雀會生出粗喙雀，以此類推。

在一九八〇年代，日本免疫學家利根川進所作的一系列富有啟發性的實驗顯示，B細胞也是藉著突變而得到獨特的抗體，只是這種突變是在這些細胞中發生的精確調節形式，而不是發生在精子和卵子中。[14]B細胞重新排列一組抗體製造基因，混合和搭配基因模組，就像穿衣服一樣。儘管這個類比過於簡化了這個過程，但它很重要。舉個例子，一個抗體可能由三個混合基因模組構成：一件復古外套搭配黃色的長褲和黑色貝雷帽，而第二個抗體可能會安排不同的模組——比如深色外套搭配藍色長褲和翼紋紳士鞋。基因模組的衣櫥很大，每個B細胞都可以試穿；想像有五十件襯衫、三十頂帽子、十二雙鞋子等等。要成為成熟的B細胞，只要打開它的衣櫥，選擇某種獨特的基因模組排列組合，並重新排列模組，以產生抗體。

每一個這樣的基因重組也是一種突變，儘管是一種受到高度控制，在B細胞中刻意發生的突變。一種特殊的裝置在單個的B細胞中重組基因，讓每一種抗體具有獨特的構造形態身分，因此具有獨特的親和力，可以結合並抓住特定的抗原。每個成熟B細胞獨特的基因排列容許它在表面上表現特定的受體。當有抗原與它結合，B細胞就活化，它由在細胞表面表現受體轉變到以抗體的形式分泌它到血液之中。更進一步的突變會累積在B細胞中，改進抗體與抗原的結合。*最後，B細胞成熟為一心一意努力生產抗體的細胞，它的結構和代謝都發生了改變，以促進這個過程。它現在變成一種專門製造抗體的細胞——漿細胞。有些漿細胞也變得長壽，並保留了感染的記憶。

關於B細胞、漿細胞和抗體的新知識，以意想不到的方式對醫學產生了重大的影響。我們已經討論過先天免疫系統在疫苗中的角色——其中包括巨噬細胞和單核細胞。但疫苗最後的活性取決於適應性免疫系統：產生抗體的是B細胞，而這些抗體通常負責長期的免疫力。（據我們所知，T細胞對此也有貢獻。）巨噬細胞或單核細胞可能會在感染部位表現已消化的微生物片段，或召喚B細胞到達感染部位，但與部分微生物結合的是分泌抗體的B細胞。攜帶結合微生物受體的細胞被活化，並複製擴展，開始分

*這個過程稱為親和力成熟（affinity maturation），它會持續下去，直到抗體達到難以置信的高結合親和力。

泌抗體進入血液。最後，那個B細胞改變了它內在的景觀，並成為記憶B細胞室的一部分，因而保留原始接種物的記憶。

但除了疫苗之外，抗體的發現重新點燃了保羅・埃利希「魔彈」的幻想：如果能以某種方式說服抗體攻擊癌細胞或微生物病原體，它就可以作為針對細胞的天然藥物。這將是一種獨一無二的藥物：一種量身訂作，攻擊並殺死目標的藥物。

製造這種類似藥物的抗體，阿根廷科學家塞薩爾・密爾斯坦（César Milstein）在劍橋大學克服了這個挑戰。密爾斯坦最初是以訪問學生的身分來到劍橋，進行細菌細胞中蛋白質化學的研究。當時的實驗室只有一間房間。他需要一個酸鹼度測定計來測量化學溶液的酸度，而隔壁的傳奇蛋白質化學家佛瑞德・桑格（Fred Sanger）只有一台這樣的儀器，放在生化學系的邊間。這兩人輕鬆交談，一起測量酸鹼度，成了好友。一九五八年，桑格因解開了蛋白質的結構而獲得諾貝爾獎——這是分子生物學了不起的成就。一九八〇年，他又因了解如何為DNA定序，二度獲得諾貝爾獎。

一九六一年，密爾斯坦回到阿根廷馬爾布蘭研究所（Institute Malbrán）擔任分子生物系主任。出於回到故鄉夢想熱情的這一舉動很快就變成了噩夢。阿根廷充滿了各種派系、分裂的民族主義。一九六二年三月二十九日，密爾斯坦在首都布宜諾斯艾利斯安頓下來不到一年，這個國家就被另一場血腥政變撕裂，這是阿根廷的第四次政變，隨後還會發生兩次政變。

整個社會一團混亂。猶太人被趕出大學，密爾斯坦的學系也部分解散，共產黨人遭到槍殺，平民

——尤其是猶太人，被關進監獄。密爾斯坦因為猶太人的名字和背景，以及他對自由主義的同情，因此生活在恐懼當中，生怕遭到逮捕或被指控為異議分子或共產黨員。桑格透過他縝密的關係網，安排密爾斯坦偷渡出阿根廷，並返回劍橋。藏在實驗室頂樓的共用酸鹼度測定計成了密爾斯坦的護身符，是他無意中返回英國的門票。

密爾斯坦回到劍橋後，原先對細菌蛋白質的興趣轉移到抗體上。他為它們的獨特著迷，開始想像用Ｂ細胞製造魔彈。能不能用單一的漿細胞，能夠分泌單一的、選定的抗體，並把它變成抗體工廠？那樣的抗體能不能成為一種新藥？

問題是單一的漿細胞並不是永生不死的。它們會生長幾天，然後掙扎著要保住生命，最後萎縮死亡。密爾斯坦與德國細胞生物學家喬治·柯勒（George Köhler）合作，想出了一個別出心裁的解決方案：他們用可以把細胞黏合在一起的病毒，把Ｂ細胞與癌細胞融合在一起。迄今我對這個點子仍然肅然起敬。他們怎麼會想到用不死的細胞來使垂死的細胞復活？這樣做的結果就是生物學中最奇特的一種細胞。漿細胞保留了它分泌抗體的特性，而癌細胞則賦予它不朽的生命。他們把這種奇特的細胞稱為「融合瘤」（hybridoma）——是hybrid（混合，雜交）和oma（carcinoma，癌的字尾）的混合體。不朽的漿細胞現在能夠永遠只分泌一種抗體，我們稱之為單株抗體（即克隆），是一種單克隆抗體（monoclonal antibody）。

密爾斯坦和柯勒的論文於一九七五年發表在《自然》期刊上。[15]在發表前數週，由英國政府營運的國家研究發展公司（National Research Development Corporation，ＮＲＤＣ）收到警示，提醒它這類抗體可以有廣泛的商業用途；它們可以作為高度特定藥物的基礎。但ＮＲＤＣ選擇不為這種方法或任何材料申請專利。ＮＲＤＣ在一份書面聲明中表示：「要找出任何直接的實際應用，當然十分困難。」接下來幾十年來，這個對單克隆抗體適用性的草率判斷，恐怕導致ＮＲＤＣ和劍橋大學損失數十億美元的收入。

實際的影響立竿見影。縮寫為 MoAb 的單克隆抗體現在可以用作檢測劑或細胞標記物。但它們最重要、利潤最高、最知名的應用在醫藥——它們可以構成一系列新藥。

藥物通常透過結合它的標靶來發揮作用——正如保羅・埃利希所指出的，就像鑰匙之於鎖一樣，它可以阻止，偶爾也可以啟動它目標物的功能。比如阿司匹靈就把自己塞入與凝血和發炎相關的環氧合酶（cyclooxygenase）這個鎖中。同理，為結合其他蛋白質而生的抗體也可以製成藥物：如果抗體可以結合癌細胞表面的一種蛋白質，並召喚一連串的反應來殺死它，或者辨識一種導致類風濕性關節炎過度活躍的蛋白質，把它殺死，會有什麼樣的結果？

一九七五年八月，五十三歲的波士頓男子 N.B. 發現自己腋窩和頸部的淋巴結腫了起來，疼痛不堪。[16]他夜間盜汗，身體十分疲倦。然而他拖了整整一年，才終於上波士頓的西德尼・法伯癌症研究所（Sidney Farber Cancer Institute）就診。*腫瘤學家在檢查時，發現 N.B. 除了腫脹的淋巴腺之外，脾臟也大幅增大，甚至在觸診他的腹部時，就可以感覺到脾臟的外緣。

接下來，他們檢查了實驗室作出的數據。病人的白血球量僅比正常值略高，然而教人震驚的是血液中白血球的樣本：不僅淋巴細胞的數量升高，而且它們似乎也屬惡性。他們用細長的針插入其中一個腫脹的淋巴結，取出切片組織樣本，送去給病理學家分析。診斷結果是 N.B. 患有淋巴瘤——一種瀰漫性、低分化的淋巴細胞瘤（diffuse, poorly differentiated, lymphocytic lymphoma 或DPDL）。

晚期DPDL——脾臟、淋巴結和循環淋巴細胞腫脹——預後不佳。病人的脾臟塞滿了惡性細胞，經手術切除，並開始化療。一種又一種殺死細胞的藥物經靜脈注射注入他的體內，全都無效，惡性細胞的數量還是繼續上升。

研究所的腫瘤學家李·納德勒（Lee Nadler）擬訂了新計畫。淋巴瘤細胞表面有許多蛋白質，注射到小鼠體內，牠們就會產生針對惡性細胞的抗體。納德勒根據密爾斯坦和柯勒的改進方法，用N.B.的癌細胞創造針對他腫瘤細胞的抗體，然後為他注射含有其中一種抗體的血清，希望能獲得反應。這是個人化癌症治療的極端例子——或者更正確地該說是個人化癌症免疫療法。

第一劑二十五毫克的血清，似乎對淋巴瘤不起作用。第二劑七十五毫克，造成病人白血球計數大幅下降。癌細胞起了反應，但卻又反彈回來。第三劑一百五十毫克，再次引發反應：血液中的淋巴瘤細胞數量幾乎下降了一半。但接著N.B.的腫瘤細胞產生了抗藥性，停止回應。納德勒所稱的血清療法停了，N.B.死亡。

但納德勒醫師仍然堅持在淋巴瘤細胞膜上尋找可能作為抗體標靶的蛋白質。最後他找到了一個理想的候選者，稱為CD20。但對抗CD20的抗體能被用來作為抗淋巴瘤的藥物嗎？

*現稱為丹納·法伯癌症研究所（Dana Farber Cancer Institute）。

在三千哩之外的史丹佛大學，免疫學家羅恩・李維（Ron Levy）也在尋覓一種可以攻擊淋巴瘤細胞的抗體。一九七〇年代初，李維由以色列魏茲曼科學研究所（Weizmann Institute of Science）學術休假。那裡的研究人員諾曼・克萊曼（Norman Kleinman）開發了一種分離單一漿細胞的方法，這些漿細胞可以產生抗體（可能是抗癌的抗體），只是這些細胞的壽命十分短暫，似乎不可能成功。「我們會分離出可以產生單一抗體的單一漿細胞，但它們免不了會死亡，」李維告訴我。[17]

「後來，」李維繼續說道，「到了一九七五年，突然間，密爾斯坦和柯勒提出了這種把漿細胞與癌細胞融合的方法。這種融合使製造抗體的細胞能夠永遠存活。」李維的臉變得生氣勃勃；他用雙手拍擊桌子。「這是個啟示，是個機會。諷刺的是，我們可以利用癌細胞永生的特性〔與漿細胞融合〕創造永生的細胞，產生對抗癌症的抗體。我們可以以毒攻毒。」

李維開始尋找針對B細胞淋巴瘤的抗體。起先，他專注在個人化的抗體治療，可以說是為每一位病患量身打造獨特的抗體。他找到了一家名為IDEC的公司生產抗體。儘管有些患者對特製的抗體有反應，但IDEC和李維卻很快就明白這種方法絕對行不通：一家公司可以針對多少種個別的抗原生產多少種抗體？

第二組免疫接種產生了針對CD20的MoAb，CD20就是納德勒發現位於正常和惡性B細胞表面的分子。李維承認他對此並無興趣：他認為這種實驗干預「將會破壞免疫系統，而且並不安全，」他告訴我，「但他們〔IDEC〕說服我們放手作這個臨床試驗。」

李維雖然錯了，但卻無比幸運。因為巧合的是，即使B細胞沒有表現CD20，人也能存活，部分原因是只要B細胞成熟為分泌抗體的細胞（或漿細胞），它們的表面就沒有CD20，因此對抗體具有抵抗力。

攻擊表現CD20的淋巴瘤細胞免不了會引發隨之而來對正常B細胞的攻擊，影響病患的免疫力，但不致使他們死亡；他們仍然保留漿細胞來製造抗體。李維說：「它有一點成功的可能。」一九九三年，他招募了兩位研究員大衛・馬洛尼（David Maloney）和理查・米勒（Richard Miller）來進行這項研究。

第一批接受抗體的患者中，有一位能言善道的內科醫師 W.H.，她罹患濾泡性淋巴瘤，這是一種進展緩慢或稱惰性的癌症，以CD20為標誌。「她對第一劑藥物起了反應，」李維醫師說。然而僅僅一年之後，她的病情就復發了，不得不重新使用實驗性的 MoAb。這回 W.H. 起了完全的反應，腫瘤消失了。不過復發的模式仍然存在：一九九五年她第三次復發，她接受了單株抗體治療和化療，再度起了反應。

一九九七年，FDA批准了利妥昔單抗療法（Rituximab），藥物品牌名稱為 Rituxan。那一年，W.H. 的淋巴瘤復發，Rituxan 徹底打敗癌細胞，但癌症在一九九八年捲土重來，二〇〇五和二〇〇七年亦然。W.H. 在最初確診二十五年後依舊存活。從那時起，Rituxan 就用來治療多種癌症以及非癌症疾病。醫界也以它配合化療，治療甚至治癒表現CD20的侵襲性、致命性淋巴瘤以及罕見的淋巴癌。在二〇〇〇年代初期，我見到了一位患有非常不尋常脾臟癌的年輕人，和CD20表現細胞有關。他每天都發燒，無法走路。我們手術切除了他腫脹的脾臟——脾臟腫大到無法放進標準的手術托盤，必須放在推車上，才能送往病理科。接著我們讓他接受 Rituxan 療程。結節性腫瘤慢慢溶解，發燒也退了。二十年後他仍然處於緩解狀態。

Rituxan 是最早的抗癌單株抗體之一。如今藥典中已收錄了大量這類的單株抗體，包括賀癌平（Herceptin，用於治療某些乳癌）、雅詩力（Adcetris，治療何杰金氏淋巴瘤），和類克（Remicade，用於治療克隆氏症 Crohn's disease 和乾癬性關節炎 psoriatic arthritis 等免疫介導的疾病）。我向李維提到英國的NRDC曾經多麼懷疑抗體療法的「實際適用性」。他笑著說，「我不確定**我們**是否了解它的潛力。」

他驚嘆說：「用細胞來對抗細胞。在我們培養那第一種抗體時，從沒有真正想過我們能做的一切。」

善於識別的細胞：T細胞的巧妙天賦

幾個世紀以來，胸腺一直是在尋找功能的器官。[1]

——雅克．米勒，二〇一四年

一九六一年，在倫敦的三十歲博士生雅克．米勒（Jacques Miller）發現了一個人體器官的功能，大部分科學家早已忘記了這個器官——胸腺。[2]胸腺因為形狀有點類似百里香（thyme）的葉片而得thymus之名，正如蓋倫所述，它是個「笨重而柔軟的腺體」，位於心臟之上。甚至連在公元二世紀行醫的蓋倫都注意到，它會隨著人類年齡的增長而慢慢萎縮。如果由成年動物的身上取出這個器官，看不出任何重大的影響。一個逐漸縮小、可有可無的、萎縮的器官；它怎麼會是人類生命必要的部分？醫師和科學家認為胸腺是演化留下的殘留廢棄物，與闌尾或尾骨沒什麼兩樣。

但它會不會在胎兒發育的過程中發揮作用？米勒用小鑷子和最細的絲線，由出生約十六小時的新生小鼠身上取出胸腺。發現出人意表的戲劇性結果：小鼠血液中的淋巴細胞（在血液循環中非巨噬細胞或單核細胞的白血球）數量驟降，牠們變得越來越容易受到常見的感染。B細胞數量下降，但另外還有一種白血球（一種以前未知的類型）數量更急劇減少。其中很多小鼠因小鼠肝炎病毒而死亡；還有很多小鼠的脾臟遭許多細菌病原體定植。更奇怪的是，當米勒把一塊外來皮膚移植在一隻小鼠的身上，移植物並沒有受到排斥。相反地，它照常存活，完好無損，而且長出「茂密的毛」，就彷彿這隻小鼠標沒有區分自身組織和外來組織的機制。牠已經喪失了「自己」的知覺。[3]

到一九六〇年代中期，米勒和其他研究人員發現胸腺其實根本沒有退化。在新生小鼠身上，它是另一種類型免疫細胞成熟的部位：不是B細胞，而是T細胞（T是thymus胸腺之意）。

但如果B細胞產生抗體殺死微生物，那麼T細胞的作用是什麼？為什麼缺乏T細胞的小鼠會被感染，為什麼牠們會如此溫和地接受本應立即排斥的外來皮膚移植物？牠們是如何以及為何失去自我意識？而究竟「自我」又是什麼？

遲至一九七〇年代，人體最重要的細胞之一的生理學仍然是個謎，這證明了細胞生物這門科學仍然停留在嬰兒期。T細胞一直到僅僅約五十年前才被發現，而在米勒的實驗之後不到二十年——一九八一年，這些細胞就成為人類歷史上一種關鍵流行病的重點。

亞蘭・湯森的實驗室坐落在牛津大學邊緣一座陡峭山坡上的分子醫學研究所裡。＊一九九三年秋天，身為免疫學研究生的我來到牛津大學跟隨亞蘭學習時，醫學界仍在破解T細胞功能的奧祕。研究所是現代主義鋼和玻璃的建築，服務台的警衛是一位操著濃重威爾斯口音的女士，檢查身分證件後才允許你進去。如果沒有識別卡，她會拒絕你進入。兩年來我每次都在口袋裡摸索卡片，直到我終於鼓起勇氣質疑她：我每天都在那裡，連續二十四個月，難道她認不出我的臉嗎？

她冷漠地看著我：「我只是在做我的工作。」我想她的工作是要發現不速之客——就好像我是〇〇七，開著一輛奧斯頓．馬丁（Austin Martin），戴著穆卡吉的面具，執行在夜裡餵養T細胞培養物的機密任務。回想起來，我欣賞她的勤奮，她有內化的免疫力。

在亞蘭的實驗室裡，我被分派了一直讓科學家既著迷又沮喪的問題：慢性病毒如單純疱疹病毒（HSV）、巨細胞病毒（CMV）或愛潑斯坦—巴爾病毒（EBV）等怎麼能持續隱藏在人體內，而如流感等其他病毒，在感染後就會遭徹底清除？為什麼慢性病毒沒有遭免疫系統——尤其是T細胞消滅？†

＊現稱為韋瑟羅爾分子醫學研究所（Weatherall Institute of Molecular Medicine）。

†現在我們得知，這些病毒中，每一種都演化出避免免疫檢測的特定方法，這種現象稱為病毒免疫逃避（viral immune-evasion）。[4] 在EBV的例子，免疫學家瑪麗亞．馬蘇奇（Maria Masucci）的研究和我自己作研究生時的工作得出了相同的答案。愛潑斯坦—巴爾病毒的基因體編碼許多基因，但一旦EBV進入B細胞，它就可以關閉大部分基因，只有兩種例外：EBNA1和LMP2基因。蛋白質EBNA1是T細胞可以檢測到的理想候選者，但令人驚訝的是，它對T細胞卻隱形，部分原因是無法在細胞內把EBNA1切成碎片。我們很快就會知道，湯森發現T細胞只能識別病毒蛋白片段——胜肽，這種蛋白裝載在一種稱為主要組織相容性複合體（major histocompatibility complex，縮寫為MHC）的分子上。而EBNA1不產生任何胜肽。LMP2可能有其他免疫逃避方式，不過尚不清楚這些方式。單純疱疹病毒依賴不同的免疫逃避方法，使胜肽轉載到MHC分子上的機制失效。同樣地，巨細胞病毒還有另一種逃避的做法：它會製造一種可以破壞MHC的蛋白質，而MHC正是使T細胞能夠發現受到CMV感染的細胞的分子。

這個實驗室是一個熱鬧的知識天堂，充滿了我從未見過的狂熱能量。每天下午四點，古老的銅鐘敲響，整個研究所的人集體來到自助餐廳，啜飲幾乎無法入口的微溫淡茶，和幾乎無法食用的堅硬餅乾。免疫學先驅伊塔・阿斯科納斯（Ita Askonas）偶爾會被崇拜者簇擁著坐在角落裡；劍橋大學的諾貝爾獎得主遺傳學家西德尼・布瑞納（Sydney Brenner）可能會來聊聊，每當我們告訴他新的實驗結果時，他濃密的眉毛就像一對毛毛蟲雙胞胎一樣，高興地舞動。

義大利博士後研究員文森佐・瑟倫多羅（Vincenzo Cerundolo）是我的直屬學長，大家都叫他恩佐（Enzo），個子矮小、喋喋不休、活力充沛。然而我剛進實驗室的頭幾週，他根本不理睬我。他在實驗室裡跑來跑去，衝過我的身旁，彷彿我是一件放錯了地方教人討厭的器材。他正忙著要完成一篇研究論文，似乎不值得花時間或力氣教導一名剛抵達的新研究生免疫學的繁雜細節。

恩佐的研究有一部分是製造病毒，用來感染小鼠和人類細胞。這種病毒的設計是把基因傳遞到人類細胞裡，讓恩佐可以測試這些基因的功能。為了增加病毒——也就是要製造更多的病毒粒子，你必須要感染一層細胞，然後把整個培養物放入試管中提取病毒，要精確地冷凍和解凍病毒三次，這個過程需要精準和耐心。如果不冷凍解凍，就無法釋放病毒粒子；但如果操作過度，就可能會徹底殺死病毒。一天早上，我才剛到實驗室不久，就發現恩佐正在手忙腳亂地處理一支這樣的試管。一位研究技師，也是義大利人，為恩佐做了病毒準備工作，她已經去度假了，可是恩佐不知道試管中的病毒是已經提取，還是尚未提取。這個時刻教人緊張。如果病毒數量低，對他的論文舉足輕重的整個實驗就會付諸東流。他用義大利語低聲咒罵：Cavolo（可惡）。

我問他是否可以讓我看看試管，他把它遞給了我。

試管的底部，我看到技師用幾乎看不見的墨水潦草地寫著C、S、C、S、C、S的字母。

「義大利文中『冷凍』這個字怎麼說？」我問他。

「Congelare，」恩佐回答道。

「那麼解凍呢？」

「Scongelare。」

這就是技師寫的：冷凍。解凍。冷凍。解凍。冷凍。解凍，只是用的是義大利文的摩斯密碼：C、S、C、S、C、S。各三次。

恩佐目光炯炯地看著我。或許我不算是浪費他的時間。他完成了他的實驗，然後問我要不要喝杯咖啡。他去泡了兩杯。我們之間有某個東西解凍了。

我們成了朋友。他教我病毒學、細胞培養、T細胞生物學、義大利俚語，以及製作美味波隆納肉醬的祕訣。每天早上我都冒著下個不停的雨騎車上坡，和他一起工作，每天晚上又在雨中騎車下山。我隨心所欲地來來去去——有時在午夜上下山，而我的實驗則在實驗室培養箱裡徐徐進行。

我的腦袋裡充滿了關於T細胞及它與慢性病毒相互作用的念頭。騎車下坡時，我會重新思索我的實驗，在腦海中推敲資料，想像細胞內病毒的生命。「要了解T細胞病毒學，就要學會像病毒一樣思考，」恩佐告訴我，我也照著做了。一天下午我會「變成」EBV，第二天又會變成疱疹。（後者需要有一點幽默感。）

即使在我離開牛津之後，恩佐和我仍然繼續合作，一起發表論文。他送來幾小瓶細胞，供我在實驗室進行實驗。我則把家母的食譜送去給他，讓他在廚房裡實驗。我們在全球各地的研討會上見面，每一次都會繼續先前的對話，就好像我們上一次的談話從沒中斷過一樣。我們的興趣幾乎同時起了變化，由免疫學轉到癌症，最後轉為癌症的免疫學。幾十年來，我從學弟成熟為同事和朋友，但我永遠無法為恩佐泡出讓他滿意的濃縮咖啡。我試過一次，但他吐了出來。正如包利所說的，它太糟糕了，甚至連錯都算不上。

二〇一九年初，我獲悉恩佐被診斷出晚期肺癌。他生病的消息讓我震驚而麻木，好幾天都無法打電話給他。一週過去了，或許是兩週，我終於從紐約撥了他的電話號碼，他立刻接了起來。他對自己的情況抱著很實際的態度，或許他花了一輩子要揭開那些T細胞的內在奧祕會找到一種方法來對抗他的癌症。正如湯森在《自然免疫學》（*Nature Immunology*）期刊上對恩佐的描述：「人們常聽到『與癌作搏鬥』這個詞，但這種描述只是他和挑戰他的叛逆細胞所進行的激烈、個人、痛苦免疫戰爭的暗淡陰影。[5]他運用自己所有的深厚知識和經驗，結合國內和世界各地一切的資源，和癌症鬥爭。他這麼做……從容沉著，從不缺席任何研討課，學生和同事隨時都能找到他。這是最高勇氣的表現。」

二〇二〇年，就在我準備前往牛津發表演講的前幾週，聽說了恩佐去世的消息。我取消了行程。當天晚上，我默默地坐在實驗室裡，回憶我的學長、我的波隆納肉醬老師、我的朋友，把這些記憶憋在心底，直到它們變硬。我感到茫然、無精打采、在憂鬱中凝固。直到幾個小時後，悲傷才在我內心一波又一波地爆發。

Congelare，scongelare。

內在世界，外在世界，用膜隔開。在感染時，T細胞有什麼作用？想像一下，就像人類免疫系統可能看到的那樣，微生物有兩個病理世界。漂浮在細胞外，在淋巴液或血液，或在組織內的細菌或病毒有個「外在」的世界。而嵌入並活在細胞內的病毒則有一個「內在」世界。

後面這個世界提出了一個形而上，或者更確切地說是一個物理的問題。我們先前說過，細胞是一個有界限的、自主的實體，由一層膜把它密封起來，與外界隔開。它的內部——細胞質、細胞核，是封閉的密室，除了細胞選擇發送到表面的訊號或受體之外，基本上無法由外部捉摸。

但如果病毒已經進駐到細胞內呢？比如一個滲透到細胞內的流感病毒，它劫持了蛋白質製造裝置，以生產與細胞本身無法區分的病毒蛋白？這就是病毒的做法：它們「本土化」。流感病毒把它的人質變成名副其實的流感工廠，每小時生產數千個病毒粒子。而由於抗體無法進入細胞，它們如何識別這些偽裝成正常細胞的異常細胞？是什麼阻止任何病毒利用我們體內的每一個細胞作為完美的微生物庇護所？

後來我很快就發現，所有這些問題的答案就在細胞裡，它誘人的歌聲把我由加州一路吸引到了牛津大學湯森的實驗室；那細胞可以用近乎奇蹟般的靈敏度，區分受病毒感染的細胞和未感染的細胞，也能夠區分自我和非自我的細胞。那細膩、明智、善於識別的T細胞。

一九七〇年代，在澳洲作研究的免疫學家羅夫・辛克納吉（Rolf Zinkernagel）和彼德・杜赫提（Peter Doherty）發現了破譯T細胞識別的第一條線索。[6]他們以所謂的殺手T細胞（killer T cells）開始：T淋巴細胞能夠識別受到病毒感染的細胞，並且用毒素浸泡它們，直到它們枯萎死亡，因此清除躲藏在那裡的微生物。這些細胞毒性（殺死細胞）T細胞揮舞著表面上的特殊標記：CD8，一種蛋白質。

辛克納吉和杜赫提發現，這些CD8－陽性T細胞的奇特之處在於，它們**僅在自我的背景下**，才有能力識別病毒感染。考慮一下這個想法：只有在受到病毒感染的細胞來自**你的**身體而非他人的身體時，你的T細胞才能識別它們。＊

殺手T細胞的第二個特點也同樣教人費解。雖然CD8T細胞可以識別來自同一身體的細胞，但它只殺死來自同一個身體受感染的細胞。沒有病毒感染，就沒有殺戮。就彷彿T細胞能夠提出兩個獨立的問題。第一：我在檢查的細胞是否屬於我的身體？也就是，它是我自己嗎？第二：它是否被病毒或細菌感染？自我已經改變了嗎？只有當兩者都為真——屬於自我和受到感染都成立時，T細胞才會殺死它的目標。

簡而言之，T細胞已經演化到能夠識別自我，不過是已改變了的自我，而且恰巧攜帶了感染。但它是怎麼做到的？辛克納吉和杜赫提使用遺傳技術，追蹤自我檢測到一組稱為MHCI類（MHC class I）的分子。†

就彷彿MHC蛋白質是一個畫框。沒有正確的畫框或背景（「你自己」），即使它是「自我」的扭曲版本，T細胞甚至連圖片都看不到。而畫框中如果沒有圖片（應該是病毒的一部分——受到**感染**的自我），T細胞同樣也無法識別受感染的細胞。它需要病原體**和**自我兩者——圖片**和**畫框。‡

辛克納吉和杜赫提解開了這個拼圖的一片：T細胞識別受感染的「自我」。但拼圖的第二個問題同樣棘手。是的，這牽連到這種分子（MHCI類），但是細胞如何向改變的自我（即受到感染的自我）發出訊號？CD8細胞如何找到流感病毒嵌入其中的自我細胞？

我先前的指導老師湯森這些年來已成為我的好友，他在一九二〇年代先在倫敦的磨坊山，後來在牛津，提出了這個問題。湯森是我所見最傑出、最有遠見的科學家之一。有時，他正如人們對牛津大學學者的誇張形容：他厭惡赴充滿異國情調的地方參加科學會議。**熱帶**這個詞教他恐懼。他幾乎每天午餐都吃肉餡麵餅，而且他也把英國人說話致命的曲折委婉習慣發揮得淋漓盡致。如果他認為某個想法愚蠢或不科學，他會面無表情地望著遠處，停頓一下，說：「哦！這個想法似乎……嗯……呃……相當**微妙**。」我得承認，在實驗室會議上，我經常「相當微妙」。

在一九八〇年代末和一九九〇年代初，湯森等人開始發現殺手T細胞如何發現受到病毒感染的細胞。湯森用CD8殺手T細胞開始他的實驗。他特別感興趣的是受到流感病毒感染的細胞。這些受感染

＊如果T細胞和標靶細胞「不匹配」——意即它們來自不同的身體，表面攜帶不同的蛋白質標記，那麼無論它們是否遭感染，免疫系統都會殺死它們。這是移植排斥的基礎：如果你把外人的細胞植入你的體內，這些細胞就會遭到排斥。我們將在後面的章節中回頭談這種「非我」的識別。

†MHC I類蛋白質有數千種變體。我們每個人都攜帶獨特的MHC I基因組合。T細胞首先檢測到的正是這種自我MHC。如果受感染的細胞和CD8T細胞來自一個人（具有相同的MHC I類蛋白質），就能夠識別，受感染的細胞就被殺死。

‡這背後可能有深刻的演化邏輯。巨噬細胞或單核細胞顯示的胜肽片段顯示真的感染。一個自由漂浮的細胞——缺乏吞噬細胞提供的畫框，並且沒有適當地呈現，可能是偶然的碎塊，或更糟糕的是，來自人類細胞的殘片。對「自我」片段產生免疫反應，會引發自體免疫——這是T細胞免疫的毀滅性後果。

的細胞是如何被識別出來和清除的？正如辛克納吉和杜赫提先前所證明的，湯森發現CD8T細胞會殺死來自同一個身體的流感病毒細胞——換言之，它們依賴對自己的辨識。但正如先前所提的，自我細胞必須攜帶感染——以及病毒蛋白的表達，才能被殺死。被識別出來的是哪種病毒蛋白？研究人員發現，這些殺手T細胞中，有一些是在感染流感的細胞中，檢測到稱為核蛋白（nucleoprotein，NP）的流感蛋白。＊

但這就是謎團開始之處。這是個內－外的問題。湯森告訴我：「NP這種蛋白質永遠到不了細胞表面。」[7]我們剛聽完演講回來，正坐在倫敦的計程車裡。當時正值黃昏，倫敦的黃昏，不時突然出現傾斜的英式光線碎影，還有街道——隨著我們穿過攝政街、伯里街，街上滿是一排排沒有盡頭的房屋，半亮的窗戶，還有固若金湯的門。挨家挨戶地走訪的警探怎麼可能在其中一棟房子裡找到一名居民？除非那人碰巧把頭探到外面來？

T細胞無法進入細胞**內部**——細胞之間有膜把它們分開。那麼T細胞怎麼評估受感染細胞內部的成分？

「NP**總是**存在細胞內，」湯森繼續說。他的眼睛閃閃發亮——咄咄逼人，他現在記起了那些實驗。他進行最敏感的測試——一次又一次的分析，一週又一週，要在受流感感染的細胞表面找出NP蛋白最微弱的痕跡，T細胞可以檢測到它。但它不在那裡。它從來沒有把頭伸出細胞膜之外。他說：「就細胞表面蛋白而言，沒有能讓可以檢測到NP的T細胞察覺的事物。在細胞表面它是看不見的——它甚至根本不在那裡，但T細胞卻完全可以看到它。」計程車迎著閃爍的燈光停了下來，彷彿在等待答案。

那麼，T細胞是怎麼檢測到NP的？在一九八〇年代末期有了關鍵的發現。湯森發覺CD8殺手細胞無法識別把臉探出細胞之外的完整ＮＰ，殺手細胞是察覺到病毒胜肽——病毒蛋白ＮＰ的微小片段或碎塊。攸關緊要的是，這些胜肽必須以正確的「畫框」「呈現」給Ｔ細胞——在此例中，是由ＭＨＣＩ類蛋白攜帶或裝載，並帶到細胞的表面。自我，是的，但卻是改變了的自我。

ＭＨＣＩ類蛋白質——辛克納吉和杜赫提在殺手Ｔ細胞反應發現相關的蛋白質——實際上是攜帶者，胜肽載體，和「畫框」。ＭＨＣ正在把內部轉為外部，不斷地送出細胞內部的樣本。

把它想像成一個間諜——我們派駐在哈瓦納的特務，發送細胞內部的訊號，供免疫系統識別。Ｔ細胞需要正確的間諜——因此必須要認出自我。它也需要正確的訊號——因此需要在細胞內的外來病原體。這是生物學密碼的又一例。結合正確的臥底和正確的訊號——攜帶一塊病毒胜肽的自我ＭＨＣ，Ｔ細胞就衝進來展開殺戮。

在生物學中，很少有比分子結構與它的功能融為一體更打動人心的時刻了：分子的**外觀**和它的**作為**結合得十全十美。以ＤＮＡ經典的雙螺旋為例：它看起來就像一個訊息載體——一串四種化學物質，Ａ、Ｃ、Ｔ和Ｇ，和一個就像四個字母的摩斯密碼那樣獨特的序列（ACTGGCCTGC）。雙螺旋也讓我們能夠了解複製是如何發生的。這些鏈是互補的，陰和陽：一條鏈上的Ａ搭配另一條鏈上的Ｔ，而Ｃ與

＊核蛋白是在細胞內產生的流感蛋白。它後來被包裝到流感病毒顆粒中。這種蛋白質沒有訊號讓它能夠到達細胞表面，因此湯森對T細胞怎麼能檢測到它感到困惑。

G搭配。當一個細胞分裂，製造DNA的兩個複本時，每一條鏈都充當製造另一條鏈的模板。陰決定陽的形成；陽塑造陰，於是DNA的兩個新陰陽雙螺旋就成形了。

精子會擺動的尾巴使精子朝**卵子**蠕動，它看來像尾巴，不過它是由蛋白質組合而成的。讓尾部旋轉的馬達**很像**馬達，有一組排列成圓圈的活動零件。連接馬達和尾部的鉤子把圓周運動轉變為精子如螺旋槳般的游泳運動，**看起來**就像一個為達到這種轉變而精心設計的鉤子。

MHC I類也是如此。當加州理工學院的晶體學家潘・畢約克曼（Pam Bjorkman）終於解開了它的結構時，它的結構似乎與功能完美契合。[8]這個分子看起來正如你所料：就像一隻手舉起攤開成兩半的熱狗麵包。麵包的兩側——MHC分子的兩個蛋白質螺旋中間留了一個完美的凹槽。準備呈現的病毒胜肽就是卡在麵包兩半之間凹槽中，等待被送入T細胞的熱狗腸。

「一切都在這個圖像中融合在一起。一切都配合得天衣無縫，」湯森說。外來的成分（凹槽中的病毒胜肽）和自身的元素（分子的螺旋狀MHC兩側）兩者，T細胞都可看得到。湯森看著那個結構，無限感動；他可以確實地想像病毒胜肽呈現在T細胞前。他在《自然》期刊的論文中寫道，「每一個免疫學家，當他或她看到MHC分子結合位點的立體結構時首次顯示，心跳都會加速。」[9]因為它將會解釋抗原識別的「結構基礎」。I類分子的圖像回答了免疫學家的一千個問題，卻又提出了一千個問題。湯森以借用威廉・巴特勒・葉慈（William Butler Yeats）一首詩的片段作為一九八七年這篇文章的標題：

那些意象仍然
產生新的意象。[10]

確實，ＭＨＣ及其結合胜肽的意象產生了新的意象。ＭＨＣＩ類是否容許Ｔ細胞識別？而由於ＭＨＣＩ類——這種載體蛋白是既顯示自我成分，也顯示外來成分的分子拼盤，那麼在Ｔ細胞表面同源識別分子的結構如何？檢測到載體ＭＨＣ胜肽複合物的蛋白質外觀是什麼模樣？

大約在ＭＨＣＩ類分子結構獲得解決的同時，包括史丹佛大學馬克·戴維斯（Mark Davis）、多倫多麥德華（Tak Mak），和休士頓吉姆·艾利森（Jim Allison）在內的幾個團隊把研究目標鎖定在編碼Ｔ細胞受體（Ｔ細胞上的分子，能識別與胜肽結合的ＭＨＣ）的基因上。[11]當學者終於解出它的結構時，我們再次看到了結構和功能的完美配合。

Ｔ細胞受體看起來就像兩根伸出的手指，手指有一部分接觸自己——即圍在胜肽兩側ＭＨＣ分子凸起的鉸鏈部位，但也有一部分接觸到在其溝槽中的外來胜肽。**同時**識別自我和外來兩部分：辨識受感染細胞的兩個條件都包含在這個結構裡。手指的一部分接觸自己，一部分接觸外來物，當兩者都被觸及時，就完成了識別。

形式與功能的匹配是生物學中最美的觀念之一，許多世紀之前，亞里士多德等哲學家就已經提出這樣的想法。在兩種分子（ＭＨＣ和Ｔ細胞受體）的結構裡，我們可以辨識出免疫學和細胞生物學的基本主題。我們的免疫系統是建立在對自我及其扭曲的認識之上的。它被演化設計為能夠檢測改變後的自我。正如湯森他開創性文章的結論：「現在可以用理性的方式來探究Ｔ細胞識別。」

讓我們先把結構和功能的配合放在一邊。湯森知道，Ｔ細胞識別問題的解答帶來了另一個問題。它又產生了另一個新鮮的意象：在細胞**內**合成的病毒蛋白（比如NP）怎麼來到細胞外，讓T細胞找到它？

湯森等人更深入地進行分子研究，開始揭露一個複雜的內部裝置，可以精確地完成把細胞的內部翻過來，展示給外在世界的任務。我們現在知道，只要病毒蛋白在細胞內部製作完成，這個過程就已經開始。細胞不知道這種蛋白質是它正常的部分，還是外來的；病毒蛋白沒有可以識別它是「病毒」特殊特徵。

因此，NP就像所有的蛋白質一樣，最後被送到細胞固有的廢物處理機制，細胞的絞肉機——蛋白酶體，然後將它們咬嚼成更小的碎片（胜肽），然後把胜肽噴入細胞中。這些胜肽接著用特殊的通道，被送進一個隔間，被加載到MHC I類上。經加載的I類蛋白把病毒胜肽攜帶到細胞表面，呈遞給T細胞。I類分子正如它們的結構所示，就像分子拼盤，不斷地提供細胞內部的預告（開胃小菜），供T細胞監視。

這是重新利用細胞內在分子裝置最聰明的方法之一：它利用身體的天然廢物處理工廠，就像處理任何其他需要處理的蛋白質一樣處理病毒蛋白，把它裝在蛋白質載體上，並把它由活門推出，送到細胞表面。

現在裡面變成了外面。細胞已經送出了它內部生命的樣本，綁定在正確的框架裡，由免疫系統進行調查。當CD8細胞順道經過，嗅探細胞表面，就會發現細胞表面上有大量來自細胞內部的胜肽，當然也包括來自病毒的胜肽。而只有在自我MHC（改變的自我）呈現外源胜肽時，才會觸發免疫反應，殺死受感染的細胞。

到目前為止，我們關注的是細胞的「內在」世界，即駐在細胞內的病原體。但「外在」世界——當病原體在人體內自由漂浮時，卻出現了它自己的問題：在細胞**外**的病毒和細菌怎麼活化T細胞反應？原則上，在病毒感染目標細胞之前活化T細胞反應——例如，當病毒仍在血液中流動或淋巴系統中移動時，對生物有許多優勢：它可以為即將到來的感染做好免疫反應各方面的準備。[8]它可以觸發體內的警報——發燒、發炎和生產抗體，這一切都是為了能夠在早期阻止感染。

正如我們先前討論的，先天免疫系統的細胞——巨噬細胞、嗜中性白血球，和單核細胞，不斷地檢查身體，尋找受傷和感染的跡象。一旦發現這類感染，這些細胞就會聚集到感染部位，吸取或吞噬細菌細胞或病毒粒子。它們吞噬入侵者，把它內化，並把它們送到特殊的隔間。這些隔間——其中包括溶酶體，充滿了酶，可以把病毒降解成更小的片段，包括稱為胜肽的零碎蛋白質。

這也是一種「內化」——儘管不是導致感染的內化。在這裡，病毒顯然是個外來者，註定要被毀滅。它尚未進入細胞、產生新的病毒體，並「本土化」。前面提過湯森的研究主要是專注在病毒躲進細胞內**後**發生的CD8T細胞反應。但在體內的監測系統一檢測到病原體，又怎麼準備T細胞反應呢？

一九九〇年代，現任華盛頓大學醫學院教授的艾米爾．烏納努埃（Emil Unanue）開始探索T細胞對細胞外微生物的反應。[12]他發現這種形式的免疫檢測遵循與湯森所發現幾乎相似的原理。

一旦遭吞噬、靶向溶酶體並經降解，細菌和病毒就會被切成胜肽。*正如I類MHC分子建構細胞內部胜肽並將其呈遞給T細胞一樣，另一種相關的蛋白質（稱為II類MHC）也會呈遞主要是細胞的外部胜肽給T細胞。它的結構也很相似：一隻手拿著麵包的兩半，中間有一個用於放置胜肽的凹槽。

換言之，廣義來說，我們可以簡示如下圖。

但正是在這裡，免疫反應變得多元化，結合了第二個攻擊翼。如辛克納吉和杜赫提所發現的，由I類MHC呈遞的內部胜肽被一組稱為CD8殺手T細胞的T細胞偵測到，你該記得，CD8細胞會殺死受感染的細胞，在這樣的過程中清除病毒。

相較之下，大部分來自細胞外病原體（以及一些來自細胞內部最後進入溶酶體）的胜肽被II類MHC呈現。這些是由稱為CD4T細胞的第二類T細胞所檢測到的。[13]

CD4T細胞並不是殺手（再次強調，這是有道理的。病毒已經死了，並被絞成碎片；為什麼要殺死向T細胞發出死病毒警報的細胞？）。相反地，這個T細胞是個**協調者**。CD4細胞感測到MHCII胜肽複合物，開始協調免疫反應。它刺激B細胞開始合成抗體，並分泌物質增強巨噬細胞的吞噬能力，它引發局部血流急劇增

內部蛋白質 → **在細胞內分解** ⟶ **上載到I類** ⟶ **被CD8 T細胞感測到**

外部蛋白質 → **在胞內體／溶酶體內分解成胜肽** ⟶ **上載到II類** ⟶ **被CD4 T細胞感測到**

加，並召喚其他免疫細胞（包括B細胞）來挑戰感染。

在缺乏CD4細胞的情況下，先天免疫和後天（適應性）免疫之間的轉變——即病原體的檢測和B細胞生產抗體之間就會瓦解。基於所有這些屬性，尤其是支持B細胞抗體反應，這種類型的細胞就被稱為「輔助性」T細胞。它的工作是連接先天和後天免疫系統——一端是巨噬細胞和單核細胞，另一端是B細胞和T細胞。†

＊這裡需要注意的是：一小部分來自細胞內部的胜肽——通常是廢物，也被送到溶酶體進行破壞，並在II類MHC上呈現。

†我們與病原體的戰鬥如此激烈、如此持續，甚至連幫手也需要幫手。許多不同種類的細胞——我們之前見過的單核細胞、巨噬細胞和嗜中性白血球，可以呈現胜肽／MHC複合物，這些分子拼盤載有它們內部的內容物，以吸引輔助性T細胞和殺手T細胞；畢竟，這是檢測病毒感染細胞的**通用**監視系統。但有一種特殊的細胞能十分靈敏的和T細胞結合——它們天生就擅長於呈現抗原，因此它的主要也是唯一的功能可能就是檢測病原體，並激發免疫反應。這種由科學家勞夫·史坦曼（Ralph Steinman）發現的細胞主要存活在脾臟，並送出數十個分支，幾乎就是在召喚T細胞前來查看。史坦曼於一九七〇年代透過顯微鏡發現了它們，並花了近四十年的時間解譯它們的功能。這種細胞擁有捕獲病毒和細菌最有效的機制，也是呈現胜肽／MHC複合物的最有效的處理系統，活化T細胞密度最高的表面分子量，以及分泌分子警鐘，活化後天和先天免疫反應最強力的機制之一。它被稱為「樹突細胞」（dendritic cell），源自希臘文中表示「分支」一字，指的是從其身體延伸出的許多分支和小枝（我們幾乎可以想像這些分支的演化是為了為T細胞創造單獨的對接位點）。但以比喻的意義來說，它也是多分支的——能夠協調多管齊下的免疫系統各方面，使它做好應對感染的準備。樹突細胞也許是最早啟動對病原體免疫的先遣反應者。史坦曼於二〇一一年九月三十日在紐約去世，就在諾貝爾獎委員會因為他的發現而授予他獎項的幾天前（遺憾的是，雖然得了獎，但得主卻不在人世。諾貝爾獎不頒給已過世的人，但頒獎給史坦曼是早在他去世之前許久就做出的決定，因此仍然

抗原處理和呈遞給CD4與CD8細胞（T細胞識別的主要依據），是緩慢而一絲不苟，井然有序的過程。抗體就像持槍警長，渴望與一夥分子罪犯在城鎮中心對決，但T細胞不同，它就像挨家挨戶尋找隱藏在屋裡匪徒的警探。劉易斯．托馬斯在《細胞的生命》（*The Lives of a Cell*）中寫道：「淋巴細胞就像黃蜂一樣，在遺傳上是為探索而設計，但它們每一個似乎都被允許有不同的單一想法。它們在組織中漫遊，感知和監測。」[15]與B細胞不同的是，T細胞並不是尋找衝出酒館的禍首，槍聲大作。它就像是某個無所不知的福爾摩斯，手裡拿著菸斗和雨傘，尋找某人留下來的跡象，一個在內部的物體所留下的殘片。就像一封撕碎的信，寫著名字的殘屑，丟在外面的垃圾桶裡。（你可能會想到丟在垃圾桶裡那張皺巴巴的信紙，是表現在MHC分子上的胜肽。）

免疫系統具有二元性：一個識別系統不需要細胞環境（B細胞和抗體），而另一個則只有當外來蛋白質存在於細胞（T細胞）環境中時才會被觸發。這種二元性確保病毒和細菌不僅僅是被抗體由血液中清除，也會被T細胞從受感染的細胞中清除，否則它們就可以安全地躲藏在那裡。

與湯森使用「微妙」一詞的意思相反，它是真的相當微妙。

第一批患者在一九七九和一九八〇年開始來到醫院和診所。那是七九年的冬天，洛杉磯醫師喬爾．韋斯曼（Joel Weisman）注意到：因一種奇怪的疾病而來診所求診的年輕人數量激增，他們通常都是二、三十歲，罹患類似單核白血球增多症的症候群，特徵是斷續高燒、體重減輕和淋巴結腫大。[16]在美國的另一端，相似的罕見疾病病例也突然開始出現。一九八〇年三月，紐約有位名叫尼克的病人罹患了奇怪的消耗性疾病：「疲倦、體重減輕、全身體能緩慢消耗。」[17]

到一九八〇年初，這種病患的數量更多了——同樣地，主要是在紐約和洛杉磯的年輕男性，其中許多人患有先前只發生在重度免疫功能低下病患身上的一種肺炎，由教科書之外幾乎聞所未聞的病原體：肺孢子蟲引起。這種疾病非常稀少，因此治療它的唯一一種藥物潘泰宓定（pentamidine）是透過一家聯邦藥房配發。一九八一年四月，聯邦疾病防治中心（CDC）的一位藥劑師注意到，這種抗真菌藥物的需求幾乎成長為三倍，所有的需求似乎都來自紐約和洛杉磯的多家醫院。[18]

一九八一年六月五日，一個劃時代的日子，[19] CDC發布的全國疾病每週紀錄報告《發病率和死亡率週報》（*Morbidity and Mortality Weekly Report*，MMWR）發表了五例患有肺囊蟲肺炎（pneumocystis pneumonia，PCP）的年輕男性病例，並指出非常不尋常的事實：它們都發生在洛杉磯，彼此相距幾哩之遙。他們後來發現，這些病患經常與其他男性發生性行為。報告指出：「這五名先前健康，臨床上沒有明顯的潛在免疫缺陷的個人感染肺囊蟲是不常見的。[20]三名接受測試的患者均出現細胞免疫功能異常，四名病患中有兩人表示最近有同性戀接觸。上述觀察均顯示會使個人容易受到機會性感染，和經常接觸相關的**細胞免疫功能障礙**〔粗體由作者所標〕之可能。」[21]

接著，在美國東西兩岸，患有罕見皮膚和身體黏膜癌症的男性開始出現在醫師診所。在美國很少見

授予他這一榮譽）。科學家、醫師和史坦曼的學員紛紛發表訃告，悼念史坦曼。但我覺得最動人的一篇頌文是西雅圖免疫學家菲爾·葛林伯格（Phil Greenberg）所寫的，它的標題讓我們回到了細胞生物學的根源——向雷文霍克、虎克和魏修致敬，俯視他們的顯微鏡，揭示了生物學的新宇宙。這篇文章的標題是「勞夫·M·史坦曼：一個人、一台顯微鏡、一個細胞，以及更多」。[14]這幾乎是本書中每一位研究人員的故事，用三個詞概括：一位科學家、一台顯微鏡、一個細胞。

的卡波西肉瘤，是與病毒感染有關的一種惰性惡性腫瘤，通常的病徵是紫藍色皮膚病變，偶爾出現在上了年紀的地中海男性和副赤道非洲流行帶的患者身上。但在紐約和洛杉磯，這些肉瘤是一種高度惡性的侵襲性癌症，在手臂和腿部覆蓋著破壞性的紫色傷痕，並侵入皮膚。一九八一年三月，《刺胳針》（*The Lancet*）發表了一篇包含八個這類病例的病例報告——又一個奇特的群聚。[22]那時，罹患消耗性疾病的尼克已經死於由弓漿蟲引起的空洞腦病變傷，弓漿蟲是一種常見的、典型的非侵入性病原體，存在所有生物中，尤其是無害的家貓身上。

到一九八一年夏末，先前只發生在重度免疫功能低下病患身上的怪病突然憑空出現。MMWR週復一週地報告了變化多端流行病的嚴峻紀錄，由看似毫無關聯的疾病組成：更多年輕男性罹患肺囊蟲肺炎、隱球菌引起的腦膜炎、弓漿蟲感染、紫色的惡性肉瘤等病例，奇特的惰性病毒變得活躍、狂暴，不尋常的淋巴瘤不知怎麼突然冒出來。

這些病例唯一共同的流行病學關聯是，它好發於與其他男性發生關係的男性身上，不過到一九八二年，醫界也清楚地發現，經常輸血的人，例如患有凝血障礙血友病的患者，也有風險。幾乎每一個病例，都有災難性的免疫崩潰跡象，尤其是細胞免疫。在一九八一年的一期《刺胳針》上，[23]一封讀者來函建議把這種病命名為「同性戀傷害症候群」（gay compromise syndrome），[24]有些人稱之為「同性戀相關的免疫缺陷」，或者更固執的（並且帶有明顯的歧視意圖）「同性戀癌症」。一九八二年七月，當醫師仍在瘋狂地尋找病因之際，這種疾病的名稱已改為「後天免疫缺乏症候群」（acquired immunodeficiency syndrome），[25]由英文首字母縮寫簡稱為愛滋病（AIDS）。

然而這種免疫崩潰的原因是什麼？早在一九八一年，紐約和洛杉磯的三個獨立團體就已對這些病患作了研究，發現他們的細胞免疫系統已經大幅削弱。[26]（甚至連一九八一年六月的MMWR報告也指出了「細胞免疫」的崩潰。）經過篩濾每一種類型的免疫細胞，很快就發現關鍵的缺陷在於功能失調數量也很低的CD4輔助性T細胞。正常的CD4計數約為每立方毫米的血液有五百至一千五百個細胞，而愛滋病全面爆發的患者只有五十或甚至十個。正如一組研究人員所描述的，愛滋病是「第一種以特定T細胞亞群（即CD4+T輔助性／誘導細胞）的選擇性喪失為特徵的人類疾病。」[27]愛滋病的臨界值就設在每立方毫米血液兩百個CD4輔助性T細胞。

醫界很快就發現這種病和一種致病原（Infectious agent）有關，可能是病毒。它可以透過包括同性戀和異性戀的性行為傳播，也會經由輸血，以及透過受感染的針頭進入血流，通常用於非法靜脈注射毒品而感染。常規檢查沒有發現任何已知的病毒或細菌。這是一種來源不明的未知病毒感染，正好攻擊細胞免疫。這也是一場完全的風暴，因為這樣的病毒，無論由生物學上還是隱喻上來說，都是一種完美的病原體，要殺死原本設計來殺死它的系統。

愛滋病病毒的身分終於在一九八三年三月二十日揭曉，法國研究員呂克・蒙塔尼耶（Luc Montagnier）與法杭索瓦絲・巴瑞–西諾西（Françoise Barré-Sinoussi）攜手在《科學》期刊上發表了論文，[28]描述他們從幾名愛滋病患者的淋巴結中分離出一種新型病毒。次年，就在這種疾病席捲歐美，使成千上萬人死亡之際，病毒學家爭論這種病毒是否確實是愛滋病的病因。一九八四年，美國國家癌症研究所（National Cancer Institute）生物醫學研究員羅伯特・蓋洛（Robert Gallo）的實驗室一舉解決了這場爭論：這個團隊在《科學》上發表了四篇論文，[29]提供了新病毒導致愛滋病的明確證據。它被命名為人類免疫缺乏病毒或HIV。[30]蓋洛的實驗室說明了一種培養這種病毒並開發抗體的方法，為第一批感染測試奠定基礎。[31]

我們通常認為愛滋病是一種病毒性疾病，但它同樣也是一種細胞疾病。CD4陽性T細胞正處於細胞免疫的十字路口。稱它為「輔助性」細胞，就等於稱托馬斯・克倫威爾（Thomas Cromwell，英王亨利八世的親信大臣）為中級官僚一樣；與其說CD4細胞是幫手，不如說它是整個免疫系統過程的策畫者、協調員、中樞，幾乎所有的免疫資訊都經由它流動。它的功能十分多樣。如我們先前讀到的，當它察覺到來自病原體，負載在II類MHC分子，並由細胞呈遞的胜肽時，它的工作就展開，啟動免疫反應，使它活化，發送警報，使B細胞成熟，並招募CD8T細胞到病毒感染部位。它分泌使免疫反應的各陣線之間能夠串聯的因子。它是先天免疫和後天免疫之間——免疫系統的所有細胞之間的中心橋梁。因此CD4細胞的崩潰就會迅速導致免疫系統全面崩潰。

在一個週五下午，一名高瘦的男病患來求診，他只有一項主訴：他的體重減輕。沒有發燒、沒有寒顫、沒有夜間盜汗。然而他的體重卻不斷地急劇下降。每天他站在家裡的體重計上，總發現自己又少了一磅。他站起來給我看：這六個月來，他把皮帶扣洞一格又一格地勒緊，直到最後一格。但他的褲子仍然從腰上掉下來。

我更深入一點問診。他是來自羅德島的退休房地產經紀人，曾經結過婚，但現在獨居。這名男子有一個不尋常之處：雖然他對醫療症狀和風險完全坦率，但他對自己的私生活卻十分保留，只提供最模糊的細節。

「你有使用靜脈注射藥品（指毒品）嗎？」我問。

「沒有，」他斬釘截鐵地回答。從來沒有。

「家族中有癌症病史嗎？」

有。他的父親死於大腸癌，他的母親則罹患乳癌。

「無保護的性行為？」

他看著我，彷彿我瘋了。

「沒有。」他聲稱自己已經獨身多年。

我診察了他的身體，沒有什麼特別之處。「我們安排一些基本的檢查，」我說。體重莫名減輕是棘手的醫學難題，我們會檢查是否有潛血或任何癌症的跡象。似乎不太可能是結核病。他感染愛滋病毒的風險很低，但我們可以晚點再談這個可能。

看診結束了，他起身離開。他穿著運動鞋，但沒穿襪子。他一轉過身來，我由眼角瞥見了它：他的一隻腳踝上有一塊藍紫色病變，就在鞋子上方。

「等一下，」我對他說，「把你的運動鞋脫下來。」

我仔細檢查了病變的部位。它是他皮膚上的一個小丘疹，大約腰豆（kidney bean）大小，深茄子色。看起來像卡波西肉瘤。「讓我們加上ＣＤ４數值，」我說，然後小心翼翼地補充道，「還有ＨＩＶ檢測？」他似乎不為所動。

一週後，數據回來了：他罹患典型的愛滋病。他的CD4數值是我們認為正常值的十分之一，藍紫色病變的切片正如我所懷疑的，卡波西肉瘤檢測呈陽性，這是定義愛滋病的疾病之一。

我把這個人送去一位愛滋病毒專家那裡。他下一次來回診時，再次強烈否認曾做任何與HIV／愛滋病相關的危險行為：沒有與男性或女性進行無保護的性行為，沒有用靜脈注射藥物，也沒有輸血，就好像病毒憑空出現一樣。沒有必要進一步探究，我們之間有一層不能揭開的隱私。薩爾曼．魯西迪（Salman Rushdie）在一九八一年的小說《午夜之子》（*Midnight's Children*）[32]中描寫一位醫師只能透過白布上的一個洞來檢查他的病人──一名年輕女子。有時候，我似乎只能透過布上的一個洞來設想我的病人──什麼樣的布？恐同症？否定？性的羞恥？毒品？我們讓他展開抗反轉錄病毒治療。他的CD4數值開始攀升，比我們預期的慢，但卻一天天地在上升。他的體重有一段時間趨於穩定。

然後它又開始下降。在一個不尋常的情節轉折中，兩個新的病灶──紫藍色──突然出現在他的手臂上。新的瘀傷？更多卡波西肉瘤？但在這個時候發生卻沒有任何道理。那時，他已經開始急劇地發燒和發冷，腋下出現了腫塊，那兩個新的藍黑色病灶擴大了。幾天後的下午，他又回到了急診室。

從那時起，情況迅速失控。他的血壓直線下降，他的腳趾變成了藍色。他的血液培養結果是巴通氏菌（bartonella bacterium）這種常見於愛滋病患體內的細菌。而且這個病例又有新的轉折出現：他皮膚上新長的藍黑色病變原來並不是卡波西肉瘤，而是因巴通氏菌體引起的血管發炎所生的腫瘤狀突起。同一名患者的兩個相同病變會有兩種截然不同的原因，有多少這樣的機會？有時醫學之謎比我們可能想像的更深奧。

我們用抗生素多西環素（doxycycline）和立汎黴素（rifampin）來治療他，直到症狀消退。他在醫院待了兩週。在他住院一週後，我去看他，他又恢復了沉默寡言的樣子。巴通氏菌幾乎總是因貓抓傷而引起。通常是由因抓傷而侵入皮膚的跳蚤傳播這種疾病。

我們沉默地坐了一會兒，彷彿各自都正在這場相互隱瞞的戰鬥中思索戰略。

「貓？」我問他，「你從來沒有告訴我你有養貓。」

他疑惑地看著我。他沒有養貓。

沒有ＨＩＶ的危險因子，沒有毒品，沒有無保護的性行為，沒有貓，沒有抓傷。我聳聳肩，放棄了探究。

幸運的是，這名男子從感染中康復。抗反轉錄病毒藥物發揮了作用，他的ＣＤ４數值已恢復正常，但病因的黑盒子卻依舊完全密封。有時候，人的奧祕比醫學的奧祕更深沉。

運用三、四種藥物的組合抗病毒藥物治療已改變了愛滋病毒治療的前景。針對這種病毒的藥物資源逐年增加，有的藥物可以有效地防止病毒複製，有的可以阻止病毒複製它的ＲＮＡ，或防止它融入宿主的基因體中，有的可以阻止病毒成熟轉化為感染性粒子，有的則可以阻止病毒融入脆弱的細胞——總共有五、六類不同類型的藥物。用這些藥物治療非常有效，讓愛滋病患可以存活數十年，而沒有任何病毒跡象——用醫學術語來說，就是**檢測不到**。雖然他們沒有痊癒，但卻能深入控制，病毒量低到無法感染他人。

全球各地的實驗室都在尋找對抗愛滋病毒的疫苗，徹底預防感染，藉此消除以多種藥物長期治療愛滋病的需要。確實，有些影響最深遠的藥物試驗已經由治療轉向預防。比如在一項研究治療中，一名ＨＩＶ陽性的孕婦在分娩前接受兩劑抗病毒的奈韋拉平（nevirapine），並在分娩後三天內讓新生兒注射一劑，把傳染風險由25%降低到12%左右，費用約為四美元。[33]幾乎每個月都會試驗更有效的藥物組合，以預防孕婦或高風險的人在性行為後感染。

但在我們等待愛滋病毒疫苗的同時，至少有一種治療細胞疾病的方法可以牽涉到細胞療法。二〇〇七年二月七日，愛滋病毒陽性的病患提摩西・雷・布朗（Timothy Ray Brown）接受了骨髓移植手術。[34]來自西雅圖的布朗一九九五年在柏林讀大學時被診斷出感染愛滋病毒。他曾接受抗病毒藥物治療，包括當時新的蛋白酶抑制劑，並在十年內沒有出現任何症狀，他的ＣＤ４數值僅略低於正常值，也檢測不到病毒量。

然而到二〇〇五年，他突然開始覺得筋疲力竭、虛弱無力，無法騎完平常的自行車騎行。檢查發現他有中度貧血，儘管他的愛滋病毒受到控制。骨髓切片檢查發現布朗患有急性骨髓性白血病ＡＭＬ，這是一種致命的白血球癌症。（布朗碰巧非常不幸。醫界認為這種癌症和ＨＩＶ感染無關；感染ＨＩＶ的男性病患雖然罹患某些淋巴瘤的風險較高，但ＡＭＬ的風險不高。）

他起先接受了標準化療，但白血病在二〇〇六年復發。對於下一步的治療，他的腫瘤醫師建議進行高劑量化療，以消滅他的惡性細胞——同時也消滅了他對疾病的抵抗力，然後用匹配捐贈者的骨髓進行骨髓移植。通常很難找到這種匹配的捐贈者，但令人驚訝的是，布朗在國際登記冊上共有二六七名匹配的捐贈者。因此，在面對大量選擇情況下，他的醫師，喜愛實驗的柏林血液學家吉羅・胡特（Gero Hütter）建議尋找一位恰好也有ＣＣＲ５天生突變的捐贈者。ＣＣＲ５是ＨＩＶ用來進入ＣＤ４細胞的輔助受體。在某些人身上，包括CD4細胞在內的所有細胞，在CCR5基因上都有一種自然突變，稱為CCR5 delta 32——正是中國遺傳學者賀建奎試圖透過基因編輯在露露和娜娜身上創造的同一個突變。遺傳這種突變型CCR5基因的兩個複本的人就能夠抵抗HIV感染。於是，布朗的移植手術不僅是一種創新的醫學療法，而且也是千載難逢的實驗。

胡特先前認識一名病人，也來自柏林，他停用了愛滋病毒藥物，因為醫師認為他天生就遺傳了一個對愛滋病毒有抵抗力的基因。即使在這名病人停止愛滋病毒藥物之後，他的病毒量也並未反彈——支持性的證據，但並非明確的證據可供證明病患的遺傳背景可以改變他或她對愛滋病毒的患病可能。

胡特知道，布朗的病例將會代表重大的突破。一方面，幹細胞的**捐贈者**，而非宿主，提供排斥的基因。而且儘管移植的主要目標是治癒布朗的白血病，但胡特認為，為什麼不嘗試以同一細胞攻擊戰勝愛滋病毒？

不幸的是，移植一年多後，布朗的白血病復發了，需要用來自同一捐贈者的幹細胞進行第二次嘗試。這是極其艱苦的磨難。「我變得神志不清，幾乎失明，而且差點癱瘓，」二〇一五年布朗在羅癌二十週年發表的一篇回顧文章中寫道。[35]他花了幾個月，接著又花了幾年，才得以復原。漸漸地，他重新學會走路，視力也恢復了。不過按照第一次移植後的計畫，他並沒有服用愛滋病毒藥物。當新的幹細胞與具有天生抗愛滋病毒的CCR5 delta 32細胞一起植入後，他的HIV檢測呈陰性。他的白血病治癒了——而或更教人驚訝的是，愛滋病也治癒了。

布朗的病例至今仍在醫學界廣泛討論。最初醫界以匿名的方式稱布朗為「柏林病人」，但他在回到美國的二〇一〇年初，決定在媒體和科學期刊上揭露自己的身分。他有十三年體內都沒有愛滋病毒，並稱自己「痊癒」。二〇二〇年，五十四歲的布朗因白血病復發而死，但他的血液中仍沒有愛滋病毒的跡象。

讓我們澄清一個事實：這個世界的愛滋病毒大流行不可能透過骨髓移植捐贈者的 CCR5 delta 32 細胞來解決。這個程序成本太高、毒性太大、花費太多心力，無法成為大批人口的實用選項。

但布朗的故事中蘊含著與疫苗和抗病毒藥物的開發相關的深刻教訓和尚未解答的問題。首先，改變血液中細胞的愛滋病毒貯存庫有可能治癒這種疾病，或至少對病毒血症可以深度永久控制。在布朗的愛滋病毒治癒之後，在倫敦也有第二名病人經骨髓移植也治癒了愛滋病毒。除非這兩個病例屬於異常情況，否則不太可能在血液之外，還有其他愛滋病毒的「祕密」貯存庫，讓它躲藏在那裡，等停藥時再重新活化——幾十年來這個潛在的問題一直教研究人員擔心。（請注意，我指明的是血液，而不僅僅是ＣＤ４Ｔ細胞。如也來自血液的巨噬細胞已知也是愛滋病毒的貯存庫。）

我們無從知道在布朗應該是治癒之後，是否有愛滋病毒貯存庫蟄伏在他的身體裡，但事實是他在體內沒有病毒的情況下存活了十幾年。就算在他剩餘的巨噬細胞有這樣的貯存庫，那麼也許病毒無法感染他的ＣＤ４陽性Ｔ細胞，而是被永久困住，就像被鎖在地窖門下的人一樣。

哪些因素促成了治癒的可能？特定的ＨＩＶ病毒株？移植前的低病毒量？在移植後布朗免疫系統的「工程」？這些問題的答案將導引下一波愛滋病的療法，我們將會了解病毒躲藏在哪裡、如何攻擊它的貯藏庫、細胞如何抵抗感染。最重要的是，我們將了解如何教免疫系統辨識這種最狡猾的病原體。

耐受的細胞：自我、恐怖的自體毒性，和免疫療法

我承擔的你也將承擔，因為每一個屬於我的原子也同樣屬於你。[1]

——華特．惠特曼（Walt Whitman），《自我之歌》（*Song of Myself*），一八九二年

該是回到這個問題的時候了：什麼是自我？一個生物體，如我之前所說的，是合作的單位聯盟；是細胞的議會。但這個聯盟從哪裡開始和結束？如果有外來細胞試圖加入聯盟會怎麼樣？它必須持有什麼護照才能通過？就如同《愛麗絲夢遊仙境》中的毛毛蟲問愛麗絲的：「你是誰？」[2]

海床上的海綿伸出分支，向彼此延伸，但一旦海綿互相靠近，分支就會停止生長。正如一位海綿學家所描述的：「明顯的非融合邊緣區分了不同物種的海綿，甚至同一物種的不同樣本。」[3]是什麼阻止了細胞由一塊海綿轉移到另一塊海綿，或者從一個人身上轉移到另一個人身上？海綿如何認識它**自己**？

上一章隱含了一個必須回答的相關問題：我寫道，T細胞能夠辨識改變後的自我。*但若仔細分析這句話，就會發現它問題重重，就像馬戲團拆光了零件的小丑車（clown car）道具一樣；各種各樣的難題持續不斷地出現。把我的句子拆成兩部分。首先，T細胞怎麼認出改變後的自我？也就是說，它怎麼能在病毒或細菌的胜肽出現時，知道要殺死這些目標，而在它自己的胜肽出現時不會這麼做？細胞並不會為每個自身重疊的胜肽記帳（細胞中所有可能的胜肽數量超過數億），因此是靠著什麼機制，才能確保T細胞不會攻擊自己的身體？第二，則是有關自我。T細胞怎麼知道攜帶胜肽（MHC分子）的框架來自自己而非他人的身體？

先談自我的問題。乍看之下，這個問題似乎相當突兀。人類幾乎不用擔心其他人的細胞會侵入並利用我們的身體，想要把他們自己冒充為我們的自我（儘管這種幻想依舊是恐怖電影和書籍的靈感）。但對較原始的多細胞生物——比如海綿，生存競爭是日常的戰鬥，每一口食物都很珍貴，保持穩定是潛在的威脅，而地盤則是有限的資源，遭到另一個自我入侵的可能可不是小事。這樣的生物體必須問：**我**到哪裡結束，**你**從哪裡開始？只有在嚴格地畫定它的邊界時，它的自我才能存在。這樣的生物體必須不斷地問自己的每一個細胞「**你**是誰？」

早在細胞生物學誕生之前，亞里士多德就把自我想像為存在的核心；身體和靈魂的統一。[4]他主張，自我的物理邊界是由身體及它的結構來定義，但自我的整體是那個實體的皮囊和占據其中形而上的主體聯合起來——被靈魂填滿的身體。在原則上，亞里士多德可能也曾考慮過外來靈魂侵入身體皮囊的問題，確實，靈媒經常用「附身」（possession）一詞來解釋心理崩潰和行為失常，但亞里士多德似乎並不擔心這個問題：一旦身體被一個靈魂占據，另一個靈魂入侵或融合的可能就不在他的考量之內。

但在公元前五至前二世紀之間，一些印度的吠陀哲學家寫的文章卻表達了完全相反的看法，[5]他們鼓勵消除個人的自我，讓它與宇宙融合。他們排斥希臘的身心二元論，也反對個人身體和宇宙靈魂之間的二元論。他們把自我稱為阿特曼（atman。除了阿特曼之外，梵文中還有許多其他的字可以表示「自我」，但 atman 具有最多的意義）。相較之下，普遍的、眾多的自我，則是婆羅門（the brahman）。在這些哲人看來，自我是阿特曼和婆羅門的理想融合，或者更準確地說，宇宙自我透過個體自我的無縫流動。然而這種融合／流動被保留作精神造詣的目標。有一種宇宙生態把個人和精神融為一體。「Tat Twam Asi」——「那就是你」這個詞遍布在《奧義書》（*the Upanishads*）裡，它表達的是無限的自我，不僅只存在單一的身體，而且滲透到宇宙之中。《奧義書》宣告，你的自我，被「那」所散布和滲透。在理想的身體中，宇宙流經個體。（「入侵」一詞帶有負面含義，當然會避免使用。）

＊細胞生物學中「自我」和「非我」的區別不僅僅是T細胞的問題。懷著胎兒的母親，體內也懷著一個「非我」，是什麼讓她的身體不致排斥這個異物？我們的腸道中有數億微生物生活在免疫耐受的保護傘下。當入侵的病原體受到攻擊時，這些細菌如何耐受？細胞生物學家仍在尋找這些問題的答案。隨著我們對耐受的了解增加，也許本書的未來版本可以回答這些問題。在此期間，T細胞的耐受性還是以細胞生物學的觀點最容易了解，並仍將是這些章節的焦點。

在科學中，這種個人身體和宇宙體無界限的特性，最近在生態學中得到了迴響。我們可以說，整個生物的生態系統是透過關係網絡連接起來的，並且在某種程度上消除畫了邊界的自我。一個人的身體和一棵樹，以及棲息在樹上的鳥兒，就透過這樣的網絡聯結在一起——生態學家才剛剛開始解譯這些網絡。鳥兒吃樹上的果實，並透過糞便傳播種子；而反過來，這棵樹也為那隻鳥提供了棲息地。生態學家堅持認為，這不是入侵，而是相互的聯繫。

但生態的相互聯繫並非實體，也沒有競爭性，而是存在關係和共生——我們後面會再回到這個課題。而在細胞生物學家看來，實體的融合仍然提出了基本的難題。嵌合（chimerism）——實體自我融合的觀念並非新時代的幻想，而是古老的威脅。細胞本身並不特別喜歡與其他細胞的自我混合在一起，否則為什麼海綿會這麼費勁地限制自己與另一塊海綿的融合，以形成無邊無際幸福的宇宙婆羅門海綿？

把同樣的挑戰延伸到T細胞上。請記住：只有外源胜肽呈遞在細胞表面的MHC蛋白上——T細胞才會活化，但前提是它是由來自同一身體的MHC所呈現。這就像只有當框架或背景正確時，T細胞才會被活化——這裡所謂「正確」的意思是，框架來自自我，而所承載的內容卻是外來的。但T細胞如何認識自我？

即使早期的生理學家也都注意到，對非我的排斥——以及邊界的嚴格定義，是人體組織的特徵。印度的外科醫師，尤其是生存年代約在公元前八百至六百年間的蘇什魯塔（Sushruta），曾做過由前額到鼻子的皮膚移植。[6]（這在古印度並不罕見，因為罪犯和異議分子經常被砍掉鼻子作為懲罰，醫師得想辦法重建它們。）但是當早期的外科醫師嘗試同種異體移植——把皮膚由一個人的身體移植到另一個身體之際，卻發現接受移植者的免疫系統啟動並排斥移植的皮膚，導致移植的皮膚變藍、壞疽，最後惡化而死亡。

二次大戰期間，人們重新燃起了對移植器官科學基礎的興趣。尤其當時士兵和平民經常因為炸彈和火災而受傷、燒傷或燙傷，非常需要植皮手術。英國政府任命了戰傷委員會（War Wounds Committee），隸屬在醫學研究理事會（Medical Research Council）之下，它的任務是鼓勵傷口和癒合的研究。

一九四二年，一名二十二歲的女性因「胸部、右脅和右臂大面積燒傷」，被送到格拉斯哥皇家醫院。[7]外科醫師托馬斯・吉布森（Thomas Gibson）與牛津大學的動物學家彼德・梅達沃（Peter Medawar）合作，把她哥哥的幾小塊皮膚移植到她的傷口上。遺憾的是，被移植的組織很快就受到排斥，在這名女性的傷口上留下了焦黑、斑駁的痕跡。他們再度嘗試，但排斥的情況更直接。梅達沃和吉布森研究了植皮的系列切片，並檢視浸潤細胞，終於了解排斥移植物的是免疫系統——尤其是T細胞。梅達沃認為，T細胞媒介的自體免疫認出了非自我的成分。[8]

梅達沃知道英國免疫學家彼德・戈瑞爾（Peter Gorer）和美國遺傳學家克拉倫斯・庫克・利特爾（Clarence Cook Little）的研究，他們兩位獨立工作，曾把一隻小鼠的組織移植到另一隻小鼠身上。如果捐贈和受贈的小鼠來自同一品系（strain），移植的組織——通常是腫瘤，就會被「接受」並生長；但如果腫瘤是由一種品系的小鼠移植到另一種品系的小鼠，就會遭免疫排斥。（利特爾對「基因純度」的興趣有時顯得十分強烈和著迷。他培育了近親交配的小鼠品系，用來作移植實驗——T細胞耐受領域的關鍵。他嘗試培育實驗用狗，自己也養了一群近親交配的臘腸狗作寵物。但或許同樣的這些衝動使他熱心地提倡美國優生學，敗壞了他的科學家聲譽。*）

但是導致這種兼容性或耐受性——識別自我與非自我認知的，是什麼因素？一九二九年，擔任密西根大學校長的利特爾因為各系每週都會因相容性和腫瘤移植而爭論不休，因此尋覓了一個可以遠離紛爭的地方，他在緬因州大西洋畔的巴港（Bar Harbour）設立了占地四十英畝的傑克森實驗室（Jackson Laboratory），可以平靜地在那裡繁殖成千上萬的小鼠。窗外的景色非常壯麗，漫長的夏日讓園區充滿了異常清澈的北大西洋陽光。相較之下，移植領域仍然是一片混亂——這是難以理解的生物之謎，累積了數百個相互糾結的觀察結果。利特爾看不出其中的意義。

經由連續地跨菌株移植腫瘤，利特爾發現造成移植排斥反應的不是一個，而是多個基因。到一九三〇年代初，對於尋找定義自我與非自我神祕兼容性基因的移植研究人員來說，傑克森實驗室已成為天然的庇護所。年輕的科學家喬治．史內爾（George Snell）受吸引，來實驗室參與利特爾的移植研究。史內爾畢業於達特茅斯學院和哈佛大學，他培育一代又一代的小鼠，產生接受或排斥彼此移植物的動物。他沉默寡言、深居簡出、心靜如水，並且堅持不懈：有一次，整批小鼠，至少十四代，在實驗室火災中喪生，史內爾只是拍拍實驗袍，重新開始繁殖。

這種選擇性育種，同時監測自體耐受性與非自體耐受性，終於有了成果。就免疫學來說，史內爾最後創造出多種孿生的自我：彼此組織完全兼容的小鼠。你可以把一隻這種小鼠的皮膚或其他組織放入兼容手足的體內，它會被「接受」——耐受，就好像它來自自己一樣。最關鍵的是，近親繁殖實驗產生了兩個基因幾乎完全相同的小鼠品系——只是牠們會排斥彼此的移植。

史內爾用這些動物來剖析自我與非自我的遺傳學。[9]到一九三〇年代末，他以戈瑞爾的研究為基礎，慢慢地縮小範圍到一組決定耐受性的基因，並把它們命名為H基因，代表組織相容性基因（histocompatibility genes），histo 指的是組織（tissue），相容性則是因為它們能夠使外來組織被接受為自身組織。史內爾明白，這些H基因的某個版本定義了免疫自我的界限。如果生物體有共同的H基因，你就可以把組織由一個生物移植到另一個生物；如果他們沒有共同的H基因，移植就會遭到排斥。

接下來的幾十年，學者鑑定出更多小鼠的組織相容性基因——全都位於十七號染色體上，緊挨在一起。（在人類身上，它們主要位於六號染色體。）這個領域最深遠的進步或許發生在終於揭開這些H基因的身分時，其中大多數都編碼功能性MHC分子——也就是與T細胞如何識別它的目標相關的分子。

讓我們暫時退後一下。就像任何科學一樣，免疫學中也有一些大融合的時刻，看似迥然相異的觀察和似乎無法解釋的現象在單一的機械性答案上交會。自我是怎麼認出自己的？是因為你體內的每一個細胞都表現出一組組織相容性（H2）蛋白質，與陌生細胞所表現的H2蛋白質不同。當陌生人的皮膚或骨髓被植入你的體內後，你的T細胞會認出這些MHC蛋白是外來而非自己的，因此排斥入侵的細胞。

這些編碼蛋白質的自我對非自我基因是什麼？它們正是史內爾和戈瑞爾發現並命名為H2的基因。人類有多個「經典」的主要組織相容性基因，而且可能還有更多，其中至少三個，甚至可能更多，與移

*利特爾雖然是移植領域的巨人，但也因在一九五〇年代與香菸製造商勾結而受到批評，當時他主持菸草研究所（Tobacco Research Institute），這個研究所堅持菸草對人體十分安全。

植相容性與排斥反應有密切的關係，一種稱為HLA－A的基因有超過一千種變體，有些很常見，有些則非常罕見。你遺傳的一種變體來自你的母親，一種來自你的父親。第二種這樣的基因HLA－B也有數千種變體。你可能已經猜到，光是兩個這樣高度可變的基因，排列組合的數量就已經多得驚人。你和酒吧裡隨機遇到的陌生人擁有同樣條碼的機會微乎其微（因此更沒有理由和他或她有任何瓜葛）。

當這些蛋白質不是在排斥來自陌生人的移植物和細胞（這顯然是一種人為現象，至少在人類中是如此，但也許在海綿或其他生物體中並非人為）時，又在**做**什麼？正如湯森等人所證明的，它們的主要工作是使免疫反應能夠檢查細胞的內部成分，因而覺察病毒感染。

簡而言之，H2（或HLA）分子有兩個相互關聯的目的。它們把胜肽呈現給T細胞，讓T細胞能夠覺察感染和其他入侵者，並引發免疫反應。它們也是區分一個和另一個人細胞的決定因素，藉此界定生物體的界限。移植排斥（對於原始生物可能很重要）和入侵者識別（對於複雜的多細胞生物很重要）藉此融合成一個系統。這兩種功能都依賴T細胞識別MHC胜肽複合物或者被改變的自我的能力。

現在讓我們轉向難題的另一半：「稍微改變」自我的問題。如上所述，T細胞用MHC分子認出自我，並拒絕非我。但它怎麼辨別自己的MHC呈遞的胜肽是否來自正常細胞（換句話說，它是細胞正常胜肽名錄的一部分），或者它是否來自外來入侵者，例如已經進入細胞，並在細胞內「原生化」了的病毒？我已用了不少篇幅來描述**戰鬥** Kampf：對病原體的毒性攻擊；移植物的排斥反應。那麼關於**和平**呢？充滿了毒素並竭盡全力報復的免疫細胞為什麼不與我們自己為敵？

這種自我耐受的現象同樣讓免疫學家大惑不解。一九四〇年代初，在威斯康辛州麥迪遜（Madison）市，酪農之子遺傳學家雷．歐文（Ray Owen）進行了一項從某種意義上說，概念與梅達沃相反的實驗。在梅達沃的測試中，他試圖了解排斥現象，或者對異己的不耐受：為什麼姊姊的免疫系統會排斥她弟弟的皮膚？歐文倒轉了問題：為什麼T細胞不會排斥自己的身體？它如何獲得了對自我的耐受性？[10]

歐文由他做農場工作的時期就知道，乳牛有時候會和兩頭不同的公牛生下雙胞胎：一頭根西島（Guernsey）母牛可能生出一對父親分別是一頭根西島公牛和一頭赫里福德（Hereford）公牛的雙胞胎，因為兩頭公牛碰巧在同一段生育期使母牛受精。因根西島－赫里福德公牛而受精出生的雙胞胎共用一個胎盤，但牠們有不同的紅血球，攜帶不同的抗原。在通常的情況下，非雙胞胎的根西島牛會排斥赫里福德牛的血液。但歐文發現，在罕見的胎盤共享雙胞胎中並沒有這種排斥反應，就彷彿胎盤裡有什麼東西教導了免疫系統，讓它對另一隻動物的細胞產生「耐受」。

歐文的想法大部分未受重視。但到了一九六〇年代，免疫學家開始認真研究耐受性，因此回頭研究他的結果。暴露於抗原的胚胎必然有什麼因素能耐受免疫系統，把它識別為自己，而不攻擊呈現它的細胞。麥克法蘭．伯內特（他當時已因抗體的複製理論而獲得諾貝爾獎）一九六九年在《自我與非自我》（*Self and Not-Self*）一書中，提出一個激進的理論，更進一步推展了歐文的觀察：「要認出抗原決定簇（antigenic determinant）是外來的必要條件是，在**胚胎生命期間**（粗體為作者所標），它不能存在於體內」，[11]伯內特這麼寫道，承認歐文先前的實驗。

這種耐受性的基礎是對「自我」細胞做出反應的T細胞——攻擊我們自己的免疫細胞（即來自我們自己細胞並呈現在我們自己的ＭＨＣ分子上的蛋白質片段）——在嬰兒期或產前發育時，不知怎麼從免疫系統中刪除或移開了。免疫學家稱這種自體反應細胞為「禁忌細胞株」（forbidden clones，或譯禁忌克隆）——**禁忌**，因為它們敢對自身胜肽的某個層面做出反應，因此在容許它們成熟並攻擊自我之前，就已先遭到刪除。伯內特把它們比喻為免疫反應中的「漏洞」。這是免疫的哲學謎團之一，自我主要是以消極的方式存在，是辨識外來物質中的漏洞。自我有一部分的定義是由禁止攻擊它的事物來決定的。由生物學來說，自我的畫分不是來自它所擁有的，而是透過看不見的東西——是免疫系統所看不到的東西。「Tat Twam Asi.」「那就是你。」

但這些禁忌的漏洞是在哪裡產生的？免疫細胞，比如T細胞，怎麼會在識別的能力中出現漏洞，不攻擊自身的蛋白質，不像它們攻擊外來蛋白質如紅血球或者腎臟細胞表面的抗原那樣？

一系列的實驗提出了答案。正如雅克・米勒所證明的，T細胞是在骨髓中生成的不成熟細胞，遷移到胸腺發育成熟。科羅拉多州的一對免疫學家菲莉帕・馬拉克（Philippa Marrack）和約翰・卡普勒（John Kappler）夫婦在小鼠細胞（包括胸腺細胞）中強行表現了一種外源蛋白。[12]在正常情況下，這種蛋白質應該會被T細胞識別並排斥。但是，正如伯內特所預測的，他們發現：辨識這種蛋白質片段（攻擊自身的蛋白質片段）的未成熟T細胞經由稱作「負性選擇」（negative selection）的過程，在胸腺內遭到去除。被去除的T細胞從來都沒有成熟。它們在自體反應T細胞中，留下了伯內特提出的「漏洞」。

但在胸腺中去除T細胞——一種稱為中樞耐受（central tolerance）的機制，（因為它會在T細胞在中樞淋巴器官成熟的過程中，影響所有的T細胞）還不足以確保免疫細胞到頭來不會攻擊自身。在中樞耐受之外，還有一種稱作周邊耐受（peripheral tolerance）的現象；一旦T細胞離開胸腺，就會被誘發。[13]

在這些機制中，有一種和稱為「調節性T細胞」（T regulatory cell，簡稱 T reg）的奇怪神祕細胞有關。調節性T細胞看起來與T細胞幾乎相同，只是 T reg 不會激發，反而抑制免疫反應。T reg 細胞瞄準發炎的部位，並分泌可溶因子——抗炎信使，來抑制T細胞的活性。它們活動最深入的證據是，在沒有它們時所發生的疾病。在人類身上，一種罕見的突變會阻撓這些細胞的形成，導致可怕的進行性自體免疫疾病，使T細胞攻擊皮膚、胰臟、甲狀腺和腸道。免疫失調、多內分泌病變、腸病，以及X染色體性聯遺傳症候群（IPEX）的病童會出現慢性腹瀉、糖尿病，以及皮膚長牛皮癬、脆弱脫皮等症狀。他們受到自己本身的攻擊，因為控制其他T細胞的T細胞，即負責監管警察的警察，在任務中失踪了。

這是免疫系統尚未解決的一個古怪之處，即賦予主動的免疫力並激起發炎的細胞類型（T細胞）和抑制這些過程的細胞類型（調節性T細胞）源自相同的母細胞——骨髓中的T細胞前體。確實，除了非常微妙的遺傳標記、T細胞和 T reg 細胞在結構上無法區別，但它們在功能上是互補的。免疫和它的對立面是孿生的：發炎的該隱與耐受的亞伯結合在一起。總有一天，我們會明白為什麼演化選擇把這些細胞配對。但調節性T細胞仍然是個謎——一種看起來可能會活化免疫力，但實際上卻抑制它的細胞。

海地有一則諺語說：「山外有山。」失控的T細胞對身體的毒性非常大，因此在備用系統之外還有備用系統。當主要的監管力量不再阻止免疫系統攻擊自己的身體時，會有什麼後果？大約在二十世紀初，傑出的生物化學家保羅·埃利希稱它為「恐怖的自體毒性」（horror autotoxicus）[14]——身體毒害自己。實際的情況正如其名。自體免疫的程度由輕微到十分嚴重。比如圓禿這種自體免疫疾病，T細胞會攻擊毛囊細胞。一名患者可能只有單一一個禿點，但在另一名患者身上，T細胞可能會攻擊每一個毛囊，導致全禿。

二〇〇四年我擔任醫學研究員時，曾自願在臨床免疫學的研究所課程中擔任助教。我的工作是在醫院裡尋覓自體免疫疾病的病患，並在徵求他們同意後，請他們與研究生討論病狀的身體表現、原因和治療。我對埃利希生動的形容只有一個異議，那就是他用的是單數。恐怖的自體毒性（自體免疫）有如此多的表現和形式，並不是只有單一一種恐怖，而是一大群恐怖。

我們見到一位患有硬皮病（Scleroderma）的三十多歲女性，她的免疫系統攻擊皮膚和結締組織。在她的病例中，病情一如經常發生的那樣，始於一種稱為雷諾氏症（Raynaud's disease）的現象，在天氣寒冷時，手指和腳趾會變成藍色。她告訴學生：「接下來，在我情緒激動或疲勞時，即使天氣不冷，我的手指也開始變藍。」我不禁想到莎士比亞在《愛的徒勞》（Love's Labour's Lost）一劇中關於冬天的詩的印象[15]：「牧羊人迪克呵著手取暖，」寒風在他周圍呼嘯。然而這名患者的寒冷是內在的，是由於手腳血管痙攣所致，就好像自體免疫造成了內心的冰凍。

這名婦女的身體還有更奇怪的症狀：當免疫系統攻擊她的結締組織時，一塊塊的皮膚開始緊繃，這些皮膚變得閃亮，彷彿受某種無形的力量拉扯，而在骨頭上延伸。她的嘴唇繃緊，顯出傷痕。她接受了免疫抑制劑的治療，並且用皮質類固醇減少發炎，但這讓她變得狂躁。「感覺我自己的皮膚開始束縛我，就像用保鮮膜包覆我的身體一樣。」

接下來是一位患有系統性紅斑狼瘡（SLE）的男性，這種病常簡稱為狼瘡。以狼為名，或許是因為羅馬的醫師認為，這種恐怖的自體毒性疾病所呈現的皮膚損傷讓他們想到狼的咬傷，更可能的是，遍布病人整個臉部、穿過鼻梁和眼睛下方的皮疹讓人想起狼的斑紋。此外，陽光可能會使皮疹惡化，常常使狼瘡病患生活在黑暗中，只有在月光下才會出來，因此才取了這個聽起來凶惡的名字。病患病房的窗簾已經拉上，只讓一束斜光射進來。我們圍在他四周，就像在某種墓室裡一樣。

這名男子有輕微的皮疹，他戴墨鏡來隱藏這些疹子——但他的腎臟也受到免疫系統的攻擊。劇烈的流動性疼痛穿過他的關節，由他的手肘遷移到膝蓋。狼瘡是一種狡滑的移動性疾病。它可能只侵犯一種器官系統，例如皮膚或腎臟，但它也可能會突然同時攻擊多個系統。這名病患自願參加一種新型免疫抑制劑的臨床試驗，病情似乎也有所減輕。究竟在狼瘡這個病中，免疫系統對抗的是什麼仍然是個謎，但似乎常常和細胞核中的抗原、細胞膜上的抗原，以及與DNA結合的蛋白質上的抗原有關。有時候，受侵犯的器官清單不斷增加：疾病由關節轉移到腎臟到皮膚。這就像一場自燃的火，一旦突破了自我的屏障，屬於自我的一切都會受到攻擊。

恐怖的自體毒性蘊含深刻的科學教訓，然而免疫學家需要幾十年的時間才能接受這一點。自體免疫，對自身細胞的攻擊，帶來了一個明顯的問題：免疫毒性要是能發揮在癌細胞上，會有什麼結果？畢竟惡性細胞占據了自我與非自我的令人不安的邊界；它們源自正常細胞，並具有許多正常的特徵，但它們也是惡性的入侵者——由一方面看是犀牛，由另一方面看是獨角獸。一八九〇年代，紐約外科醫師威廉·柯利（William Coley）曾嘗試用細菌細胞製成的混合物治療癌症病患，這種混合物後來被稱為「柯利的毒素」（Coley's toxin）。[16]他希望能引起強大的免疫反應，攻擊腫瘤。可是一九五〇年代殺死細胞的化學療法開始發展，免疫攻擊癌細胞的想法也就過時了。

然而在標準化療後，癌症一再地復發，免疫療法的觀念又重現生機。讓我們暫時回想一下容許身體不被自身T細胞活活吃掉的機制。有些原本會與正常組織發生反應的「禁忌」細胞株，在T細胞成熟過程中被迫消失。也有可以抑制免疫反應的調節性T細胞。

到了一九七〇年代，科學家又發現了其他機制，讓T細胞可以對身體產生耐受，因而不會攻擊自己。要殺死它的目標——比如受病毒感染的細胞或癌細胞，僅僅讓T細胞受體與MHC胜肽複合物結合還不夠。T細胞表面的其他蛋白質也必須被活化，刺激免疫攻擊。在這裡不是只有一個開關，而是有多個開關。這些備用系統之外的備用系統——山外的山，就像槍中的扳機鎖和安全開關一樣，它們已經演化到確保T細胞不會意外地把友軍火力瞄準正常細胞。扳機鎖將會充當檢查站，防止不分青紅皀白地殺死我們自己的細胞。

但在理解和拆卸這類的扳機鎖之前，這種獨特性的不確定卻赫然出現：人類T細胞是否可能針對癌症產生反應？在馬里蘭州貝塞斯達（Bethesda）的美國國家癌症研究所，一位名叫史蒂芬・羅森伯格（Steven Rosenberg）的外科腫瘤學家從如黑色素瘤等惡性腫瘤提取T細胞，他推斷浸潤過腫瘤的免疫細胞必然有能力識別並攻擊腫瘤。羅森伯格的團隊培養了這些腫瘤浸潤淋巴細胞，把它們的數量增大到數百萬，然後把它們注回病人體內。[17]

結果有一些有效的反應：用羅森伯格轉移的T細胞治療的黑色素瘤患者腫瘤縮小了，有的病人獲得了完全的緩解，而且一直保持如此。但這樣治療的反應並不一定。由患者腫瘤中採集的T細胞或許已經訓練自己去對抗腫瘤，但它們也可能是旁觀者，在犯罪現場袖手旁邊的被動目擊者。它們可能已經筋疲力竭，或者已經習慣，對腫瘤產生耐受。

癌症雖然有種種形式，但它們有一些共同的特色——其中的一點就是，它們對免疫系統來說是看不見的。原則上，T細胞可以是對抗腫瘤的強力免疫武器。就如利特爾和戈瑞爾早在一九三〇年代就已證明的，如果腫瘤被植入基因不匹配的小鼠，來自受體小鼠的T細胞就會把腫瘤當作「外來的」而排斥它，但是利特爾和戈瑞爾選擇的腫瘤／受體系統卻嚴重不匹配：腫瘤在它的表面揮舞著可能會立即被認為是「外來的」ＭＨＣ分子，因此很快遭到排斥。在最近愛蜜麗·懷海德的病例中，她的ＣＡＲ－Ｔ細胞經過修改，以辨識她的白血病細胞表面的蛋白質。

然而，大多數人類的癌症對免疫系統卻是更加微妙的挑戰。諾貝爾獎得主癌症生物學家哈羅德·瓦穆斯（Harold Varmus）說癌症是「我們正常自我的扭曲版本」，確實如此：除了少數例外，癌細胞產生的蛋白質和正常細胞產生的蛋白質是相同的，只是癌細胞會扭曲這些蛋白質的功能，並劫持細胞朝向惡性生長。一言以蔽之，癌症或許是個不受控的自我——但毫無疑問，它是個自我。

第二：最後形成人類臨床相關疾病的癌細胞是透過演化過程產生的。經過篩選週期之後留下的細胞可能**已經**能夠逃避免疫力的——就像山姆·P.的免疫細胞一樣，多年來，它就是和他的腫瘤擦肩而過，忽略它，繼續前進。

這個雙重的問題——癌症與自身的親緣關係，以及它在免疫上的隱藏能力，正是腫瘤學者難纏的對手。要用免疫的方式來攻擊癌症，必須先讓它重新被免疫系統看見（我們自創一字 re-visible）；其次，免疫系統必須在這個癌症中找到某個獨特的決定因素，可以啟動攻擊，同時不會破壞正常細胞。*

羅森伯格的實驗是個閃爍的早期訊號，顯示這兩個挑戰都可以克服：在某些情況下，腫瘤可能會被免疫力檢測到，並且可以被T細胞殺死。但癌細胞究竟是怎麼做才能夠不被免疫力發現？它們會不會以正常身體用來防止自身受到攻擊的相同機制——也就是活化防止自體免疫的扳機鎖？

一九九四年冬天，在柏克萊加大工作的吉姆・艾利森設計了一項重振免疫療法領域的實驗——部分是透過解鎖控制T細胞的機制。艾利森受的是免疫學者的訓練，他一直在研究一種位於T細胞表面叫做 CTLA4 的蛋白質。儘管自一九八〇年代這種蛋白質就為人所知，但它的功能仍然是個謎。

艾利森在小鼠身上植入了已知能抗免疫反應的腫瘤。腫瘤一如預期頑固地生長，擺脫任何的免疫排斥反應。免疫學家麥德華和艾琳・夏比（Arlene Sharpe）一九九〇年代的實驗已暗示 CTLA4 可能是一種用於控制活化T細胞的扳機鎖；他們一除掉小鼠體內的這個基因，T細胞就失控，小鼠開始發展出致命的自體免疫疾病。艾利森重新設計了這個實驗，有一個變化：與其完全刪除 CTLA4 基因，是否可以用藥物阻斷 CTLA4，釋放T細胞，對抗癌症？

艾利森給一些小鼠注射了阻斷 CTLA4 的抗體——基本上阻斷了這個蛋白質的功能。[18]在接下來的幾天裡，注射了 CTLA4 抑制劑的小鼠體內抵抗免疫力的腫瘤消失了。他在耶誕節期間重複了這個實驗，再一次地，注射 CTLA4 抑制劑的小鼠體內的惡性腫瘤溶解了——他後來發現是被滲透的急躁、活化T細胞活活吃掉了。

艾利森和幾位研究人員對T細胞針對腫瘤的這種活化很感興趣，他們花了十多年的時間，想要更深入了解這種蛋白質的功能。正如所有早期的實驗結果一樣，他們發現CTLA4是一種預防恐怖自體毒性的系統；它是T細胞的扳機鎖。在正常的情況下，當活化T細胞上的CTLA4遇到存在於淋巴結細胞表面，T細胞成熟的地方，稱作B7[†]的同源結合物時，安全開關就打開。正在成熟的T細胞喪失攻擊自身的能力，但也無法排斥腫瘤。然而，如果你阻止了這條失能的途徑，安全鎖被關閉，你就超越了耐受度。CTLA4成了失活和活化T細胞之間的屏障。它被稱為「檢查點」（checkpoint），因為這種蛋白質控制T細胞活化。[‡]

---

*日益重要的第三個研究領域牽涉到癌症抵抗藥物和體內自然機制破壞的能力。癌細胞演化，在自身周圍創造出獨特的細胞環境——通常是以正常細胞包圍自己，讓藥物無法穿透，或者會主動造成抗藥性。同樣地，這些細胞環境可以阻止T細胞、NK細胞和其他免疫細胞進入癌細胞附近，使它們失去活性，或者藉著生成血管，為惡性細胞提供營養，因此避開免疫力。運用各種藥物來抑制癌細胞血液供應的試驗僅獲得了小規模的成果，迫使免疫細胞在癌症的「微環境」中保持活躍的嘗試，也只得到有限的成功。我最近看到最可怕的科學圖像之一，是一個被正常細胞外殼包圍的腫瘤，已經排除了活化的T細胞。T細胞在癌細胞自身形成的細胞甲殼外圍形成了一個環，但無法穿透它。免疫學家魯斯蘭．梅德澤托夫稱之為「客戶細胞」（client cell）假說：癌細胞假裝（或者更準確地說）演化成類似於它們所生長器官的「客戶」細胞，就像竊賊假裝是遭竊商店的顧客一樣，而警察（在此例是免疫系統）卻朝其他地方捉賊。

†我在這裡盡量避免使用大量的免疫學術語。B7實際上是CD80和CD86兩個分子的複合物。此外，還有其他備用系統可以防止T細胞被不當活化。其中一種蛋白質CD28最初是由免疫學家克雷格．湯普森（Craig Thompson）發現，這也是我的實驗室以及其他實驗室深入研究的主題。

‡長久下來，研究人員發現T細胞有多個檢查點，每一個都充當安全開關，防止喜歡觸發的T細胞攻擊自身。

我寫這個故事，彷彿這一切重要的了解都發生在幾分鐘之內，其實它花了數十年的辛勞和熱情。幾年前我在紐約和艾利森見面，我們談到揭開 CTLA4 功能這條曲折的科學道路。他笑得開懷，彷彿他花在這個計畫上這辛苦的十年已是過眼雲煙。「沒有人相信我，」他說，「沒有人想到還有另一種方法可以控制T細胞對抗癌細胞。但我們一直堅持，直到解決了這個問題。」

就在艾利森解開 CTLA4 的功能時，在京都工作的日本科學家本庶佑則專注於另一種神祕的蛋白質 PD-1 的功能。就像艾利森一樣，十年過去了，他得到的是奇怪且常常相互矛盾的結果。但本庶佑的團隊慢慢地把焦點集中在 PD-1 的功能上。[19] 他們發現這種蛋白質與 CTLA4 相似，它也是一種耐受劑。PD-1 與 CTLA4 一樣，在T細胞上表現。它的同源結合物——實際上是它的「關閉」開關，稱作 PD-L1。它存在於全身各處正常細胞的表面。如果你把T細胞上的 CTLA4 想像成槍上的安全開關，那麼正常細胞上的 PD-L1 就是無辜旁觀者穿著的橙色外套，上面寫著：「別開槍。我是無害的！」*

在幾十年間，醫學界發現了兩個新的周邊耐受系統，並有降低活性的可能。CTLA4 與T細胞結合，讓它們失能。正常細胞上存在的 PD-L1，使得它們隱形。在無能和隱形組合的某處，就存在了阻止身體吞噬自己的雙重機制。

我們現在知道，癌可以利用這兩種機制來隱藏自己，對抗免疫攻擊。有些會表達 PD-L1，基本上就是縫上它們自己的橙色隱形夾克：「不要開槍。我是無害的！」本庶佑發現，在 PD-1 抑制劑被注射到小鼠體內時，T細胞就被煽動，甚至會攻擊穿著橙衣，具有免疫抵抗力的腫瘤；癌症的虛張聲勢被拆穿了。本庶佑和艾利森各自獨立的研究到頭來匯集在同一個觀念：關閉T細胞上的安全鎖，或者剝掉癌細胞的橙色外套，免疫反應就可以對抗癌症。他們已經將死了檢查站。

這項研究產生了一種新的藥物：抑制對包括 CTLA4 和 PD-1 在內等生物標記的抗體藥物。[20]這些新藥物的首批臨床試驗顯示出它們的效力。對化療有抗藥性的黑色素瘤消退，然後消失。轉移性膀胱腫瘤遭受攻擊[†]及排斥。一種新型的癌症免疫療法，稱為「檢查點抑制」（checkpoint inhibition）——去除對T細胞的耐受性檢查，也隨之誕生。

然而這些療法也有其局限：取下扳機鎖，活化的T細胞急於發動攻擊，可能會攻擊正常細胞。就是這種對自己肝細胞的自體免疫攻擊最後限制了我的朋友山姆．P.對治療的反應。檢查點抑制劑確實釋放了T細胞來對抗他的黑色素瘤，控制它的惡性生長。但它們也對他的肝臟發起了我們永遠無法克服的攻擊。這是一種醫學誘發的恐怖的自體毒性。他被卡在他的癌症和他自己的界限之間，最後腫瘤細胞繞過邊界並存活，而山姆被撇在後面。

很巧合的，我在一個週一早上完成了本書的這個部分，這是我保留來觀察血液的日子。我離開了我

＊事實上，PD-L1不僅僅是一件橙色的安全外套。它甚至誘導T細胞**死亡**，而徹底消除T細胞攻擊。

†為什麼，怎麼——癌細胞**為什麼、為什麼、為什麼、怎麼、怎麼**能夠繞過用來識別和殺死它的T細胞？這個問題今天仍然困擾著免疫療法。實質固態瘤的某個事物——也許是它在自身周圍所創造的環境，可以規避和抑制T細胞甚至最有效的再活化。那個「事物」是什麼？最實在的證據（這不是文字遊戲）是，只有當淋巴器官（包含嗜中性白血球、巨噬細胞、輔助性T細胞、殺手T細胞和有組織的細胞結構）完全活躍時，在實質固態瘤內對癌細胞的免疫攻擊才會發生。這種次級淋巴器官（SLO）就像淋巴結，通常在T細胞攻擊病毒或病原體時形成，但在這種情況下，它是針對腫瘤而組織的。未能形成此類SLOs的腫瘤對免疫療法具有抵抗力，而能形成此類SLOs的腫瘤通常是敏感的。但這是一種相互關係。其中的因果關係以及促成或阻止此類SLOs形成的機制還不得而知。一旦我們能了解它們，新一代的免疫治療藥物或組合就可以用在癌細胞上。

用來寫作的辦公室，沿著走廊走到顯微鏡室。幸好這裡沒有人而且寂靜。燈關了，顯微鏡的燈閃爍開啟。一盒玻璃載玻片已經等在桌上。我拿出一片放在鏡上，並轉動調節輪。

血液，細胞的宇宙，永不停歇者：紅血球；守護者：啟動免疫反應最先階段，有數個葉片的嗜中性白血球；治療者：微小的血小板——曾經被當作沒用的碎屑，它們重新定義了我們如何回應身體的缺口；防禦者、覺察者：製造抗體飛彈的B細胞，和挨家挨戶徘徊的T細胞，它們可以檢測到入侵者一絲一毫的氣息，可能也包括癌症在內。

當我的視線由一個細胞射向另一個細胞時，腦海裡也思索著這本書的軌跡。我們的故事已經轉移了，我們的詞彙改變了，我們的比喻更動了。向前翻若干頁，我們把細胞想像為一艘孤獨的宇宙飛船，接著，在「分裂的細胞」一章中，細胞不再是單一的，而是成為兩個細胞、然後四個細胞的祖細胞。它是組織、器官、身體的創建者、始祖——實現了一個細胞變成兩個接著四個的夢想。然後它變成了一個聚落：發育中的胚胎，細胞在生物體的環境景觀中安置並定位。

而血液呢？它是器官的集合體，是系統的系統。它為它的軍隊（淋巴結）建造了訓練營、公路和巷道以移動它的細胞（血管）。它有城堡和牆垣，由它的居民（嗜中性白血球和血小板）不斷地查看和修復。它發明了一種身分證系統來辨識它的公民，並驅逐入侵者（T細胞），並建立軍隊來保護自己免受入侵者的侵害（B細胞）。它演化出語言、組織、記憶、建築、次文化和自我認知。我想到了一個新的比喻：或許我們可以把它想成是細胞文明。

第四部

知識

瘟疫蔓延時

致命的瘟疫，進入了比義大利其他城市都美麗的名城佛羅倫斯，它……幾年前曾經出現在東部的一些地區……如今不幸地蔓延到了西部……要治療這些疾病，不論是看醫師或任何藥物，似乎都無濟於事……僅僅是觸摸病人的衣服或任何其他被病人觸摸過或用過的東西似乎就會把疾病傳染給觸摸者……每一個人都想保護自己尋求免疫。有的人……與其他人隔絕生活，把自己關在沒有人生病、生活條件最好的房子裡。[1]

——喬凡尼．薄伽丘，《十日談》

二〇二〇年的初冬，在我們的自信遭到顛覆之前，對於人體所有複雜的細胞系統，我們似乎對免疫系統最了解。二〇一八年，當艾利森和本庶佑因發現腫瘤如何逃避T細胞免疫而獲得諾貝爾獎時，這個獎項似乎象徵了我們對免疫的理解的顛峰——也許還包括對一般的細胞生物學理解在內。醫藥界正在開發強力的藥物，可以揭露逃避免疫的腫瘤。當然，基本的謎團仍然存在。這個系統怎麼能在一方面對抗病原體產生強而有力的免疫反應，一方面又確保同樣的反應不會針對我們自己的身體之間，保持巧妙的平衡——對抗微生物入侵者的戰鬥如何不退化成恐怖自我毒性的內戰，仍然是深奧的謎語（就山姆．P.的例子而言，我們一直未能控制由抗癌免疫治療誘發的自體免疫性肝炎）。但這個拼圖核心的部分似乎已經放在適切的位置。幾年前，我和一位博士後研究員談過，原本任職大學的他正要轉到一家計畫為癌症發展新型免疫療法的生技公司工作。他告訴我，研究人員開始把免疫系統想像為可以了解的機器，具有可移動——可操縱、可辨認、可改變的齒輪、裝備和零件。我並不覺得他的樂觀有狂妄的意味。二〇二〇年FDA核准約五十種藥物，其中有八種和免疫反應有關；在二〇一八年，這個數字是五十九種經核准藥物中，有十二種和免疫反應有關；在**所有**人類所發現與免疫系統有關的藥物中，幾乎占五分之一。看來我們似乎非常自信地由基礎免疫學邁向應用免疫學。

然後，就像聖經中的故事一樣，我們崩塌了。

二〇二〇年一月十九日，一名三十多歲的男子剛由中國武漢飛抵美國，他一邊咳嗽一邊走進華盛頓州史諾霍米須（Snohomish）縣的一家診所。閱讀發表在當年三月《新英格蘭醫學期刊》（*New England Journal of Medicine*）[2]上的第一份病例報告，教人不由得感到一股寒意：

「病人到診所掛號時，在候診室戴上了口罩。」

在候診室裡站在他旁邊的有誰？過去幾天他感染了多少人？從武漢飛往西雅圖的航班上，誰坐在他的走道對面？

「大約等了二十分鐘後，他被帶進診療室診察。」

為他檢查的醫師戴口罩了嗎？為他量體溫的護理師呢？他們現在在哪裡？

「他說他赴中國武漢探親後，於一月十五日返回華盛頓州。」

一月二十日，鼻腔拭子和口腔拭子（以及隨後的糞便樣本）被送往聯邦疾病防治中心。兩者的新冠病毒檢測都呈陽性：SARS-COV2。

在他生病的第九天，也就是住院的第五天，他的病情惡化了，血氧含量下降到90％——對於先前沒有肺部疾病的年輕人來說，這顯然不正常。胸部X光檢查顯示他的肺部出現模糊、不透明的條紋，顯示肺炎病情加重。他的肝功能血液檢查顯示異常；發高燒又退燒。他一度瀕臨死亡，但最後終於康復。

距離這名咳嗽的男子走進西雅圖的診所已經兩年多了。在二〇二二年三月我撰寫這些文字時，舉世已有近四．五億人感染，近六百萬人死亡（由於缺乏可靠的測試以及因病毒導致的死亡報告，因此這兩個數字都可能被嚴重低估）。疫情已席捲全球，幾乎沒有一個角落倖免。攜帶新突變的病毒株浪潮已經出現了，其中一些比其他病毒株更致命——Alpha、Delta和Omicron。超過六十種針對這種病毒的疫苗正在做臨床測試，三種已在美國獲得批准，九種已獲世界衛生組織批准，還有其他一些仍在開發。

擁有成熟醫療護理和保健服務系統的富裕國家被打敗了。英國共有逾十六萬人死亡。在美國，官方統計的死亡人數是九十六萬五千人。死亡、生病、遭到蹂躪、流離失所，破產，失去親人的人數則持續增加再增加。

我擺脫不掉這場流行病的影像或聲音。誰能夠？橘色的屍袋堆放在臨時太平間的鋪位上，智利的萬人塚，我上班的醫院外救護車持續不斷的警笛，它們混合在一起，直到我聽到的只是聲聲尖叫；二〇二一年春，急診室擠滿了擔架，溢出到走廊外；病人淹沒在自己體液的喘息；加護病房每天都在爭奪更多床位。筋疲力盡的醫師和護理師每天晚上都像行屍走肉一樣，穿過我辦公室外面的斑馬線，他們眼神空洞，一副交班後的模樣，臉上還印著特殊的標記：N95口罩的輪廓已經印在他們的臉頰上。在杳無人跡、空蕩蕩的城市，棕色的紙袋飄揚街頭。只要有人在地鐵上咳嗽或打噴嚏，大家就都會露出懷疑或者直接擺出恐懼的表情。

朋友表親的照片——四十多歲的巴西男子，健康，活力充沛，兩年前的夏天，在里約熱內盧的海灘上，他高興地把雙臂舉出水面。二〇二一年七月下旬，他感染了新冠病毒。他的肺炎惡化了。他的呼吸頻率攀升至一分鐘三十多次。我只能想像第二個畫面：同一名男子在加護病房的床上，用力地呼吸，他脖子上的帶狀肌肉緊繃而且清晰可見，嘴唇發青。他的手臂再度高舉，但是在胡亂擺動——他舉起並不是為了表示喜悅，而是表達了對活下去的渴望。我夜復一夜和朋友互傳緊急簡訊，有一陣子，我覺得比較安心，因為他的表親雖然接上了呼吸器，但病情正在改善，只是速度緩慢而已。接著在四月九日深夜，我接到最後一個簡訊：「很遺憾，他走了。」

二〇二一年四月席捲印度的第二波疫情比第一波危險得多。[3]這個病毒已突變為一種現在稱為「Delta」的病毒株——比原先來自武漢的病毒株傳染性更強，也可能更危險。Delta在印度肆虐，使它原本就已經破碎的公共衛生系統遭到更大的破壞，並顯露出當局缺乏有組織、協調的反應，令人震驚。德里封城，使得數百萬名移工被困。家母成了在那個城市公寓裡的孤單囚犯。在一週又一週的禁閉期間，她每天發給我的簡訊被縮短成教我寬心的摩斯密碼：「今天：沒事。」

我的腦海有個揮之不去的畫面，一名移工跪在新德里的醫院外，為他的家人乞求一瓶氧氣。一位來自勒克瑙（Lucknow，印度北部邦首府）的六十五歲記者在推特發文說，他受到感染、發燒、呼吸急促，他打電話給醫院，但醫師卻置若罔聞。[4] 這些推文在網路空間中傳播，詳細地描繪出越來越絕望的情緒。在懷著極度恐懼的舉世觀眾眼前，他貼出了他的血氧濃度下降的照片——52%、31%，這已到了活不下去的程度。最後一條推文貼出了一張照片，他用發青的手指拿著脈衝式血氧機。血氧濃度：30%。然後就再也沒有消息了。

有一段時間我不敢打開報紙。我們彷彿重塑了悲傷的各個階段：憤怒化為指責，然後是茫然無助。印度的疫情燒得如此猛烈，因此每一個系統、每一個網格都崩潰了、腐蝕了、融化了。

有時我會想起一個印度的傳說。魔王巴力（Bali）*征服了三界——地上、地下和天上。毗濕奴（Vamana，印度教主神之一）化身的煙燻眼小矮人婆摩那（Vamana）撐著一把雨傘在他面前出現，向他祈求實現一個願望。魔王巴力心生傲慢，不以為意，因此慷慨允諾。婆摩那的要求小得離譜：他想要一塊正方形的土地，以他走三步所囊括的距離為界。這個侏儒——他的高度恐怕不到人的雙臂吧？他想要在無邊無際的王國中要幾平方呎的土地？巴力一笑置之；當然，可以，小矮人可以擁有他想要的一小塊土地。

接著，巴力驚駭的看到，婆摩那膨脹了起來。他拱起身體，像指數一樣升高，穿越穹蒼。他踩出第一步，跨越了整個大地，第二步橫亙整個天空，第三步跨過陰間。王國已經不剩任何土地可供給予。他把腳踩在巴力的頭上，把他推入地獄的底層。

這個類比在某些方面顯然是不正確的——毗濕奴是神，而病毒絕對與神力無關。遺憾的是，我們的失敗太符合人性了：損耗、僵化的全球公共衛生系統，缺乏準備，錯誤訊息像病毒一樣在各國之中的傳播，供應鏈問題導致我們無法採購防護的口罩和拋棄式醫療服，各國的強人領導人對病毒傳染的反應遲緩。

但踩在我們頭上的腳卻千真萬確。正當我們志得意滿，以為我們**了解**免疫系統的細胞生物學，科學家的頭就被推入了地獄的底層。

當一種微小的微生物開始跨越世界，由一個大陸躍入另一個大陸時，幾乎沒有任何意義。正如耶魯大學的病毒學家岩崎明子（Akiko Iwasaki）[5]告訴我的，類似 SARS-COV2 的冠狀病毒在人類之間已經流傳了幾千年，但從沒有造成這樣的破壞。它的某些表親病毒，如SARS和MERS，比COV2更致命，但它們很快就被控制住了。在 SARS-COV2 和人類細胞之間的相互作用有什麼特性，使**這個**病毒突如其來地引發了全球大流行？

來自德國一家診所的醫療報告透露了兩個線索，乍看之下，幾乎沒有任何不祥之兆。二〇二〇年一月（回想起來，在那短暫的平靜中，我們多麼天真，多麼自信啊；一個不到一百公分高的矮子能要求多大的王國？），一名三十三歲的慕尼黑男士與一位來自上海的女士進行商務會議。[6]幾天後，這名男子

＊在印度南部，這個傳說略有不同。巴力是威嚴的國王，他掌管三界，毗濕奴應敵對神明的要求，欺騙巴力，使他喪失了他的王國。

生病了，他發燒、頭痛，有類似流感的症狀。他在家休養，後來又回去工作，與其他幾位同事開會。他發燒、頭痛——但很快就康復了。這看來就像是日常感染，是普通感冒的常見病例。

幾天後，慕尼黑的醫院打電話給這名男士：那位上海女士在返回中國的班機上生病了，她的 SARS-COV-2 檢測呈陽性，但教人困惑的是：她和他見面時似乎很健康，一直到兩天之後，她才發病。簡而言之，她在**出現症狀前**就把病毒傳染給了這名男士。先前沒有人可以告訴她或者和她會面的人說，她已經攜帶了病毒，不可能根據她的症狀進行隔離或檢疫，以阻止病毒。

在這名男子接受病毒檢測時，謎團更深了。當時他的症狀已經減輕；他已經回到工作崗位，感覺良好。但用他的痰液檢測病毒時，卻發現他是正在沸騰的傳染大鍋：他的每一毫升唾液裡，有一億個傳染性的病毒顆粒；只要他咳嗽幾聲，就可能讓整個房間充滿具有強烈傳染性的隱形濃霧。他同樣也在沒有明顯症狀的情況下傳播病毒。

在繼續追蹤接觸者時，病毒的第二個不祥特徵出現了：這名男士已經感染了另外三人。病毒的「傳染性」——決定傳染成長過程的關鍵因素，至少為三。如果一個人可以感染三個人，那麼傳染的成長必然是指數級的。三、九、二十七、八十一。在二十個週期內，這個數字就會達到三十四億八千六百七十八萬四千四百零一——大約是全球人口的一半。

無症狀／症狀出現前傳播。指數成長。這兩個大流行的關鍵因素已經透過那份看似無害的報告確定。第三個因素很快就會十分明顯：不可預測的神祕致命性。到那個時候，誰還沒看過武漢那位勇於揭露首批病例的眼科醫師用手機拍的顆粒狀照片？他大汗淋漓，喘著氣與最後奪去他性命的肺炎戰鬥。隨著感染的蔓延，舉世開始意識到它可怕的殺傷力：在西雅圖、紐約、羅馬、倫敦和馬德里，加護病房塞滿了病人，死亡人數不斷上升。同樣急切的問題出現了：症狀前感染的方式是什麼？為什麼在有些人身上只造成相對輕微感染的病毒，在其他人身上卻會變得如此致命？

你可能會問，為什麼 Covid-19 大流行的醫學謎團會位於這本談細胞生物學的書的中心？因為細胞生物學位於醫學奧祕的中心。我們所了解關於細胞及它們彼此的相互作用——先天免疫系統如何回應病原體；免疫細胞如何互相溝通；在肺細胞內頑強生長的病毒怎麼會造成症狀前感染而不驚動周圍的其他細胞；胃腸系統的細胞作為病原體的先遣反應者有什麼樣的反應，都必須重新思考和解析。疫情大流行需要進行多種解析驗證，而針對我們關於細胞生物學的知識作解析驗證也有其必要。不寫新冠病毒，我就無法完成本書。*

二〇二〇年，一群荷蘭研究人員在尋覓可能提高對嚴重新冠病毒感受性的基因時，瞥見了答案。

* 我無意對一種全球大流行的疾病提出純技術或「技術官僚」的解決方案。處理新冠疫情等流行病（以及減少所有疾病的負擔），大部分責任是落在公共衛生措施、改善處理的途徑和衛生，以及生活方式和行為改變。但本書談的是細胞生物學，我在此把重點放在病毒感染的細胞生物學和免疫學，並以應有的虛心和認知說明：了解——和解開造成病毒大流行的免疫學奧祕，在預防病毒大流行上發揮顯著的作用。

研究團隊找出來自不同家庭的兩對兄弟，總共四名年輕人，他們受到這種疾病異常猛烈的侵襲。基因定序顯示其中一對兄弟遺傳了TLR7這個基因的失活突變（親手足平均有一半的基因是共同的）。令人驚訝的是，第二對兄弟也遺傳了同一個基因的突變，似乎降低了那個基因的活性（並非完全一樣的突變——但是在同一個基因中）。

TLR7基因有什麼特殊之處，可以說明它與SARS-COV2感染嚴重後果的關聯？我們先回顧一下先天免疫系統，它會在感染病原體的最初階段，對細胞發出的危險模式或訊號做出反應。在這個先天系統活化之前，細胞首先必須**偵測**到入侵。原來TLR7——即「第七型類鐸受體」（toll-like receptor 7），它是病毒入侵的重要偵測器。它是一種內建在細胞內的分子感應器，當細胞被病毒感染時就會「打開」。TLR7的活化接著會激發細胞的危險訊號——其中包括一種稱為第一型干擾素（type 1 interferon）的分子，以警示其他細胞增強它們抗病毒的防禦能力，並啟動免疫反應。

這個理論是，兩對兄弟的TLR7突變都使蛋白質喪失活性，或降低了功能，因此導致第一型干擾素（危險訊號）的分泌減弱，沒有偵測到入侵，警鐘未響，先天免疫系統從未能做出適當的反應。對病毒感染的早期先天細胞反應功能受損，使兩對荷蘭兄弟容易遭受由SARS-COV2引起最嚴重的疾病形式。

科學家群起研究SARS-COV2及它與免疫的相互作用，於是出現了更有啟發性的線索。在紐約班．田歐佛（Ben tenOever）的實驗室，研究人員發現在感染後不久，病毒就會把被感染的細胞「重調程式」。[8]二〇二〇年一月，我訪問田歐佛，這位當時四十歲，在西奈山醫院（Mount Sinai Hospital）工作的免疫學家告訴我：「這幾乎就像病毒劫持了細胞。」[9]

細胞「劫持」牽涉到一種極其狡猾的伎倆：就在SARS-COV2把細胞轉變為工廠，生產數百萬個病毒顆粒之時，它也在阻止受感染的細胞分泌第一型干擾素。在紐約洛克菲勒大學，讓－洛杭．卡薩諾瓦（Jean-Laurent Casanova）也得出了同樣的結論：他發現，最嚴重的 SARS-COV2 感染病例發生在感染後缺乏引發功能性第一型干擾素訊號能力的病人身上，通常是男性。[10]有時候，細胞生物學會產生最奇特最意外的結果。這些有嚴重新冠病毒的人，體內有預先存在對抗第一型干擾素的自體抗體，意即甚至在他們受感染之前，他們的身體就已經攻擊並使這種蛋白質失去功能。這些病人原本就**已經**缺乏第一型干擾素反應——但直到病毒來襲時，才發現他們的缺陷。對他們來說，新冠病毒感染帶來了一種早已存在，但以前看不出來的自體免疫疾病——一種潛伏的、不可知的恐怖自體毒性（對抗第一型干擾素——病毒的警鐘）只因遭 SARS-COV2 感染，才顯露出來。

這些研究開始像拼圖的圖片一樣拼湊在一起：在病毒感染了早期抗病毒反應已減弱的宿主時，最為致命——就如一位作家所描述：「進入沒上鎖房屋的劫掠者」。[11]簡而言之，SARS-COV2 的致病性也許恰恰在於它能夠欺騙細胞，讓細胞以為它不會致病。

更多的資料滾滾而來。受感染的宿主細胞因為發出最初危險訊號的能力受損，不只成了「沒上鎖的房屋」，而且是不只一個，而是兩個警報系統失靈的沒上鎖房屋。它無法發出早期的警報（訊號中的第一型干擾素），而且在房子著火時，細胞猛然扣動了第二次強大警報的啟動器，發出另一系列的危險訊號——細胞激素，來召喚免疫細胞。一支不協調的細胞大軍——混亂、迷惑的士兵湧進感染位置，並開始地毯式轟炸，但這樣做太過度，太遲了。衝動好戰的免疫細胞排出各種毒素的霧雲來阻止病毒。對抗病毒的戰爭，正如病毒本身一樣——成為不斷升級的危機。

宿主肺部充滿液體；衰亡細胞的碎片堵住了氣囊。岩崎明子告訴我：「在通往新冠病毒免疫力的路上，似乎有個決定疾病結果的岔口。如果你在感染的早期階段安裝了堅固的先天免疫反應〔應該是經由完好無缺的第一型干擾素反應〕，你就可以控制病毒，因而病情較輕。否則，你肺部的病毒複製就會不受控制〔……〕助長發炎之火，造成嚴重疾病。」[12]岩崎用了一個十分生動的詞來形容這種過動、功能失調的發炎：她稱之為「免疫啞火」（immunological misfiring）。

這個病毒為什麼或如何導致「免疫啞火」？我們不知道。它怎麼劫持細胞的干擾素反應？我們有一些提示，但沒有得到明確的答案。主要的問題是因為反應的**時機**——早期的損傷，接著是晚期的過動嗎？我們不知道。檢測受感染細胞中病毒蛋白質片段的T細胞扮演是什麼角色？對於防止病毒感染的嚴重程度，它們能否提供一些保護？有些證據顯示，T細胞免疫可以減輕感染的嚴重程度，但其他研究並不支持此說。我們不知道。為什麼病毒可以在男性身上導致更嚴重的病情？再一次地，我們有假設的說法，但缺乏明確的答案。為什麼有些人在感染後會產生有效的中和抗體，而有些人則不會？為什麼有些人受感染後會有長期的影響，包括慢性疲勞、頭暈、「腦霧」、脫髮、呼吸困難，以及其他一系列症狀？我們不知道。

千篇一律的答案教人羞愧、令人抓狂。我們不知道。我們不知道。我們不知道。

大流行病讓我們了解流行病學，但它們也教導我們認識論：我們怎麼知道我們所知道的。SARS-

COV2迫使我們把最強大的科學手電筒射在免疫系統上，讓這個細胞群落以及在它們之間移動的訊號受到可說是歷來最嚴格的審查。但或許我們認為我們對SARS-COV2的了解僅限於我們對免疫系統**已經**了解的內容——即已知的知識。我們無法知道未知的未知。

或許這場大流行指出了我們理解上的另一個差距：或許其他病毒，如SARS-COV2，可以用意想不到的方式扭曲免疫系統的細胞，使得它們可以致病，只是我們忽略了這些更深層的解釋（的確，我們知道巨細胞病毒或愛潑斯坦－巴爾病毒有這樣的機制）。我們告訴自己SARS-COV2為什麼會如此狡猾劫持我們免疫系統的故事，或許是個徹底不完整的故事。我們對免疫系統真正複雜性的了解，有一部分塞回黑盒子裡。

科學尋覓的是真理。英國小說家莎娣・史密斯（Zadie Smith）的一篇散文中有一個令人難以忘懷的畫面，[13]這幅漫畫畫的是查爾斯・狄更斯被他所創造的所有角色圍繞著：穿著不合身背心又矮又胖的匹克威克先生，戴著大禮帽、性好冒險的大衛・考柏菲德，全身髒兮兮，天真無邪的小耐兒。

史密斯這篇文章的內容是關於作家，尤其小說作家完全沉浸在她筆下角色的思想、身體和世界那種脫離自己的身體，進入另一個心靈中時，所感受到的體驗。那種熟悉，或者親密，感覺就像是「真相」。「狄更斯看起來並不擔心也不羞愧，」史密斯這麼描寫這幅漫畫。「他似乎並不覺得自己可能精神分裂症或有什麼其他毛病。他對自己的這種情況有個說法：小說家。」

現在想像一下另一個人物，只是他被半幽靈圍繞。其中一些「角色」——例如第一型干擾素、類鐸受體或嗜中性白血球，大部分是可見的，只是它們存在陰暗的光線之下，我們以為我們認識並了解它們，但事實並非如此。有些角色只投射陰影，有些則完全看不見，有些誤導我們，讓我們錯認它們的身分。我們周圍還有一些我們甚至感覺不到的角色，我們甚至沒見過它們，也沒有給它們取名字。

我也為這種情況取了個名字：科學家。我們觀察、我們創造、我們想像——但只能為現象找到不完整的解釋，甚至是我們透過自己的研究發現（部分）的現象。我們無法生活在它們的心靈中。

新冠疫情暴露了與我們周遭這些角色共同生活所需的虛心。我們就像狄更斯，只是包圍我們的是陰影、幽魂和騙子。正如一位醫師告訴我的：「我們甚至不知道我們不知道什麼。」

◆

關於新冠大流行，還有另一種不同的視角——必勝主義者的說法，這個說法是：免疫學家和病毒學家，以數十年來對細胞生物學和免疫力的基礎研究，用破紀錄的時間開發出對抗 SARS-COV2 的數種疫苗——有些疫苗開發出來的時間距離來自武漢的男士進入西雅圖診所的時間還不到一年。其中許多疫苗採用全新的方法引發免疫力——比如化學形式改變的mRNA——再次運用數十年來關於免疫細胞如何檢測外來蛋白質，以及它們如何阻止感染的知識。

然而面對六百多萬人的死亡，必勝的信念失敗了。疫情大流行激發了免疫學的研究，但它也暴露出對我們之所知的巨大裂痕，它提供了一劑必要的謙卑。我想不出有哪一個科學時刻，揭露了我們對我們自認為了解的生物學系統知識中如此深刻和根本的缺陷。我們學到了很多，但我們也還有很多需要學習。

第五部

器官

關於器官，我們已經談了很多，但我們還沒有真正見過器官。我們先前所談到的血液是細胞合作與溝通的模式，它不是一個單純的「器官」，而是一個器官系統：一個負責遞送氧氣（紅血球），另一個對傷害做出反應（血小板），還有一個是回應感染和發炎。它的一些系統還包含其他系統在內——有先天免疫（天生具有檢測和殺死病原體能力的嗜中性白血球和巨噬細胞）和後天免疫（適應並學習對病原體產生特異性免疫反應的B細胞和T細胞）合作。

在生物學中，「器官」的定義是一個結構或解剖的單位，其中的細胞聚集在一起，以達成一個共同的目的。對於較小的動物，即使是一小群細胞也可達到目的。許多生物學家都在研究的秀麗隱桿線蟲（C. elegans），有一個由三〇二個神經元組成的神經系統，比人腦中發現的神經元約少三億倍。

隨著生物體變得更大、更複雜，器官必然也長得更大、更複雜。但器官基本的特徵——一個共同的目的，魏修所想像的細胞「公民身分」，一直都沒變，現在也仍然沒有變。在動物身上，器官是按解剖學上的定義，因此在器官內的細胞可以共同發揮作用——作為公民細胞，以發揮生理機能。

正如我們將要看到的，器官中的細胞仍然利用細胞生物學的基本原理——蛋白質合成、新陳代謝、廢物處理、自主性。但每一個器官中的每一個細胞也是一個專家：它具有獨特的功能，為器官整體工作，最終協調某個方面的人體生理。因此，人體器官和它們的細胞必須獲得越來越多的專門功能。蛔蟲可以透過皮膚呼吸，但人類卻需要肺。在人類等巨細胞生物體中，有如海洋一般的距離需要跨越：胰臟隨著每一次心跳，向腳趾的細胞發送胰島素——這個距離比大部分線蟲一輩子移動的距離還長。

細胞專精化與公民身分——器官細胞生物學的標誌，導致人類生理學深沉的「湧現」（emergent）特性——意即只有當多個細胞協調它們的功能時，一起合作時，才會出現的屬性。一次心跳，一個思緒，以及恢復恆常不變——體內平衡的協調。

因此，要了解人類的生物學，我們必須了解器官。而要了解器官，它們在疾病中的功能障礙，以及重建它們的可能，我們必須了解使它們發揮功能的細胞生物學。

公民細胞：歸屬的益處

人群突然出現在先前什麼都沒有的地方，是一種神祕而普遍的現象。有幾個人可能一直站在一起——五個，十個，或十二個，不會再多；沒有宣布任何事物，沒有期待什麼。突然間到處黑鴉鴉的都是群眾，更多的人從四面八方湧來，彷彿街道只有一個方向。[1]

——埃利亞斯．卡內提（Elias Canetti），《群眾與權力》（*Crowds and Power*）

因為血液循環的概念並沒有破壞，而是促進了傳統醫學。[2]

——威廉．哈維，一六四九

幾個月來，在紐約新冠疫情大流行初期教人窒息的日子裡，我發現自己無法寫作。身為醫師，我被認為是「必要服務」的工作人員，因此持續進行「必要服務」。二〇二〇年二月至八月之間，當傳染病像劇毒的龍捲風一樣席捲全城時，我前往我在哥倫比亞大學的辦公室，戴上必備的N95口罩，照料需要我護理的病人（癌症中心仍在運作，只是用最少的人員。我們設法讓必要的化療、輸血，和各種手術準時進行）。我的一些病人感染了病毒——一名患有白血病前期的六十多歲女性，和另一名骨髓瘤病人，他的幹細胞移植不得不延後，但值得慶幸的是，只有兩人住進加護病房，沒有病人死亡。其他的病人都康復了。

但我的動作卻如機械，腦中一片空白：我盯著螢幕，常常直到半夜一、兩點，才寫出一兩段文字，然後每天早上又把它們丟進垃圾桶。我感覺到的並不是作家的腸枯思竭，而是作家的萎靡不振：我寫作，是的，但我寫在紙上的一切似乎都缺乏生命和活力。讓我心事重重的是基礎設施和自我平衡的崩潰，是我們見證了美國以及接著全世界最嚴重的危機。

在我的挫敗感達到頂峰時，我幾乎是反芻般地吐出一篇文章，後來發表在《紐約客》。這篇文章部分是抗議，部分是懇求改變，部分則是我在大流行期間所目睹事物的剖析。我寫道，醫藥不是帶著黑提包的醫師，而是一個複雜的系統和流程的網絡。[3]而我們先前以為像健康良好的人體一樣具有自我調節、自我能力的系統，原來卻對動盪極其敏感，就像罹患重大疾病的身體一樣。

我花了近一年的時間思考向疾病屈服的人體，思索準備對抗入侵者的細胞系統。但隨著二〇二一年春天的臨近，一再聽到的戰鬥比喻已變成老生常談。我想要思考常態和復原，思考構成人類生理基礎設施的細胞系統（以及相對的，已經失敗了的人類系統未來的修護和復原）。我想寫關於體內平衡和自我改正的文章。我因思考身體如何辨識不屬於它們的事物——病毒，而筋疲力盡。我想轉而談公民身分，轉向談歸屬。

在身體的所有器官中，心臟是歸屬的縮影。我們用「屬於」這個詞來表示依戀，或愛——幾千年來心一直是這種感覺的中心象徵（當然，現在我們知道大部分的情感生活都存在於大腦中）。在你說「我的心屬於你」時，你指的是那個器官和依戀之間的連結。

孩提時，我的心屬於我媽媽。我的父親是個遙遠的存在——可靠、溫和，但又含蓄拘謹，讓人難以企及。他的母親——我的祖母，和我們住在一起。她因印巴分治時的遷徙而受創，因此一人在一間房內獨居，自行烹飪，自行洗衣，就彷彿這房子是個臨時的住所，隨時都可能會被人從她手中奪走。她的物品大半都沒有動過，仍然包在報紙下，放在她從東巴基斯坦越過邊境進入印度時所帶的鐵行李箱裡。她的房間裡除了床和破舊的床墊之外，一無所有；她已經脫離了分離的可能。我不記得她碰觸過我。她的心已經碎了。

在我長大成人之時，與父親也有了不同的關係。在手機和電子郵件出現之前的世界，身為史丹佛大學學生的我開始寫信給他。起先我們的信簡短而生硬，但久而久之，它們變得比較長、比較溫暖。我開始對他有了新的認識。他離鄉背井的故事似乎很常見：一九四六年，他幾乎還稱不上是青少年的時候，就流離失所，由他的村莊被塞進了夜航的渡輪前往加爾各答，一座處於精神崩潰邊緣的城市。一九五〇年代末期，身為年輕主管的他再次搬遷到德里，一個對東孟加拉的年輕人來說，在文化與社會方面無比疏離的城市，一如丟飛盤、大吃優格霜淇淋，和暢飲啤酒的加州宿舍生活對我一樣陌生。一九八九年，我第一學期才開始五週，舊金山就發生洛馬普列塔（Loma Prieta）大地震——規模大到站在宿舍房間門楣下的我都看到走廊彎曲變形，水泥出現正弦波的移動，彷彿我站在一條突然驚醒的蛇背上。父親聽到這個消息，立刻寫信給我。一九六〇年，他在德里建造他的第一棟房子時，地震摧毀了他投入全部積蓄的一層建築。他告訴我——他從沒有告訴任何人，他在地基上坐了一夜，周圍是倒塌的椽木，哭泣。

我渴望回家——就算只是一下子也好。一天下午，我去取郵件，發現一個沉重的小包：他給了我一個驚喜，寄來了第一個寒假返回德里的機票（我本來應該在加州待到次年夏天）。那是十六小時的飛行，我一路沉睡，直到霧氣籠罩的城市燈光映入眼簾，就在飛機著陸前，起落架艙門開啟時發出大象般的刺耳尖叫聲。自從那次旅程以來，我必然曾飛往印度四、五十次——但讓我的心充滿奇妙喜悅的，就是這種聲音。

海關的那個人向我索取小額賄賂，我真想擁抱他；我回到家了。我依舊能感覺到當我走出機場時的心跳聲。我可以告訴你我所體驗到的神經串聯——湧現的回憶，血液中釋出的腎上腺素，但雖然刺激是在大腦中觸發，可是體驗卻是在我的心中感受。我的父親就在那裡，就像後來年復一年我回來時一樣，他身上披著一條白色的披肩，也多帶一條為我披上。回來了。歸屬。

在比喻之外，心臟其實是細胞間的歸屬和公民身分至關重要的器官。心臟細胞為什麼特別？是什麼讓它們能夠執行我們認識為心跳的這種精確協調的動作——秒復一秒，日復一日？思索一下心跳：這種我們許多人可能視為日常一般的這種現象——一般人一生心臟跳動超過二十億次，其實是奇蹟般複雜的細胞生物學壯舉。心臟是細胞合作、公民身分，和歸屬的典範。

亞里士多德認為心是群龍之首——是所有器官最重要的公民，是體內生命力的中心。[4]他主張，其他聚集在心臟周圍的器官就像加熱室和冷卻室。肺臟就像風箱一樣，擴張和收縮以保持引擎冷卻。肝臟則是榮耀的散熱器，把心這個最重要器官所產生的多餘熱量轉移分散，以免它過熱。佩加蒙的蓋倫進一步發展這種想法：「心可以說是動物先天熱量的爐石和來源，動物受它的支配。」[5]

然而心臟在人類生活的中心地位（所有其他的器官都只是這個引擎的加熱和冷卻管道）卻帶來了下面這個問題：這個器官有什麼作用？公元一千年左右的中世紀生理學家伊本·西那（Ibn Sina，或稱阿維森納，Avicenna）在他命名為 al-Qanun fi'at-Tibb（《醫典》[6]（*The Canon of Medicine*，Qanun 這個字也可以翻譯為「法律」，伊本·西那想尋找左右生理學的通用法則）的精彩論述中，試圖解決這個問題。他專注研究脈搏，記下它如波浪般的性質，和它與心臟搏動的關聯。當脈搏不規則時，心跳也會不規則，心悸會造成一些症狀，例如昏厥或嗜睡。當心跳無力的時候，脈搏也變得細弱，這些症狀預示著死亡。焦慮會讓脈搏隨著心跳而增加。還有，伊本·西那注意到，「相思病」——渴望，或歸屬，也會如此。一位朋友告訴我，他去拜訪一位專精把脈的藏醫，醫師問了他一些例行的問題，然後為他把脈。「你經歷了一次很糟糕的分手，」藏醫說，「你的人生和以前不一樣了。」這位藏醫是對的：脈搏的某些特徵——它的快慢，或它的遲緩，提供了關於渴望和歸屬的線索。我朋友的分手和人生都永遠被攔腰截斷。

伊本·西那把心臟描述為脈動的來源——本質上就是個幫浦，這是描述心臟功能最早的嘗試之一。不過要到一六〇〇年代，英國生理學家威廉·哈維才完全描述了心臟作為人體幫浦的聯合電路裝置。[7]哈維赴義大利帕多瓦學醫，然後返回劍橋繼續他的醫學研究。一六〇九年，他被指派在倫敦聖巴塞洛繆醫院（St. Bartholomew's Hospital）擔任醫師，年薪三十三英鎊。他身材矮小，圓臉——「眼睛小、圓、很黑、目光炯炯；[8]他的頭髮黑如烏鴉，捲曲」，生性簡樸，住在破舊勒德門（Ludgate，倫敦西側城門）附近的一棟小屋，儘管他身為醫院醫師，可以選擇醫院附近兩棟大得多的房子。我們很容易會把他樸素的物質生活與他實驗方式的樸實聯想在一起。他只用帶子和止血帶，以及偶爾壓一下動脈或靜脈，就開始解決幾個世紀以來一直困擾生理學家的問題。

我們已經談過哈維在胚胎學和生理學方面反傳統的好奇心：對於胚胎在子宮內「預先成型」的這個觀點，他是最強烈的批評者，也反對血液是身體燃料油的說法。不過他最重要的科學貢獻是他對心臟和循環開創性的研究。哈維那時還沒有強力顯微鏡，所以他用最簡單的生理實驗來了解心臟的運作原理。他刺穿動物的動脈，發現血液由牠們身上流乾時，靜脈也會沒有血液：因此他結論道，動脈和靜脈必然是聯結在一起形成迴路。在他壓住主動脈時，心臟就因充血而腫大，而當他壓住主靜脈時，心臟的血液就被抽乾了：因此主動脈必然會把血液引出心臟，而靜脈必然會把血液引入心臟——這個結論顯然是了解循環的核心，因此數個世代的生理學家都未能明白這一點，實在不可思議。

最重要的是，當他檢查心臟左右側之間的隔膜（壁）時，發現它太厚，而且其中沒有任何的小孔：因此來自左側的血液必須先流向肺部，然後才能重新進入右側（對蓋倫和早期解剖學家信念的直接攻擊）。在哈維觀察心臟跳動時，他看到它收縮和放鬆：因此心臟必然是把血液輸送到身體四處循環中的幫浦，從動脈到靜脈再返回。

一六二八年，哈維在一系列七卷書中發表了他的結論，現在通常稱為 De Motu Cordis（生物心臟和血液運動的解剖練習），徹底推翻了心臟解剖學和生理學根本的基礎。哈維認為，心臟是使血液在全身循環流動的幫浦——由動脈到靜脈再返回。他寫道，這些觀點「讓有些人感到高興，但有些人則不悅。有的人〔……〕中傷我，並稱我竟敢悖逆所有解剖學家的準則和觀點，是不能接受的行為；其他人則希望我進一步解釋這種新奇的看法，他們認為值得思考，並且可能會有極大的用處。」[9]

如今我們部分是由哈維的解剖研究中明白，心臟其實是**兩個**幫浦——一左一右，肩並肩，就像子宮裡的雙胞胎。

這是個圓，讓我們先從右側開始。右側幫浦從身體的靜脈收集血液，「靜脈」（venous）血（通常色澤是暗紅而非鮮紅）已把氧氣和養分送到各器官，耗盡了氧氣和資源，傾注回心臟右上方稱為右心房的隔間，然後通過一個瓣膜，移到泵送的隔間——右心室。來自

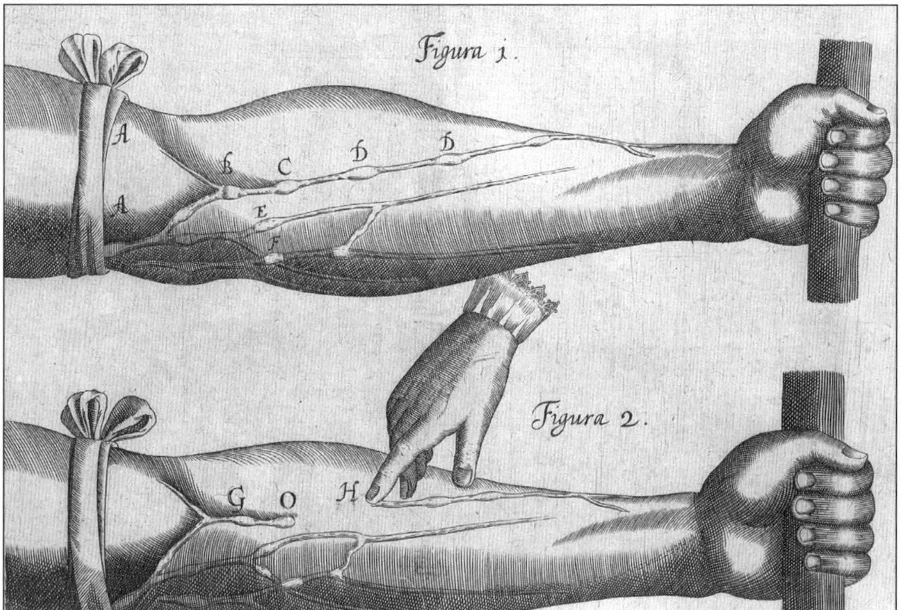

威廉·哈維所繪簡單練習的插圖（取自 De Motu Cordis），如壓住靜脈和動脈，以說明血液如何由靜脈流向心臟，以及由動脈流出心臟。

右心室的強力起伏把血液泵送到肺部。這是右側迴路——靜脈到心臟到肺部。

肺部接受來自心臟右側的血液，為它充氧並去除二氧化碳。充滿氧氣和淨化後的血液現在變成了鮮紅色，流向左側，在心臟的左心房聚集之後，被推入左心室。左心室或許是人體內最不會疲倦的肌肉，它負責強而有力地把血液推進主動脈的寬弧，主動脈是把含氧血液輸送到身體和大腦的主要血管。

一圈又一圈，「血液循環的概念並不會破壞，而是推進〔……〕醫學，」哈維寫道。

然而，把心臟想像為機械式的幫浦，就忘記了核心的難題：怎麼用細胞製造幫浦？畢竟幫浦是高度協調的機器，需要一個訊號來擴張，另一個訊號來壓縮。它需要瓣膜以確保液體不會倒流，還需要一個機制以確保收縮的氣囊不會無目的地或無方向地擺動。不協調的幫浦就像搖擺不定的氣球一樣糟糕。

一九一二年一月十七日，紐約洛克菲勒研究所的法國科學家亞歷克西・卡雷爾（Alexis Carrel）切下十八天大小雞胚胎的一小片心臟，放在培養液中培養。[10]他記載道：「這一小塊心臟規律地跳動了幾天，並且大面積成長。第一次清洗後〔……〕培養物再度大幅成長。」[11]他把它移出來，重新培養其中一小塊時，發現它仍然能夠跳動：在三月，幾乎是它由小雞心臟中取出三個月之後，「它〔仍然〕以每分鐘六十至八十四次之間的頻率搏動〔……〕。」最後，「三月十二日，搏動不規則，心臟碎塊一連串三至四次搏動，然後停止了大約二十秒。」在大約三個月的過程中，培養皿中的那塊雞心產生了大約九百萬次心跳。

卡雷爾的實驗被公認為是器官可以在體外存活和作用的證據——但它也表達了同樣重要的觀念：在

體外培養的心臟細胞具有按節奏搏動的**自主**能力。細胞所固有的某個因素讓它們能夠進行「類似幫浦」的動作——協調的搏動。同一年，哈佛大學的生理學家W．T．波特（W. T. Porter）也證明，切斷狗心臟的神經，狗心室仍然能夠自主搏動——這是把卡雷爾在培養皿中證明的內容搬到「現場」展示。[12]

心臟細胞的協調搏動教生理學家大感興趣。在一八八〇年代，德國生物學家腓特烈．畢德（Friedrich Bidder）注意到心臟的細胞「分出旁支、相互溝通，形成一個統一體」。[13]它們形成一種湊合的統一體——細胞組成的公民。它們的收縮力的來源似乎就在於它們的團結和歸屬。

但那種收縮的力量是怎麼產生的？一九四〇年代，匈牙利出生的生理學家亞伯特．聖－捷爾吉（Albert Szent-Györgyi）開始研究細胞如何獲得收縮和鬆弛的能力。[14]那時他已經確立了自己是他那個世代頂尖生理學家之一的地位：他已因發現維生素C和細胞如何產生能量的研究而獲得諾貝爾獎。我們現在所知大部分關於產生能量分子的粒線體反應，都是來自於這個研究。他有堅定的信念和多變的好奇心。他在一次大戰時被徵入醫療團隊，由於他非常厭惡人類相互殘殺，對戰爭的幻想也破滅，於是自射手臂，宣稱是被敵方的槍火擊傷，因此能夠恢復他的科學和醫學研究。他由一個大學轉到另一個大學、一個實驗室轉到另一個實驗室、一個城市轉到另一個城市——布拉格；柏林；英國劍橋；和麻州的伍茲霍爾（Woods Hole），研究細胞呼吸的生化過程、體內酸鹼的生理學，以及維生素和生命所必需的生化反應。

到一九四〇年代，他無限好奇的心靈轉向心肌的研究。他最關切的問題對於理解心臟的功能十分關鍵：它的抽送力量是如何產生的？他由魏修的想法著手：如果一個器官能夠收縮和擴張，那麼**它的細胞**必然能夠收縮和擴張。他認為，每一個肌肉細胞內一定有某種專門的分子或一組分子，能夠產生定向力（directional force），因而縮短細胞，使它收縮。「為了製造一個可以縮短的系統，」[15]他寫道，「大自然必須使用又細又長的蛋白質顆粒。」那時科學界已辨識出一種「又細又長的蛋白質」，他寫道：「自然界用來建構收縮物質非常細長的線狀蛋白質顆粒就是『肌凝蛋白』。」

但一條細長的蛋白質只是一條繩子，把繩子綁在細胞的兩端，你就開始擁有收縮裝置的基本要素。但這個繩索系統如何拉緊和放鬆？聖－捷爾吉和同僚發現肌凝蛋白纖維與另一種由細長纖維組成——主要是由一種叫做肌動蛋白的蛋白質組成，稠密、有組織的網絡緊密相連。簡言之，在一個肌肉細胞內有兩個相互關聯纖維的系統：肌動蛋白和肌凝蛋白。

肌肉細胞收縮的祕訣在於這兩條纖維——肌動蛋白和肌凝蛋白互相滑動，就像兩張繩索網一樣。一個細胞受到刺激收縮，肌凝蛋白纖維的一部分就會和肌動蛋白纖維的某處結合，就像一隻手從一條繩子上拉扯另一條繩子，然後鬆開繩子，向前伸手綁定下一個位置——就像吊在一條繩子上的人，抓住並拉動另一條繩子，一手接著另一手。抓、拉、放。抓、拉、放。

每個肌肉細胞都有數千條這樣排列的繩索——肌動蛋白帶與肌凝蛋白帶平行。*當並排排列的繩索

＊人體內存在三種基本類型的肌肉細胞：本章的主題——心肌；骨骼肌（根據指令移動你手臂的肌肉）；和平滑肌（不由自主地但持續運動的肌肉，比如容許腸道中的液體持續移動）。這三種肌肉都用肌動蛋白／肌凝蛋白系統的變化以及少量其他蛋白質，來進行收縮。

滑到一起——抓緊、拉動、放開，細胞的邊緣也遭猛拉，細胞被拖進收縮。當然，這個過程需要能量，而每個心臟細胞和肌肉細胞都充滿了粒線體，足以供應這兩根纖維滑動所需的能量（這裡很快地打個岔：這個系統的一個特別之處是，需要能量的是由肌凝蛋白**釋放**肌動蛋白——而不是纖維的結合。當一個生物死亡時，能量的來源消失，肌肉纖維無法鬆開它們的拳頭，結果被永遠握緊——受到束縛，每條肌肉的細胞繩索都會收緊，身體變僵硬，收縮成永遠的死亡之扣——我們把這個現象稱為**屍僵** rigor mortis）。

但這只描述了一個細胞的收縮過程。要讓心臟作為發揮功能的器官，它所有的細胞都必須以協調的順序收縮。這就是畢德的觀察攸關緊要之處——心肌細胞似乎形成了一個「統一體」。一九五〇年代，顯微鏡學家會發現心臟細胞透過稱為間隙連接（gap junctions）的微小分子通道相互連接。換言之，每一個細胞天生的設計都是要與下一個細胞溝通。它們數量雖然很多，但**行為**卻如一。當一個細胞產生收縮刺激時，它會自動移動到下一個細胞，導致刺激，最後造成一致的收縮。

那個「刺激」是什麼？是離子的運動——主要是鈣透過心臟細胞膜上的特殊通道進出細胞。在靜止的狀態下，心臟細胞的鈣含量低。當它受到刺激收縮時，鈣就會湧入心臟細胞，並引發收縮。鈣的進入是自我供應的循環：鈣的進入由心臟細胞釋放更多的鈣，造成鈣的量尖銳、急劇地上升。細胞之間的互連——在一九五〇年代辨識出來的「連接點」，把離子訊息由一個細胞傳遞到另一個細胞，由一而多。群眾產生力量。器官（細胞的統一體）也因此以整體行事。

心臟的最後兩個細胞要素對它的功能十分必要。首先，腔室之間有瓣膜，以確保血液不會倒流。心房（收集回流血液的腔室）的細胞先收縮，把血液送入心室。心房和心室之間的瓣膜關閉，發出拍擊的聲音：Lub，第一心音。之後，心室細胞以類似的協調方式收縮，心室出口的瓣膜關閉，發出：Dub，第二心音。Lub-Dub，Lub-Dub。這是公民步調一致、同心協力合作的聲音。

心臟幫浦的最後一個要素是節奏產生器，或節拍器。生理學家發現，在心臟裡像神經一樣的特殊細胞會產生刺激收縮的有節奏、合韻律的電脈衝，而其他神經——快速傳導的電線，把這些脈衝送到整個心臟，先到心房，再到心室。一旦脈衝到達一個細胞，細胞之間的連接就會確保所有的細胞一起收縮。

結果是奇蹟般的協調。心房收縮，心室收縮。心臟的細胞形成了精心安排的公民身分。心肌的每一個細胞都維持它自己的身分，但每個細胞都如此緊密地和下一個細胞相連接，因此當收縮的衝動到來時，收縮就有其目的，而且協調。心臟並不顫動；它的心室強而有力的一起收縮。我們可以把這個器官的表現想像為幾乎是一個專一的細胞。

思考的細胞：多心的神經元

腦——比天空更遼闊
因為——把它們並排放在一起
一個將會包容另一個
輕而易舉——還能包容你——在一旁

腦比海還深——
因為——握住它們——藍對藍
一個會吸納另一個
正如海綿——水桶——所做的1

——愛蜜莉・狄金森（Emily Dickinson），約一八六二年

如果心是專一的，那麼腦就是多心的。讓我們先承認一個挑戰：我們不可能只用一本書來說明如此

複雜器官的功能，更不用說只用單一的章節了。

但是，暫時把功能放在一邊；讓我們從結構開始。我在醫學院上解剖實驗課時，學生被分成小組。我那組總共有四人，我們分到一個用福馬林浸泡過軟軟的人腦——一位因車禍過世的四十多歲男子饋贈給醫學的禮物，他捐贈了器官。拿著人的器官予人無比奇特的感覺，它的大小和形狀大約如大號的拳擊手套，想想它是記憶、意識、言語、性情、感覺，和感情的貯存庫。愛、嫉妒、恨、同情。這一切都憩息在某種神經元的混亂之中。我捧著**他**，我想道：這個人的名字或身分，我永遠不會知道。那個器官內的某處存在著曾經記得他母親面龐的神經元，某處是在車子衝出道路前最後一刻的記憶，某處是他最愛歌曲的旋律。

由外表來看，這個所有器官中最特出的一個實在非比尋常的乏味——一大塊組織被包在灰質曲折的凸起之中，小腦懸掛在下方，兩葉各有兒童拳頭大小。大腦兩側都有突起之處——從側面看，就像拳擊手套的大拇指。一個被切斷的莖狀組織塊是它先前與脊髓相連的部位。

但當我從側面切開這個組織時，卻彷彿打開了一盒奇蹟。那裡有看似無盡的結構——神經的環城公路、充滿液體的心室、囊、腺體和密集成簇的神經細胞，稱為核團。腦下垂體——人體中少數幾個不成對的腺體之一，像一顆小漿果一樣從中間懸垂下來。笛卡兒認為是靈魂所在的松果體，也坐落在中心。這些腺體和核團，每一個都包含一組獨特的細胞，專門用於某些特定且通常獨特的功能。這無窮盡的大量結構——以及同樣無窮盡的大量細胞（神經元、製造荷爾蒙的細胞和膠質細胞——支持神經功能的非神經元細胞）最後使得一本細胞生物學的書無法說明大腦的深邃功能，但神經元——整個大腦最必要的單位，是我們可以開始了解大腦之處。

在十九世紀後期的幾十年，人體中最全能、最神祕的細胞甚至不被視作細胞。事實上，大多數顯微鏡學家都看不到它：神經元的結構大半是隱藏的。一八七三年，在帕維亞（Pavia）工作的義大利生物學家卡米洛・高爾基發現，如果他把硝酸銀溶液加入一片半透明的神經元組織中，就會發生化學反應，導致黑色汙漬積存在一些神經元內。[2]在顯微鏡下，高爾基看到了一個花邊網絡，他認為這個網絡代表一個持續的連結——他稱之為「網狀結構」（reticulation）。當時細胞學說本身還處於起步階段——許旺和許萊登在一八三八和一八三九年提出所有生物體都是細胞的集合，因此高爾基想了解整個神經系統是否是由「細胞附屬物」組成的蜘蛛網，是一個相互連接、連續的細胞延伸，如一位作家所說的「不可分割的一團」。[3]那是個晦澀難懂的理論：高爾基想像的是，整個神經系統就像一張漁網，由大腦發出的線狀延伸物構成。

來自西班牙的叛逆年輕病理學家向高爾基的學說挑戰。桑地牙哥・拉蒙・卡哈爾（Santiago Ramón y Cajal）是個體操選手、運動員，還熱愛繪圖——一位傳記作者描述他「害羞、孤僻、神祕、直率」。[4]他的父親是解剖學老師，遵循維薩留斯的傳統，總是帶著年幼的兒子到他鎮上的墓園去解剖標本。[5]孩提時代，卡哈爾就以他精心設計的惡作劇聞名。他的第一本「書」是談彈弓的構造——可以說這融合了他對正確度的熱愛和對權威的蔑視。他還情不自禁地畫畫——鳥蛋、鳥巢、樹葉、骨骼、生物標本、解剖結構：形形色色的自然物體都教他著迷，並在筆記本上素描它們。他後來把自己這種作畫的習慣稱為「無法抗拒的狂熱」。[6]卡哈爾在薩拉戈薩（Zaragosa）讀醫學院，後來遷往瓦倫西亞，在那裡擔任解剖學和病理學教師。他在馬德里遇到一位剛從巴黎回來的朋友，這位朋友剛在巴黎學到了高爾基的染色法。

許多科學家嘗試重現高爾基的染色成果，但這是個反覆無常的不穩定反應，往往只會產生一團染黑的組織。在成功時，它通常會顯出（或者更確切地說是呈現出輪廓）稠密的網狀網絡，使高爾基把神經系統想像為連續線路的複雜連接。而卡哈爾發揮他的才華，用各種方法不斷地修改——再度混合了他對正確度的熱愛和對權威的蔑視。他用滴定法讓硝酸鹽達到精確的稀釋度，把組織切到極薄的精確切片，並用最好的顯微鏡讓經「黑色反應」染色的神經元能夠被看見。和高爾基不一樣的是，卡哈爾看到的是完全不同的細胞組織，在那神經系統中沒有糾纏的「網狀結構」，沒有一團混雜的線狀延伸物。相反地，他看到的是**個別的**神經細胞，具有複雜細膩的結構，延伸出去與**個別的**神經細胞連接。

他用黑色墨水手繪它們，成為科學史上最美的畫。有些神經元就像有上千枝椏的大樹，上面有茂密的藤架，呈金字塔形的細胞體位於中間，下面則是莖狀的延伸。有些像星爆，有些像多頭蛇。有些有無限小的細長多叉延伸。有些小巧密實；有些則由大腦表層一路延伸到下面更深的層面。

然而卡哈爾發現，儘管神經元具有深不可測的多樣性，卻常有共同的特徵。它們都有細胞體——稱作胞體（soma），通常會由其中長出數十、數百，甚至數千個稱為樹突（dendrites）的枝狀突起。它們都擁有一個流出道——延伸到下一個細胞的「軸突」（axon）。值得注意的是，一個神經元的軸突（它的流出點）透過中間的一個空間（最後稱為「突觸」（synapse））與第二個神經元分開。是的，神經系統是連接的，但這些「線路」由連接到細胞的細胞組成，之間有空間間隔。

卡哈爾用這些細膩美麗而又正確無誤的圖畫提出神經系統結構的理論。他認為訊息在神經中是單向傳播。樹突——他所見由神經元細胞體冒出的延伸物會「接收」脈衝，接著脈衝穿過細胞體，然後透過軸突、突觸，移動到下一個神經細胞。這個過程接著在下一個細胞中重複：**它的**樹突接獲衝動，傳送到細胞體，然後脈衝經由軸突流出，到達下一個細胞。依此類推，永無休止。

因此，神經傳導的過程就是脈衝從一個細胞到另一個細胞的移動，沒有如高爾基所提出的那種由單一網狀「細胞附屬物」組成的蜘蛛網，也沒有如心臟那般的公民細胞合胞體（syncytium）。相反地，神經細胞彼此「喋喋不休」——收集輸入的資料（透過樹突），並產生輸出的資料（透過軸突）。就是這種細胞的喋喋不休——或者該說，細胞**之間**的喋喋不休，產生了神經系統的深刻特性：知覺、感受、意識、記憶、思考和感情。

一九〇六年，卡哈爾和高爾基因他們闡明神經系統結構的研究，而共同獲得諾貝爾獎。[7]這可能是諾貝爾獎史上最奇怪的獎，因為它與其說是獎，不如說是停戰協議：卡哈爾和高爾基關於神經系統結構的想法正好相反。後來由於發明更強力的顯微鏡，證明卡哈爾的理論是正確的——獨立的神經元相互溝通，以及脈衝在定向過程中從一個細胞移動到另一個細胞。神經系統確實是由線路和迴路組成的，但這些「線路」並不是連續的網狀結構，而是有能力收集訊息，並把它傳輸到另一系列神經元的個別細胞。

卡哈爾的成就之一是，他從未進行過任何細胞生物學的實驗——或至少是按照傳統意義的實驗。看到他繪製的神經元圖畫，就明白僅僅透過**觀察**就能學到多少東西。[8]這就是回到達文西或維薩留斯等想像繪畫就是思考的人物：敏銳的觀察者和繪圖者也能夠像實驗研究者一樣創造科學理論。卡哈爾素描他所看到的，他對神經系統如何「運作」的理解完全源自於繪製細胞並得出結論。甚至連「drawing a conclusion」（得出結論）這個英文片語，都說明了思想和繪畫之間的關聯：「draw」（繪）不只是為了說明，而且是由其中提取物質，抽出真相。正是卡哈爾「無法抗拒的狂熱」——描繪真相，抽出真相，為神經科學奠定了基礎。

讓我們暫時回到卡哈爾關於神經元的觀念：它是一個單獨的細胞，能夠把脈衝（訊息）傳送到另一個細胞。那麼訊息是什麼，訊息的使者是誰？

幾個世紀以來，科學家一直相信神經是空心的導管，就像管道一樣，一些流體或氣體——pneuma（氣息），攜帶一波訊息流過，從一條神經到下一條神經，從一條神經到一條肌肉，最後造成肌肉收縮。據「氣球人」（balloonist）理論，正如所謂的那樣，肌肉是一個氣球，當它充滿了氣息，就會像充滿空氣的膀胱一樣膨脹。

一七九一年，義大利生物物理學家路易吉．加瓦尼（Luigi Galvani）用實驗戳破了「氣球主義」（balloonism），改變了神經學的發展路徑。這故事很可能是杜撰的：內容是他的助手在用手術刀解剖一隻死青蛙，不小心碰觸到一根神經，附近的電火花接觸到手術刀，死青蛙的肌肉抽搐起來，彷彿牠復活了一樣。[9]

加瓦尼十分驚訝，於是他用幾種不同的方式重複了這個實驗。他用臨時湊和的金屬線把青蛙的腿與脊髓連接起來，一根是鐵製，另一根則是銅製。當他把兩根電線接觸起來時，電極就產生電流，青蛙的腿再度抽搐（加瓦尼認為由脊髓到肌肉的電流是青蛙原本就有的——他把這種現象稱為「動物電」。他的同事亞歷山卓·伏塔〔Alessandro Volta〕對他的實驗很著迷，他發現真正的電力來源並不是動物，而是兩種金屬接觸之處有一部分浸在死青蛙的體液中。後來伏塔運用這個觀念設計出第一個原始電池）。

加瓦尼大半輩子都在探索「動物電」——一種獨特的生物能量，他認為這是他最教人興奮的發現。但這個發現後來卻證明相當次要。大多數動物——除了電鰻和蝠鱝之外，都不會釋放生物電。反而是加瓦尼較小的發現到頭來才是革命性的：那就是由神經到神經，以及由神經到肌肉的訊號並不是氣體，而是電——帶電離子的流入和流出。

一九三九年，剛從英國劍橋畢業的大學生艾倫·霍奇金（Alan Hodgkin）受邀與生理學家安德魯·赫胥黎（Andrew Huxley）在普利茅斯的海洋生物學協會（Marine Biological Association）研究神經傳導。[10]這個實驗室位於城堡山（Citadel Hill），是一棟大型磚砌建築，沿著走廊海風拂面，地理位置極好。研究人員由海景窗俯瞰普利茅斯灣，可以查看滿載而歸的漁船進港。而在由海洋中打撈上來的所有漁獲中，在他們眼裡最珍貴的就是：魷魚，因為它正好有動物界最大的神經元之一，比卡哈爾在筆記本上畫的細長而微小的一些神經元大約一百倍。

霍奇金在伍茲霍爾海洋生物學實驗室學會了從烏賊身上解剖神經元。他們兩人用比針尖還尖的微小銀電極刺穿了神經細胞，他們學會了送入脈衝，並記錄輸出，偷聽個別神經元的「喋喋不休」。

一九三九年九月，正當霍奇金和赫胥黎在記錄來自軸突的脈衝時，納粹入侵波蘭，歐洲大陸陷入戰爭。這兩位科學家已經完成了他們的第一批電傳導紀錄，火速把論文送去《自然》期刊。[11]這是一篇驚人的文章，只有兩幅圖，一幅顯示了實驗的設置，上面有魷魚的軸突和插入其中的一條銀線。

然而，第二幅圖卻令人嘆為觀止。他們先看到一個小的電脈衝——一個迷你波，隨後是一大波帶電離子移入神經元。這波巨浪消退，下落，接著系統恢復正常。一次又一次，只要他們刺激軸突，就會看到相同的電荷峰值上升，然後恢復正常。他們已經觀察到一個神經元把訊號傳遞給另一個神經元的動態。

戰爭使得霍奇金和赫胥黎的合作中斷了近七年。霍奇金在戰時擔任工程師兼修補匠，被派去製造飛行員的氧氣面罩和雷達；數學家赫胥黎則負責用方程式使機關槍更加精確。一九四五年戰爭結束後不久，他們恢復在普利茅斯的工作，繼續在漁獲中搜尋魷魚，更深入研究神經系統，並找到更準確的方法來測量進入神經元的電荷流，最後得出了一個數學模型，描述離子進入神經細胞的運動。

近七十年後，神經學家仍然在用霍奇金和赫胥黎的方程式和他們的實驗方法來了解神經系統。現在人們已經了解了神經元如何「喋喋不休」的大致輪廓，或許我們可以用卡哈爾的一幅圖畫作為模板，說明訊號通過神經的運動。首先想像神經處於「休息」狀態。休息時，神經元內部的環境包含高濃度的鉀離子和最低濃度的鈉離子。把鈉排除在神經元之外十分重要；我們可以把這些鈉離子想像在城堡外的群眾，他們被鎖在城堡的圍牆外，正在敲擊大門想要進去。自然的化學平衡會驅動鈉流入神經元。在靜止狀態下，細胞主動排除鈉的進入，用能量把離子趕出去。結果是靜止的神經元擁有負電荷，正如霍奇金和赫胥黎一九三九年在他們初始的實驗中所發現的那樣。

現在讓我們看看樹突，卡哈爾所繪許多分支的結構。樹突是神經元內「輸入」訊號產生的位置。當刺激——通常是一種稱為「神經傳導物質」的化學物質，到達其中一個樹突，就會與細胞膜上的同源物受體結合。正是在此時，神經開始一連串的傳導。

化學物質與受體的結合會使細胞膜內的通道開啟，城堡的大門於是半開，鈉湧入細胞。隨著更多離子湧入，神經元的淨電荷因而改變：每一次離子的流入都會產生一個小的正脈衝。隨著越來越多的傳導物質結合，打開更多這樣的通道，脈衝幅度就會增加，累積的電荷流經細胞體。

現在想像一下，入侵的離子大軍（名副其實地）衝過樹突，衝向神經元的細胞體（胞體），並到達神經元內的一個關鍵點，稱為「軸丘」（axon hillock）。就在這裡，促成神經傳導的關鍵生物循環啟動。如果到達軸丘的脈衝大於設定的臨界值，離子就開始一個自行實現的循環：**離子刺激軸突中更多的通道開啟**。在生物學中，當一種化學物質刺激釋放相同的化學物質，就會引發正回饋循環——更多變得更多。對離子敏感的離子通道在軸突傳導中是關鍵：它們自我傳播，就好像群眾持續增加——他們重擊大門，打開更多通往城堡的門，讓更多他們的人進入。更多的鈉由通道中湧入，而另一個離子——鉀，則衝了出來。

這個過程繼續擴展：入侵的離子群撞開更多大門，更多的鈉離子湧入。隨著越來越多的通道開啟，一波鈉離子湧入，鉀離子湧出，造成了霍奇金和赫胥黎在一九三九年首次看到強大的軸突正電荷。傳導效應一旦激發就難以阻擋：它沿著軸突越移越遠。*這個過程會自我傳播。一組通道開啟又關閉，產生電突波。第一個突波在神經元下方幾微米處打開另一組通道，因而就在短短的距離之外產生第二個尖峰；然後在下方幾微米處又產生第三個突波，以此類推，直到脈衝達到軸突的末端。†

但一旦電突波穿過神經元，就必須恢復平衡。當細胞完成電突波時，通道開始關閉。神經元開始復原，把鈉排出並讓鉀進入，恢復平衡，最後恢復到原來的帶負電靜止狀態。

如果你仔細觀察卡哈爾畫作中蜿蜒的深處，就可能會發現它們另一個不尋常的特徵。在他切割和繪製最薄的切片，以及在他最細膩的素描中，神經元彼此並不重疊。在一個神經元的末端，它脈衝終止之處（即在它軸突的末端）和下一個神經元的開始，大約在此處引發第二個脈衝（即在它樹狀樹突的開始處），之間有微小的間隙。

再看一下如下頁圖中標記為「g」部分的細節。標示一個神經末端的小泡幾乎觸及下一個神經的樹突，但它們並沒有完全接觸。「留下空間，需要有勇氣的人才能做到，」[12]詩人凱・瑞安（Kay Ryan）曾經寫道——而卡哈爾，這位繪圖者兼科學家毫不膽怯，留下那個空間——大約二十至四十奈米的距離。它非常小；你可以一笑置之，把它當作是顯微鏡或染色所造成的。但就像中國畫中的留白一樣，這個空間可能代表了整張圖中——而且可能也可以說是整個神經系統中，最重要的元素。這立刻提出了一個問題：為什麼會有這樣的空白；如果你正在用一盒電線來打造一個神經系統，那麼哪種愚蠢的電工師傅會在電線之間留下空隙？但卡哈爾準確地畫出了他所看到的——觀察的馬領著理論的馬車。而再一次地，就像這段歷史上的許多事情一樣，正是觀察引領人們懷疑。

神經衝動是如何如霍奇金和赫胥黎所描述的，穿越神經，移到下一條神經？一九四〇和一九五〇年代，在神經傳導界舉足輕重的著名神經生理學家約翰・艾克爾斯（John Eccles）強烈主張，傳遞訊號

＊這種神經元內的傳導機制——鈉通道開啟和鈉離子滲入，並不適用於**所有的**神經元。有些神經元使用其他離子（例如鈣）作為傳導訊號的機制。

†大多數神經元都被一層類似電線外圍塑膠絕緣層的鞘所覆蓋。絕緣的鞘沿著軸突長每隔幾微米會斷一次。神經元膜這些「無鞘」的部分是離子通道的位置。電突波就發生在這些位置。接著突波沿著神經元的長度向下移動幾微米，到下一個「無鞘」位置，在那裡產生下一個突波。

唯一的方式就是電。神經元是電導體——「電線」，艾克爾斯提出，所以這些電線為什麼會用除了電脈衝之外的任何事物，由一個到另一個移動訊號？誰聽過線路會改變由電線到電腦之間的傳送方式？在一九四九年出版的一本教科書中，艾克爾斯的同僚，另一位生理學家約翰·富爾頓（John Fulton）寫道：「在神經末梢釋放化學介質，並讓它在第二個〔神經元〕或肌肉上作用的想法，在許多方面似乎並不令人滿意。」[13]

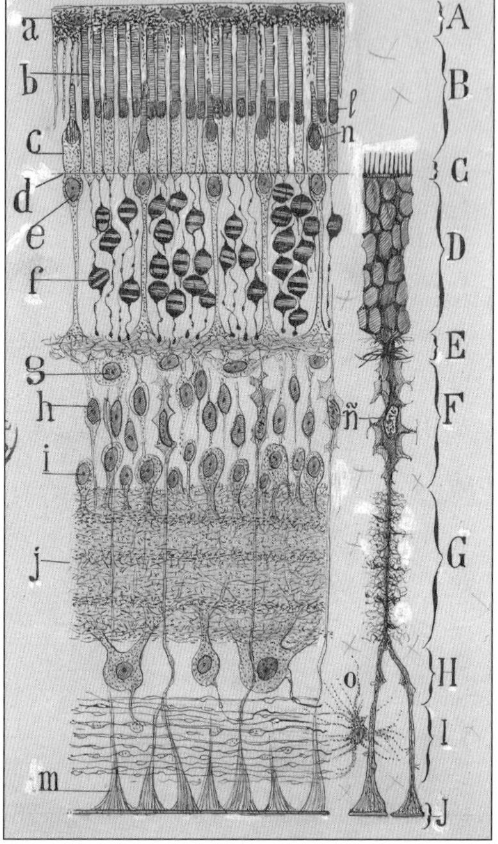

桑地牙哥·拉蒙·卡哈爾所繪的圖，顯示具有不同層次神經元細胞的一塊大腦。注意一些神經元末梢是個小泡（bouton，比如標記為〔f〕的那層），這個小泡代表部分的突觸。也請注意，軸突的尾端與樹突（第二個神經元的細緻突起）並沒有實體接觸。空隙的空間代表突觸，後來發現會攜帶化學訊號（神經傳導物質）啟動或抑制第二個神經元。這些空隙的空間，以及它們與第二個神經元樹突分支的鄰近，在標記（f）的神經元中特別明顯。

區分科學中的兩大類問題可能有它的用處。第一類——可以稱為「沙塵暴之眼」類的問題，是在某個領域出現嚴重的混亂，看不見任何的模式或路線圖。抬眼望去，四處都是一望無際的沙子，需要嶄新的思維路徑。量子理論就是一個很好的例子。一九〇〇年代初期，隨著原子和次原子世界的發現，牛頓物理學的啟發式原理已經不足以應付，而且關於這個原子／次原子的環境，也需要革命性的改變，才能走出沙塵暴。

第二類問題則相反：不妨稱為「眼中的沙子」問題。一切都十分合理，只除了一個醜陋的事實，和美麗的學說不符。它就像掉在眼睛裡的沙粒一樣教科學家煩惱——她自問，為什麼，為什麼，這個惱人的矛盾事實不會消失？

在一九二〇和一九三〇年代，對英國神經生理學家亨利．戴爾（Henry Dale）和他一生的同事奧托．勒維（Otto Loewi）來說，神經元之間的間隙已經變成眼睛裡進沙子的問題。[14]是的，他們同意神經元之間的傳輸是電的；霍奇金和赫胥黎竊聽神經元脈衝所目睹的訊號是無可爭議的，但如果一切都是一盒電線，那麼神經之間中斷的間隙又該如何解釋？

戴爾在劍橋受過訓練，之後在法蘭克福的埃利希實驗室工作了短短的一陣子，認為學術職位風險太大，因此離開——這在他的那個時代並不尋常。[15]他先在英格蘭的惠康實驗室（Wellcome Laboratories）擔任藥理學家。他在那裡用約翰．蘭利（John Langley）和華特．迪克森（Walter Dixon）的研究為基礎，開始分離對人類神經系統有深遠影響的化學物質。有些化學物，如乙醯膽鹼，如果注入貓體內，會減緩牠的心率，有些則會加快心跳，還有一些可以作為興奮劑，刺激肌肉的神經細胞活動。一九一四年，戴爾成為倫敦郊區米爾山（Mill Hill）國家醫學研究所（National Institute of Medical Research）所長。戴爾謹慎地推測這些化學物質是神經元之間、或神經元與它們減緩的肌肉細胞之間的訊息「傳遞者」。把它們注入貓體內，刺激了神經，減緩了心臟的跳動，導致心率減慢和心率加快運動。這些**化學物質**重新啟動了下一個電脈衝。戴爾一直反覆思索這個觀念。化學物質——不只是電，可以傳遞脈衝，從神經到肌肉，甚或也可以從神經到神經。

在奧地利格拉茲（Graz），另一位神經生理學家勒維也想到化學神經傳導物質的觀念。[16] 一九二〇年復活節（春分滿月後的第一個週日）前一晚，在兩次世界大戰之間短暫的和平時期，他夢到一個實驗。他對夢境沒什麼記憶，但似乎牽涉到青蛙的一條肌肉和一根神經。「我醒過來，」他寫道，「開了燈，在一張小薄紙片上記了一些筆記，接著又睡著了。到早上六點，我突然想到前一晚我記下了一件重要的事物，但我看不懂自己潦草的筆跡。第二天晚上，三點鐘時，那個念頭又回來了。那是要確定我十七年前所提的化學傳遞假說是否成立的實驗設計。我立刻起身去實驗室，根據夜裡的設計，對一顆蛙心做了一個簡單的實驗。」[17]

復活節週日凌晨三點剛過，勒維跑進了他的實驗室。他先切斷了一隻青蛙的迷走神經，讓青蛙與心跳的主要驅動因素之一隔離。迷走神經會送出脈衝減緩心跳——因此正如預期的，缺少了迷走神經的青蛙心跳就加速。接著他刺激了第二隻青蛙完好無缺的迷走神經，讓第二隻青蛙的心臟跳動減慢。這也如預料之中：刺激抑制性神經，心臟就應該會放慢速度。

然而在受刺激的完好的迷走神經中，是什麼因素刺激使心跳變慢？如果這是如艾克爾斯所堅持的是一種電脈衝，它就絕不會從一個神經轉移到另一個神經（在轉移過程中，電離子會擴散並被稀釋）。這個實驗的巧妙之處就在於轉移：勒維收集從受刺激的迷走神經中湧出的化學物質（「灌注液」），再把它們轉移到**第一隻**青蛙的心臟——原本加速的心臟，結果它也放慢了速度。由於他已切斷了神經，這個結果就不可能來自青蛙自己的迷走神經，只能來自灌注液。

簡而言之，由迷走神經釋出的某種**化學物質**（而非電脈衝）可以從一隻動物轉移到另一隻動物身上，以控制心臟的跳動頻率。這種化學物質——一種神經傳導物質，後來被確認正是戴爾所確認的那一種：乙醯膽鹼。

到一九四〇年代末，越來越多的證據支持戴爾和勒維的假說，連艾克爾斯都被說服。一九三六年獲得諾貝爾獎的戴爾和勒維寫到艾克爾斯的轉變，就像「掃羅在前往大馬士革的路上皈依，當時『突然光芒四射，鱗片從他的眼睛上掉了下來。』」[18]

我們現在知道釋出的化學物質——傳導物質，貯存在軸突末端的囊泡（和膜結合的囊）。一旦電脈衝到達軸突末端，這些囊泡就卸下它們的貨物，對脈衝做出反應。這些化學物質穿過一個細胞和下一個細胞之間的空間——突觸，然後重新開始刺激過程。它們在下一個神經元的樹突中與它們的受體結合，開放離子通道，並重新啟動第二個（接收者）神經元中的脈衝。*訊號移動到第三個細胞。一個喋喋不

＊動物中有少數神經元確實會在彼此之間，透過電刺激傳遞脈衝。[19]這些神經元並沒有釋放神經傳導物質，而是直接透過稱為「間隙連接」（gap junctions）的特殊小孔，以電相互接合，類似心臟細胞中的連接孔。因此，神經元之間甚至更接近——比化學突觸小十倍。儘管有這些「電突觸」存在，但很罕見。它們的主要優點是速度——電流從一個細胞快速傳輸到下一個細胞——因此它們經常出現在速度至關重要的細胞電路中。海蛞蝓（或更專業地說，海兔）Aplysia，在逃跑反應中，就是用電路噴出墨汁，來逃避獵食者。

休、深思熟慮的神經元已經對下一個神經元「說話」了。神經元的兩個複調旋律（countermelodies）前後交織，就像孩子反覆吟唱：電、化學、電、化學、電。

這種溝通形式的一個關鍵特徵是，突觸不但有能力刺激神經元放電——如上例所示，也可以是**抑制性**突觸，使下一個神經元較不容易興奮。因此單一神經元可以有來自其他神經元的正輸入和負輸入。它的工作是「整合」這些輸入。是這些興奮和抑制輸入的總和，決定神經元是否會放電。

我已經勾勒出神經元如何運作，以及其功能與大腦的建構有什麼樣關聯的架構輪廓，但這是最簡單的草圖。在人體所有的細胞中，神經元或許是最細緻也最了不起的。我精簡之後的準則是這樣的：我們應該把神經元想像為不僅是被動的「線路」，而且是主動的整合器。*一旦你把每一個神經元都視為主動的整合器，就可以想像用這些主動的線路建構極其複雜的電路。你可能會推測，那些複雜的電路可能是構建更複雜的計算模組的基礎——可以支援記憶、知覺、感情、思想和自我的模組。[20]這種計算模組的集合可以結合起來，形成人體內最複雜的機器，而那台機器就是人腦。

「如果一個主題（……）有迷人的光環，如果研究它的人是獲得高額贊助金的得獎人，」生物學家E．O．威爾森（E. O. Wilson）曾經這麼忠告：「那麼遠離那個主題。」[21]對於探索大腦的細胞生物學家來說，神經元是如此光采迷人——如此神祕，如此深不可測的複雜，在功能上如此多樣，在形體上又如此輝煌，因此讓一種始終潛伏在它周圍的同伴細胞黯然失色：神經膠細胞（glial cell），或稱glia，就像永遠藏在名人陰影中的明星助理一樣。就連它的名字，源自希臘文的「膠水」，也顯示一個世紀以來的忽視：神經膠細胞被當作只是把神經元黏在一起的膠水。自一九〇〇年代初起，卡哈爾描述大腦切片中的這種細胞後，一小群頑固的神經科學家就針對它們作了研究，但其他人則認為它們無關緊要——不是大腦本身，而是大腦的填充物。

神經膠細胞遍布於整個神經系統——數量大致與神經元的數量相同。[22]曾有一段時間，人們認為它的數量是神經元的十倍，因此助長了「填充大腦」的假說。它們和神經元不同，不會產生電脈衝，但結構和功能卻和神經元一樣，極為多樣化。[23]有些擁有富含脂肪的分支延伸，把自己包裹在神經元周圍，

＊這裡浮現了一個哲學和生物學的問題：為什麼神經元迴路不完全用電？為什麼**不是**像艾克爾斯的想法，建立一個只傳導電的線路系統，而要建立一個不斷由電力轉移到化學訊號再到電力再轉回來，無限循環的裝置？答案或許（一如既往）在於演化和神經迴路的發育。神經元迴路不僅僅是從大腦傳輸訊號到身體其他部位的線路，正如我如上所述，它是生理機能的「整合者」。或許有時候，心臟需要加速或減慢，或者在更複雜的領域，情緒或熱忱可能需要向上或向下調節。如果神經元迴路被密封在電線路系統的「密閉箱」中，那麼把它們與身體其他部位的生理機能結合可能就會很困難，甚至不可能。此外，除了整合之外，化學突觸還有能力「獲得」或放大訊號，或抑制它——這種現象使它們更適合電路建構神經系統複雜性所需要的迴路。想想你的筆電：一個密閉的箱子，內部線路的系統。筆電無法「知道」你何時感到沮喪、煩躁，或需要工作得更快速，或何時需要放慢速度；它是個電線和迴路的盒子，與你的情緒或精神狀態沒有突觸。器官不能是密封的盒子。神經元之間攜帶的訊號、荷爾蒙，和血液或其他神經元攜帶的傳遞物質，必須能夠與其他訊號相交，以便修改和調節它們的功能，因此把神經元的生理機能與人體的其他生理機能整合起來。可溶的化學介質是理想的解決方法，它可以加速或減慢迴路的活動。這是一款反應靈敏且複雜的「智慧型」筆電：告訴它你心情不好，它就會給你回饋，讓你停止發送日後會後悔的憤怒電郵。給它一個期限，它就會加速。

形成鞘。這些包裹物稱為髓鞘（myelin sheath），對於神經元的作用類似電絕緣體，類似於包裹在電線外的塑膠。有些是流浪者和清道夫，努力清除大腦的殘骸和壞死的細胞。還有一些為大腦提供營養，或清除神經元突觸的傳導物質，重設神經元訊號。

神經膠細胞由神經科學的陰影一躍而至舞台中心，代表了神經系統細胞生物學一個奇妙的轉變。幾年前，我赴哈佛大學參觀貝絲．史蒂文斯（Beth Stevens）的實驗室，她研究神經膠細胞已有十多年了。就像歷史上的許多神經生物學家一樣，史蒂文斯是由神經元找到了通往膠細胞的途徑。二〇〇四年，史蒂文斯展開史丹佛大學博士後研究員的工作，要研究眼睛裡神經迴路的形成。

眼睛和大腦之間的神經連結在出生之前許久就已經形成，建立線路和迴路，讓孩子從子宮裡出生的那一刻起，就能看到世界。[24]早在眼皮睜開之前，在視覺系統的早期發育過程中，一波波自發的活動就由視網膜傳到大腦，就像舞者在表演前練習動作一樣。這些波浪配置大腦的線路——排練它未來的迴路，加強和放鬆神經元之間的連結。（發現這些自發活動波的神經生物學家卡拉．沙茲（Carla Shatz）寫道：「一起發射的細胞，就連接在一起。」[25]）這個胎兒的熱身行動——在眼睛實際發揮功能之前的神經焊接，對視覺系統的表現攸關緊要。在看見世界之前，得先夢想。

在這段排練期間，過量生產神經細胞之間的突觸——化學連接點，但在之後的發展過程中則又修剪回來。為了創造突觸，神經元在軸突的末梢貯存訊號要傳遞到下一個神經元的地方，生出專門的結構，通常看起來像是微小的突起。突觸「修剪」是為了削減這些特殊的結構，因而消除了該處的突觸連接——就像移除或切割兩根電線之間的焊接點。這是一個奇怪的現象——我們的大腦建立了過多的聯繫，因此我們削減多餘的部分。

突觸減少的原因是個謎，但突觸修剪被認為可以改善和強化「正確」的突觸，刪除脆弱和不必要的突觸。一位波士頓的心理醫師告訴我：「它加強了一種古老的本能。學習的祕訣在於系統化消除多餘者。我們成長，主要是透過死亡。」[26]我們天生的設計就是不被固定設計，這種結構的可塑性可能是我們心智可塑性的關鍵。

但由誰來修剪突觸？二〇〇四年冬，貝絲．史蒂文斯加入史丹佛大學神經學者班．巴瑞斯（Ben Barres）的實驗室。「當我開始在班的實驗室工作時，人們對特定的突觸如何具體消除所知甚少，」她告訴我。史蒂文斯和巴瑞斯把重點放在視覺神經元：這個眼將是大腦之眼。

二〇〇七年，他們宣布了一項驚人的發現。[27]史蒂文斯和巴瑞斯發現神經膠細胞負責修剪視覺系統的突觸連接。這項工作發表在《細胞》（*Cell*）期刊，極受重視，但也引發了一系列新問題。哪一種特定的膠細胞負責修剪？修剪的機制是什麼？次年，史蒂文斯轉到波士頓兒童醫院，建立她自己的實驗室。當我在二〇一五年三月一個寒冷的早晨拜訪她時，實驗室正忙得不可開交。研究生正弓身在顯微鏡前。一位女士坐在實驗桌前，專心一意地把一塊新鮮的人腦切片搗碎成單一的細胞，以便讓她可以在組織培養瓶中培養。

史蒂文斯有一種輕鬆自在的活力：在她說話時，她的雙手和手指追隨思想的弧線，在空中形成和瓦解突觸。「我們在新實驗室所承擔的問題，是直接延續我在史丹佛大學所研究的問題，」她說。[28]

到二〇一二年，史蒂文斯和她的學生創造了研究突觸修剪的實驗模型，並確定了造成這種現象的細胞。被稱為微膠細胞（microglia，或稱小膠質細胞）的特別細胞——呈蜘蛛狀，有許多分支，在大腦周圍爬行，搜尋碎片，幾十年來，人們已知它在消除病原體和細胞廢物方面的作用。但史蒂文斯也發現它們盤繞在已被標記要消除的突觸周圍。微膠細胞蠶食神經元之間的突觸連接點，削減它們。正如一份報告所述，它們是大腦「永恆的園丁」。[29]

或許突觸修剪最引人矚目的特徵，是它用一種免疫機制來消除神經元之間的連結。免疫系統中的巨噬細胞吞噬並吃掉病原體和細胞碎片。大腦中的微膠細胞使用一些類似的蛋白質和程序來標記要被蠶食的突觸——只是它們攝取的不是病原體，而是牽涉到突觸連接的神經元片段。這是另一個找到新用途的精彩例子：用來清除體內病原體的蛋白質和途徑被重新調整，以微調神經元之間的連接。微膠細胞經過演化，「吃掉」我們自己大腦的碎片。

「一旦我們了解了微膠細胞參與其中，各種問題就都冒了出來，」史蒂文斯說：「微膠細胞怎麼知道要消除哪些突觸？（……）我們知道突觸彼此互相競爭，最強的突觸獲勝，但最弱的突觸怎麼被標記要剪除？實驗室現在正在研究全部這些問題。」

神經膠細胞對神經連結的修剪已經成為深入研究的焦點——而且不僅僅是在史蒂文斯的實驗室裡。[30]最近的實驗顯示，神經膠細胞修剪功能障礙可能與精神分裂症有關——這是修剪不當時所發生的疾病。不同的神經膠細胞其他的功能與阿茲海默症、多發性硬化症，和自閉症有關。「我們看得越深入，發現的就越多，」史蒂文斯告訴我。在神經生物學的領域中，很難找到不牽涉到神經膠細胞的層面。

我走出史蒂文斯的實驗室，踏上波士頓冰滑的街道，在心裡背誦肯尼斯·柯赫（Kenneth Koch）的詩〈一列火車可能遮住另一列〉（One Train Might Hide Another）：[31]

在一個家庭裡，一個姊妹可能會隱瞞另一個姊妹，所以，當你在追求時，最好讓她們全都在視野裡（……）

而在實驗室裡

一項發明可能隱藏另一項發明，

一個夜晚可能隱藏著另一個夜晚，一個影子，一窩影子。

幾十年來，神經元在細胞生物學的跑道上高視闊步，遮蔽了神經膠細胞。但當你在追求科學的靈感或創造發明時，最好能讓所有的細胞都在你的視野中，而不僅僅是神氣十足的細胞。神經膠細胞已經走出了它的「陰影之巢」。就像它自己的一種亞型一樣，它像鞘一樣，包裹自己，圍繞著整個神經生物學領域。它絕非名人的助理，而是這一門科學的新星。

二〇一七年春天，我被畢生所經歷過最深沉的一波憂鬱浪潮淹沒。我刻意用「波」這個字：在它終於在我身上爆發時，已經緩慢地爬升了幾個月，我覺得自己彷彿淹沒在悲傷的浪潮中，無法游過或渡過。表面上，我的生活似乎完全在掌控之中——但在內心裡，我卻感到全身沉浸在哀傷中。有些日子，起床，甚至去取門外的報紙，都似乎舉步維艱。單純的快樂時刻——我的孩子畫了一條有趣的鯊魚，或是完美的蘑菇湯，似乎被鎖在盒子裡，而且所有的鑰匙都丟進了海洋深處。

為什麼？我不知道。也許部分原因是我逐漸接受了父親一年前的過世。在他去世後，我瘋狂地投入工作，忽略了給自己時間和空間來悲傷。也有一些原因是面對不可避免的衰老。我當時正處於四十多歲的最後幾年，凝視著看似深淵的未來。我跑步時膝蓋會痛，並且嘎吱作響。腹部莫名其妙出現疝氣。原本我可以憑記憶背誦的詩？現在我得在大腦中搜尋失落的單字（「我聽到蒼蠅嗡嗡——在我死之時——／我房裡的寂靜／就像」……嗯……像……像什麼？）。我變得支離破碎。我正式步入中年。開始下垂的不是我的皮膚，而是我的大腦。我聽到蒼蠅嗡嗡。

情況越來越糟。我的應對方法是忽略它，直到它達到顛峰。我就像寓言裡鍋中的青蛙，沒有感覺到溫度逐漸升高，直到水開始沸騰。我開始服用抗憂鬱劑（這雖有幫助，但只到某個程度），並開始去看精神科醫師（幫助大得多）。但突如其來的混亂浪潮，和它的頑強固執，讓我大惑不解。我所能感受到的只是作家威廉·史泰倫（William Styron）在《可見的黑暗》（*Darkness Visible*）[32]中所描述的「陰冷的乏味」。

我致電給洛克菲勒大學的教授保羅·葛林加德（Paul Greengard）。幾年前我在緬因州的一次度假會議中遇見葛林加德——我們認出彼此是科學家同行，一起在輕風拂面的白色鵝卵石海灘上散步一哩，談論細胞和生物化學，結為密友。他的年紀比我大得多——我們認識時他已經八十九歲了，但他的心智卻似乎永遠年輕。我們經常在紐約共進午餐，或者在約克大道或在大學的校園裡長時間徐徐散步。我們的談話內容很廣泛，神經科學、細胞生物學、大學八卦、政治、友誼、現代藝術博物館的最新展覽、癌症研究的最新發現；保羅對一切都充滿興趣。

一九六〇和一九七〇年代，葛林加德的實驗使他以新穎的方式思考神經元的通訊。研究突觸的神經生物學家大都把突觸之間的溝通描述為快速的過程。電脈衝到達神經元的末端——即軸突末梢（axon terminal）。它導致化學神經傳導物質釋放到一個專門的空間——突觸。而接下來這些化學物質打開下一個神經元的通道，離子湧入，重新啟動脈衝。這是「電力」大腦——由電線和迴路組成的盒子（一個化學訊號〔神經傳導物質〕被扔到兩條電線之間）。

但葛林加德認為應該存在另一種不同類型的神經傳導。一個神經元送出的化學訊號也會創造神經元中一連串的「緩慢」訊號。由一個細胞到下一個細胞的神經訊號促使受體細胞發生深刻的**生化**和**代謝**變化。受體的神經元內發生一系列複雜的化學變化：新陳代謝、基因表現，以及分泌到突觸中的化學傳導物質的本質和濃度都有了改變。這些「緩慢」的變化接下來又由神經到神經改變了脈衝的電導率。幾十年來，這種緩慢的連鎖反應被視為無足輕重（一位研究人員談到葛林加德的工作時曾說：「哦，他最後一定會改變主意的。」）。但如今已知神經細胞內產生的生化改變——「葛林加德級聯」（Greengard cascade），會滲透到大腦，改變神經元的功能，並決定其隨後的許多特性。[33]

那麼，我們可以把大腦的病理分為影響「快」訊號（神經細胞的快速電傳導）和影響「慢」訊號的病理（在神經細胞裡被改變的生化級聯），以及介於兩者之間的病理。

憂鬱？當我把自己的悲傷濃霧告訴葛林加德時，他邀我共進午餐。那是二〇一七年深秋時分，我們在大學的自助餐廳吃飯——他進食很慢，很挑剔，檢視叉子上的每一口食物，就好像它是生物樣本一樣，然後才把它放進嘴裡，接著我們在洛克菲勒大學的校園裡散步。他的伯恩山犬阿爾法滴著口水，笨拙地跟在我們身邊。

「憂鬱症是一種緩慢的大腦問題，」[34]他說。

我想起了卡爾・桑德堡（Carl Sandburg）的詩：「霧來了／踏著小貓的腳步。／它坐著俯瞰／港口和城市／靜靜地蹲著／然後繼續行進。」[35]我的大腦感覺永遠霧濛濛，彷彿有某個生物緩慢而安靜地蹲下，但它不肯繼續行進。

作家安德魯・所羅門（Andrew Solomon）曾把憂鬱症描述為一種「愛的缺陷」。[36]但由醫學角度來看，這是神經傳導物質和它們的訊號調節的問題，是化學物質的缺失。

「哪一種化學物質？什麼訊號？」我問保羅。

我知道血清素這種神經傳導物質和憂鬱症有關。

保羅告訴我憂鬱症「腦化學」理論起源的故事。一九五一年秋天，用新藥異丙煙肼（iproniazid）治療結核病患者的史坦頓島（Staten Island）海景醫院（Sea View Hospital）醫師注意到病患的情緒和行為有突然的變化。[37]這些病房通常陰沉安靜，病人死氣沉沉、昏昏欲睡，沒想到「上週卻生氣蓬勃，充滿了男女病人的快樂的面孔，」記者寫道。活力回來了，食欲也回來了。許多病人，多少個月來都病懨懨而緊張抑鬱，如今卻要求早餐要吃五個雞蛋。當《生活》（*Life*）雜誌派攝影記者到醫院來調查，發現病人不再麻木地躺在床上。[38]他們在玩牌，或者活潑地在走廊上散步。

研究人員後來發現，異丙煙肼有個副作用，它會提高大腦中血清素的濃度。精神病學界於是了解到憂鬱症是由於神經突觸中神經傳導物質血清素的缺乏所引起，突觸中沒有足夠的血清素，因此對化學物質做出反應的電路得不到足夠的刺激。情緒調節神經元刺激不足，因而導致憂鬱。

如果這就是憂鬱症的全部原因，那麼增加大腦中的血清素，就應該能解決危機。一九七〇年代，瑞典哥德堡大學（Göteborg University）的生化學家阿維德・卡爾森（Arvid Carlsson）與瑞典阿斯特製藥公司（Astra AB）合作，開發了一種藥物齊美立定（zimelidine），可提高大腦中神經傳導物質濃度。[39]這些早期藥物導致增加大腦血清素濃度更具選擇性的化學物質——ＳＳＲＩｓ（選擇性血清素回收抑制劑），例如百憂解（Prozac）和帕羅西汀（Paxil）。*而且的確，有些憂鬱症患者接受了ＳＳＲＩｓ的治療，病況獲得了顯著的緩解。作者伊莉莎白・沃策爾（Elizabeth Wurtzel）在她一九九四年的暢銷書回憶錄《百憂解國家》（*Prozac Nation*）[40]裡，描述了天差地別的體驗。在開始接受抗憂鬱藥物治療之前，她有一個又一個的「自殺幻想」。然而，在開始服用百憂解幾週後，她的人生起了變化。「一天早上我醒來，真的想要活下去……。彷彿憂鬱症的毒霧已經從我身上消失了，就像舊金山的霧氣隨著白天展開而消散一樣。是因為百憂解嗎？毫無疑問。」[41]

但對ＳＳＲＩｓ的反應遠非普遍正面，而且ＳＳＲＩｓ實驗和臨床的結果顯示了矛盾的資料：在某些針對病情最嚴重憂鬱症病人的試驗中，接受這類藥物治療的患者比服用安慰劑的病患有顯著的改善，而在其他研究中，效果很小，往往難以覺察。而產生效果的時間——通常是幾週，或者幾個月，並未顯示光是提高血清素濃度就可以重設某個電路的程度，因而治癒憂鬱症。我嘗試服用帕羅西汀，接著又服用百憂解，但腦中的迷霧並沒有消散。有一點是顯而易見的：光是調整情緒調節神經元突觸中的血清素濃度並不是簡單的答案。

保羅點頭同意。洛克菲勒大學葛林加德實驗室才剛發現了一條由血清素引發的「緩慢」途徑，可能

＊卡爾森是神經生理學家，早已因他先前在神經傳導物質多巴胺及其對帕金森氏症影響的研究而聞名。他對多巴胺的前體左旋多巴（L-DOPA）這種化學物質的研究，導致這種藥物的開發，用於治療帕金森氏症的運動障礙。

是憂鬱症的罪魁禍首。葛林加德和其他研究人員發現，血清素不僅僅是「快速」的神經傳導物質，憂鬱症也不僅僅是故障的神經迴路，可以靠著增加突觸中的血清素來重設。相反地，血清素會在神經元中引發「緩慢」的訊號——在貓足上發出生化訊號，包括改變幾種葛林加德實驗室已確定的細胞內蛋白質的活動和功能。

保羅認為，這些改變神經元活動的蛋白質對於調節情緒和穩態情感（emotional homeostasis）神經元的緩慢訊號十分重要。在較早的研究中，他已經證明了一個稱作 DARPP-32 的因子對神經元回應另一種稱作多巴胺傳導物的方式極其關鍵。[42] 多巴胺參與許多其他的神經功能，包括我們的大腦對獎勵和上癮的反應。

「不僅僅是血清素的**濃度**，」保羅用手指在空中用力戳點強調。紐約的空氣清冷，凜冽刺骨，他的呼吸在他身後留下一道飄逸的霧氣。「那未免太簡單了。重點在於血清素對神經元的**作用**。它改變神經元的化學和它的新陳代謝的方式，」他說，「這可能因人而異。」他轉身面對我：「就你的情況而言，可能有某些輸入，或者遺傳原因，使得反應更難以維持或恢復。」

「我們正在尋找能夠影響這種緩慢途徑的新藥物，」葛林加德繼續說。他正在為憂鬱症尋找一種全新的模式，並要藉此找出治療這種疾病的新方法。

我們的散步結束了。他並沒有碰觸我，但我卻覺得他好像治癒了我內心難以消解的創傷。我揮手告別，看著他回到自己的實驗室。阿爾法筋疲力竭，但保羅卻精力充沛。

憂鬱症是愛的缺陷。但或許更根本的是，它也是神經元對神經傳導物質如何（緩慢地）反應的缺陷。葛林加德認為，這不僅僅是線路問題，而是一種細胞失調——由神經傳導物質激發的訊號，不知何故發生故障，而在神經元造成功能障礙狀態。這是由我們細胞的缺陷變成愛的缺陷。

葛林加德於二〇一九年四月因心臟病去世，享年九十三歲。我非常懷念他。

二〇二一年十一月的一個下午，我赴紐約西奈山醫院和海倫．梅伯格（Helen Mayberg）見面。在赴她辦公室的路上，風刺痛了我的臉，秋葉像雪花一樣落在我周圍，預示著冬天的到來。梅伯格是神經科醫師，專門研究神經精神疾病，並主持名為「高級電路治療」（Advanced Circuit Therapeutics）的治療中心。她是腦深層刺激術（deep brain stimulation，簡稱ＤＢＳ）技術的先驅，用手術把微小的電極導線植入腦部深層的特定部位。微小的電流透過這些電極導線發送到大腦的細胞，因為大腦的功能障礙可能是導致神經精神疾病的原因。梅伯格希望藉由電刺激調節大腦的這些區域，能夠治療抗拒一般治療最頑固的憂鬱症。它可以算得上是細胞療法——或者更確切地說，是針對細胞迴路的療法。

在二〇〇〇年代初，梅伯格與當時廣泛使用如百憂解和帕羅西汀等藥物來治療憂鬱症的做法分道揚鑣，開始用各種技術來了解可能是憂鬱症罪魁禍首的腦部細胞迴路。[43]當時醫界已經用腦深層刺激術來治療帕金森氏症，研究人員發現它可以改善病患的動作協調。但還沒有嘗試用ＤＢＳ治療頑固型憂鬱症。梅伯格運用強大的影像技術、神經細胞的迴路成像，和神經精神學測試，發現了大腦的一個區域，稱為布羅德曼25區（Brodmann area 25，ＢＡ25），據推測應該是調節情緒基調、焦慮、動機、動力、自我反省，甚至睡眠等的細胞所在位置——在憂鬱症中，這些徵兆明顯失調。梅伯格發現，頑固型憂鬱症患者的ＢＡ25異常活躍。她知道，慢性電刺激可以削弱一塊大腦區域的活動。這話聽來似乎矛盾，但事實不然。以高頻率長期電刺激神經元迴路會抑制其活動。梅伯格推斷，對ＢＡ25的細胞進行電刺激，可能會緩解慢性、嚴重憂鬱症的症狀。

布羅德曼25區並不容易到達。如果你把人腦想像成折疊起來處於出拳位置的拳擊手套，ＢＡ25就位於緊握拳頭深處的中心，在中指可能所在的位置（大腦兩側各有一塊區域）。一位記者描述道：「在一對大小和形狀都像新生兒彎曲的手指，稱作胼胝體下扣帶迴（subcallosal cingulate）的淡粉紅色神經肌肉曲線中，〔布羅德曼〕25區就在指尖的位置。」[44]二〇〇三年，梅伯格與在多倫多的幾位神經外科醫師合作，開始了一項試驗，把電極植入抗藥性憂鬱症病患的大腦兩側，刺激患者的ＢＡ25。這似乎是極其細膩的任務：逗弄新生兒的指尖，讓她發笑。

參與研究的有六名患者：三男三女，年齡在三十七歲至四十八歲之間。「這些病人我每一個都記得，」梅伯格告訴我：「第一個是一位身障的護理師，她形容自己完全麻木，」彷彿被永遠麻醉了一樣。[45]「就像我在她之前和之後見過的許多病人一樣，她對自己病情的比喻是垂直的空間。她被困在一個洞裡，一個虛空，她陷入其中。其他人的比喻則是洞穴；有力場把他們推下某種困境。當時我並沒有意識到這一點，但傾聽這些比喻絕對必要。正是這些比喻讓我能夠追蹤病患對治療是否有反應。」

為了要把電極準確地定位到ＢＡ25中，和梅伯格合作的神經外科醫師安德列斯．羅扎諾（Andres Lozano）不得不在病人的頭部設置一個框架（框架的作用就像立體的ＧＰＳ系統，在外科醫師把電極植入大腦時，追蹤電極的位置）。就在梅伯格拉緊這個立體定位框架的鉤子時，病人面無表情地看著她，既沒有表現恐懼，也沒有顯示憂慮。「她在這裡，一位即將在頭上鑽洞，好在她的大腦上進行完全沒有測試過的程序，但她所能感覺到的只是麻木。什麼也沒有。就在那時，我知道這個情況對她來說有多糟糕。」

梅伯格帶她到手術室。「天哪，我們十分擔心。我們不知道刺激會產生**什麼結果**。」會不會讓血壓下降？會不會打開神經學家一無所知的細胞迴路？造成某種意想不到的精神分裂？外科醫師鑽透病人的頭骨，插入電極。位置似乎是正確的，梅伯格打開電流，慢慢增加電流頻率。

「然後它發生了，」梅伯格說，「當我們到達正確的位置時，她〔病人〕突然說：『你做了什麼？』」

「你是什麼意思？」梅伯格問。

「我的意思是，你做了某件事，空虛就消失了。」

空虛消失了。梅伯格關閉了刺激器。

「哦，或許只是我有奇怪的感覺。沒事。」

梅伯格再次打開它。

空虛再度消失。「形容一下，」梅伯格鼓勵她。

「我不知道我行不行。就像微笑和大笑之間的區別。」

「這就是為什麼你必須聆聽這些比喻，」梅伯格告訴我。微笑和大笑之間的區別。她辦公室裡有一張圖片，畫面上是一條小溪，中間有一個深坑，水由四面八方經由那裡湧進來。「一位病人發這張圖片給我，描述她的憂鬱症。」又是一個虛空，一個空洞。垂直的、無法逃脫的陷阱。梅伯格打開刺激器後，這名病人說她看到自己被由深坑裡拉了出來，坐在水面之上的岩石上。她能看到以前的自己在坑裡，但她坐在坑洞上方的岩石上。「這些圖片，這些描述，告訴你的遠比在憂鬱量表空格上打勾多得

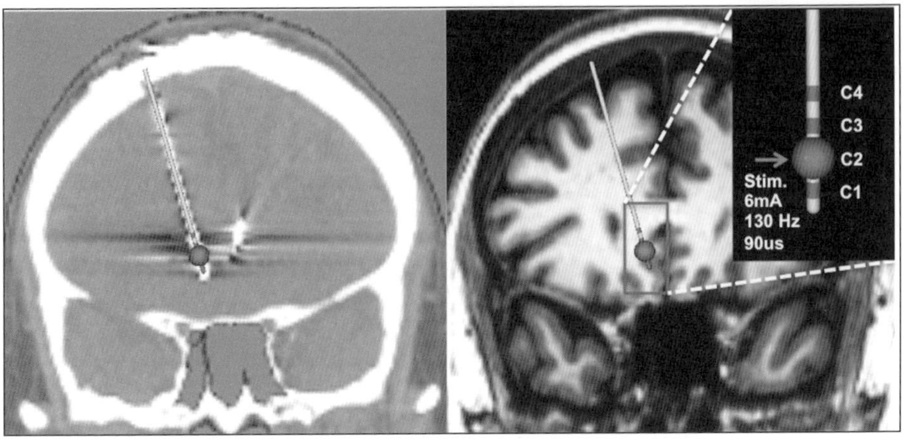

梅伯格論文中的圖像顯示電極插入頭骨，進入大腦深處的布羅德曼 25 區。這個部位的神經細胞慢性電刺激被用來治療頑固型憂鬱症。

多。」梅伯格又用DBS治療了五名患者，才發表她的資料。下面是打開刺激器時發生的情況：「所有的病患都自發地報告急性的效應，包括『突然平靜或輕鬆』，『虛空消失』，意識增強的感受，興趣提高、『聯繫』，以及房間突然變亮，包括視覺細節敏銳和色彩增強的描述，回應電刺激。」[46]

病人帶著電極和電池被送回家。之後六個月時，六名病人中有四個持續有反應，他們的情緒有重大而且客觀的改善。「整個症狀都康復了，」梅伯格後來告訴採訪者。「某些病人的情況可能非常戲劇化，而其他病患則需要時間才能顯現出來──長達一、兩年。還有些病患似乎沒有得到〔腦深層刺激〕的幫助，原因不得而知。」

梅伯格已經治療了近百名患者。「並不是每一個人都有反應，我們不知道為什麼，」她告訴我。但在某些患者中，效果幾乎是立刻發生。一位女士，也是護理師，形容她的病情是：完全無法感受到情緒甚或感官的連結。「她告訴我，當她抱著自己的孩子時，沒有任何感覺。沒有知覺，沒有安慰，沒有快樂。」當梅伯格打開DBS時，病患轉身對她說：「你知道奇怪的是什麼嗎？我感覺和你有聯繫。」另一位病人記得她發病的確切時間。「她正沿著湖邊遛狗，感覺所有的顏色都消失了，變成了黑白，或者只是灰色。」在梅伯格打開DBS時，病人露出驚訝的表情。「顏色剛剛跳了出來。」還有一位女士形容她的反應，就好像季節正要變換。雖然還沒到春天，但她卻感受到春天的**預兆**。「番紅花，它們剛冒出來了。」

「還有各種各樣我不明白的謎，」梅伯格接著說：「你知道憂鬱症有一種精神運動成分，病人常常不能動。他們躺在床上，變得緊張抑鬱。但當我們打開DBS時，病人會想要再起身活動，只是他們想做的活動是清理房間。把垃圾從廚房拿出去、洗碗。一位患者在陷入憂鬱之前熱愛尋求刺激，會由飛機上跳下來。但當我們打開DBS時，他說他想再次活動。」

「你想要做什麼？」梅伯格問他。

「我想打掃我的車庫。」

以DBS治療頑固型性憂鬱症為主的更嚴謹研究——隨機、對照、多機構試驗等正在進行。值得注意的是，於二〇〇八年啟動的一項關鍵研究（名為BROADEN——布羅德曼25區腦深層神經調節Brodmann area 25 Deep Brain Neuromodulation）[47]現已停止，因為初步的資料並沒有顯示出任何接近梅伯格在她的最初的研究中所見到的功效。二〇一三年，大約九十位接受DBS至少六個月的患者的資料出爐，他們的憂鬱症量表評分並沒有比對照組（接受手術，但沒有「打開」刺激器的病人）好，（更糟的是：有些植入電極的患者出現了多種手術併發症。有些人感染，有些人頭痛難忍，有些人則說沮喪和焦慮的程度更嚴重。）這項試驗的贊助商是一家名為聖裘德（St. Jude's，後來被雅培 Abbott 收購）的公司於是叫停了試驗。正如一位記者所寫：「這段慘痛的經驗讓〔梅伯格〕回到了她的最先的研究原則：細察選擇（腦深層刺激）潛在候選人的標準；確定改善植入的方式，因配合對程序較缺乏經驗的手術團隊；改進植入病人大腦後調整設備的方法；而最重要的是，進行研究，以確定為什麼ＤＢＳ可能對某些患者不起作用的原因，以及如何在手術前識別他們。相反的情況也在研究中：在手術之前，找出誰可能會獲得幫助，並且幫助最快。」[48]

梅伯格認為 BROADEN 研究出問題的原因很多。「我們必須找到合適的病患、合適的部位，和監控反應的正確方法。在這裡還有很多我們需要學習的事物。」對她最嚴厲的批評者仍然不以為然。（「電子治療當道，藥物已經過時了，」[49]一名部落客寫道，他的讀者並沒有忽略其中尖酸的諷刺意味。）

但奇妙的是，經歷許多個月的時間，在被叫停研究中，選擇保持ＤＢＳ儀器「開啟」的患者開始體驗到有效且客觀的反應。在二〇一七年發表在《刺胳針精神病學》（*Lancet Psychiatry*）期刊上的一篇論文中，[50]如果追蹤患者的時間是兩年而非在最初分析中的六個月，那麼31％的病人都感受到緩解——接近梅伯格在初步研究中記錄的緩解率。因此人們重新燃起對ＤＢＳ治療慢性、嚴重憂鬱症的熱情。梅伯格說：「我們只需要以正確的方式進行研究。」這個領域經歷了它自己的週期性情緒障礙：絕望，接著是欣喜若狂（也許過早）的樂觀，然後又陷入絕望。最後再次燃起了謹慎的新希望。十一月的那個下午，在我看來，梅伯格已經開始感覺到季節變換的預兆。西奈山醫院外的花園裡並沒有番紅花——畢竟這是十一月，但我知道它們會在二月盛開。

同時，醫界也正在嘗試用腦深層刺激——我喜歡把它想成「細胞迴路」療法，來治療各種神經精神和神經系統疾病，包括強迫症（OCD）和成癮等等。重點是：細胞迴路的電刺激正試圖成為一種新藥物。這些嘗試有些可能會成功；有些可能會失敗。只要這些嘗試獲得一定程度的成功，就會產生一種新的人（和人格）——植入「腦律調節器」來調節細胞迴路的人類。他們應該會把充電電池裝在腰包中，帶著它在世界各地遊走，在經過機場安檢時說：「我體內有電池，電極穿過我的頭骨，向我的大腦細胞發送衝動，來調節我的情緒。」說不定我會成為其中一員。

協調的細胞：恆定、不變，與平衡

每個細胞都有它自己特殊的作用，即使它的刺激來自其他部位。[1]

——魯道夫．魏修，一八五八年

現在我們數到十二，而且全都保持不動。就這一回在地球的表面上，讓我們不說任何語言，讓我們停頓一秒鐘，並且不要移動我們的手臂這麼多。[2]

——巴勃羅．聶魯達（Pablo Neruda），《保持靜止》（*Keeping Still*）

到目前為止，我們遇到的大多數細胞彼此都是局部溝通，只有免疫系統的細胞除外。一個免疫細胞的訊號可以把遠處的細胞召喚到感染或發炎的部位，除此之外，我們不常聽說細胞的嘰嘰喳喳可以跨越生物體廣闊的軀體。一個神經細胞透過突觸向下一個細胞低語，心臟細胞在實體上緊密相連，因此一個細胞內的電脈衝會透過細胞之間的連結，傳播到另一個細胞。細胞之間有很多輕聲細語，但很少會大喊大叫。

可是生物體不能只依賴局部通訊。想像一件不僅影響一個器官系統，而且也會影響整個身體的事件。飢餓、久病、睡眠、壓力。每一個個別的器官都可能對這個事件產生特定的回應。但——回到魏修把身體當作細胞公民組合的想法，器官之間的訊息必須協調組合。有的訊號或脈衝必須在細胞之間移動，通知它們身體所處的全球「狀態」。訊號由血液攜帶，由一個器官移到下一個器官。一定有一種方法，讓身體的一部分「遇見」身體遙遠的部分。我們稱這些訊號為「荷爾蒙」，hormones一詞源自希臘文「hormon」——推動或讓某種動作開始運作。就某種意義來說，它們促使身體作為一個整體來行動。

一個形狀如葉片的器官藏在腹部的一個彎曲處，塞在胃部和腸道的曲折之間——「神祕、隱藏」，[3]如一位病理學家的描述。它有兩個裂片——稱為「頭」和「尾」，由胰體連接。約在公元前三百年亞歷山大時代的解剖學家希羅菲勒斯（Herophilus）可能是最早一批認定它是獨特器官的人之一，但他並沒有為它取名字。[4]（誠然，沒有名字很難把它歸為一種發現。）pancreas（胰臟）這個名字出現在醫學文獻中，見於亞里士多德的文章——他不以為意地寫道：「一個所謂的pancreas」，但這個字仍然沒有透露它的功能，只是簡單地標記為「pan」（全）和「kreas」（肉）——全是肉的器官。蓋倫——在希羅菲勒斯之後四百年，在他解剖的某個時刻，提到胰臟充滿了分泌物，但他也不確定它的作用，只是這很少會阻止蓋倫冒險猜測：「由於靜脈、動脈和神經在胃的後面匯合，這些血管在它們的分歧點十分脆弱……因此大自然明智地創造了一個腺體，稱為胰臟，並把所有的器官都放在它的下方和四周，填補空隙，讓它們全都不會因為沒有支撐而破裂。」[5]

幾個世紀後，維薩留斯繪製了最詳細的器官圖表，把它和胃與肝臟放在一起。他指出，它看起來像一個「大的腺體」[6]——因此必然被設計為分泌**某種東西**，就像腺體總會有的作用，但接下來，維薩留斯也和蓋倫一樣，回到它的存在主要是作為支撐結構的想法，認為它是用來防止胃部擠壓血管緊靠脊椎。簡而言之：它是個充滿某種液體的墊子，是個美化了的枕頭。

似乎只有一個人反對胰臟是墊子的說法，而他的邏輯是基於簡單的解剖學推理。加布里埃爾·法洛皮烏斯（Gabriel Fallopius）是十六世紀在帕多瓦的生物學家，他覺得這種說法不合道理：他認為，對於四腳行走的動物來說，位於胃部後方的那個墊子怎麼可能會有什麼價值。他寫道：「（它）對於趴行的動物完全沒用，」[7]但他這種觀察敏銳的推斷就像他所思索的器官一樣，很快就遭到遺忘。

晦氣的是，胰臟細胞功能的發現始於兩位解剖學家之爭，最後演出了謀殺慘劇。這兩人中較年長的一位，是德高望重的約翰·魏爾松（Johann Wirsung），他在帕多瓦擔任解剖學教授。一六四二年三月二日，魏爾松在聖方濟教會附設醫院解剖了一名絞刑犯的腹部，取出他的胰臟。幾位助手協助解剖，其中包括他的學生莫里茲·霍夫曼（Moritz Hoffman）。當魏爾松取出胰臟，進一步探查這個器官時，發現了一個先前未曾注意到的特徵[8]：它有一個管道貫穿——後來稱為主胰管，向外通往腸道。魏爾松發表了一系列醫學圖片，描述他的發現，並把這些圖片寄給當時頂尖的解剖學家，但對這種管道的功能卻沒有什麼評論（儘管人們可能會問：解剖學上的墊子有什麼理由會有管道貫穿——除非這個通道運送什麼物品？）。

魏爾松聲稱自己的解剖學發現可能激怒了一個先前的對手。一六四三年八月二十二日晚上，就在魏爾松送出胰臟管道取得突破進展的消息一年多之後，他在帕多瓦屋外的巷子裡散步時，[9]一名比利時刺客上前來搭訕，並開槍打死了他。他的人生如此奇怪而殘酷結束的原因，人們仍然在揣測——但至少有一個可能的動機很明顯。魏爾松的得意門生霍夫曼與他的導師發生了激烈的爭執。霍夫曼聲稱他曾向魏爾松展示鳥類胰管的存在，魏爾松才用霍夫曼的發現來辨識人體內相同的管道，但他卻沒有提到學生的任何功勞。霍夫曼聲稱，這位解剖學大師其實是抄襲高手。

大家可能以為魏爾松遇害會讓胰臟解剖領域恐懼——我想不出另一個因某種管道而導致殺人案的例子，然而人們已燃起對胰臟功能的興趣。如果胰臟不是胃的緩衝墊，那麼它在做什麼？埋在它裡面的那個管道運送的是什麼？一八四八年三月二十五日，一個週六上午，克勞德·貝爾納——這位創造了「體內平衡」概念的巴黎生理學家進行了一項決定性的實驗。當時並非容易專注科學的時候。歐洲各地革命風起雲湧，法國國王才剛剛退位，街頭都是軍隊，但貝爾納卻把自己關在實驗室裡。他更關心的是如何恢復體內平衡，細胞如何維持穩定狀態（與魏修不同，他對維持國家的穩定並不特別感興趣）。

他從一隻狗身上提取胰臟的「汁液」，並添加了一塊燭脂進去。他發現，大約八小時後，胰液就乳化了脂肪——把它分解成小顆粒，形成一層乳狀的液滴漂浮在它上面。貝爾納以其他生理學家先前所做的研究為基礎，發現胰臟細胞分泌的胰液還可以分解澱粉和蛋白質——本質上就是把複雜的食物分子分解成較簡單、易消化的單位。一八五六年，貝爾納發表了《胰臟論文》（*Mémoire sur le Pancréas*），[10]詳細闡述了胰臟釋出的這些汁液有助於消化的想法。那麼，魏爾松發現的那個管道就是這些汁液的中央通道：它把它們傳遞到消化系統，把複雜的食物分子分解成簡單的分子。他終於找到了這個腺體的功能。

但世界也必須用眼睛來判斷。在貝爾納完成他對胰臟的生理學研究時，細胞學說已大行其道，顯微鏡學者也已把他們的鏡頭對準了胰臟的顯微解剖結構。一八六九年冬天，生理學家保羅．蘭格漢斯（Paul Langerhans）在顯微鏡下觀察薄薄的胰臟組織切片，發現這個器官還藏著另一個驚喜。一如預期，他發現了魏爾松所描述的導管，四周被巨大、膨脹、漿果狀的細胞包圍，後來確定為產生消化液的細胞——最後被稱為「腺泡」（acinar）細胞（acinus 在拉丁文中意為「漿果」）。但當蘭格漢斯的眼睛往腺泡細胞之外看去時，又發現了第二種細胞結構。這結構位於胰臟之內，與腺泡細胞不同，他發現小小的島狀細胞團，用細胞染料會染成亮藍色。這些細胞看起來與產生消化

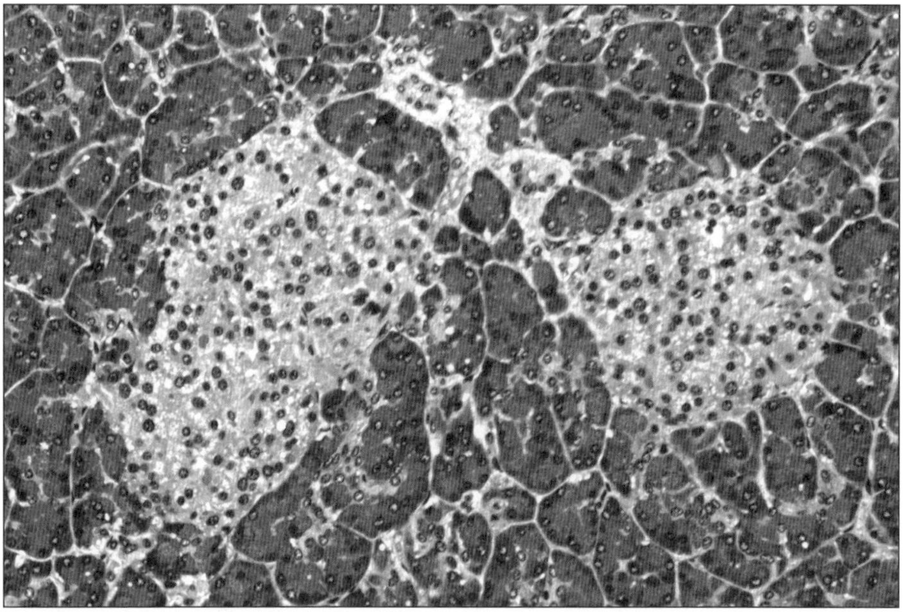

胰臟剖面顯示兩種主要細胞類型。產生消化酵素的大腺泡細胞包圍著分泌胰島素的胰島細胞（較小的細胞）「島」。

液的細胞截然不同。*它們通常彼此相隔很遠，就像島嶼組成的群島一樣，漂浮在胰臟組織的海洋中。後來這些細胞群就被稱為蘭格漢斯島（islets of Langerhans，或稱蘭氏小島）。

醫界對於這些細胞島的功能再次充滿了疑問和猜測。胰臟似乎是個持續給予的腺體。

一九二〇年七月，外科醫師弗雷德里克·班廷（Frederick Banting）在多倫多郊區行醫。[11]他的診所小，而且門可羅雀，沒有任何病例，因此他經常單獨枯坐其中。那年七月，他只有四元的收入；九月也只有四十八元，連基本生活都捉襟見肘，更不用說繼續經營診所了。他開的破車已經轉了五手，才行駛約兩百五十哩就報銷了。那個秋天，由於債務增加，信心崩潰，班廷在多倫多大學找了一份助教的工作——擔任講師的助手。

一九二〇年十月的一個深夜，他在《外科和婦產科》（*Surgery, Gynecology and Obstetrics*）期刊上讀到一篇文章，[12]描述發展出各種胰臟疾病的糖尿病患病況，包括結石堵塞了輸送消化液管道的症狀。作者注意到其中一些疾病，尤其是造成導管堵塞的病狀會導致腺泡細胞退化，而腺泡細胞的功能就是產生消化酵素。但奇怪的是，雖然在導管堵塞時，腺泡細胞通常很早就會萎縮和退化，但胰島細胞存活的時間卻久得多。作者幾乎是順帶地提到，通常直到蘭氏小島細胞終於退化，糖尿病才會發生。

班廷大感興趣。細胞島的功能還不清楚；也許它們與糖尿病有某種關係。糖尿病是神祕的疾病，和糖代謝有關——身體無法感知或適當發出有糖存在的訊號，導致糖在血液中積聚，溢出到尿液之中。

＊胰島細胞產生一系列其他激素，包括升糖素（glucagon，或稱胰高血糖素）、體抑素（somatostatin，或稱生長抑素）和飢餓素（ghrelin）。

班廷整夜輾轉反側，思索這個念頭。胰臟——有兩片葉片，也許也有兩種功能。幾個世代的生理學家都只注意到它的外在功能——消化液的分泌，尤其是貝爾納。但如果這些胰島細胞會分泌第二種化學物質——一種內在的物質，能夠感知和調節葡萄糖？這些細胞的功能障礙將會使身體無法感知葡萄糖，而使血液中的糖含量一飛沖天——這是糖尿病的基本標記。「我想到課程和那篇文章，也想著我的痛苦，以及我要如何擺脫債務，甩掉憂慮，」班廷寫道。他記下了一個實驗模糊的綱要。

如果他能區分「外在」和「內在」的功能——來自胰島分泌物中的腺泡細胞分泌物，說不定就會發現負責控制血糖的物質——了解糖尿病的關鍵。

「糖尿病，」那天晚上他寫道。

「結紮狗的胰管。讓狗活下來，直到腺泡退化離開胰島。」

「試著分離這些東西的內在分泌物，以緩解糖尿〔尿液中含糖，糖尿病的跡象〕。」

著名科學史家卡爾．波普爾（Karl Popper）曾經講過一個故事，一個石器時代的人應要求想像在遙遠的未來發明的輪子。「描述一下這項發明是什麼模樣，」他的朋友問道。這人搜索枯腸形容說：「它會又圓又實心，就像個圓盤，它會有輻條和一個中心。哦，還有一個車軸把它和另一個也是圓盤狀的輪子連接，」接著這個人停下來重新考量他所做的事情。在預見輪子發明的同時，他**已經**發明了輪子。

後來班廷描述他在那個十月晚上的筆記，就很像輪子的發明一樣。就他而言，他已經發現了控制糖分的荷爾蒙，這種荷爾蒙後來取名為胰島素。

但他該在哪裡進行實驗來證明這一點？焦慮和興趣激發了他的信心，他很快就鼓起勇氣去見多倫多最資深的教授之一，一位嚴肅又博學的蘇格蘭學者約翰・麥克勞德（John Macleod），想要在狗身上進行實驗。

兩人在一九二〇年十一月八日初次的會面是個災難。[13]他們在麥克勞德的辦公室見面，教授的書桌上堆滿了一疊疊的紙張，兩人談話時，教授心不在焉地翻閱其中一些紙。麥克勞德研究糖代謝已經數十年，在這個領域舉足輕重，他樂於助人，但要求嚴格。他對班廷的構想沒有太大的興趣，或許他期待班廷對糖尿病和糖的代謝有深入的了解；然而他看到的卻是個沒什麼把握、研究經驗很少的年輕外科醫師，談的是他似乎所知甚少的器官，以及一個跌跌撞撞、毫無條理的探索計畫。儘管如此，麥克勞德同意讓班廷在他的實驗室裡用狗來嘗試實驗。班廷持續不斷地糾纏他；實驗非得成功不可。最後，麥克勞德指派兩名學生中的一名協助班廷，學生拋硬幣決定誰先與班廷合作。才華洋溢的年輕研究員查爾斯・貝斯特（Charles Best）獲勝。

一九二一年夏天，班廷和貝斯特在酷熱的天氣中開始了他們主要的實驗，在醫學大樓頂層柏油屋頂下一間布滿灰塵的閒置實驗室裡對狗進行手術。五月十七日，麥克勞德教貝斯特和班廷如何在狗身上進行胰臟切除術——這個兩步驟的程序遠比期刊文章裡描述的要棘手得多。實驗室設備簡陋，而且悶熱難受。班廷汗如雨下，不得不剪掉實驗袍的袖子。他抱怨說：「我們發現在酷熱的天氣裡要保持傷口清潔，幾乎不可能。」

班廷設計的實驗原則上很簡單，但是實行時卻極為複雜。對於一些狗，他們要按照班廷所讀論文的實驗流程，手術縫合胰臟導管，把它封閉起來，直到腺泡細胞萎縮死亡，但胰島細胞仍然存在。[14]對於第二組的狗，他們會移除狗的整個胰臟——沒有腺泡細胞，沒有胰島細胞，因此也不會有胰島「物質」。把兩組的分泌物轉移——一組有胰島，另一組沒有胰島，他們就能辨識出胰島細胞的功能，以及它們所分泌的物質。

起初的嘗試失敗了。[15]貝斯特因使用麻醉劑過量，造成第一隻狗死亡。第二隻因失血過多而死亡。第三隻死於感染。班廷和貝斯特經過多次嘗試，才終於讓一隻狗存活足夠長的時間，來進行實驗的第一階段。

那年夏末，氣溫仍然很高，四一〇號狗——一隻白色的㹴犬的整個胰臟都被切除了。[16]果然，牠開始發生輕度糖尿病，血糖值約為正常值的兩倍，雖然遠非最極端的病例，但班廷和貝斯特認為這已經可以了。下一步至關重要：他們把一隻保有完整胰島細胞的狗胰臟磨碎，把提取的汁液注射到㹴犬身上。如果「胰島物質」存在，就應該可以逆轉糖尿病。一小時後，㹴犬體內的糖分恢復正常。他們注射了第二劑——再一次地，糖分恢復正常。

班廷和貝斯特一遍又一遍地重複這個實驗。去除由狗身上提取的胰臟萃取物，保持胰島完整。把這種萃取物注入糖尿病狗體內，並測量牠的血糖濃度。經過多次嘗試，他們開始有了信心，胰島細胞分泌的某種東西導致血糖下降。他們為這種概念上看到的物質取了個名字，稱之為小島素（Isletin）。

小島素是一種很難處理的物質——難以掌握、不穩定、不可預料，一如它的名字：島（指狹隘、保守、孤立）。但麥克勞德開始相信班廷和貝斯特確實發現了某種重要的東西——即使訊號很微弱。他很快就指派了另一位科學家詹姆斯．柯立普（James Collip）參與這個計畫，這位年輕的加拿大生化學者已經證明自己是一流的生化萃取專家。柯立普的任務是精煉班廷和貝斯特從胰臟萃取液中提取的這種難以捉摸的物質小島素，加以純化。

最初的嘗試很粗糙簡陋，效果教人失望。柯立普用一公升又一公升磨碎的濃稠胰臟糊進行研究，試圖追蹤班廷和貝斯特在狗身上發現降血糖機能的線索。最後他得到了第一個樣本——濃度低，而且不純，但仍然是由胰臟中提取的製劑。

這種萃取物的關鍵測試，是要確定它是否可以在人類病患身上逆轉糖尿病。這是一個教人緊張的臨床實驗，病人是雷納德．湯姆森（Leonard Thomson），十四歲的他正面臨嚴重的糖尿病危機。糖由他的尿液中傾瀉而出。他的身體惡病質（cachectic）且缺乏營養，只剩皮包骨。他時而昏迷，時而清醒。一九二二年一月，班廷為他注射了粗製的萃取物，但結果卻令人失望。這男孩有了幾乎無法察覺的輕微反應，但很快就消失了。

班廷和貝斯特感到挫敗：他們的第一次人體實驗失敗了。但柯立普繼續努力，萃取物越來越純淨。只要這種「物質」存在胰臟的任何部位，他一定會想辦法——找出某種方法純化它。他採購了新的溶劑，找到了新方法蒸餾，採用不同的溫度，也改變了酒精濃度溶解這種物質，直到他得到高度純化的萃取物。

一九二二年一月二十三日，團隊重新為湯姆森治療。這孩子病情依舊危急，他再次注射了柯立普的高度純化萃取物，效果立竿見影。他血液中的糖分急劇下降，由尿液中消失。他呼吸中原本充滿了酮體的甜味和水果氣味，這是身體處於嚴重代謝危機的不祥警告，如今消失了。半昏迷的男孩醒了。

班廷現在想要更多的萃取物來治療更多的病人。但後來才加入團隊的柯立普卻拒絕提供純化的步驟；畢竟，難道不是**他**解決了這個難題嗎？像《白鯨記》裡追獵白鯨亞哈（Ahab）船長一樣追獵了這個萃取物四年的班廷，身心俱疲幾乎崩潰，他走進柯立普的實驗室，揪住了他的大衣，把柯立普按在椅子上，雙手緊繞著柯立普的脖子，威脅要掐死他。要不是貝斯特在此時介入，把兩個人分開，胰臟就不只是一樁，而是兩樁謀殺案的罪魁禍首了。

最後，柯立普、貝斯特、麥克勞德，和班廷達成了薄弱的協議，他們把純化的物質授權給多倫多大學，並設置了實驗室，生產更多這種物質來治療病人。它的名字由小島素更改為胰島素（insulin）。一項更大規模的臨床試驗也獲得了同樣巨大的成功：注射胰島素的患者血糖值急劇下降，因酮酸中毒而半昏迷的兒童清醒了，惡病質病體消瘦羸弱的病人體重增加。很快地，胰島素是糖代謝主要調控者的事實非常明確——這種荷爾蒙負責感知糖分，並把訊號發送到全身的細胞。

一九二三年，就在班廷和貝斯特實驗僅兩年後，班廷和麥克勞德因發現胰島素而獲得諾貝爾獎。班廷對於獲獎的人選是麥克勞德而排除了貝斯特，感到十分不安，因此宣布將私下與貝斯特平分獎金。麥克勞德則回應：他會與柯立普分享自己的一半獎金。如今歷史已把麥克勞德推到幕後，這或許是恰當的，因為他在整個計畫中，一直在懷疑和支持之間搖擺。現在一般都把發現胰島素歸功於班廷和貝斯特。

我們現在知道，胰島素是由胰臟中特定的胰島細胞子集——β細胞合成的，它的分泌是受到血液中葡萄糖的刺激，接著它會傳遍全身。幾乎每一個組織都會對胰島素產生反應：糖的存在意味著能量的提取，而因能量而產生的一切才能進行——蛋白質和脂肪的合成、化學物質的貯存以供將來使用、神經元的放電、細胞的生長。它或許屬於最重要的「長程」訊息，充當中央協調者，安排全身的新陳代謝。

影響全球數百萬患者的第一型糖尿病，是免疫細胞攻擊胰島β細胞的疾病。[17]沒有胰島素，身體就無法感知糖的存在——即使血液中含有足夠的化學物質。身體細胞以為體內沒有糖分，開始四處尋找其他燃料形式。但同時，糖已經準備好了，卻無處可去，在血液中達到威脅性的高峰，並溢入尿液中。糖，糖，到處都是糖，但細胞中卻沒有一個分子可以攝取它們，獲得飽足。這是人體關鍵的代謝危機——在養分充足的情況下，細胞卻挨餓。

自發現胰島素以來的這數十年，數百萬第一型胰島素病人的生活已然改變。一九九〇年代在我接受醫學訓練時，病患要採取幾滴血液在監測器上檢查血糖濃度，並根據圖表為自己注射正確劑量的藥物。如今則有可以持續檢查血糖值的植入式監測儀——連續血糖監測儀（CGM），以及可以自動提供正確劑量胰島素的幫浦機。這是個封閉迴路系統。

但糖尿病研究人員的夢想是讓人類擁有生物人工胰臟。如果β細胞能以某種方式在植入性的囊袋中培養，並插入人體內，細胞就可以自主發揮作用：感知葡萄糖，分泌胰島素，甚至可能分裂，形成更多的β細胞。這種裝置需要血液供應，帶來營養素和氧氣，還需要能把胰島素送出的出口。最重要的是，必須保護它免受免疫攻擊——即人體免疫系統對胰島細胞的自體免疫性殺傷——這是最先引發糖尿病的原因。

二〇一四年，哈佛大學道格·梅爾頓（Doug Melton）領導的團隊發表了一種方法，提取人類幹細胞樣細胞，並一步一步地誘導它們，形成產生胰島素的β細胞。[18]梅爾頓以發展和幹細胞生物學者開始他的學術生涯，研究胚胎用來製造器官的訊號，以及幹細胞如何回應這些訊號。

後來梅爾頓的兩個孩子都患上了第一型糖尿病。[19]梅爾頓的兒子山姆六個月大時，開始發抖並嘔吐——情況嚴重，被緊急送往醫院。他的尿糖極高。在幾年前出生的梅爾頓女兒艾瑪，後來也發病。梅爾頓告訴記者說，有一段時間，梅爾頓的妻子**就是**孩子們的胰臟[20]——每天刺他們的手指四次，檢查血糖含量，並為他們注射正確劑量的胰島素。這些年來，這段個人經歷讓梅爾頓研究糖尿病，無法自拔地追求製造人類β細胞，並把它們植入人體——生物人工胰臟。

梅爾頓的策略是重現人類的發展。每一個人的生命都始於單一一個多能細胞（即能夠產生體內所有組織的細胞），最後長出胰臟，能夠感知糖分並發育胰島細胞，產生胰島素。梅爾頓認為，如果這可以在子宮內完成，那麼只要有正確的因素和步驟，它就可以在培養皿中完成。在接下來的二十年裡，梅爾頓實驗室的許多科學家都努力誘導人類多能幹細胞形成胰島細胞。但在它們成熟之前，卻總免不了卡在倒數第二階段。

二〇一四年的一個晚上，博士後研究員費莉西亞・帕柳卡（Felicia Pagliuca）留在梅爾頓的實驗室做實驗。[21]她的丈夫已經致電要她回家吃晚飯，但她還有最後一項實驗要完成。她在沿著胰島細胞通路誘導的幹細胞中添加了染料，希望它會變成藍色——表示它們正在製造胰島素。起先她看到淡淡的藍色——但隨後顏色變得越來越深。她看了又看，確認自己的眼睛沒有誤導她。這些細胞已經製出了胰島素。

梅爾頓、帕柳卡和他們的團隊在當年報告了他們的成功。梅爾頓的團隊寫道，他們產生的細胞「表現了成熟β細胞的標記物，因葡萄糖而產生鈣的流動（這是它們檢測到糖的標記），把胰島素包裝成分泌顆粒，並回應體外多次連續葡萄糖挑戰，分泌數量和成年β細胞相當的胰島素。」[22]這已是研究人員最接近製造出能夠存活並發揮功能的人類β細胞，並可以生長成數百萬個細胞的程度。

由幹細胞製成的胰島素分泌細胞如今已經找到通往臨床試驗之路。一個策略是取得數百萬個胰島細胞，並把它們直接注射到病患體內，同時給予病患免疫抑制劑以防止這些細胞遭到排斥。第一批接受輸入的患者之一，是來自俄亥俄州的五十七歲第一型糖尿病患布萊恩·謝爾頓（Brian Shelton），他似乎已經可以控糖——這是衡量整個策略是否有效的關鍵第一步。[23]更多病患也正在迅速報名參加試驗。

下一個可能的步驟是把這些細胞封裝到一個有免疫保護的裝置中，讓它在體內保持穩定，同時可作為營養的出入口。同樣也在哈佛大學的傑夫·卡普（Jeff Karp）團隊正在設計微型植入式機器，可能會實現這些目標。

在未來某個時刻，我們可能會見到一種新的糖尿病患，毋需注射、電池，或會發出嗶嗶聲的監測器（電池和監測器將改為佩戴式，就像接受深層腦部刺激的帕金森氏症或憂鬱症病人一樣）。在經歷了這麼多的錯誤和誤解、一樁謀殺、一次掐喉事件，四人平分諾貝爾獎——以及那令人難忘藍點在一簇細胞上擴散之後，我們可能已經解決了這個兩心器官的難題，並把它變成了生物人工自我。一旦這個新器官融入我們的身體，胰臟——新陳代謝的中央協調者，所有組織都會對它起反應的荷爾蒙製造者——就會符合它原本的希臘名稱，它將成為我們的一部分，一種「全血肉」的新形式。

有一天晚上你外出用餐，或許就在義大利的威尼斯——聖馬可灣附近威尼斯花園（Giardini）旁一間氣派豪華的餐廳。你由鱈魚醬開始——這是威尼斯人由葡萄牙人那裡偷來的鹽漬鱈魚泥，如今已成為全國的招牌菜色。接下來是一堆烤麵包和一大碗通心粉，還有足以填滿一條小運河的夏布利白葡萄酒（Chablis）。

當你往回走時，也許還沒意識到一個細胞連鎖反應已經啟動。暫且不提消化作用。在你走回飯店的路上，**代謝**的連鎖反應——和化學平衡的恢復，是在你體內進行的細胞生物學小奇蹟。

麵包和通心粉中的碳水化合物被消化成糖——最後轉化為葡萄糖。葡萄糖由腸道被攝取，吸收到血液中，並進入循環。當血液達到胰臟，它感知到葡萄糖飆升，並釋出胰島素。接下來，胰島素把血液中的糖轉移到你體內所有的細胞中，可以把它貯存在其中，或根據需要事先把它用作能量。大腦是這些訊號最後的接收者：如果糖分降得太低，它會做出反應，發出相反的訊號。另外還有由不同細胞分泌的其他荷爾蒙，發送訊號把貯存的糖釋放到血液中。貯存的糖來自肝細胞，它們至少暫時會做出反應，釋放貯存的葡萄糖以恢復平衡。

然而所有的鹽分呢？你的身體剛剛受到氯化鈉的攻擊。如果不修復，日復一日，你的血液就會慢慢變成海水，鹽度就像你剛剛坐在旁邊的運河一樣。因此，或許在不知不覺之中，你感到一陣口渴。你喝了一杯、兩杯，也許三杯水。現在第二個代謝感應器開始發揮作用。要了解鹽如何分配，我們必須要了解另一個協調器官——腎臟的細胞生物學。

在腎臟深處有一個多細胞解剖結構，稱為腎元（nephron），最先是由細胞解剖學家在十七世紀末期所發現。每一個腎元都可以想像成一個迷你腎臟。腎元是血液和腎臟細胞相遇之處，也是最初的尿液生成部位。血液循環攜帶溶解在血漿中的過量鹽分到腎臟。血管分裂再分裂，形成血管壁越來越細的動脈。最後，最細的動脈繞著自己旋轉，形成一個薄壁的細胞巢——十分細緻和多孔，因此血液非細胞的液體部分——血漿，可以由血管滲漏到腎元，進入這個迷你腎臟。

接著液體穿過圍繞在血管周圍的膜，最後穿過形成開孔型障礙的特殊腎臟細胞牆。這些轉變中的每一個——由血管出來，穿過膜進入，再穿過腎臟細胞牆——都扮演了過濾器的角色。選擇留下大的蛋白質和細胞，只允許小分子，如鹽、糖和代謝廢物通過。接著液體（尿液）進入收集碗，然後進入一個細胞管壁系統，稱為腎小管。這些小管連接管道，再排入更大的收集管，就像支流連接形成河流一樣，最後它們匯聚到大管道——輸尿管中，把尿液帶入膀胱。

再回頭看你消耗的鈉。多餘的鈉會使得腎臟和位於腎臟上方的腎上腺所調節的荷爾蒙系統減少它的訊號。腎小管內的細胞藉著把多餘的鈉排泄到尿液中，來因應這些變化，這樣做會排出鹽，使鈉的濃度恢復正常。大腦中負責監測血液中鹽分整體濃度（一種稱為滲透壓的特性）的專門細胞也會偵測到這些鹽分。這些細胞感受到高滲透壓時，會釋出另一種荷爾蒙，使腎臟中的細胞保留更多的水分。隨著更多的水被身體吸收，血液中的鈉含量遭到稀釋，因而濃度會重設——儘管要付出總體上要保留更多水的代價。第二天早上你可能會發現你的腳腫了起來——但你很可能會說那鹽漬鱈魚泥美食值得鞋子不合腳的犧牲。

至於**非**廢物的產物又是什麼？為什麼我們每次生成尿液時不會喪失必需的營養分子或糖？糖和其他

必需產物透過特殊管道被集尿管中的細胞重新吸收入體內。這個答案讓我們回到細胞經常使用的一種奇怪策略：我們產生多餘的物質，然後再削減它，以恢復正常。

至於酒精呢？這三種（如果連大腦也算，就是四種）組織協調細胞中最後一種的細胞類型就是肝臟的細胞——肝細胞（hepatocytes）。肝細胞在功能方面專門用於貯存和處理廢物、分泌、蛋白質合成，此外還有其他數十種功能。但廢物處理對身體來說非常重要，而肝臟也非常專精這方面——因此值得作為重點。

我們認為新陳代謝是一種產生能量的機制，但反過來，它也是一種產生廢物的機制。如上所述，腎臟透過尿液，處理了一些廢物。但腎臟並不是解毒工廠：它主要的廢棄物規畫只是把它沖入下水道而已。相較之下，肝細胞已經演化出數十種機制，用來解毒並排除廢物。[24]在一個系統中，它產生一種犧牲的分子，把自身附著在具有潛在毒性的分子上，使它喪失活性；犧牲的分子和毒素接著進一步分解直到解毒為止。對於其他廢物，它會用專門的反應來破壞化學物質。例如，酒精透過一系列的反應解毒，直到它被分解成無害的化學物質。肝臟內甚至還有專門的細胞會吃掉死亡或垂死的細胞——比如紅血球。來自死亡細胞可重複使用的產品會被回收，其他的則被分發到腸道，或由腎臟排泄。簡而言之，肝細胞也是調節和恆定性「管弦樂隊」的一部分——只除了和胰島細胞不同的是，它們在局部進行調節。胰臟細胞維持代謝的恆定性，腎臟維持鹽分的恆定性，肝臟維持化學的恆定性。

二〇二〇年初春，實驗室因新冠病毒在紐約和全世界轉移而關閉。我在醫院看診的患者數量有限，部分是因為尚未接種疫苗（疫苗還沒有獲得批准），我擔心會把感染傳播給化療病人，他們的免疫系統無法對抗致命的病毒。我仍然照顧病情最嚴重、最脆弱的人。醫院的腫瘤科在護理師的幫助下，英勇地撐了下來。

當我不在醫院或實驗室時，會到在俯瞰長島灣（Long Island Sound）懸崖上的一棟房子裡度過週末。迎著晨曦，幾何交叉的陽光影線像棱鏡射出的光線一樣流瀉，穿過草坪，我會看到兩隻已在那裡築巢的魚鷹。它們會飛到海洋上方，然後奇蹟般地似乎靜止在半空中——儘管變化無常的陣風可能會由任何方向吹來。作家卡爾・齊默（Carl Zimmer）描述過蝙蝠也有同樣的現象。他寫道，牠們在半空中奇蹟般的固定，是另一種形式的恆定狀態。[25]

肝、胰、腦、腎是人體保持體內平衡的四個主要器官。*胰臟β細胞透過荷爾蒙胰島素，控制代謝的恆定。腎臟的腎元控製鹽和水，保持血液中鹽度的恆定濃度。肝臟，在它眾多的功能中，可以防止我們浸泡在包括乙醇（酒精）的有毒產品中。大腦藉由感知濃度，釋出荷爾蒙，以及作為恢復平衡的主要協調者，來協調這項活動。

＊請注意，我寫的是「主要」。身體每一個器官的每一個細胞都具有某種形式的恆定。有些是獨特的，有些則是所有細胞所共有的，如我們在第一部中所討論的。

寂靜。數到十二。「現在我們數到十二，而且全都保持不動。」或許這是我們最被低估的特質。

當然，到頭來我們都會在這些細胞系統之一，被某陣病理異常的強風，而被吹離原位。但這四種體內平衡的守護者，攜手合作，就像翅膀和尾巴系統上的羽毛一樣，隨著風變換方向輕微調整，保持生物體的位置。在這些系統成功時，就會有固定性。有生命。在它們無法運作時，微妙的平衡就會被打破。魚鷹不能再保持靜止不動。

第六部

重生

「老年是一場屠殺，」[1]菲利普·羅斯（Philip Roth）寫道。但其實它是逐步衰弱——一個傷害又一個傷害的持續碾磨，阻擋不了的功能衰退終致功能障礙，以及無可避免的喪失復原的能力。

人類藉由兩個重疊的過程來因應這種衰退：修復（repair）和回春（rejuvenation）。我所謂的「修復」，是指受傷後展開的細胞連鎖反應，它通常以發炎為特徵，隨後是細胞生長，以覆蓋傷害。而另一方面，「回春」指的是細胞不斷的補充，通常來自幹細胞或祖細胞庫，以因應細胞的自然死亡和分解。兩者——不論是幹細胞的數量或功能，都會隨年齡的增長而顯著減少，修復的速率減慢，回春的寶庫逐漸衰竭。

細胞生物學的未解之謎之一是，為什麼在成年後，有些器官可以修復，有些可以恢復活力，但其他的卻失去這兩種能力。造血幹細胞可以完全再生血液系統，但是神經元一旦死亡，卻幾乎不會再生出取代它的神經元來。有些器官則混合搭配這兩種過程，其中最複雜的或許是骨骼——它運用修復和回春來對抗衰老。可以修復骨骼的細胞在整段成年期仍然存在——儘管功能隨著年齡的增長而大大減弱，然而形成關節軟骨的細胞卻會隨年齡增加而急劇衰減。家母腳踝骨折，傷口雖然恢復甚慢，但仍然癒合了，可是她的膝關節腫脹卻無法逆轉，再也無法恢復到她童年時期輕易爬上番石榴樹那樣靈活柔軟。

最後，我們要談一種能夠抵抗衰敗的細胞——癌細胞，或者更確切地說，各式各樣的癌細胞。這是因為有些癌症的表現就像擁有回春寶庫——癌症幹細胞？抑或只是因為細胞不斷地產生細胞——就像器官在受傷後自我修復時所做的那樣？癌症是一種修復或回春的疾病，還是兩者都是？

另一個長久以來教人不解的癌症謎團在於，為什麼有些惡性細胞會在某些器官中生長，而拒絕在其他器官中生長？細胞周圍的環境有沒有什麼因素支持或排斥癌？這是否和它們提供的營養素有關？

顯然，我們對癌細胞生態學的了解缺了一環，因此我們借用生態學的觀念來為我們的細胞故事收尾。我們已經了解了細胞、細胞系統、器官，和組織。但還有另一層組織需要學習：細胞生態系統。它是驅動細胞生理學複雜性的音樂，而反過來，也是惡性病理學的播放清單——這仍然是細胞生物學未解的謎題之一。

更新的細胞：幹細胞和移植的起源

「人，不是忙著出生，就是忙著死亡」（……）在整個人生起頭漫長的上升過程，你都在忙著出生，然後，到達某個頂點之後，你就忙著死亡：這就是這條線的邏輯。[1]

——瑞秋．庫許納（Rachel Kushner），《辛苦的人群》（*The Hard Crowd*）

幹細胞並不只是把自己轉變為其他細胞（這個過程稱為分化）來建構身體之所需，然後在完成工作之後悄悄消失。它們不只是其他細胞的祖先。它們也會複製自己——以一種粗糙的未分化的狀態，因此它們可以留在附近，等稍後血液系統需要重建時回應召請。[2]

——喬．索恩伯格（Joe Sornberger），《夢想與盡責查證》（*Dreams and Due Diligence*）

一九四五年八月六日上午八點十五分左右，在日本廣島市上空三萬一千呎高處，一顆綽號為「小男孩」的原子彈從暱稱「艾諾拉．蓋伊」（Enola Guy）的美國B－29轟炸機上落下。[3]炸彈花了大約四十五秒墜落，然後在離地面島外科醫院（Shima Surgical Hospital）上方一九〇〇呎的半空中爆炸，當時醫護人員正在工作，病人還躺在床上。炸彈釋出了大約相當於一萬五千噸黃色炸藥（TNT）的能量——大約相當於三萬五千枚汽車炸彈同時爆炸。半徑超過四哩的火圈由震央向外蔓延，摧毀它所及的一切。街道上的柏油沸騰，玻璃像液體一樣流動，房屋灰飛煙滅，就好像被一隻正在焚燒的大手摧毀。在住友銀行的石階上，一名男子或女子轉瞬間就遭蒸發，只在被大火燒得發白的石頭上留下影子。

隨之而來的死亡浪潮共有三個波峰。七、八萬人——這城市近三成的人口，幾乎當場就遭烘烤死亡。「我嘗試要描述蘑菇〔雲〕，這股動盪的氣團，」轟炸機上的一名機尾砲手寫道：「我看到幾個不同的地方起火，就像煤床上噴出的火舌〔……〕看起來就像熔岩或糖漿一樣，覆蓋了整座城市，而且似乎向外溢流，進入山麓，流入小山谷，由那裡伸向平原，到處都竄出火苗。」[4]

然後是第二波浪潮——來自放射病（最初稱為「原子彈疾病」）。正如精神科醫師羅伯特・傑伊・利夫頓（Robert Jay Lifton）所指出的，「倖存者開始發現自己罹患了奇怪的疾病，包括噁心、嘔吐和食欲不振；腹瀉並便血；發燒和虛弱；身體各部位因內出血而使皮膚出現紫色斑點……口腔、喉嚨和牙齦發炎和潰瘍。」[5]

但還有第三波的破壞即將到來。受到最低劑量輻射的倖存者開始出現骨髓衰竭，導致慢性貧血。他們的白血球數異常波動，接著下降，在幾個月內暴跌。並崩潰了。如科學家厄文・韋斯曼（Irving Weissman）和茱迪思・靜流（譯音，Judith Shizuru）所言，「因最低致死輻射劑量而死亡的人幾乎可以確定是死於造血系統衰竭。」[6] 殺死這些倖存者的並不是血液細胞急性死亡，而是因為無法持續**補充**血液；血液恆定狀態的崩潰。再生與死亡之間的平衡傾斜了。這就像是意譯鮑伯・狄倫（Bob Dylan）的歌詞：不在忙著出生的細胞就是在忙著死亡。

儘管廣島原子彈轟炸教人毛骨悚然，但它證明了人體擁有不斷產生血液的細胞，不僅僅是片刻，而是在整個成年時期，很長的一段時間內。如果這些細胞被殺死——就像在廣島那樣，整個血液系統最後就會動搖，無法讓自然腐朽的速度與回春的速度平衡。後來，這些能夠使血液恢復活力的細胞被稱為「造血細胞」，或「hematopoietic」——「幹細胞和祖細胞」。

我們對幹細胞的理解源自於一個自相矛盾的情況：在極其猛烈的戰爭結尾時，為恢復和平而極其猛烈的攻擊。但幹細胞本身就是一個生物學的矛盾產物。由表面上看，它們的兩個主要功能似乎彼此完全相反。一方面，幹細胞必須產生在功能上「分化」的細胞；例如，血液幹細胞必須分裂，才能產生形成血液成熟成分的細胞——白血球、紅血球、血小板。但另一方面，它也必須分裂，以補充自己——即幹細胞。如果幹細胞僅完成前一種功能——分化為成熟的功能性細胞，補充的貯存庫最後就會被耗盡。在整個成年時期，我們的血球數會年復一年持續下降，直到沒有任何留下。相較之下，如果它僅僅達到補充自己的目標——這種現象稱為「自我更新」（self-renewal），就不會產生血液。

正是這種在自我維護與無私——自我更新與分化之間，像耍雜技般的保持平衡，使得幹細胞對生物體不可或缺，也使得如血液等組織能達到恆定狀態。散文家辛西亞·奧齊克（Cynthia Ozick）曾寫道，古人相信蝸牛移動時留在身後的潮濕黏液痕跡是蝸牛自身的一部分。[7]一點一點地，隨著黏液被擦掉，蝸牛就會消耗減少，直到牠完全消失。幹細胞（或者在上述蝸牛的例子，是產生黏液的細胞）就是確保潮濕的黏液軌跡（即新細胞）會不斷生成，蝸牛不會削減自己到完全消滅的機制。

請容我作一個古怪的類比。我們很容易把幹細胞視為祖輩的曾曾曾祖父或曾曾曾祖母。它的後代產生更多的後代，結果由單一的曾曾曾祖父細胞產生了龐大的譜系。

但要成為真正的**幹**細胞，這必然是最奇怪的曾曾曾祖輩，因為它也必須產生一個自己的副本，來維持譜系的補充。這位曾曾曾祖父，除了生育孩子（這會繼續建立一個龐大的世系），也必須產生它自己的複本——一個永遠存活的雙胞胎。一旦這種自我更新的曾曾曾祖父出生，再生過程就可以變成沒有限制。這樣的安排有一種神祕的性質——確實，在神話中經常可以看到強大的國王或諸神試圖創造雙胞胎備份（娃娃、巫毒物品、祕密貯存在動物體內的靈魂、被鎖在護身符中的人格），一旦發生了可怕的災難，就可以重新啟動自己和他們的氏族。就像大多數真正的幹細胞一樣，這些神話的替身通常處於休眠——靜止狀態，直到受傷把它們喚醒。它們醒來之後會重新繁衍整個氏族。它造成的結果不是出生，而是重生。

所有成年生物體都有幹細胞嗎？這樣的細胞存在於每一個組織——或只是一些組織裡？在科學領域，就像在時尚界一樣，有些趨勢在一時之間會非常流行，但之後又遭棄之不顧。一八六八年，德國胚胎學家恩斯特・海克爾（Ernst Haeckel）提出：所有多細胞生物都起源於單一細胞——第一個細胞。按照合理的延伸，那第一個細胞必須具有分化成每一種細胞類型的特性——血液、肌肉、內臟、神經元。[8]海克爾用 Stammzellen（幹細胞）這個術語來描述這第一個細胞，但他「幹細胞」一詞的使用仍然很鬆散：第一個細胞確實產生了整個生物體，但它是否產生了自身的副本？

在一八九〇年代，生物學家曾經爭論過這種全能（totipotent）細胞——能夠產生生物體內所有組織的細胞，是否隱藏在成年生物體的某處（就某種意義而言，雌性擁有這種細胞的**前驅物**——卵子。一旦受精，它就可以產生新生物體所有的組織，但遺憾的是，它不能再生母體）。一八九二年，動物學家瓦倫丁・哈克（Valentin Hacker）研究劍水蚤（Cyclops），[9]這是一種淡水的多細胞水蚤，以希臘神話中的獨眼巨人 Cyclops 為名，因為它的身體長得就像一隻眼睛。哈克爾發現其中有一個細胞分裂成兩個，一個子細胞產生構成生物體部分的組織層，而另一個則變成生殖細胞——未來能夠產生生物體所有組織的細胞，因此是幹細胞。哈克借用了海克爾的術語，也把這些細胞稱為 Stammzellen，但與海克爾不同的是，哈克對這個術語的使用更精確：這是第一個分裂的細胞，它分裂生出的一個子細胞產生了劍水蚤的身體，而哈克主張，另一個子細胞可以重新生成一隻新的劍水蚤。

但哺乳動物呢？在哺乳動物體內所有的器官和組織中，尋找這種細胞的唯一地方可能是血液。紅血球，有些白血球（例如嗜中性球）會不斷死亡並得到補充；如果有幹細胞存在，除了在血液中還會在哪裡？細胞學家阿圖爾・帕彭海姆（Artur Pappenheim）一八九〇年代末在研究骨髓時發現了多個細胞島，血液的多種細胞類型正在此再生——就彷彿單一一個中央細胞能夠產生多種細胞類型。[10]一八九六年，生物學家艾德蒙・威爾森（Edmund Wilson）用「幹細胞」（stem cell）一詞描述能夠分化和自我更新的細胞，就如哈克在劍水蚤所觀察到的。[11]

隨著「幹細胞」的觀念在一九〇〇年代初流行起來，它的定義有更明確的等級之分。[12]全能細胞可以生成所有類型的細胞，包括生物體內的每一個組織（包括胎盤、臍帶以及滋養和保護胚胎的結構）。在「更新」梯級的下一層是「多功能」（pluripotent）細胞——能夠產生生物體中**幾乎**所有細胞類型的細胞（即胎兒的所有組織——腦、骨骼、內臟，只除了形成胎盤和連接胎兒與母體支撐結構的細胞）。在這個階層中更低的是「多潛能」（multipotent）細胞——在**特定類型**的組織——比如血液或骨骼中，能夠產生所有細胞類型的細胞。

由一八九〇年代至一九五〇年代初，有些生物學家主張血液中的各種成分——白血球、紅血球和血小板，全都來自骨髓中同一批「多潛能」幹細胞。也有的生物學家認為每一種細胞類型都源自於一種獨特的幹細胞。但兩者都沒有正式的證明，對這種神祕血液幹細胞的興趣也就不再流行。到一九五〇年代，生物學文獻基本上已經看不見關於幹細胞的探討。

一九五〇年代中期，兩位加拿大研究員歐內斯特·麥卡洛克（Ernest McCulloch）和詹姆斯·蒂爾（James Till）展開合作，要了解暴露在輻射之後血球的再生的生理學。[13]蒂爾和麥卡洛克這對不太搭調的組合來自截然不同的背景。麥卡洛克——粗壯、矮小、結實，就如一位傳記作家所描述的，他是「多倫多富裕世家子弟」。[14]他的才華洋溢，涉獵廣泛：「他的想法呈切線，經常把所有的線索集中在一起，串聯之後再理解。」麥卡洛克在多倫多綜合醫院（Toronto General Hospital）接受過內科訓練，在一九五七年曾短暫被安大略癌症研究所聘為血液科主任，但他嫌單調的醫學工作無聊，所以很快就離職，成為全職研究員。

相較之下，又高又瘦的蒂爾來自薩斯克其萬省（Saskatchewan）的農民家庭，在耶魯大學取得生物物理學博士。他的頭腦如箭般精準，熱衷數學，對細節從不放過。他為麥卡洛克的瘋狂創意帶來了條理順序。他們的興趣和專業知識也相輔相成，蒂爾學過輻射物理；他知道如何標定輻射，並測量它對身體的影響（他曾是受教於以精確挑剔出名的哈羅德．瓊斯〔Harold Johns〕，後者研究過鈷輻射的效果）。麥卡洛克是血液學家，對血液及其發生有興趣。

一九五七年他們開始合作時，多倫多是個昏昏欲睡的區域城市，只有稀稀落落的科學新聞傳來。但在原子彈爆炸後，國際社會掀起了一股研究人體和器官是否可以免受輻射致命影響的研究熱潮。蒂爾和麥卡洛克對輻射對血液的影響特別感興趣，可是他們該如何量化這種影響？他們讓一隻小鼠接受大劑量的輻射之後，發現血液生成大約在兩週半後會停止，接著小鼠就會死亡——和廣島受害者第三波的死亡浪潮類似。拯救小鼠唯一的方法是把另一隻小鼠的骨髓細胞移植到牠體內。藉由另一隻小鼠的骨髓（產生血液的器官）細胞轉移，蒂爾和麥卡洛克就能夠拯救受到輻射的小鼠，牠會恢復血液生成。正是這個粗略的分析——拯救瀕臨死亡的動物，為幹細胞生物學開闢了新的疆域。

一九六〇年十二月一個寒冷的週日下午，就在耶誕節前幾天，蒂爾走出多倫多的家，到實驗室去看實驗結果。這個實驗的安排很簡單：小鼠接受了劑量高到足以殺死牠們體內血液生成的輻射，並用其他小鼠的骨髓進行移植。每隻小鼠都接受不同數量（滴定劑量）的骨髓細胞，挽救牠們免於死亡。

蒂爾殺死小鼠準備解剖，他有條不紊地檢查每一個器官：骨髓、肝臟、血液、脾臟。從表面上看不出什麼，但當蒂爾仔細觀察脾臟時，卻發現有微小的白色凸起——群落。擅長數學的他數算每隻小鼠的群落總數，並把它繪在圖表上。「凸塊」的數量幾乎與移植骨髓的細胞數量完全一致。牠們移植的細胞越多，形成的群落就越多。這意味著什麼？最簡單的答案就是：這些群落不是經移植的細胞正好碰上脾臟的隨機數量，而是一種特殊細胞的固定分量。這種細胞必須具備在脾臟中形成群落的根本特性——這是再生的標記，而且它必須以固定的比例存在於骨髓中（因此移植的細胞越多，就會產生越多的凸塊狀集落）。

蒂爾和麥卡洛克很快就發現，每個凸塊——群落，是一個正在再生的血液細胞結節，但不是任何再生結節。這些群落正在製造血液中**所有**的活性元素——紅血球、白血球，和血小板。而且它們非常稀有：大約每一萬個骨髓細胞中只有一個群落。

蒂爾和麥卡洛克把他們的資料發表在一份放射生物學學術期刊標題平淡的論文中（〈正常小鼠骨髓細胞輻射敏感性的直接測量〉；[15]請注意，題目中甚至連「幹細胞」一詞都未提及）。「你必須記得當時只有一個相當小的團體對這類研究有興趣，」蒂爾寫道，「這是早在接下來約十年所有令人興奮的事情發生之前。」[16]但蒂爾和麥卡洛克憑直覺就知道他們的結果揭露了一個意義重大的原則：一小部分被移植的骨髓細胞，就像大無畏的創始人乘著一艘臨時湊和的船越過汪洋，遷移到脾臟，並且建立了隔離的群落以再生血液——血液中**所有**主要的細胞成分。正如科學作家索恩伯格所描述的，「這篇論文代表了一種看待身體如何製造血液的全新方式，更不用說為其他生物學反思提供了許多潛在的影響——比如，如果血液是這樣，那麼身體如何製造心肌，或者腦組織？但它並沒有立刻在科學界造成震撼，而且在較廣大的生物界幾乎也沒有引起注意。」[17]

一九六〇年代初，蒂爾和麥卡洛克與劉・西米諾維奇（Lew Siminovitch）和安德魯・貝克（Andrew Becker）合作，更深入研究這些形成群落的血液細胞。首先，他們確定一些群落正在生產血液的全部三種細胞——紅血球、白血球和血小板，這是「多潛能」細胞的定義。一年後，他們證明每個群落都是來自一個單一的「創始細胞」（founder cell）。最後，他們把這些細胞群落和脾臟隔離，移植到受輻射的小鼠體內時，發現它們可以重現產生額外多潛能群落的能力——這是自我更新的標記。

他們其實發現了一種不僅能夠產生一種，而且可以產生多種血液細胞世系——紅血球、白血球和血小板的細胞：造血細胞或造血幹細胞（hematopoietic stem cell）。現任史丹佛大學幹細胞計畫主任厄文・韋斯曼在讀蒂爾和麥卡洛克關於輻射敏感性的第一篇論文時還是學生。他後來說，「真正的發現是把情況由『骨髓是個黑盒子；我們對它一無所知』，轉變為『骨髓有獨立的細胞，可以產生多種不同的細胞類型。』」[18]

韋斯曼記得那個實驗在細胞生物學的世界造成了什麼樣的迴響。蒂爾和麥卡洛克「重設了人們對血液——生命重要來源的看法。」他繼續說道：「在蒂爾和麥卡洛克的實驗之前，人們都以為血液中每一種不同的細胞類型都來自獨特的母細胞，」韋斯曼告訴我：「但蒂爾和麥卡洛克證明恰恰相反。紅血球『母親』和白血球『母親』和血小板『母親』細胞，全都源自同一種幹細胞。而這些幹細胞不斷產生越來越多的細胞——紅血球、白血球、血小板，直到創建全新的血液系統。這對骨髓移植的影響非常深遠。如果移植者能找到這個細胞，就可以再生整個血液系統。」[19]他們可以用來自那種幹細胞的新血液修建一個人。

於是韋斯曼開始尋找那個細胞。這些幹細胞或祖細胞駐留在哪裡？它們的行為、新陳代謝、大小、形狀、顏色是什麼？韋斯曼受到蒂爾和麥卡洛克實驗的啟發，開始用琳諾爾和雷納・赫岑柏格（Leonore 和 Len Herzenberg）夫婦檔在史丹佛大學開發的「流式細胞術」（flow cytometry）來純化細胞。[20]簡化其本質，流式細胞術就像用蠟筆為細胞塗顏色——每一個細胞根據它表面蛋白質的排列都會有不同的顏色排列（一個是：藍色和綠色；另一個是：綠色和紅色）。「蠟筆」是抗體，攜帶不同顏色螢光的化學物質，可以辨識細胞表面不同的蛋白質。可以用機器根據不同顏色排列的染色來分離細胞。

韋斯曼嘗試了幾十種排列，終於找到了一種可以純化取自小鼠骨髓的小鼠血液幹細胞的標記組合。[21]正如蒂爾和麥卡洛克所預測的，它們極其稀少——發生頻率不到萬分之一，但非常有效。最後，隨著韋斯曼的技術不斷完善，加入越來越多的標記，研究人員可以分離出**單一的**血液幹細胞，並再生小鼠的整個血液系統。而且他們還可以從**那隻**老鼠身上提取一個這樣的細胞，再生第二隻老鼠的血液。一九九〇年代初，韋斯曼和其他研究人員使用相同的技術辨識人類的造血幹細胞。

小鼠和人類的造血幹細胞外觀相似。它們是小小的圓形細胞，具有緊密的細胞核。在靜止狀態下，它們大半保持休眠——意即它們很少分裂。但如果放在適當的化學因素環境中，或給予骨髓中正確的內部訊號，它們就開始猛烈的細胞分裂程序（一九六〇年代，澳洲的唐納德・梅特卡夫〔Donald Metcalf〕是最早發現這些由幹細胞出現，能使特定種類細胞生長的化學「因子」的研究人員之一[22]）。單一幹細胞可以產生數十億個成熟的紅血球和白血球——以及動物的整個器官系統。

一九六〇年春天，六歲的女孩南西・勞瑞（Nancy Lowry）病倒了。[23]黑眼睛、黑頭髮，留著齊眉瀏海的她全血細胞計數開始下降；小兒科醫師發現她貧血。她的骨髓切片顯示她患有再生不良性貧血，這是一種骨髓衰竭。不過南西的同卵雙胞胎姊妹芭芭拉・勞瑞（Barbara Lowry）卻很健康。芭芭拉的血液細胞計數正常，沒有骨髓衰竭的跡象。

骨髓產生血球，而血球需要定期補充，南西的骨髓卻很快地喪失功能。這種疾病的起源往往難以理解——感染，或免疫反應，甚至是對藥物的反應，但它典型的形式是應該形成年輕血球的空間逐漸充滿了白色的脂肪球。

勞瑞家位於綠樹成蔭，雨水綿綿的華盛頓州塔科馬（Tacoma）。南西在西雅圖的華盛頓大學醫院治療，醫師束手無策。他們嘗試為她輸紅血球，但血球計數免不了再次直墜。其中一位醫師聽說過一位名叫E・唐納爾・「唐」・湯瑪斯（E. Donnall「Don」Thomas）的醫師科學家（physician-scientist），他曾嘗試在人身上移植骨髓。[24]湯瑪斯在紐約州的古柏鎮（Cooperstown）工作，西雅圖的醫師和他聯絡，尋求協助。

湯瑪斯在一九五〇年代曾經嘗試過一種新療法，用白血病患者健康同卵雙胞胎的骨髓細胞注入病患體內。有短暫的證據顯示，來自捐贈的骨髓細胞造血幹細胞已經「移植」到病人的骨骼內，但是病人的病情很快就復發了。湯瑪斯曾嘗試在狗身上改良造血幹細胞移植療程，但效果不彰。現在西雅圖的醫師說服他在人類身上再度嘗試。南西的骨髓雖然開始衰竭，但其中並沒有惡性細胞。勞瑞姊妹正好又是同卵雙胞胎，具有完美的「組織相容性」——骨髓可以由其中一個轉移到另一個，而不會遭到排斥。來自雙胞胎之一骨髓的造血幹細胞會不會「吸收」另一個雙胞胎的造血幹細胞？

湯瑪斯飛往西雅圖。一九六〇年八月十二日，芭芭拉被麻醉，用大口徑的針在她的臀部和腿部穿刺了五十次，取出深紅色的糊狀骨髓，用鹽水稀釋之後，滴入南西的血流中。醫師都在等待。細胞進入南西的骨骼，並逐漸開始產生正常的血液。等南西出院時，她的骨髓已幾乎完全重建。就某種意義上來說，南西的血液屬於她的雙胞胎姊妹。

南西．勞瑞經歷了醫學界第一批成功骨髓移植手術的一例，這是活用細胞療法的基本實例——南西的「藥物」是她雙生姊妹的**細胞**，而非藥物或藥丸。在多倫多，蒂爾和麥卡洛克正透過在小鼠身上的發現研究血液幹細胞的特徵。在史丹佛大學，韋斯曼最後了解了如何由人類的骨髓中純化它們。在西雅圖，唐納爾．湯瑪斯把這些造血幹細胞運用在醫療用途上，他讓它們在人類身上「活躍起來」。

一九六三年，湯瑪斯遷往西雅圖。他先在西雅圖公共衛生局醫院（Seattle Public Health Service Hospital）成立了他的實驗室，[25]十多年後，他轉到新成立的福瑞德．哈金森癌症中心（Fred Hutchinson Cancer Center）——醫師都稱之為哈奇（the Hutch）。他決心用骨髓移植來治療其他疾病，尤其是白血病。南西和芭芭拉是同卵雙胞胎，其中一個罹患非癌性的血液疾病，用另一個的細胞治癒，這種情況極為罕見。如果疾病和惡性血球有關，如白血病，又會如何？如果捐贈骨髓的人不是雙胞胎手足，會有什麼結果？我們的免疫系統會排斥來自其他人體的外來物質，這阻礙了移植的可能；唯有組織完全匹配的同卵雙胞胎才能避開這個問題。

湯瑪斯找到了解決這個問題的辦法。首先，他會用劑量高到足以摧毀正常骨髓功能的化療和放療消滅惡性血液細胞，癌細胞和正常細胞全都遭到清除。這種做法通常會致命，但來自捐贈者同卵雙胞胎的骨髓幹細胞會取而代之，產生健康的新細胞。

接下來的問題來自於嘗試「異體」（allogeneic）移植（allo 來自希臘「其他」一字）：移植並非同卵雙胞胎的骨髓。一九五八年，法國骨髓移植先驅喬治・馬泰（Georges Mathé），把一系列捐贈者的骨髓移植到一些南斯拉夫研究人員的身上，這些研究人員因意外受到有毒劑量的輻射，而爆發了骨髓衰竭。[26]捐贈者細胞雖短暫植入，但最後卻消失了。但在移植後不久，馬泰卻看到和他預期恰恰相反的情況：這些南斯拉夫研究人員的體內出現了急性消耗性疾病。

馬泰推論這種消耗性疾病是由免疫反應引起的，捐贈者的骨髓攻擊受移植患者的身體，**客人攻擊主人**。這個反應是維護生物體主權（以及排斥入侵細胞）古老系統的結果——只是在骨髓移植的時候，主客易了位。就像一群叛亂的船員被迫登上陌生的船隻，捐贈者的免疫細胞認為它們周圍的身體是外來的，並攻擊它。他（即先前的移植物）成了我，而我，根據現有的事實，卻變成了他。

器官移植領域的其他先驅已經知道，如果捐贈者和受贈的宿主身體配對合適，排斥反應的力量可能會減弱（回想一下我們談過的組織相容性基因——控制受贈者是否接受來自宿主移植物的基因）。現在有一些測試可以幫助預測相容性（或耐受性），並提高異體骨髓細胞移植的機會。另外也已開發出各種免疫抑制藥物，以進一步抑制宿主的排斥，容許異體移植物（即來自外來捐贈者）被受贈者的身體接受，避免客人攻擊主人。

在接下來的幾年裡，湯瑪斯召集了一群醫師，推動骨髓移植。[27]這些人包括出生在德國，身材很高，熱愛划船的雷納・史托布（Rainer Storb），他專注於組織分型（tissue typing）和移植治療；他的妻子貝佛莉・托羅克－史托布（Beverly Torok-Storb）是敏銳的臨床醫師。身材矮小、出生於西伯利亞的足球愛好者亞歷克斯・費佛醫師（Alex Fefer）證明了免疫系統可以對抗小鼠體內的腫瘤（因此捐贈者的免疫系統可以殺死白血病）；唐納爾的妻子多蒂・湯瑪斯（Dottie Thomas）負責實驗室和診所的日常事務，大家都稱她為「骨髓移植之母」。

因這些研究而獲得諾貝爾獎的湯瑪斯後來把它們稱為「早期的臨床成功」。但對於在西雅圖照顧病人的護理師和技術人員——更不用說病人自己了，這樣的經驗可能十分痛苦。「在那些早期的歲月，一百名移植骨髓的白血病患中，有八十三人在移植後幾個月內死亡，」一位醫師告訴我。

在這一連串如聖經瘟疫般的折磨中，最後的災難發生在捐贈者骨髓產生的白血球對病人的身體發動激烈的免疫反應——稱為「移植物對抗宿主疾病」（graft-versus-host disease）。[28]馬泰在他早期的移植中已發現了這個現象，它有時如急風驟雨，有時則是慢性病，但無論是急性或慢性，這種病都可能致命。

但正如執行首批白血病骨髓移植手術醫師團隊的一員佛瑞德・艾波鮑姆（Fred Appelbaum）和其他研究人員在分析資料時所發現的，對自我的免疫攻擊——移植物對抗宿主，也可能是對白血病的免疫攻擊。[29]在這場大災難中倖存下來的，也是最有可能擊敗白血病的人。這是最明確的證據，證明因外來的捐贈者而「重啟」的免疫系統可以植入體內，然後排斥癌細胞，因而治癒了致命的各種血癌。

這是令人震驚卻又發人深省的結果：毒藥就是解藥。在我向艾波鮑姆提起了那些早年的移植手術時，我在他眼裡看到了傷感，彷彿在回憶每一個病人。[30]他有一種溫和而有修養的氣質，帶著因多年的失敗而產生的謙遜。他回想那些無人倖存的歲月——然後又憶起醫療團隊目睹一個又一個罹患致病疾病的病人因細胞療法而長期存活的時光。他們成功了——但付出了如此高昂的代價。

我在芝加哥的一場會議上認識了湯瑪斯夫婦，唐和多蒂。他們如今變得羸弱而消瘦，像兩張撲克牌緊靠在一起，互相支撐；如果移開一個，另一個就會倒下來。我走上前去，在一大群崇拜者之間向細胞療法的父母致意。

唐緩步走上講台說話。曾經因魁梧身材而聞名的他如今說話時佝僂著腰，在句子之間停頓。會議廳裡擠滿了人——近五千位血液學家齊聚一堂聆聽這場演講——現場洋溢著崇敬之情。唐回憶起移植的早年時期，以及英勇的努力——以及第一批患者的同樣的英雄主義最終導致了第一個同種異體骨髓移植。

二〇一九年，我飛到西雅圖訪問在骨髓移植病房成立初期在其中工作過的護理師。大部分都已退休，但有些人仍與醫院保持聯繫。我坐在閃閃發光新實驗室幾層樓上面的會議室裡，病人的細胞正在實驗室裡為基因治療試驗做準備，比如用CAR－T細胞治癒愛蜜麗·懷海德的治療。

諸位護理師進來時互相擁抱、親吻。她們記得彼此的暱稱，以及早年所有接受治療的病患名稱。有些人潸然淚下。這是一場即興的重聚。*

「談談第一批病人的狀況，」我問。

「頭一位是慢性白血病患，」護理師 A.L. 告訴我。「他的名字是鮑比（……）是位老先生，」她說，然後又改口說：「不，不，他才五十多歲。他（……）死於感染。第二位是患有白血病的年輕人，然後是個小女孩。他們倆都走了。」

他們記得唐和多蒂、史托布一家人、艾波鮑姆，和費佛——早期細胞療法的忠實支持者和先驅。「每天早上，他們其中一位會查房，握著每個病人的手，問他們前一晚過得怎麼樣，」一位護理師說。

「一九七〇年，我們收治一個罹患白血病的小男孩，」另一位護理師說，「他沾了下來，而且上了大學——大約十年，但後來他肺部感染。然後他死了。」

我詢問醫院是什麼樣子，氣氛如何。

「有二十張床，」另一位護理師 J.M. 說，「護理站位於加護病房裡。我記得它很小。大家很親近，總是彼此幫忙。」

「有個孩子每天晚上都要聽同一個故事，說的是一個男孩進入山洞，殺死了一頭熊。」因此，夜復一夜，化療藥物一邊滴入他的血管，他一邊聽著那個故事入眠。

病人接受輻射的地方（為的是要殺死他們的血球，並為新骨髓騰出空間）位於幾哩之外，是個像洞穴一般的混凝土地堡。用來作移植實驗的狗就關在旁邊，所以被鎖在混凝土病房裡的病人在接受輻射時，也不得不聽著牠們不斷的狂吠。

最初，醫師一次就施放全劑量的輻射破壞骨髓。[†]「放射到一半時，病人感到非常噁心，無法忍

* 我刻意隱瞞了護理師的名字。這並不是要貶低他們對骨髓移植的巨大貢獻，而是為了保護他們的身分，並尊重他們的隱私。

† 後來，劑量被分成數份，在幾天內分次施用，大大減少嘔吐的情況。新的止吐藥，如卓弗蘭（Zofran）和康您適強（Kytril），也大幅改善了放射治療引起的一波波噁心症狀。

受。」一位護理師說：「他們吐了又吐。我們必須打開地堡的門，進去照顧他們。當時沒有有效的強力止吐藥物，因此〔……〕我們帶著水、便盆、濕巾和濕毛巾進去。還有一個七歲的男孩……」

她哽咽了。一名女士站起來擁抱她。

「告訴他們那個飛行員的事，」一名護理師敦促道。

這位飛行員是阿納托利．格里申科（Anatoly Grishchenko）。一九八六年車諾比核反應爐爆炸後，格里申科奉命駕駛直升機，把沙子和混凝土傾倒在噴出有毒放射性氣體的一個開放式通風口——基本上就是把工廠封上混凝土，變成石棺。他應該是從頭到腳都穿上了鉛衣，但輻射還是穿透了他的身體，一路直達他的骨髓。[31]

一九八八年，他被診斷出罹患白血病前期疾病。一九九〇年，白血病全面爆發。他們在法國找到一位骨髓移植配對近乎完全相合的女性，因此哈奇的一位醫師飛往巴黎督導骨髓抽取，並連夜搭機把骨髓帶回西雅圖，格里申科在西雅圖接受了骨髓移植手術。

「但他沒有撐過去，」那位護理師告訴我。「我們照顧了他一陣子，但最後他的白血病還是復發了。」

一切就這麼繼續下去。「一九七〇年我們有一位病人存活，七一年有三位。到七二年有好幾位。長期存活的病患雖然並不多，但確實有些人活了二十、三十、四十年。到一九八〇年代中期，我們開始真正看到長期的倖存者。十幾位，二十位，幾十位，移植後活了五年或十年。」

樓下，在哈奇的大廳裡有個螺旋雕塑，代表移植看似持續且穩定地進步。[32]我仔細觀看，發現數字逐年上升——五、二十、兩百、一千，到二〇二一年，多達數千個。致命疾病的治癒率也提高了：一項研究顯示，急性骨髓性白血病患在移植後五年的存活率在20％到50％之間。

一位護理師下樓來，和我一起觀賞雕塑。她把雙手放在我的肩頭。

「那時候並沒那麼容易，」她說。她知道，光滑的螺旋線其實是形如鋸齒的失敗紀錄，中間夾雜著少數的成功。但後來成功不斷累積。如今每年都會針對數十種疾病進行成千上萬例的骨髓移植手術，成功率各不相同，但它現在是細胞療法的支柱。在我自己的診所裡，就能舉出成群罹患各種致命白血病的患者已透過骨髓移植而治癒。

這位護理師用手撫摸著雕塑平滑的曲線，綻開微笑。我想到在直升機裡的格里申科，懸浮在半空中，四周被有毒的鈽霧包圍，我想到進入山洞裡殺熊的男孩。我能感覺到混凝土房間裡孩子的心驚膽戰，因為想嘔吐而彎下腰，而狗則在隔壁吠叫。我想到拿著濕毛巾的護理師，以及那些值夜的人，他們時時保持警惕，擔心感染病人，那些整天握著病人的手，看護他們就像看護自己孩子一樣的人。在這些護理師離場時，許多醫師和工作人員都在他們經過時起立，默默地感謝他們的許多、許多貢獻。我意識到自己噙著眼淚。

血液疾病的細胞療法，起源教人不寒而慄。

在不同的器官和不同的生物體中，都已經發現幹細胞，但與任何其他類型的幹細胞比起來，兩種最教人著迷，爭議也最大的幹細胞，或許是胚胎幹細胞（embryonic stem cell，ＥＳ細胞）以及它更奇怪的表親，誘導性多功能幹細胞（induced pluripotent stem cell，ｉＰＳ細胞）。

一九九八年，在威斯康辛地區靈長類研究中心（Wisconsin Regional Primate Research Center）任職的胚胎學家詹姆斯・湯姆森（James Thomson）購買了十四個由體外受精程序中丟棄的人類胚胎。[33]他知道他即將要做的實驗本質上有爭議，因此事先諮詢了兩位生物倫理學家Ｒ・奧塔・查洛（R. Alta Charo）和諾曼・福斯特（Norman Fost）。這些人類胚胎放在培養箱裡培養，直到它們達到囊胚階段，胚胎形成空心球的時候。囊胚通常是在子宮內生長，但也可以在特殊條件下，放在培養皿中培養。空心球有兩個明顯不同的結構，一個是面紗狀的外殼，最後會形成胎盤，和把胚胎附著在母體上的結構。而捲在殼裡面的則是內部細胞形成的一個小小的凸起物，將會形成胚胎。

湯姆森取出這些內部細胞，在一層小鼠「餵養」（feeder）細胞上培養它們，這層「餵養細胞」會為人類胚胎細胞提供養分和支持（這是細胞培養中常用的技術。有些細胞十分脆弱，無法獨自存活，尤其是在它們轉到細胞培養的頭幾天。在初始階段，它們需要餵養細胞或輔助細胞來「照顧」它們）。在幾天的工夫裡，五個人類細胞系從胚胎中生長出來——三個「雄性」和兩個「雌性」。它們在細胞培養物中增殖了數月，沒有明顯的遺傳損傷，而且成長潛能也沒有改變。

這些細胞注射到免疫功能低下的小鼠體內，形成了一系列成熟的人體組織——腸道、軟骨、骨骼、肌肉、神經，和皮膚成分。這些細胞顯然能夠在培養皿中自我更新，也能分化成多種（可能是所有的）人體組織。*它們被稱為「人類胚胎幹細胞」（human embryonic stem cells），或ｈ－ＥＳ細胞。這些細胞中，稱作Ｈ－９的細胞（具有ＸＸ染色體的「雌性」）已成為標準胚胎幹細胞。它已在全球數百個實驗室的數千個培養箱中培養，進行了數以萬計的實驗。

我自己培養過H－9，並觀察細胞不斷地成長。我也觀察它們分化成各種成熟細胞類型，包括骨骼和軟骨。即使在今天，這種細胞系的存在仍讓我驚訝：只要我透過顯微鏡觀察裝有這些細胞的燒瓶，總會教我輕輕顫抖，有點像對未來的緊張渴望。基本上，這些胚胎幹細胞的存在引發了一個奇怪的思想實驗：如果我們可以讓時間倒流，並把它們——一個小小的捲曲，注入它們來源囊胚的細胞子宮，並把那顆球植回人類的子宮，會產生什麼結果？或許我們得把它們與內細胞團的其他一些細胞混合，但它們現在回到了它們的根源，會不會就此形成一個人？我們會為她——這種新型的細胞生物，取什麼樣的名字？海倫－九號？如果在培養皿中的H－9中引入基因改變，因此產生的那個人是否有可能會保留這種改變——並將它傳遞給她的孩子？如果人類的H－9細胞產生了卵子，然後生成了胚胎，我們會不會見證一個新的生命循環——由胚胎到囊胚到胚胎幹細胞到人類到胚胎？

＊一個技術要點：湯姆森培養的胚胎幹細胞來自內細胞團（inner cell mass，最後會形成胚胎）而非來自細胞外壁（形成胎盤、臍帶和其他稱為胚胎外的結構）。這些胚胎幹細胞並非全能的，因為——舉個例子，胎盤源自細胞外壁，而不是內細胞團。最近的研究顯示，[34]在某些培養條件下，胚胎幹細胞中有一部分可以保持全能——亦即能夠發育出胚胎外組織。然而大部分研究者都認為人類胚胎幹細胞是多功能，而非全能幹細胞，因為它們能夠生成所有的組織，只有胚胎外組織例外。

湯姆森的論文於一九九八年發表在《科學》期刊上，立即引起轟動。[35]許多科學家站在湯姆森這邊，他們相信人類胚胎幹細胞的天賦價值：這些細胞不僅使我們能夠更深入地了解人類胚胎學，也會是醫療上無價的工具。湯姆森在他影響深遠論文尾聲時尖銳地寫道：

人類胚胎幹細胞應該可以提供新觀點，讓我們了解不能直接在完整人類胚胎中進行研究，但在包括天生缺陷、不孕和流產等臨床領域有重要結果的發育大事。……人類胚胎幹細胞對於研究小鼠和人類之間不同組織的發育和功能特別有價值。基於人類胚胎幹細胞體外分化為特定譜系的篩選可以辨識新藥的基因標靶、可用於組織再生療法的基因，以及導致胎兒畸形或有毒的化合物。

解釋控制分化的機制將有助於胚胎幹細胞有效率且定向地分化為特定的細胞類型。標準化生產大量純化的人類細胞（……），如心肌細胞和神經元，將為藥物發現和移植療法提供潛在無限的細胞來源。許多疾病，例如帕金森氏症和青少年發病的糖尿病，都是源於僅僅一種或幾種細胞的死亡或功能障礙。

但批評者（主要來自宗教右派religious right）對此不以為然。[36]他們認為：在生產這些細胞的過程中，人類胚胎遭到破壞——褻瀆，而胚胎就視同人類。這些體外受精產生的胚胎尚未獲得知覺，沒有器官，只不過是一團未分化的細胞，無論如何都會遭到丟棄，然而這些理由並不能安撫他們；湯姆森的批評者主張，它們形成未來人類的潛力使它們現在就成為人類。二〇〇一年，小布希總統迫於胚胎幹細胞研究反對者的壓力，通過法案，限制聯邦贊助僅限當時已審核通過的胚胎幹細胞（如H－9）研究；[37]任何製造新胚胎幹細胞的嘗試都無法得到聯邦政府的經費。在德國和義大利，關於人類胚胎幹細胞的研究也受到嚴格限制，在某些情況下甚至遭到禁止。

大約有十年時間，探索人類胚胎學和胚胎幹系統組織分化的研究人員只有少數的人類胚胎幹細胞系可供探尋。接著在二〇〇六和二〇〇七年，這個領域又經歷了一次徹底的大變動。二〇〇〇年代初在業界掀起軒然大波的問題是：**幹細胞是否有什麼使它們特別的因素？**比如說，為什麼一個皮膚細胞或B細胞不會一夕醒來，決定變成胚胎幹細胞——蠕動著向上游移動，讓時光倒流，回到它的起源？

這個問題乍看很荒謬。直到一九九〇年代，我所知的胚胎學家都不曾想到胚胎學會是雙行道。如果前進，就會變成一個人，擁有所有成熟的細胞——神經、血液、肝細胞；如果後退，就會得到一個成熟的細胞——神經、血液、肝臟，並把它轉變為胚胎幹細胞。「這似乎純粹是瘋狂，」一位研究人員告訴我。

但有一個事實讓「雙行道」的幻想得以存活——至少對一小群胚胎學家是如此。所有細胞中的DNA序列（即基因體）幾乎在我們所有的細胞裡都是相同的*；它是決定它身分的基因子集，在心臟

*我們現在知道，在生物體成年時，體內單一細胞的基因體可能會因突變而發生輕微改變。簡言之，人類是基因體不相同細胞的嵌合體。這些差異的生物學意義仍有待確定。

細胞或皮膚細胞中「開」和「關」。如果我們可以改變這個模式——在皮膚細胞中「開」「關」幹細胞基因，會有什麼結果？皮膚細胞會不會變成幹細胞——不僅能夠製造皮膚，還能夠製造骨骼、軟骨、心臟、肌肉，和腦細胞——即身體的每一個細胞？是什麼阻止了皮膚細胞這樣做？

二〇〇六年，在日本京都工作的幹細胞研究員山中伸彌收集了成年小鼠尾尖的纖維母細胞（fibroblasts）——紡錘形的普通細胞，在體內以各種形式存在，就幹細胞世界而言是填料，他引入了四種基因進入這些細胞。[38]山中伸彌並非偶然發現這些基因：他花了數年時間研究，並選擇 Oct3/4、Sox2、c-Myc 和 Klf4，因為它們具有類似幹細胞「重新編碼」成體細胞特性的獨特能力。一九九〇年代末，他由二十四個基因開始，比較每個基因以及每一種排列的效果，一個又一個實驗，結合一個基因和另一個，然後再加上另一個，直到他把相關基因縮小到關鍵的四個。（這些基因中每一個都編碼一種主調節蛋白，一種可以開關數十個其他基因的分子開關。）他發現每一個基因在維持人類幹細胞狀態和小鼠胚胎幹細胞方面，都扮演舉足輕重的角色。如果他取一個成年**非**幹細胞——一個平凡的纖維母細胞，強行誘導它表現所有四種賦予幹細胞身分的主調控基因的組合，會有什麼結果？

一天下午，山中實驗室的博士後研究生高橋和利低頭看顯微鏡下他強行表達四個關鍵基因的纖維母細胞。「我們有了群落！」[39]這位研究生喊道。山中伸彌衝了過來：確實是群落。這些細胞——原本通常呈紡錘形，看來平淡無奇，如今卻改變了它們的型態，變成了發光的球狀叢。山中伸彌後來發現它們的DNA發生了化學變化；折疊和包裹DNA成染色體的蛋白質改變了，甚至連細胞的新陳代謝也發生了變化。纖維母細胞已轉變為幹細胞。就如胚胎幹細胞一樣，它們在培養中更新了自己。如果把它們注射到免疫功能低下的小鼠體內，它們也會形成多種人體組織——骨骼、軟骨、皮膚、神經元。**這一切都**

源自於一個皮膚纖維母細胞，一個發育完全的細胞，它除了具有充當鷹架以維持皮膚組織的完整或修復傷口之外，似乎沒有其他功能。[40]

這個結果教生物學家大吃一驚——是搖撼幹細胞世界地球板塊的洛馬普列塔大地震。我記得當時我們系上的一位資深化學生物學家從多倫多參加山中伸彌剛剛在會中提出資料的研討會回來，他顯得十分緊張，因為驚訝而上氣不接下氣。「我簡直不敢相信，」他回來後告訴我：「但是這結果已經一遍又一遍地複製，一定是真的。」山中由纖維母細胞製造出幹細胞——這種轉變在生物學被認為是不可能的。就好像——咻的一下！——他把生物時間倒轉了。他不僅把一個完全長成的成年人變成了嬰兒，而且還變成了胚胎。

二〇〇七年，山中伸彌運用這項技術把**人類**皮膚纖維母細胞轉變為類胚胎幹細胞。[41]次年，因人類胚胎幹細胞而名聞遐邇的湯姆森用另外兩個基因取代了 c-Myc 和 Klf4，並再次把人類纖維母細胞改變為胚胎幹細胞（尤其用 c-Myc 的表達以產生類胚胎幹細胞被視為潛在的挑戰，因為它恰好是致癌基因，生物學家擔心這些類胚胎幹細胞到頭來會變成癌）。這個領域把這些細胞稱為誘導性多功能幹細胞或 i P S 細胞——稱為「誘導」，是因為它們已經基因操作改變，由成熟的纖維母細胞轉變為被誘導的多功能細胞。

山中伸彌於二〇一二年獲得諾貝爾獎，自從他的發現以來，數百個實驗室都已開始研究 i P S 細胞，它的誘人之處在於：你用你**自己**的細胞——皮膚纖維母細胞，或來自你血液的細胞，就可以讓它時光倒流，把它轉化為 i P S 細胞。而你可以由那個 i P S 細胞製造任何你想要的細胞——軟骨、神經元、T 細胞、胰臟 β 細胞——而且它們仍然是你自己的，不會有組織相容性的問題，不用免疫抑制，不用擔心客體對宿主產生免疫反應。並且基本上，你可以無限地重複這個過程——iPS進入β細胞再回到iPS細胞進入β細胞（不過平心而論，還沒有人嘗試過）。而這種遞迴性又建立了一個新人類的幻想：身體一切器官或組織都退化的人可以再生，再再生，永無止境。

有時我會想起希臘德爾菲船（Delphic boat）的故事。這艘船由許多塊木板建造而成。木板一點一點地腐爛，並因此被換上新木板，直到所有的木板都是新的。但這艘船改變了嗎？它是不是還是同一條船？

這些想法在今天看來似乎形而上，但它們可能很快就會成為實質的。在我們用iPS細胞建構人類的新元件（而且許多科學家已經在這樣做了），然後嘗試再用這些新的元件製造新的元件，不斷遞迴，我也想到了奧齊克的蝸牛。為了避免自己被遺忘，牠在移動前往不確定的未知領域時，留下了一系列形而上的問題。到最後，一切都被抹除並更換了。這還是同一隻蝸牛嗎？

修復的細胞：傷害、腐朽和恆久不變

溫柔與衰頹
共享同一邊界。
而衰頹是
好侵略的鄰居
它的虹彩
不斷地爬過來。[1]

——凱．瑞安（Kay Ryan），二〇〇七年

來自澳洲的博士後研究員丹．沃斯利（Dan Worthley）飄洋過海來到我的實驗室，這些海洋有些是實體的，有些則是形而上的。他是消化科醫師——我對這門學問所知甚少。他來到紐約哥倫比亞大學與提姆．王（Tim Wang）合作切磋大腸癌以及結腸細胞的再生（提姆．王是哥倫比亞大學教授，是他的老朋友和合作對象），並研究大腸直腸癌。

如今小鼠現代基因工程的標準技術容許我們取得一個基因並改變它，它編碼的蛋白質就會被螢光記號標記。這種蛋白質現在變成了在黑暗中發光的燈塔；你可以用顯微鏡來檢測蛋白質在何時何地實際存在。想像如果你對控制細胞週期的週期素基因這樣做：你會看到製出一個特定的週期素時，細胞就會發光，而一旦蛋白質被降解，光就會消失。如果你把同樣的方法用在肌動蛋白——構成細胞骨架的蛋白質，幾乎整隻小鼠都會變得在黑暗中發光。T細胞受體只會在T細胞中發光，胰島素會在胰臟細胞中發光。順帶一提，發光的蛋白質來自水母；從基因上來說，這隻小鼠的一小部分來自於在海洋深處搖擺和跳動的一種生物。

丹對小鼠進行了基因改造，並用這種技術設計了一個基因——稱為 Gremlin-1。每當 Gremlin-1 蛋白在細胞中製造時，那個細胞就會發出螢光，可在顯微鏡下看見。根據先前的發現，沃斯利預期 Gremlin-1 會出現在結腸細胞中。果然不出所料，他在結腸中一種特定的細胞裡發現了它。但天生的好奇和一絲不苟的嚴謹促使他在其他組織裡尋找這些帶有 Gremlin-1 標記的細胞。細胞發亮的一個地方是骨骼中的細胞。這就是我們關係開始之處。

如果人們編過受忽視但至關重要的人體器官目錄，或者計算出人體器官在「現實世界」的重要性與受到「科學忽視」的比例，那麼骨骼在這兩方面很可能都會名列前茅。中世紀的解剖學家認為骨骼是美化的皮膚架子，或者是人體內臟的鷹架（儘管維薩留斯逆勢而行，繪出精緻的骨骼圖片；他的幾幅插圖畫出了不同骨骼的詳細解剖結構）。二〇〇〇年代初期我在麻州綜合醫院擔任住院醫師時，骨科住院醫師曾諷刺地開玩笑自稱為「骨頭」（bonehead，骨骼占的地方比大腦還多，笨蛋的意思）。還有誰能忘記加拿大詩人羅伯特·塞維斯（Robert Service）戰爭詩〈笨蛋比爾〉（Bonehead Bill）中悲喜交加的獨白——一名受訓不假思索就傷人和殺人的士兵：「我的工作就是冒著生命和肢體的危險／但……這是錯還是對？」[2]

然而骨骼原來是最複雜的細胞系統之一。它成長到一定的程度，然後就知道什麼時候要停止生長。在整個成年過程中，它不斷地自我治療，並在受傷後很快地自我修復。它對荷爾蒙反應敏感；它甚至有潛能**合成**自己的荷爾蒙。*它的中央腔——骨髓，是生成血液的白牆育兒室。它是骨關節炎和骨質疏鬆症這兩種與老化有關主要疾病的發生地，和舉世數百萬老年人死亡有關，是我個人的仇敵：家父因跌倒造成頭骨破裂，因此流血，最後導致他去世。

但回到丹和他的骨骼。二〇一四年一個夏日早晨，丹搭電梯下來，帶著一個裝滿骨切片的盒子，來到我的實驗室——他自己的實驗室比我的高三層。我可以假裝說我十分有興趣，但我並沒有；來自各種實驗室的研究人員總是突然造訪我實驗室的博士後研究員（以及我自己），請我們查看他們的樣本，問我們是否覺得有什麼值得研究的事物，這持續消耗他們（和我）的時間。我禮貌地請丹下次再來。

但丹不為所動。身材矮小、嚴肅認真、活力充沛，目標專注，他就像個澳洲製的手榴彈。他知道我

＊由哥倫比亞大學傑洛德·卡森蒂（Gerard Karsenty）及同僚主持的研究顯示，骨骼不僅會對荷爾蒙產生反應，也會產生荷爾蒙。早期實驗顯示，[3]一種由骨細胞產生的這種蛋白質，稱作骨鈣素，似乎可以調節糖代謝、大腦發育和男性生殖能力，不過其中的一些發現仍有待證實。

對骨骼的興趣。身為腫瘤學家的我要醫治白血病，一種起源於骨髓的疾病，造血幹細胞就位於那裡。幾十年來，我已經研究了骨細胞和血細胞如何相互作用：例如，為什麼大腦或腸道裡沒有造血幹細胞？骨骼有什麼特別之處？在這個領域中，我們已發現了一些答案：骨髓中的細胞向維持它們功能的血液幹細胞發送特定的訊號。這些年來，我也學著了解骨骼的解剖學和生理學。就像現在流行的一種想法，只要進行某個活動，比如投擲棒球超過一萬小時，你就能獲得特定的相關專業知識。這在細胞生物學中的翻譯就是「看」：我已經觀察了顯微鏡下的一萬多個骨骼樣本。

不到一週，丹又回來找我，帶著同樣諂媚與堅決的態度埋伏在走廊上，拿著他的藍色切片盒。他對我的冷漠無動於衷。我嘆了口氣，決定看一下。

我把房間燈光調暗，打開顯微鏡，它發出漫射的光，讓整個房間映照著藍綠色的螢光。丹在房間後面踱步，就像籠中的動物，嘴裡叨叨唸著 Gremlins。切片用切片機切割得很漂亮，展現出骨骼的經典組織學。

從表面上看，骨骼看起來可能就像一塊硬化的鈣，但其實它是由多種細胞組成的。我們最熟悉的是軟骨細胞——專業上稱為 chondrocytes，另外還有兩種聽起來很陌生的細胞類型。第二種骨骼細胞是「成骨細胞」（osteoblast）——沉積鈣和其他蛋白質，形成層狀鈣化基質的細胞，接著它被困在自己的沉積之內，形成新骨。它是造骨、骨沉積細胞：通常成骨細胞使骨骼變厚並延長（我用字母「b」作為它的助記符號，代表「造骨」（bone making））。

第三種骨骼細胞是蝕骨細胞（osteoclast）：這些是具有多個細胞核的大細胞，會吞食骨骼。它們溶蝕基質，或在基質上打孔，去除並重塑骨骼，就像不斷修剪樹木的園丁（我記得是因為它含有字母

「c」），代表bone chewing「嚼食骨骼」）。成骨細胞和蝕骨細胞（造骨者和蝕骨者）之間的動態平衡，是骨骼維持恆定狀態的機制。如果取走成骨細胞，新骨就無法生成。如果蝕骨細胞出現缺陷，骨骼就會變厚——早期病理學家稱之為「石骨」（stone bone），看起來雖然堅韌，但很難修復。它內部的空腔收縮，擠壓骨髓的空間，引發名為石骨症（osteopetrosis，又稱骨硬化症）的疾病。*

但骨骼不僅會變薄和變厚，它還會變長。骨骼生長有個細胞之謎。先前我們見過使器官長大的細胞集合，但是細胞集合怎麼作定向移動，讓器官變長？包括馬希·法杭索瓦—薩維耶·畢夏等的早期解剖學家指出，在早期發育時，骨骼一開始是作為黏性軟骨的基質，接著它沉積鈣並硬化成我們所知的骨骼結構，開始長長。不過長度的主要變化是發生在骨骼的兩端；「中間」保持相對恆定。一七〇〇年代中期，外科醫師約翰·杭特把兩顆螺絲釘入正在生長的青春期骨骼中。他記錄說，兩顆螺絲釘的距離並沒有改變。但如果他把螺絲釘在骨骼**兩端**，就會看到骨骼變長——螺絲會隨著時間彼此分離，就像橡皮筋的兩端隨著橡皮筋的延長而距離越來越遠。簡而言之，骨骼的兩端有會產生新細胞來延長骨骼的細胞——但骨骼中間沒有。

骨骼中有一個特別的地方，就是它的頭部（長骨的拳形末端）與骨幹交會之處。在那個聯結點的某

* 我只列出了骨骼中的細胞。在骨髓中還有更廣泛的細胞清單，[4]包括血液幹細胞和血液祖細胞，有被認為對血液幹細胞發揮支持作用的基質細胞，還有神經元、脂肪貯存細胞（脂肪細胞，adipocytes），以及把血液帶入和帶出骨髓的血管（內皮，endothelial）細胞。

處，埋在骨骼裡面，有一種叫做「生長板」的結構。如果你把手指握拳，想像你的下臂是長骨的骨幹，拳頭是它的末端，那麼生長板就會位於你手腕附近。

生長板存在於兒童和青少年身上——有時你可以在X光中看到它是一條白線，但在成人身上，它逐漸閉合。你可以把生長板想像成年輕骨細胞的幼稚園。生長板產生成熟的軟骨細胞以及成骨細胞。年輕的軟骨細胞，接著是形成骨骼的成骨細胞，由生長板中竄出，並移到骨骼頭部附近的區域，在骨骼頭部和骨幹之間沉積新的基質和鈣，並藉此延長骨骼。

這就是丹的切片開始發揮作用的地方。人們知道「生長板」的存在已有幾十年，但骨骼的生長如何持續？尤其是在青春期的猛烈爆發期間，年輕男女可能每週都會一吋一吋地長高。我們知道，完全成熟的軟骨——肥大軟骨（hypertrophic cartilage），不會生長或分裂，那麼是什麼細胞一週又一週地產生骨細胞？是否有一個骨骼細胞庫不斷產生年輕的軟骨細胞和骨細胞？丹在他的小鼠體內點亮的細胞正好位於生長板上，排成整齊而略帶曲線的一排，就像一組形狀完美的牙齒。我看了又看，現在我非常感興趣。

在一個科學家團隊（通常是兩個研究人員）的生命中，會有一個不必使用語言的時刻。在我和丹之間，出現了類似那一刻的感受傳遞。語言——或至少傳統語言消失了。我們心有靈犀，常常無聲地交換思想的費洛蒙。在夜裡，我會熬夜，踱著步子，思索我們應該進行的下一個實驗。第二天一早，我抵達實驗室，發現丹已經做完了。

第一系列的實驗很簡單。這些細胞是什麼？它們住在哪裡？在什麼時期？丹的第一個實驗顯示了一隻幼鼠生長板中表達 Gremlin-1 的細胞。在一隻小鼠胎兒身上，他發現它們就在新生骨骼和軟骨形成的地方明亮地聚集在一起。想像一隻小腳或一根微小的手指冒出來。這些細胞就在那裡，正在劇烈地分裂。

然後，當他繼續跟著它們往前時，驚人的事情發生了：這些細胞由新生小鼠的骨頭尖端移往生長板——骨幹與長骨交會之處，並就在生長板處自行組織，形成整齊的一層。隨著老鼠年齡增長，骨骼的延長完成後，這些細胞的數量就變得越來越少。那麼，這些細胞的某些成分就與骨骼的形成有關。

但究竟是什麼成分？丹創造的分子信標有另一個特殊的屬性，你可以用信標來追蹤細胞在分裂時的命運。這需要一點額外的設計，但可以確保細胞在產生 Gremlin-1 蛋白（因而發出螢光）時，它的子細胞也會發出螢光，子細胞的子細胞在黑暗中也會發光，以此類推，永無休止。這種技術被稱為譜系追蹤（lineage tracing）——就好像你能以某種方式找到一個大家族的每個成員，即使他們已經因時空而分散。這是闡述整個家譜的分子方式。

丹在一隻非常年幼的小鼠身上進行了這個實驗。當他追蹤表達 Gremlin 的細胞時，發現它們產生了年輕的軟骨。這引起了我的興趣——軟骨形成細胞一直很神祕。但在他越來越長期觀察這個組織時，卻發現它的家譜變得更加複雜。接下來點亮的細胞是成熟軟骨飽滿腫脹的細胞，然後是成骨細胞——合成骨骼的細胞開始發亮。最後，有一種完全未知的細胞類型，一種細長的纖維向外延伸的細胞，我們還不知道它的功能，我們稱之為網狀細胞（reticular cells）。也許最值得注意的是，原本 Gremlin 標籤的細胞——首先出現的細胞，並沒有消失，至少在年幼的小鼠身上如此。簡而言之，丹發現了**那個**細胞——那個位於生長板的細胞，它產生軟骨細胞，然後成熟為成骨細胞——這是骨骼的兩個主要成分。我們稱它們為 osteo（骨）、chondro（軟骨）和 reticular（網狀）細胞——或「OCHRE」細胞。

丹於二〇一五年與我和提姆．王在《細胞》期刊上發表了他的論文。[5] 同一時間，史丹佛大學傑出的博士後研究員（現在擔任助理教授）陳查克（Chuck Chan，譯音）和歐文．韋斯曼（Irv Weissman）

合作，也發現了骨骼幹細胞。[6]

陳查克又瘦又高，看起來像龐克搖滾歌手；他到實驗室的時候就好像剛結束通宵狂歡似的。不過他的實驗紀律卻教人緊張。他、韋斯曼和外科醫師出身的科學家麥可．朗加克（Michael Longaker）把骨骼磨碎，並用韋斯曼最喜歡的技術——流式細胞術來純化產生軟骨和骨骼的骨骼細胞群。他們的論文緊接著我們的論文發表在《細胞》上。我們兩個細胞之間的遺傳、生理、組織學有驚人的相似之處。有一段時間，我們就如何為這些細胞命名進行了一場友好的爭論。但後來保留了 OCHRE 這個名字，ochre 在英文是黃褐色的意思，剛好也是我特別喜歡的顏色。

丹和查克的原始論文也留下了一系列問題。這些帶有 Gremlin 標記的細胞是否**首先**產生年輕軟骨（中間狀態），然後才是成骨細胞，依然未知。或者它們同時產生兩者？有沒有會左右這個決定的內外在因素？如何維持平衡（恆定狀態）？這些細胞會自我更新嗎？把這些細胞移植入小鼠骨骼的早期結果，**確實**顯示它們具有自我更新能力。那麼，帶有 Gremlin 標記的細胞就符合真正的骨骼幹細胞要求——能夠分化成多種類型的細胞，並且能夠自我更新。OCHRE 細胞——假定存在的骨骼祖細胞或幹細胞，可說是我和我的實驗室最引以為傲的發現。它們代表了可以解決兩個古老謎團的潛在答案——一種學說。青春期的骨骼如何生長？是因為一群特殊的細胞，位於在骨骼兩端的生長板處，它們生出使骨骼延長的軟骨和成骨細胞。它為什麼停止生長？因為這群細胞隨著時間的推移而減少，直到成年初期，那時這種細胞只剩非常少了。

但是且慢。情節又出現了另一個轉折。在德州，尚恩‧莫瑞森（Sean Morrison）——先前是韋斯曼的實習生，可說是我所知最固執的幹細胞生物學者，他在骨髓內發現了另一種細胞類型，可以產生成骨細胞並沉積骨質。莫瑞森的細胞（因為它們表達的一個基因而稱為ＬＲ細胞）與Gremlin標籤細胞不同，[7]它們是在成年後才生成，主要是產生沿著長軸沉積的骨質——不是生長板，而是兩塊生長板之間的長骨幹。它們不會產生軟骨細胞或網狀細胞。如果你長骨幹中間某處發生骨折，ＬＲ細胞就會開始行動，產生修復受傷長骨的造骨細胞。

你可能會說，真是一團亂，但恰恰相反。骨骼這個器官的再生細胞並非只有單一的供應；它是再生的嵌合體，至少在兩個位點有**兩種**來源。有在生長板的ＯＣＲ（或OCHRE）細胞，形成延長的骨骼，在發育早期出現，然後隨著年齡的增長而逐漸衰退。還有稍後在青春期和成年後期出現的ＬＲ細胞，維持長骨的**厚度**和骨折的修復。

那麼莫瑞森的資料代表了第三個謎團的潛在解決方案。為什麼成年人在生長板已經縮小消失之後，骨骼依舊可以增厚，骨折可以修復？可能是因為有不同細胞群的貯備執行這個功能——不是駐留在生長板中，而是在骨髓內。我們認為初生細胞（即丹發現的細胞）在胎兒時期建構和延長骨骼，然後在成年期負責較有限的維持生長板的功能。後生的細胞（莫瑞森發現的細胞）則像第二支軍隊一樣行進，修復骨折，並維持骨骼的完整性。這種「兩軍」解決方案把骨骼製造和骨骼維護的功能分開。為什麼有兩支軍隊？我們不知道。

丹於二〇一七年回到澳洲，讓我大感失落——但後來他遠隔重洋投來了另一枚（非常感謝）手榴彈。吳嘉（Jia Ng，譯音）——矮小、認真，像丹一樣活力充沛和專心致志，在二〇一七年來到實驗室研究 Gremlin 標記的細胞。如果說丹提出了生理學的問題（骨骼和軟骨如何生長？），吳嘉感興趣的則是在相反的病理學（它如何腐朽？）。

骨關節炎是一種軟骨退化疾病。舊的信條是骨骼之間不斷地磨削會侵蝕骨骼（如股骨）頂部的軟骨潤滑層。關節面的軟骨細胞死亡，然後關節下方的骨骼開始磨損。因此吳嘉用丹在實驗室首創的技術研究患有骨關節炎的小鼠。

第一個驚喜和房地產的名言有關：位置、位置、還是位置。我們一直專注在生長板上的骨骼幹細胞，因為它們生成新的軟骨和骨骼，卻錯過了它們同樣存在的第二個位置。當我們用新的眼光再次審視時，標識 Gremlin 的 OCHRE 細胞閃閃發光，也存在於骨骼頭部上方一層類似面紗的薄層中。它們誘人地在兩塊骨骼相交的關節處發亮，這正是骨關節炎的起源處。

很難形容我們接下來幾天的興奮之情。我一早吞下咖啡，收拾筆記本，飛快地上公路前往實驗室，衝進顯微鏡室，吳嘉已經排好前一晚作好的切片（她工作到很晚，而我早起工作）。我打開顯微鏡，觀察並計數。**看見**。

吳嘉回到丹的譜系追蹤實驗——採取了不可去除的分子紋身，標記細胞，它的子細胞，它的子子細胞，以此類推。而且正如丹的實驗一樣，結果教人驚訝：在她第一次標記細胞時，它們位於就在關節表面面紗狀的一層薄層中。接著在最初幾週過去之後，它們開始在關節處形成一層又一層的軟骨。一個月過去，我們在軟骨下方看到了骨細胞出現。

但關節炎期間，這些細胞會發生什麼變化？我們共同寫了一份爭取經費的方案，提出 Gremlin 標記的幹細胞（或 OCHER 細胞）會發揮再生貯藏庫的功能。我們推斷，小鼠得到了關節炎時，OCHER 細胞會嘗試再生流失的軟骨——就像其他組織衰竭或受傷時，幹細胞或祖細胞在這個組織中所發揮的作用一樣。骨關節炎是一個組織試圖自我修復但卻失敗的 forme fruste（挫敗形式）。

科學史上有很多假設或理論完全正確之喜悅的文章。一九〇〇年代初，愛因斯坦光速恆定之說將使艾伯特・麥克森（Albert Michelson）和愛德華・莫雷（Edward Morley）先前的實驗觀察獲得教人驚嘆的認證。（愛因斯坦後來寫道：「如果麥克森－莫雷的實驗沒有讓我們陷入嚴重的困境，就不會有人把相對論看作是〔半途的〕救贖。」[8]）但科學中還有第二種樂趣：正因為錯誤而不尋常地激動。這是一種同等而相反的喜悅感：當實驗證明一個假設錯誤，真相就像在支點上轉向一樣，準確地指往相反的方向。

吳嘉在小鼠身上引入關節炎三週後（有很多方法可實現這一目標，包括用一種機制來削弱股骨關節之一。造成的損傷很輕微，小鼠幾乎總會復原），我們回到顯微鏡下，檢查骨切片。我們原以為被螢光蛋白照亮的 OCHER 細胞會迅速增殖，試圖緩衝傷害，同樣的藍綠光會淹沒房間。

我們大錯特錯。在沒有誘導損傷的年輕小鼠中，預期的 Gremlin 標記的 OCHER 細胞層完好無損地位於關節表面——同樣的閃爍細胞層。而在受傷的小鼠中，細胞——並未如我們所料的那樣變得過度活躍和分化以拯救關節，而是已經死亡或垂死。**傷害殺死了幹細胞**——到了它們無法趕上軟骨生成的程度。*

＊科學家仍在審查這項研究。

我關掉顯微鏡，靈光一現。或許骨關節炎是幹細胞喪失的疾病。在最初階段就被磨損的細胞是製造軟骨的幹細胞，它們無法再跟上軟骨的生成。生長和退化之間的平衡遭到擾亂。受傷造成關節軟骨喪失維持它內部平衡的能力——無法在新軟骨（透過幹細胞）的生長和舊軟骨（因年齡和傷害）的衰敗之間達到平衡。

隨後有很多很多實驗確定了這一點。來自加拿大行事慎重的博士後研究生托古勒・賈法洛夫（Toghrul Jafarov）繼續吳嘉的工作。他用極其熟練的技術，把一種化學物質注射到膝關節中，強行殺死 Gremlin 標記的細胞。基本上是把吳嘉的實驗倒過來做。（如果骨關節炎是源自 Gremlin 標記細胞的死亡，那麼殺死 Gremlin 標記的細胞會不會導致骨關節炎？）這些小鼠竟罹患了骨關節炎。即使是健康年輕、活動自如，原本正常的小鼠，都開始喪失關節的功能。牠們蹣跚行走，直到細胞重新啟動軟骨生長。

賈法洛夫繼續推進實驗的方向。他把維持 Gremlin 表現細胞至關重要的一個基因去活化，因此由基因這方面殺死這些細胞。再一次地：小鼠罹患了骨關節炎，這一回比我們先前所見過的任何一次都更加嚴重。（我看到這些骨骼時倒抽了一口氣。骨骼中有些部分的軟骨已經被侵蝕到骨骼末端看起來像被炸藥爆破的

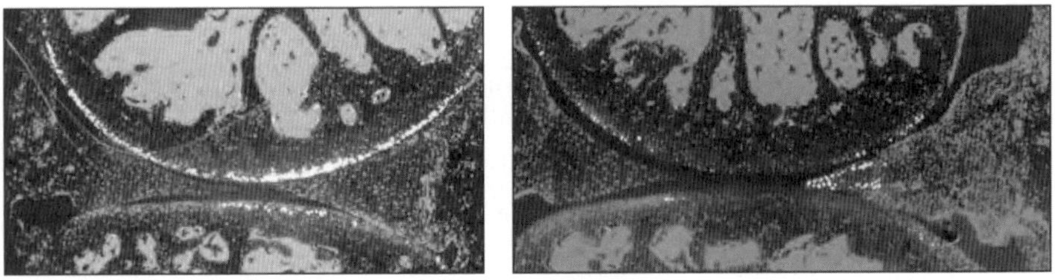

（a）　　　　（b）

（a）一隻年幼的小鼠，用 Gremlin 標記的細胞因螢光蛋白而發亮。
（b）誘發關節炎傷害之後的同一關節，Gremlin 表現細胞逐漸死亡和消失。圖片取自吳嘉之作。

山。骨骼下面的原始「岩石」暴露了出來——光禿禿，搖搖欲墜。）

他由小鼠身上純化了 Gremlin 陽性的細胞，並組織培養它們，然後移植到小鼠體內。它們分化，生出更多 Gremlin 標記的細胞（儘管數量很少），接著重新開始製造骨骼和軟骨。他添加了一種藥物，增加進入關節間隙的 Gremlin 標記細胞。小鼠就不致得到骨關節炎。

賈法洛夫、吳嘉、丹和我在二〇二一年冬天發表了我們的資料，我們提出了骨關節炎的全新假設。[9]它並不只是因磨損而造成的軟骨細胞退化，而是，首先，因 Gremlin 標記的軟骨祖細胞死亡無法產生足夠的骨骼和軟骨因應關節的需求，導致**失衡**。因此我們有一個學說以回應長久以來的第四個謎團：為什麼成年人關節內的軟骨不能像骨折一樣得到修復？因為修復細胞在損傷過程中死亡。

傷害和修復有一個邊界——只除了隨著年齡的增長，傷害和再生能力的衰退不斷滲透，爬過了界限。骨關節炎是一種因再生性疾病而引起的退化性疾病，是再生恆定的缺陷。

從這些實驗可以得到什麼樣的通則？在細胞生物學中，一個最不尋常的難題是，雖然器官的早期形成似乎遵循相對規則的模式，*但成年期的組織維持和修復對於組織本身似乎是奇特和獨有的。如果你切掉一半肝臟，剩下的肝細胞就會分裂，讓肝臟恢復到接近完整的大小——即使是成年人也是如此。如

＊正如我先前提到的，胚胎的內細胞團分裂成三層，隨後形成脊索和神經管內陷。胚胎組織成不同的區室，隨後沿著體軸形成器官，這是由外在訊號管理，這些外在訊號誘導細胞適應命運和整合這些訊號的細胞內在因子。

果你骨折了，成骨細胞會沉積新骨並修復骨折——儘管這個過程在老年人中會顯著減慢。但是還有其他器官，一旦受到損害，就是永久性的。大腦和脊髓中的神經元一旦停止分裂，就不會再分化再生神經元*（它們處於「有絲分裂後」的狀態，即不能再分化）。某些腎細胞死亡之後就不會再生。

正如丹、吳嘉和賈法洛夫所發現的，關節中的軟骨位於中間某處。關節內完全成熟的軟骨細胞主要是在成年小鼠身上有絲分裂後的細胞。但在年幼的小鼠身上一個可以生成軟骨的細胞庫；它會因年齡的增長和受傷而急劇減少，直到完全消失。†

這就好像每個器官、每個細胞系統都選擇了自己用於修復和再生的OK繃。鳥類這樣做，蜜蜂也這樣做——但牠們是以鳥類和蜜蜂（或肝臟和神經元）特有的方式和辦法進行。是的，確實有一些一般原則：器官有常駐的「修復」細胞，可以感知傷害和老化的。但每個器官修復的特殊性顯示，單一細胞OK繃是拼湊起來的，並保持每個器官的獨特性。因此，要了解損傷和修復，就必須逐個器官、逐個細胞地進行。也許我們仍然缺乏一個通用的修復原則——類似於研究人員在其他細胞系統中發現的細胞生物學通則。

那麼，由細胞生物學的角度而言，或許以更抽象的方式想像受傷或老化會比較容易，把它想成是衰退率和修復率之間的激烈鬥爭，每個個別的細胞和個別的器官的速率都是獨特的。在某些器官中，損傷超過了修復；在其他器官中，修復與損傷同步進行；還有另外一些器官中，一種速率與另一種速率之間保持微妙的平衡。在穩定狀態下，身體似乎始終保持——停止在恆定不變。**不要光做事，站定在那裡**。但站定在那裡，一動也不動，並非是靜止，而是一種緊張忙亂的活躍過程。看似「靜止」——停滯，其實是這兩種競爭速率之間的動態戰爭。英國詩人菲利普・拉金（Philip Larkin）寫道：「你們在死亡時分手／那些合而為你的碎片／開始加速永遠離開彼此／沒有人看到。」[11]

但死亡並不是器官粉碎飛散，而是傷害的尖刻磨礪對抗治癒的狂喜。正如瑞安所說，溫柔對抗衰頹。

這場對陣中的核心士兵是細胞——在組織和器官中瀕死的細胞，以及再生組織和器官的細胞。讓我們暫且回到體內平衡的概念——維持內部環境的恆定。我們首先提出這個想法是為了要了解細胞如何維持它內部的穩定性，接著我們用它來了解健康的身體如何調整代謝和環境變化——鹽量、廢物處理、糖代謝。現在我們把它應用在維持損傷與修復之間的平衡上。死亡——絕對中的最絕對，其實是衰退力量與回春力量之間相對的平衡。如果平衡朝一個方向傾斜——當傷害率超過復原或再生率時，你就會從邊緣跌落。受到變換風向吹襲的魚鷹無法保持在半空中懸浮。

＊動物和人類中罕有神經元再生的紀錄。然而，大部分的神經元在受傷後從未分裂或再生。

†亨利．克隆能柏格（Henry Kronenberg）暨同僚最近發表的一篇論文指出，[10]如果給予正確的訊號，一小部分的成熟軟骨細胞可以「醒來」，並再次開始分裂。這些細胞是否類似於丹、吳嘉和賈法洛夫所發現的細胞，還有待探究。

自私的細胞：生態方程式與癌症

沒有受過化學或醫學訓練的人可能不會明白癌症的問題究竟有多棘手。它幾乎——不完全是，但幾乎——就像要找到某種會溶解左耳，但卻保住右耳不受傷害的試劑一樣困難。[1]

——威廉・沃格洛姆（William Woglom），一九四七年

我們繞了一圈，最後回到了能夠無限重生的細胞：癌細胞。[2]*沒有任何細胞的誕生或重生受到如此深入、如此熱切的研究。然而儘管經過了數十年的探查，我們試圖阻止癌症誕生和再生的嘗試本身都受到挫敗。癌症起源、再生，和擴散本質與機制的特性，有些已經變得清晰。然而還有很多仍然令人費解。

要了解癌細胞的惡性分裂，我們可以先由正常細胞的分裂開始。假設你的手遭割傷，我們可以把割傷引起的反應描述為在受傷之後要恢復組織狀態的一系列事件——體內平衡正在發揮作用。血漏了出來，因組織損傷而引發的血小板和凝血因子聚集在傷口周圍。感知危險訊號的嗜中性白血球會聚集在現場，作為因應感染的急救員；它們守護在此，以確保病原體沒有機會突破自我的界限。一個凝塊成形了，把傷口暫時堵住。

接著治療開始。如果傷口淺，皮膚的兩端就並列在一起。如果傷口深，皮膚下方的纖維母細胞——幾乎存在每個組織中的紡錘形細胞，就會爬進來，在傷口下方沉積蛋白質基質。接著皮膚細胞在基質上增生以覆蓋傷口，偶爾會留下疤痕。一旦它們接觸到彼此，細胞就會停止分裂。需要大量的細胞來協調這個過程。傷口癒合了。

但細胞生物學的難題就在這裡：是什麼使皮膚細胞開始生長？而與癌症更相關的是，是什麼讓它們停止？我們每一次割傷自己時，為什麼不會長出一個新的附肢，就像一棵樹長出新樹枝一樣？

部分答案帶我們回到本書的開頭——回到杭特、哈特維爾和納斯所發現控制細胞分裂的基因。割傷發生時，來自傷口和來自細胞的訊號——內在和外在線索，對它做了回應——活化了一系列基因，讓修復細胞開始分裂。當痊癒完成，皮膚細胞相互接觸時，另一組訊號通知這些細胞退出循環。你可以把這些訊號想像成汽車的油門和煞車：當道路開闊時（就在受傷之後），汽車加速，但當交通擁擠時，細胞分裂就逐漸減慢，直至停止。這是受調節的細胞分裂，它每天發生在每個人體內數百萬次。它是生物體由單一細胞發展的基礎。為什麼有些胚胎不會暴長為它們原本大小的二十倍？這是胚胎發育的基礎。為什麼我們不會每次受傷都會長出新的肢體？它是器官持續修復和再生的基礎。為什麼南西．勞瑞移植了姊妹的細胞之後血液不會暴增？那是我們了解「血液幹細胞如何產生新的祖細胞，但一旦血球數恢復正

＊當然，沒有單一的「癌細胞」存在。癌症是一群多樣化的疾病，甚至連一種癌症也可能有多種類型的細胞。我在這裡嘗試要做的，是提出大多數癌細胞共有的一些通則。在後面的篇章，我們會更清楚地看到癌細胞如何彼此不同，甚至就是在同一位病患的體內也是如此。

常時，它似乎就停止了」的基礎。

但從某種意義上來說，癌是一種體內恆定狀態失衡：它的標誌就是細胞分裂失調。控制這些油門和煞車的基因壞了——即突變，使得它們編碼的蛋白質，細胞分裂的調節因子，不再在適當的環境中發揮作用。油門永久卡住，或煞車永久失靈。更典型的是，它是這兩種事件的組合——油門基因卡死和煞車斷裂，導致癌細胞失常地生長。汽車在交通堵塞時飛馳而過，彼此堆疊，引發腫瘤。或者它們瘋狂地轉移到替代道路，引起轉移。我無意賦予癌細胞個性，這是達爾文式的過程，需要天擇：成功的細胞就是最適合生存的細胞。它們經天擇，選為最能適應它們不屬於的環境和它們不屬於的組織中生長和分裂的細胞。天擇創造了除了它們為自己創造的法則之外，不遵守所有歸屬法則的細胞。

如先前所述，油門或煞車基因的「故障」是突變引起的——DNA的變化（因此蛋白質的變化）使它們的功能失調，因此它們通常會變成永久「開啟」或永久「關閉」。卡死的「油門」就稱為致癌基因。而「斷裂」的煞車就被稱為腫瘤抑制基因。大多數致癌基因並不是直接控制細胞週期的基因（儘管有些是）。相反地，它們中有許多是指揮官中的指揮官：它們招募其他蛋白質，而這些蛋白質進一步再招募其他蛋白質，直到細胞裡蛋白質訊號的惡性連鎖反應最後把細胞煽動出一股有絲分裂狂潮——不受控制地持續分裂。細胞堆積在細胞上，侵入它們不屬於的組織。它們打破了細胞的文明法則，打破了它們的公民法則。

除了控制細胞分裂之外，這些基因中有許多還具有不同的功能——活化或抑制其他基因的表達。有些基因收編了細胞的新陳代謝，使它能利用營養物質促進癌細胞的惡性再生。有些基因改變了細胞一旦互相接觸就會進行的正常抑制；癌細胞互相堆積，即使正常細胞停止分裂亦然。

癌的一個驚人特性是，癌的任何個別樣本都具有獨特的突變排列。比如一名婦女的乳癌可能在三十二個基因中發生突變；第二名婦女的乳癌可能有六十三個，兩人的突變基因只有十二個重疊。兩種「乳癌」的組織或細胞外觀在病理學家的顯微鏡下看起來可能完全相同，但這兩種癌症在基因方面卻可能不同——它們的行為不同，並且可能需要截然不同的治療法。

確實，這種「突變指紋」的異質性——由癌細胞個體攜帶的突變組合深入個別的細胞層次。那名婦女的乳房腫瘤含有三十二個突變？其中一個癌細胞可能有三十二種突變中的十二種，而緊鄰它的另一個細胞則具有三十二種突變中的十六種——這些突變有的重疊，有的不重疊。甚至單一的乳房腫瘤，實際上也是許多突變細胞的雜燴——是不同疾病的組合。

我們仍然找不到簡單的方法來了解這些突變中有哪些驅動了腫瘤的病理特徵（司機突變 driver mutations，或稱驅動突變），而哪些只是分裂時腫瘤聚集而被包覆在ＤＮＡ上的結果（乘客突變 passenger mutations，或稱攜帶突變）。[3]有些基因，例如 c-Myc，在多種癌症中十分常見，幾乎可以確定是「司機」，其他則只出現在特定形式的癌症、白血病、或淋巴癌的特定變異。有些突變基因，我們了解它們如何導致失調的惡性生長。但有些突變基因，我們還不明白。

二〇一七年五月，我去醫院看望山姆．P.他要我在外面等。他噁心想吐，要去洗手間。等他平靜下

來，護理師扶他回到床上。

天色已近黃昏，他打開了床頭燈。他問護理師，我們是否可以單獨談談。

「結束了，不是嗎？」他說，直視我的臉，就像他的腦子鑽了個洞，直接通入我的大腦核心。「說實話，」他說。

真的結束了嗎？我仔細思考這個問題。在他身上是最奇怪的情況——他的一些腫瘤對免疫療法有反應，但其他腫瘤卻頑固不化。每一次我們增加免疫藥物的劑量，一種自體免疫性肝炎——肝臟恐怖的自體毒性就會逼我們倒退。就好像每一個單一的、轉移性的腫瘤獲得了自己的重生和抵抗計畫，每一個都在他的身體裡占據自己的位置，每一個的表現都好像是被困在自己的島嶼上的獨立殖民社區。我們同時在多條戰線上作戰——有些勝利，另一些失敗。每當我們對癌症施加演化壓力時——比如使用一種免疫治療藥物，就有些細胞逃脫了壓力，並建立起新的頑固不馴的殖民地。

我告訴他實話。「我不知道，」我說。「而且我不會知道，一直到最後。」護理師又進來更換嗶嗶叫的點滴管，我們換話題。我學到癌症的一條規則是，它就像固定的審訊者：它不允許你改變主題——即使你認為你可以。

幾個月前他在報社工作時，我看到他和他的一群朋友整理了一個音樂播放清單。我為我要辦的聚會借用了那張播放清單，結果它成了我最喜愛的一組歌曲。

「你現在都聽什麼？」我問道。有短短一段時間，隨興的閒聊緩和了緊張氣氛，常態的感覺降臨在房間裡。兩個談音樂播放清單的人。搖滾；嘻哈；饒舌歌曲。我們又聊了一個小時。接著我就彷彿到達了某個地方，不可避免的問題再也無法迴避。固執的審訊者又回來了。

「有什麼建議嗎，醫師？」他問。「最後會怎麼樣？」

最後會怎麼樣？這是一個既古老卻又無法回答的問題。我回想那些曾經打過他那種不定形戰役的病人——勝、敗、勝，我想到在他們最後的幾週曾有什麼需要。我要他想三件他可以做得到的事情。原諒某人、得到某人的原諒、並告訴某人他愛他們。

某種真相在我們之間移動。他彷彿明白了我為什麼來看他。

他措手不及，又一陣噁心襲來。護理師被叫了進來，拿來了一個嘔吐盆。「下次見，」他說，「下週？」

「下次見，」我堅定地說。

我再也沒有見到山姆。他在那週去世了。我不相信重生，但是有些印度教徒相信。

癌細胞重生的奇特之處在於，使癌細胞能夠維持惡性生長的基因編程在某種程度上，是與幹細胞共享的。如果你觀察基因，比如說，在白血病幹細胞上「開啟」和「關閉」的情況就會發現那一組基因子集與正常的血液幹細胞有驚人的重疊（再次使得我們幾乎不可能找到一種可以殺死癌但不傷害幹細胞的藥物）。如果你看基因在骨癌細胞中「開啟」和「關閉」，就會發現類似的基因子集在骨骼幹細胞中「開啟」和「關閉」。而且重疊還在繼續：山中伸彌把正常細胞轉化為類胚胎幹細胞（為他贏得諾貝爾獎的iPS細胞）而「開啟」的四個基因之中，有一個叫做c-Myc的基因，這正是在它失調時成為多種形式癌症的主要驅動基因之一。簡而言之，癌症和幹細胞之間的距離實在近得教人不安。

這就引出了兩個重要的問題。首先，幹細胞會癌化嗎？而反過來，體內的癌細胞群是否在其中具有負責癌症持續再生的細胞亞群，就像血液和骨骼中含有幹細胞庫一樣？那就是癌症持續再生的祕密嗎——一個作為再生貯存庫的祕密的、專門的細胞亞群？第一個是起源問題：**癌細胞從哪裡來？**第二個是再生問題：**為什麼惡性細胞會不斷生長，而其他細胞的生長卻受到控制和限制？**

這些問題繼續引發腫瘤學家和癌症生物學家之間的激烈爭論。拿第一個問題來說，幹細胞或其直接的後代，當然可以在模型系統中癌變。研究血液的研究人員顯示，在小鼠的血液幹細胞後代中植入**單一**基因可以產生致命的白血病。那個基因——事實上，是在兩個基因之間創造融合的一種突變，編碼一種多指蛋白質，可以把如此多的基因開啟和關閉，連鎖再連鎖，因此可以驅動幹細胞朝向侵襲性白血病。[4]隨著細胞朝向白血病的進展，進一步的突變也會累積。

但反過來更難實現：你能把一個完全成熟、分化的細胞——一個完美的公民細胞，變成一個惡毒的行動者？是的，你可以，但是需要大量的基因推擠——即透過在細胞內添加一系列極其強大的致癌基因訊號。還記得我們所見過作為神經系統附件的膠質細胞嗎？它們已經完全成熟了；它們不會失控生長。在二〇〇二年的一項研究中，[5]當時在哈佛大學（現在德州）的科學家朗．狄平賀（Ron DePinho）由小鼠體內取出一個這樣的成熟神經膠質細胞，在其中表達了強大的致癌基因，然後把它轉變為膠質母細胞瘤，一種致命的腦瘤。這些現象在現實生活中發生過嗎？我們不知道。

至於第二個問題呢？癌症是否具有充當貯藏庫的幹細胞，讓它們無限地生長？在多倫多，約翰．迪克（John Dick）的研究小組已經證明，骨髓中大量白血病細胞中的一小部分就能夠從頭開始再生整個白血病——正如稀少的一群血球可以重生血液一樣（迪克稱之為「白血病幹細胞」[6]）。換句話說，在某些癌症中有一個「層次結構」，其中一小部分癌細胞具有獨特的能力，可以廣泛增殖並驅動疾病進展，而其餘的癌細胞則只有很少或沒有增殖能力。這些癌症幹細胞就像入侵植物的根。不除根，你就無法除去這植物，按照同樣的邏輯，不殺死癌症幹細胞，你就不能殺死癌症。

但**所有的**癌症都有幹細胞的理論也面臨挑戰者。在德州，尚恩·莫瑞森主張癌症幹細胞模型對於某些癌症並不適用，[7]例如黑色素瘤，這種病大多數的細胞都能夠廣泛增殖，並促進疾病的進展。這些細胞保留了廣泛增殖的能力，具有類似幹細胞的特性。對於這些癌症，必須盡可能消除大量的癌細胞，治療才有機會成功。

可能還有其他癌症，其中遵循癌症幹細胞模型的情況因患者而異。例如某些乳癌和腦部腫瘤可能有癌症幹細胞和非幹細胞，而其他乳癌和腦癌則可能沒有這樣的層次結構。幹細胞的正常生理法則並不適用，因為只需打開某些基因的開關，癌細胞即可實現巨大的流動性。*

「看，」莫瑞森告訴我，「這一切都會變得更加複雜。包括骨髓性白血病在內的一些癌症確實遵循癌症幹細胞模型。但在其他的癌症中，並不存在有意義的層次結構，不可能針對罕見的細胞亞群來治癒患者。這個領域還有很多工作要做，才能確定哪些癌症，甚至哪些患者，屬於哪個類別。」

不過，有一點是確定的：一些癌細胞和幹細胞以深刻的方式「重新編程」細胞。基因在細胞內開啟和關閉，使它們不斷重生。不同之處在於，在癌症，這個程序被永久鎖定——因為它突變的固定性不允

＊需要說清楚的是，癌細胞並不具備感知能力或腦，讓它們開啟或關閉開關。是**演化**為細胞作選擇，開啟某些基因，使持續再生成為可能。

許細胞改變它連續分裂的程序。在正常、健康的幹細胞身上，程序是可塑的，因為細胞可以分化——成骨細胞、或軟骨細胞、或紅血球和嗜中性白血球。幹細胞可以改變身分程序；如我先前所說，它們在自私（自我更新）與自我犧牲（分化）之間平衡。相較之下，癌細胞則被困住了——被囚禁在永久重生的程序中。它是終極自私細胞。

更糟的是，如果你施加演化壓力——一種針對特定基因的藥物，癌細胞中有足夠的異質性和流動性，讓它們能選擇不同的基因程序來抗拒藥物。具有抗藥性突變的細胞可以生長出來。基因編程略微改變的細胞（這就是我所謂癌症遺傳程序的「流動性」）。在不同轉移部位的細胞，藥物無法到達，可以啟動新的基因程式以抵拒遭發現和消滅。

過去幾十年來，我們一直以特定的基因或癌細胞特定的突變為目標，試圖攻擊癌症。其中有些極為成功——例如，用賀癌平（Herceptin）治療 Her-2 陽性的乳癌，或用基利克（Gleevec）治療一種稱為CML的白血病。[8]但其他基因標靶突變（個人化癌症醫療）的嘗試卻只有少數的成功或完全失敗。部分原因是細胞產生了抗藥性，部分是癌細胞的異質性，部分是因為癌細胞和正常細胞——尤其是幹細胞，之間的共通性，在藥物對人體產生毒性之前為藥物設定了自然的上限。這是哲學家康德可能稱之為「駭人的壯美」（terrifying sublime）的細胞生物學版本。

當我離開山姆的病房時，想起了他的播放清單。想像細胞中所有的基因——整個基因體，是固定的、預選的播放清單。幹細胞在它們由自我更新轉為分化之時，可以選擇要播放哪些歌曲，按照什麼次序。在它們自我更新時，播放特定的一組曲目，而在它們分化時，又會播放不同的一組曲子。

在癌症中，突變的固定性不容許改變歌曲的順序。油門卡在開啟的位置，而煞車卡在關閉的位置。

因此它們和正常幹細胞不同，身體幾乎沒有能力調控它們的活動。播放清單已經設定，同系列歌曲一遍又一遍地播放，就像一首教人無法忍受的惡毒曲調，在腦海裡揮之不去。當你施加選擇壓力時，比如某種藥物或免疫療法，它就切換到新的基因表列，甚至打亂播放清單中的歌曲——例如嘻哈歌曲和蕭邦的瘋狂混合，讓惡性細胞能夠逃避藥物。然後重複：現在癌細胞有了**新的**、固定的惡調，縈繞在它腦海，揮之不去。

二〇〇〇年代中期，當驅動癌細胞生長的基因詳盡表列頭一次提出時，我們有一種解鎖了治癒癌症之鑰的興奮。

「你患的是 Tet2、DNMT3a和 SF3b1 突變的白血病，」我會告訴迷惑的病人。我會得意洋洋地看著她，彷彿自己剛解開了週日報上的填字遊戲。

她會盯著我，就像我來自火星一樣。

然後她會問一個再簡單不過的問題：「那麼，這是否表示你知道能治癒我的藥物？」

「是的。很快，」我會興高采烈地說。照線性敘述，發展應該如下：分離癌細胞，找到改變的基因，用以這些基因為目標的藥物，在不傷害宿主的情況下殺死癌症。

因此研究人員進行了兩種試驗來證明這個想法是正確的（它怎麼可能會**不**正確？）。[9]第一種為「籃式」試驗，把正好具有相同突變的不同癌症（肺癌、乳癌、黑色素瘤）放入同一個籃子，用相同的藥物治療。**畢竟：相同的突變、相同的藥物、同一個籃子、相同的反應——不是嗎？**結果卻發人深省。

在二〇一五年發表一項里程碑研究中，[10]幾種不同類型癌症（肺癌、大腸癌、甲狀腺癌）的患者因為具有相同的突變，因此接受相同藥物的治療——維莫非尼（vemurafenib）。這種藥對某些癌症有效——對肺癌有42%的緩解率，但對其他癌症則完全無效：例如對大腸癌的緩解率為1%。而且就連大部分的緩解也沒有持續太久，患者在短暫緩解後，又回到了原點。

第二種試驗則是反面的——傘式試驗。在這裡，一種癌症，比如肺癌，經檢查是否有不同的突變，每一種具有特定突變組的肺癌都被置於不同的傘下。每一種個別的肺癌，在自己的「傘」下，專門針對它特定的突變組合，投以一組不同的藥物。**畢竟：不同的突變、不同的傘、不同的治療，因此會有特定的回應——不是嗎？**結果也不成功。一項稱為BATTLE-2的大型試驗也得出了發人深省的資料，大多數的癌症病例幾乎都沒有反應。[11]一位評論者沮喪地評論說：「最後，試驗未能找到任何有希望的新療法。」[12]

「我們生醫學者沉溺於資料，就像酗酒者對廉價的酒上癮一樣，」麻省理工學院的癌症生物學家麥可・亞菲（Michael Yaffe）在《科學訊號》（*Science Signaling*）期刊中寫道，「就像醉漢在燈柱下尋找遺失錢包的老笑話一樣，生物醫學家總是在定序的燈柱下「光最亮」的地方〔因為那裡是最容易看到的地方〕——也就是可以盡快獲得最多資料的地方，尋覓。就像對資料上癮的人一樣，我們一直在關注基因體定序，但真正對臨床有用的資訊可能在其他地方。」[13]

定序是誘惑。它是資料，不是知識。那麼「真正對臨床有用的資訊」在哪裡？我相信是在癌細胞攜帶的突變和細胞本身身分之間的交叉點。環境背景。細胞的類型（肺？肝？胰臟？），它生活和生長的地方，它的胚胎起源及發育途徑，賦予細胞獨特身分的特殊因素，供給它養分的營養物質，它所依賴的相鄰細胞。

或許新一代的癌症療法會讓我們克服這種癮頭。幾十年來，我們一直把癌症想像為個別惡性細胞的結果。「癌細胞」已成為這種疾病惡性行為的標誌，是細胞自主失控的記號（甚至有一本名為《癌細胞》（*Cancer Cell*）的科學期刊）。癌細胞已成為我們關注的焦點。殺死這個細胞，我們就戰勝了癌症。「這個腫瘤正在侵入大腦，」一名外科醫師在手術室裡對另一名外科醫師說。（對比一下，誰會說感冒侵入了你？）主詞、動詞、受詞：癌症是自主行動者、攻擊者、推動者。宿主——病人，是沉默的觀眾、受折磨的受害者、被動的旁觀者。她提供的背景環境，**她的**癌細胞的特殊行為，它們的位置，它們狡滑的流動性，她對它的免疫反應；這一切為什麼有關係？

但在山姆的例子中，癌症轉移的每一個部位表現都不同。他的身體遠非被動的旁觀者。癌轉移到他肝臟的行為並非轉移到他耳朵外葉的行為。他的一些器官神祕地倖免於難，而另一些則被密集殖民。

這個問題觸及了癌症轉移的核心，為什麼在某些地方轉移的癌存活，而在其他部位——尤其是腎臟和脾臟，卻似乎從來不會吸引轉移。或許癌細胞就像器官和生物體一樣，也應該被想像成一個社群——而且，這個社群只能在特定時間、特定地點居住。癌症的比喻正在改變。癌症是合作的集合體，癌症是一種出了問題的生態系統，癌症是無賴細胞和它所收編的環境兩者之間惡毒的契約——細胞和它可以在其中蓬勃發展的組織之間的停戰協定。「癌症不再是一種細胞疾病，就像交通阻塞不是汽車的疾病，」[14]英國醫師和癌症研究員D・W・史密瑟斯（D. W. Smithers）一九六二年在《刺胳針》上寫道：「交通阻塞是因為被駕駛的汽車與其環境之間的正常關係失調，無論它們本身是否正常運作都會發生。」史密瑟斯的挑釁行為越界了，隨後立即引起了軒然大波（最有影響力的癌症研究員鮑勃·溫伯格〔Bob Weinberg〕告訴我說，這「完全是胡說八道」）。但是史密瑟斯——可以肯定的是，這是在挑釁，是試圖要把大家的注意力從癌細胞身上轉移到這些細胞在它們真實環境中的**行為**。

因此，我們正在為這種疾病發明新的比喻。忘記突變。攻擊新陳代謝。例如，有些癌細胞變得高度依賴（醫學術語用的是「上癮」）特定的營養素和特定的代謝途徑。一九二〇年代，德國生理學家奧圖·瓦爾堡（Otto Warburg）發現許多癌細胞使用快速廉價的方法，消耗葡萄糖，產生能量。[15] 惡性細胞偏好無氧發酵，而不是我們在粒線體中遇到的深度緩慢燃燒，即使有充足的氧氣亦然。相較之下，正常的細胞幾乎總是用慢速和快速燃燒——依賴氧和不依賴氧的混合機制來產生能量。惡性細胞這種獨特的代謝特性可不可能用來推動進展，消滅癌症？*

我的團隊正與康乃爾大學的團隊和目前在哈佛的盧·坎特利（Lew Cantley）一起進行另一項臨床試驗，希望找出癌症與正常細胞不同的依賴糖或蛋白質代謝的普遍方式。我們與坎特利合作，發現有些（但並非全部）癌症使用胰島素（它的釋出是由葡萄糖引發）作為對原本強力抗癌藥物的抵抗機制。換言之，癌細胞確實被這種藥物毒化，只是它們就像狡猾的罪犯一樣，學會用胰島素來規避藥物的毒性。這就引發了癌細胞對某些特定營養物質獨特依賴性的問題——除了突變之外。如果我們阻止癌細胞利用養分的特定方式，然後釋出針對惡性細胞的藥物，它們會不會終於對藥物「重新敏感」

（resensitized）？或者除去脯胺酸（Proline）這種某些癌症上癮的胺基酸，阻斷它們的營養？

或者專注在逃避免疫力。吉姆．艾利森和本庶佑採用的觀點是：所有的癌症在某個時刻都必須找到抵抗免疫系統的方法。脫去癌症的外套，你就有了似乎並不依賴免疫系統的治療方法。餓死癌症的血管，研究員猶大．福克曼（Judah Folkman）在一九九〇年代提出這個想法。仿照愛蜜麗．懷海德的方法，創造經工程設計的T細胞，來攻擊她的白血病。

但首先，要以癌細胞是生長在它環境中細胞的方式，來了解癌細胞的生理學——就像我們了解其他

＊沒有人知道癌細胞為什麼喜歡這種快速且廉價（但效率極低）的能量產生機制。畢竟，依賴氧氣的呼吸（有氧呼吸）會產生三十六個ATP分子，而不依賴氧氣的發酵（無氧呼吸）只會產生兩個這樣的分子——相差十八倍。為什麼在可以提取多得多的能量，並且資源沒有限制（比如白血病細胞實際上就是浸泡在血液中；有足夠的養分和氧氣來進行有氧呼吸）的情況下，癌細胞會用低效率的能量產生系統？部分答案可能在於，使用依賴氧的反應來產生能量會產生有毒副產品——對細胞有害的高反應化學物質，之後需要分發和淨化。依賴氧氣的呼吸產生的有毒副產品包括誘導DNA突變的化學物質，這些化學物質反過來會活化細胞中的一個裝置以停止分裂（記得G2檢查點，當細胞進行檢查以確保DNA的品質時）。癌細胞可能已經演化到「充分利用它」——本質上，就是犧牲能量效率以遠離這些有毒副產品。是眾多的假設之一；其他人則基於其他原因，說明癌細胞為什麼偏好發酵。勞夫．德貝拉迪尼斯（Ralph DeBerardinis）等研究人員最近的研究顯示，[16]瓦爾堡效應（即癌細胞利用非粒線體途徑產生能量）可能會因我們為了比較癌細胞在真實身體中的生長情況，而在實驗室中用來培養癌細胞的人工條件而誇大。當我們在實驗室培養癌細胞時，通常都會在培養物中添加非常高量的葡萄糖，這可能會促使新陳代謝轉向非粒線體途徑。儘管如此，瓦爾堡效應仍然是真實的：有些在人類身體內（而不是在實驗室中）生長的「真正」癌症，採用非粒線體途徑作為它們產生能量的主要機制，只是我們可能高估了影響的程度。

細胞的方式：它所在的器官，它用來圍繞著自己的支持細胞、它所發送的訊號、依賴性，以及它所具有的弱點。

神祕之外還有神祕。經過基因工程的T細胞對白血病和淋巴瘤有強大的功效，但對卵巢癌和乳癌無效。為什麼？用在山姆身上的免疫療法消除了他皮膚上的腫瘤，但卻無法消除肺部的腫瘤。為什麼？正如我手下的一位博士後研究員所發現的，我們透過飲食消耗胰島素的方法減緩了子宮內膜癌和胰臟癌的發生，但卻加快小鼠某些白血病的發展。為什麼？我們不知道我們不知道的是什麼。*

* 有鑑於本章重點在於癌細胞及其行為、轉移和新陳代謝，我刻意地不討論防癌和早期篩檢。這些主題中，有些已在我先前的著作《萬病之王》（*The Emperor of All Maladies: A Biography of Cancer*, 2016）中介紹過，預防和早期篩檢的最新進展將會在未來的版本中更新。

細胞之歌

我不知道該偏愛哪一個，
音調抑揚之美
或暗示之美，
黑鳥的啼囀
或啼囀之後。[1]

——華萊士・史蒂文斯（Wallace Stevens），
《觀看黑鳥的十三種方法》（*Thirteen Ways of Looking at a Blackbird*）

艾米塔・葛旭（Amitav Ghosh）在二〇二一年出版關於生態與氣候的書《肉荳蔻的詛咒：危機中星球的寓言》（*The Nutmeg's Curse: Parables for a Planet in Crisis*）中，講述了一位著名植物學教授由當地村莊的一名年輕人陪伴，引導他穿過一片雨林的故事。這個年輕人能夠辨識出各種植物，他的聰明機敏讓教授大吃一驚，不由得出言誇讚。但這年輕人卻垂頭喪氣。他「點頭並低垂著眼睛回答：『是的，我已經學會了所有灌木叢的名字，但我還沒學會它們的歌曲。』」[2]

許多讀者可能把「歌曲」一詞視為隱喻。但在我讀來，這遠非隱喻。這年輕人感嘆的是，他還沒有了解雨林中各種個別生物之間的**相互關聯**——它們的生態、相互依存——雨林如何以一個整體行動與生活。「歌曲」既可以是內在的訊息（哼鳴聲），同樣也可以是外在的訊息：從一個生物發送到另一個生物以表示相互聯繫和合作的訊息（經常一起唱，或者彼此向對方唱的歌曲）。我們可以為細胞、甚至細胞系統命名，但我們還沒有學會細胞生物學的歌曲。

那麼，這就是挑戰。我們把身體分為器官和系統——執行獨立功能的器官（腎臟、心臟、肝臟）和使這些功能得以運作的細胞系統（免疫細胞、神經元）。我們已經辨認出在它們之間移動的訊號——有些是短距離的，有些是長距離的。比起最先把身體想成統一、獨立、活生生聚合體的虎克和雷文霍克來，這已經是長足的進步，這讓我們更接近把身體想像為公民的魏修。

但在我們對細胞相互連結的了解中，仍有間隙需要填補。我們仍然像雷文霍克那樣，生活在把細胞想像為一個「活原子」的世界——單一、獨自、孤立，就像飄浮在身體太空之中的太空船。在我們離開那個原子世界之前，我們不會知道（正如英國外科醫師史蒂芬・佩吉特〔Stephen Paget〕所問的）——為什麼肝臟和脾臟大小相同，在解剖學上相鄰，擁有幾乎相同的血液流量，但其中之一（肝臟）是癌最常轉移的部位之一，而另一個（脾臟）卻很少會有癌轉移？或者為什麼患有某些神經退化性疾病（包括帕金森氏症）的患者罹患癌症的風險顯著較低。或者為什麼如海倫・梅伯格告訴我的，把自己的憂鬱症描述為「存在的倦怠」（引用她的話）的人，通常對大腦深層刺激不會有反應，而把自己描述為「陷入垂直洞穴」的人，通常會對大腦深層刺激產生反應。就像那名熱帶雨林中沮喪的青年一樣，我們雖然已經知道了這些灌木的名稱，但不知道在樹木間流動的歌曲。

幾年前，有位朋友告訴我一個至今仍讓我深思的故事：他陪著從南非開普敦來訪的爺爺在麻州牛頓市（Newton）散步，爺爺在有許多第一代和第二代猶太移民所住的公寓前停下腳步。我朋友的曾祖父在許多年前是由立陶宛移民到南非。他的爺爺走到公寓前，想看看公寓門鈴上印著的住戶名字。「但是爺爺，」我的朋友阻止他道，「我們不認識住在這棟樓裡的人。」祖父停下來微笑說：「哦，不，我們認識住在這棟樓裡的**每一個人**。」

想要用細胞建構新人類，我們需要的知識不僅是名稱，還有名稱之間相互的連結。不是地址，而是街坊鄰里；不是身分證，而是伴隨它們的人物、故事，和歷史。

或許，在接近本書尾聲時，我們可以停下來思考二十世紀科學最有力的哲學成就——以及它的局限性。「原子論」（atomism）認為物質、資訊，和生物的物件都是由單一的材料所構成的，那就是我在先前的書中寫過的原子、位元組、基因。我們可以在這裡再添加：**細胞**。我們是由單一的單位構成的——這單位在形狀、大小和功能上極其多元，但仍然是單一的。

為什麼？我們只能推測答案：因為，在生物學中，藉著排列組合單一的區塊成為不同的器官系統，使每一個器官系統都具有專門的功能，同時保留所有細胞共有的特徵（新陳代謝、廢物處理、蛋白質合成），較容易演化出複雜的生物體。心臟細胞、神經元、胰臟細胞和腎臟細胞依賴這些共同點：粒線體產生能量，脂質膜定義其邊界，核糖體合成蛋白質，內質網和高爾基體輸出蛋白質，跨膜孔讓訊號進出，核容納它的基因體。然而，儘管它們有共同點，但卻有多樣的功能。心臟細胞用粒線體能量來收縮，並充當幫浦。胰臟中的β細胞利用那個能量來合成和輸出胰島素。腎臟細胞利用跨膜通道來調節鹽分。神經元使用一組不同的膜通道來發送訊號，產生感受、知覺和意識。想想你可以用一千個不同形狀的樂高積木建造多少種不同的建築。

或者我們也可以用演化的術語重新建構答案。回想一下，單細胞生物演化成多細胞生物——不是一次，而是多次獨立的演化。我們認為，推動這一演化的驅動力是逃避掠食的能力、更有效地競爭稀少資源的能力，以及透過專門化和多樣化來節約能量的能力。單一的基礎材料（細胞）藉由結合共同程序（代謝、蛋白質合成、廢物處理）與專門程序（肌肉細胞的收縮力，或胰臟β細胞的胰島素分泌能力），找到了實現這種專業化和多樣化的機制。細胞聯合、找到新用途、多樣化——然後征服。

但我們已經了解，儘管「原子論」很強大，但它已瀕臨解釋的極限。我們可以透過原子單位的演化聚集來解釋物理、化學和生物世界的許多事物，但這些解釋卻已達到了極限。基因本身並不能完整地解釋生物體的複雜和多樣性；我們需要添加基因和基因之間的交互作用，和基因與環境的交互作用，才能解釋生物體的生理和命運。遺傳學家芭芭拉・麥克林托克（Barbara McClintock）領先時代數十年，就把基因體稱為「細胞的敏感器官」。[3]**器官**和**敏感**這兩個詞反映出五〇、六〇年代遺傳學家完全陌生的觀念。麥克林托克反對遺傳學家所青睞的逐個基因的原子論，她主張：基因體只能以一個整體來解釋——一個回應環境的「敏感器官」。

同理，細胞本身並不能完整地解釋生物體的複雜性。我們需要考慮細胞與細胞之間的相互作用，以及細胞與環境之間的相互影響，因而開啟了細胞生物學的整體論（holism）。我們擁有這些相互作用的基本術語——生態學、社會學、「相互作用體」（interactomes），但仍然缺乏了解它們的模型、方程式和機制。我經常回頭，把疾病想成是違背了細胞之間社會的契約。

部分的問題在於，**整體論**一詞在科學上已遭到褻瀆。它已經成為把我們所了解的一切塞進一個故障的攪拌機，打成一團漿糊（腦袋也成了一團漿糊）的代名詞。借用歐威爾《動物農莊》中的名言「四條腿好，兩條腿壞」改寫一下就是：一個方程式是好的；四個方程式是壞的。

接著情況變得更糟。後現代科學思想的變體把這些方程式連同把它們寫在上面的黑板一起扔進了垃圾桶，就像為嬰兒洗澡，卻把寶寶跟洗澡水一起倒掉一樣。但那同樣是廢話，只是正好相反：把牛頓的球扔進牛頓的空間裡，確實會遵循牛頓定律。支配球的法則與它們在宇宙醞釀時一樣真實而具體。同理，細胞和基因都是真實的。只是它們並不是孤立的「真實」，它們基本上是合作的、整合的單位，它們一起建造、維護和修補生物體。我無法讓你把這兩個想法同時牢記在心，但或許非西方哲學的一些經驗會有所幫助：「合作」和「單一」——無私和自利——並不是互相排斥的觀念，而是並行不悖的。

通則讓我們滿足——**一個方程式是好的**，因為它們滿足了我們對井然有序宇宙的信念。但為什麼「秩序」必須如此整齊劃一、如此特別、這般統一（而非多元表達）？或許細胞生物學未來的一則宣言，就是整合「原子論」和「整體論」。多細胞性一而再，再而三地演化，因為細胞在保留其邊界的同時，也發現了身為公民的多重好處。或許我們也應該開始由一轉向多。那更甚於其他，才是了解細胞系統，以及超越其上的細胞生態系統的益處。我們得要了解住在這棟建築裡的每一個人。

一九○二年一月，正當以種族和生物人類學的偽科學為基礎的德國派骷髏之舞開始出現，在魏修周圍迴旋時，四處奔波的他在柏林萊比錫街步下電車時失足摔倒，大腿受了傷。

他的大腿骨折了。那時他的身體已經因操勞而虛弱——一位助手描寫他說：「身材矮小、皮膚泛黃、臉如貓頭鷹、戴著眼鏡。目光異常銳利，但眼皮半閉，明顯缺乏睫毛。眼瞼像羊皮紙一樣，其薄如紙〔……〕我們進去時他正在吃麵包捲夾牛油，盤子旁邊放著一杯牛奶咖啡。這是他的午餐；他在早餐和晚餐之間唯一的點心。」[4]

一連串的細胞病理開始作用。髖部骨折很可能是骨骼脆弱的結果，而骨骼脆弱則是老化的骨細胞無法維持或修復股骨結構的完整所造成。

他休養了整個夏天，但隨後又發生進一步的問題：因為免疫系統減退（另一種細胞變化）引起的感染，然後引發心臟衰竭（心肌細胞功能障礙）。一個又一個系統崩潰，支撐著他的細胞社會分崩離析。他於一九○二年九月五日去世。

魏修一直努力了解他對細胞生理學及其相反的細胞病理學，至死方休。他的研究所引發的許多開創性觀念，以及隨後幾十年的許多衍生思想，是他傑出的貢獻，也是本書所探討的內容。他所提出細胞生物學的基本原則不斷擴展，我能列舉的就至少有十項，而且隨著我們對細胞的了解更深入，還會再繼續增加：

1. 所有的細胞都來自細胞。

2. 第一個人體細胞產生了所有的人體組織。根據已知的事實，人體的每一個細胞原則上都可以由胚胎細胞（或幹細胞）產生。

3. 儘管細胞的形態和功能差異很大，但它們之間卻存有深刻的生理相似性。

4. 這些生理相似性可以被細胞重新利用，以發揮專門的功能。免疫細胞運用它的分子裝置攝食細菌；神經膠質細胞運用類似的途徑來修剪大腦中的突觸。

5. 具有特殊功能的細胞系統藉著短程和長程訊息相互溝通，可以達到單一細胞無法實現的強大生理功能，例如傷口的癒合、代謝狀態的訊號、感知、認知，體內平衡，免疫力。人體以合作細胞的公民身分發揮功能。這種公民身分的瓦解使我們由健康陷入疾病。

6. 因此，細胞生理學是人類生理學的基礎，而細胞病理學是人類病理學的基礎。

7. 個別器官的衰敗、修復和回春的過程各有不同。某些器官中的特殊細胞負責持續修復和恢復活力（在人類成年期間，血液不斷更新，儘管程度會逐漸減弱），但其他器官卻缺乏這類的細胞（神經細胞很少更新）。損傷／衰退與修復／更新之間的平衡最後會導致器官的完整或退化。

8. 除了理解獨立的細胞之外，解譯細胞公民身分的內在法則——寬容、交流、專門化、多樣性、邊界形成、合作、位置、生態關係，終將導致新型細胞醫學的誕生。

9. 用我們的基礎材料（即細胞）建構新人類的能力已在當今醫學的能力範圍之內；細胞再造可以改善甚至逆轉細胞病理學。

10. 細胞工程已經使我們能夠用重新設計的細胞重建人體的各個部分。隨著我們對這個領域的了解不斷加深，將會出現新的醫學和倫理難題，加劇和挑戰我們是誰的基本定義，以及我們希望改變自己的程度。

今天，這些原則仍然激勵著我們、推動著我們，甚至讓我們驚奇。身為醫師，我們學習這些原則。身為病人，我們實現它們。在人類進入醫學的新領域之際，我們必須學習如何擁抱它們，挑戰它們，並把它們融入我們的文化、社會，和自我之中。

結語　更好版本的我

如果我們能少一點人性就好了。
如果我們能站在
安排給我們的白內障範圍之外
而沒有發現我們的口袋裡裝滿了零錢
我們沒有——但一定有——
偷，誰不會呢？[1]

——凱・瑞安，〈我們為自己設定的測驗〉（The Test We Set Ourselves），二〇一〇年

但我也做了一些東西
可能有一天會變成
更好版本的我。[2]

——華特・史蘭克（Walter Shrink），〈各種規模的戰鬥吶喊〉（Battle Cries of Every Size），二〇二一年

保羅・葛林加德去世前幾週，我們又在洛克菲勒大學滑溜溜的大理石上散步。我們走過喬治・帕拉德開創地下室實驗室，並使用生物化學和電子顯微鏡解剖了細胞的各個部分和子部分的大樓。校園有一部分被封了起來，搭起了鷹架；工人正在興建一個新實驗室。我興味盎然地與葛林加德討論創造新人類的問題。

「你是說基因？」[3]他問。

他指的是新技術，其中包括基因編輯，使賀建奎等研究人員能夠嘗試在人類基因體作刻意改變的這些技術。

但我指的不是基因——或至少不**只**是基因。想想愛蜜麗・懷海德，她的免疫系統透過武裝的T細胞重建，以殺死她的癌。露易絲・布朗，第一個體外受精出生的嬰兒。或是愛滋病患提摩西・雷・布朗，他接受了具有抗愛滋病毒細胞捐贈者的骨髓移植，也被新的細胞所重建。南西・勞瑞，用她姊妹的血液生活。海倫・梅伯格的第一批患者被植入微型電刺激器，電極和能量流穿過他們大腦中的神經元。

為什麼不把人體器官的建構擴展到其他的細胞系統？用能夠產生胰島素的細胞重建第一型糖尿病患者衰竭的胰臟，或者用新的軟骨來替代患有關節炎的婦女磨光的關節。我向他提到 Verve 基因療法，以及它如何嘗試創造新的人類，具有可以永久降低膽固醇的肝細胞。

葛林加德點頭同意。他剛剛聽過一場關於神經類器官（organoids）的研討會——微小的神經元細胞簇，在實驗室類似基質的溶液中培養，把自己組織成球狀。研究人員已開始把它們稱作「迷你大腦」——這毫無疑問是誇張，但不可否認的是，觀察帶有人類神經元的小球放電和相互溝通會讓人感到毛骨悚然。是否曾有一個念頭，無論多麼混亂，曾經在這樣的胞器中激發過？如果我們撥弄它們，它們會有感覺嗎？

一天早上，我實驗室的博士後研究員賈法洛夫向我展示了他從小鼠身上收集充滿 Gremlin 表達細胞的培養物。它們發出綠光，因為螢光水母蛋白GFP已被插入到它們的基因體中。

起先什麼都沒有發生；細胞頑固地待在燒瓶中。但隨後，它們開始分裂，一開始很緩慢，後來卻變得很猛烈。它們在自己周圍形成微小的軟骨漩渦。

當燒瓶裡充滿了數百萬個細胞時，賈法洛夫把它們拉成一根細針，大約有兩縷人類頭髮那麼粗，然後把它們注射到小鼠的膝關節中。他已花了幾個月的時間研究這個程序，並慢慢地改善它：他必須用針刺入關節而不造成傷害，就像一個技術嫻熟的潛水員切入水中而不濺起一絲水花一樣。

幾週後，他把小鼠膝蓋給我看。這些細胞在關節處形成了一層薄薄的軟骨。我們已製出了一個嵌合膝蓋，它的細胞中含有水母蛋白，在小鼠體內靜靜地發光。它遠非完美——只植入了一些細胞，但這顯然是打造新細胞關節的第一步。

在石黑一雄最奇特的小說《別讓我走》（*Never Let Me Go*）[4]中，我們被拋入人類複製已經合法的未來。我們遇到一群小學生，他們住在一所名叫海爾沙姆（Hailsham）的寄宿學校，或許是暗指收容他們的冒牌（sham）學校。漸漸地，學生發現他們生存的唯一目的是器官捐贈，供應把他們複製出來的成年人。一個個的器官由他們身上摘下來，「捐贈」給和他們一樣的年長複製人。在器官遭到摘取之後，孩子免不了死亡。

在小說中的某一段，其中一個孩子凱西看到了朋友——後來也是她戀人的湯姆所畫的一些圖畫。「我對每一幅畫如此密集的細節大感驚訝，」她說，「事實上，要花一點時間才發現它們根本就是動物。[5]第一印象就像你拆掉收音機的後蓋所看到的一樣：細小的運河、交錯的肌腱、微小的螺絲和輪子都畫得極其精確，只有當你把畫頁拿開時，才能看到它比如是一種犰狳，或者一隻鳥〔……〕儘管它們有教人眼花繚亂、金屬般的特徵，但每一個身上都有一種甜美，甚至脆弱的感覺。」[6]

「微小的運河、交錯的肌腱、微小的螺絲和輪子」，或許是解剖學——器官和細胞的隱喻，被重新描繪成可移動的裝置，可以像積木一樣，從一個人身上取出、重新組裝，轉移到另一個人身上。正如文評家路易．梅南德（Louis Menand）在《紐約客》上所寫的，「《別讓我走》的陰暗背景是基因工程和相關技術。」[7]但這並不完全正確。背景是**細胞**工程。

就在賈法洛夫由一隻小鼠身上採集軟骨細胞，轉移到另一隻小鼠身上的那段期間，我讀了石黑一雄的小說。第一隻小鼠必須犧牲。這個實驗沒有白費：他正在尋找治療人類關節炎的方法，這是一種使人跛行、讓人衰弱的疾病，導致成千上萬的患者無法動彈。但在寫這些文字，想到這個實驗時，我卻不能不感到悔恨的痛苦和無可避免的顫抖，擔憂這樣的未來可能會帶來什麼後果。

我們看到「新人類」貫穿本書，也見到運用細胞一點一點地製造新人類的觀念。其中有些想法或許還存在於遙遠的未來，但有些在我下筆之時已然發生。正如我先前所述，包括傑夫・卡普和道格・梅爾頓在內的一群研究人員正在製造「人造胰臟」，希望把這種新器官植入第一型糖尿病患者體內。福泰製藥（Vertex）和 ViaCyte 兩家公司已經在招募病患，要把用幹細胞轉化為胰臟細胞而創造出分泌胰臟素的胰臟細胞注入他們體內。在梅約診所，科學家正在利用肝細胞製造生物人工肝臟。[8]過去得從屍體上收集心臟，但現在有個雄心勃勃的細胞工程計畫，要把源自幹細胞的心肌細胞安裝在類似於心臟的膠原支架上，用細胞建構生物人工心臟。

石黑一雄的小說被形容為科幻小說。它是虛構的：我無法想像我們會複製並犧牲人類，讓他們作器官捐贈者。但把細胞工程作為改善人類的方法呢？賈法洛夫在實驗室試圖進行的一個實驗是把骨－軟骨幹細胞植入非常年幼小鼠的四肢和關節中，牠們會變得比較高嗎——生出如長耳大野兔的四肢，只是還是小鼠的身體？長成「鼠兔」？再一次地，這並不是徒勞無功的實驗。世上有身材極矮的人，其中有一些希望長高，但並非全部：有些身材矮小的人聲稱他們過得非常好，有的人表示他們健康而快樂。他們認為，稱他們「殘障」，就等於是把某種獨特的「能力」（身高可以解釋為**能力**嗎？）歸於我們其他的人。

但如果一個「正常」人想透過細胞療法來增高身高呢？這似乎並不科幻；它可能存在於我們對一個陰暗未來的想像中。我們會阻止他們嗎——如果會，為什麼？

哲學家邁可・桑德爾（Michael Sandel）長期以來一直在思考這個問題。[9]幾年前，他在科羅拉多州亞斯本（Aspen）的研討會上發表看法，認為基因工程和人類複製是人類對完美的追求。會後我和他短暫地見了一面。那是個美麗的下午，在群山和搖曳的樹葉之間，桑德爾穿著藍色外套，繫著領帶，穿著端正整齊而且很有教授的風範。（話說回來，他是哈佛大學哲學系的教授。）他的演講是一種挑釁，他向人類對改進的追求提出挑戰，他的論點是基於已故神學家威廉．梅（William May）稱為「對不請自來的開放」（an openness to the unbidded）。[10]

桑德爾認為，「不請自來的」——「機會的變幻無常或是恩賜？」對人性極其重要。我們的孩子用他們的天賦帶給我們驚喜，如果我們每個人都追求改進，追求完美，那麼這些驚喜以及我們對它們的反應就會被撲滅。如果拋棄「不請自來的天賦」，就違反人類精神的必要部分。最好是努力應付這些變幻莫測的情況，並充分運用它們。

二〇〇四年，桑德爾在〈反對完美〉（The Case Against Perfection）一文中整合了他的想法，並很快把它發展成一本書。倫理學家威廉．薩勒坦（William Saletan）在《紐約時報》上評論這本書時寫道：「（桑德爾）更深層的憂慮是，[11]有些改進的做法違背了人類慣例中固有的規範。例如，棒球應該要培養和讚揚一系列的才能，但類固醇卻扭曲了比賽。父母應該透過無條件和有條件的愛來培養孩子，而選擇嬰兒的性別卻背叛了這種關係。」

薩勒坦接著寫道，要反對人類改進自己，「桑德爾需要更深入的東西：在運動、藝術和育兒各種規範的共同基礎。他認為他已經在天賦的觀念中找到了它。在某種程度上，要作個好父母、好運動員或好表演者，就是**接受並珍惜天賜給你使用的原料**〔粗體是我自己的〕。增強你的身體，但尊重它；挑戰你的孩子，但愛她；歌誦大自然。不要試圖控制一切〔……〕為什麼我們應該接受我們的命運，把它當作天賜？因為失去這種尊重將會改變我們的道德景觀。」

我一向認為桑德爾的論點很有說服力——但由於遺傳學和細胞工程綜合起來的力量擴大了它們的範

圍，接觸到人體和人格的新深度，使「道德景觀」有了徹底改變：從疾病的蹂躪中獲得解放的邊界（身材極度矮小，或肌肉萎縮性惡病體質）和加強人體特徵（增加身高或增強肌肉）日漸模糊。增強**已經成為**新的解放。疾病和增強之間的界線越模糊，薩勒坦所描述的「原始」材料就越容易被認為正是如此：「原始的」，因此等著要被塑造成其他的事物——一種新的人類，重新建構。「熟」與「生」相反，帶有增強的含義，但也意味著作弊。但增強就是作弊嗎？如果它是用來預防可能發生或可能不會發生的疾病呢？老化的膝蓋是否應該在它發生骨關節炎之前——即在疾病**前**的狀態下，注射形成軟骨的幹細胞？

在矽谷，離白血病童等待移植以生成新血液的史丹佛大學醫院不遠，有一家名為安博西亞（Ambrosia）的初創公司提供「由十六歲至二十五歲的年輕人」身上採集的青春血漿輸血，據說可以讓年邁的億萬富翁芳華永駐。[12]這種做法並非把死者身上的陳舊血液放乾，而是把年輕的血液注入老化的身體——倒轉屍體防腐（我很想把它比喻為吸血鬼，但或許我們可以為這種教人毛骨悚然的細胞再生嘗試找到委婉的新說法——「重新塗脂」或「去木乃伊化」）。一公升「年輕血液」售價八千美元；兩公升有折扣，一萬兩千美元。二〇一九年，FDA對這個計畫發出了嚴厲警告，理由是對人體無益，儘管安博西亞認為這種療法有效。

「接受並珍惜天賜給你使用的原料。」什麼原料？桑德爾和薩勒坦的討論著重在基因——確實，這十年來，基因治療、基因編輯，和基因選擇已經成為倫理學家、醫師，和哲學家全神貫注的對象。但沒有細胞，基因就沒有生命。人體真正的「原料」不是資訊，而是資訊被啟動、解碼、轉化和整合的方式——那就是透過細胞。「基因體革命引發了一種道德眩暈，」桑德爾寫道。但把這種道德眩暈化為現實的，是細胞革命。[13]

威廉・K.（William K.）這個年輕人罹患一種古老的疾病。我在波士頓擔任血液學研究員時見到他——最先是在病房，然後在我的診所。二十一歲的他患有鐮狀細胞貧血症，大約每個月都會因「疼痛危機」而住院——這是一種骨骼和胸部疼痛的症候群，撕心裂肺，難以忍受，只有持續靜脈注射嗎啡，才能讓它止息。

鐮狀細胞貧血症是一種我們以細胞和分子層面了解的疾病。這是紅血球內血紅素的疾病，紅血球可能是演化所設計最複雜的分子機器。血紅素是由四種蛋白質組成的複合物；它的形狀像幸運草。其中兩片「葉子」是由一種名為 α －血球蛋白的蛋白質組成，而另兩片是由另一種名為 β －血球蛋白的蛋白質組成。

這些蛋白質中，每一種蛋白質的中心是另一種化學物質：血基質（heme）。血基質的中心有一個鐵原子。這是個娃娃之中有娃娃之中有娃娃的計畫。紅血球含有血紅素分子，而血紅素分子含有血基質，血基質又緊抓著鐵原子。是鐵，與氧結合和解離。

圍繞血紅素分子中四個鐵原子建構的複雜裝置具有獨特的分子目的。紅血球不能光是結合氧氣並保留它；它們必須釋放它。紅血球從肺部微血管中提取它們負載的氧氣，並把它運送到各處。當細胞到達體內缺氧的環境時——隨著心肌一分鐘接一分鐘的抽吸和四處推送，血紅素確實地扭曲並鬆開與鐵原子結合的氧。血紅素是血液中隱藏的祕密——一種蛋白質複合物，對於我們作為生物體的存在至關重要，因此我們已經演化出了一種細胞，它主要的工作是充當手提箱，攜帶它四處移動。

但是如果承載氧的血紅素畸形，這個氧氣載送系統就失靈了。鐮狀細胞貧血症的病人在β－血球蛋白基因的兩個複本都繼承了突變。這種突變非常微妙：它導致β－血球蛋白中一個胺基酸的變化，但卻造成毀滅性的影響：單單這個變化創造出一種蛋白質——不再是「珠」，而在缺氧的環境中聚集成纖維叢。這些纖維叢扭曲了紅血球的形狀。血紅素不再是硬幣形的細胞，輕鬆地漂浮在血液中，而是成簇成叢，拉扯細胞膜。這個細胞皺縮成弦月形，就像一把鐮刀，無法輕易漂浮在血液中；它會聚積並堵塞血管，尤其是在含氧量低的組織中：骨髓深處、手指和腳趾尖端，或腸道深處。微血管堵塞帶來的疼痛，就像螺旋形的開瓶器插入骨頭一樣（威廉把每一次的經歷都描述為被迫進入酷刑室。「而且你周圍所有的門都上了鎖」）。這就像骨髓，或腸道的心臟病發作一樣。這種症候群的醫學術語是「鐮狀細胞危機。」（sickle cell crisis）

威廉．K.每個月都會有一次這樣的經歷。他會痛苦地翻滾，不得不住院。等疼痛減輕一點時，他就出院回家，服用口服止痛藥。但雙生惡魔——對鴉片類藥物上癮的可能，以及對下一次危機的恐懼，糾纏著他，就像它們糾纏著我一樣。我被指派作為照顧他的研究醫師，我的工作就是駕馭這些惡魔，給他足夠的藥物控制他的疼痛，但又不能過度。

⸻

二〇一九至二〇二一年間，多個獨立團體報告了用基因治療策略來治療鐮狀細胞貧血症的試驗。[14] 一種策略是像標準移植一樣，採取患者的血液幹細胞，接著用病毒把β－血球蛋白基因矯正後的副本送入幹細胞。這些患者的血液幹細胞現在有了矯正後的基因副本，被移植回患者體內，而由幹細胞生長出來的血液如今永遠擁有矯正後的基因。（雖然有幾名患者接受治療並顯示獲益，但因為兩名患者發展出類似白血病的疾病試驗，因此試驗中止。白血病是病毒抑或因移植而必須作的化療所產生的結果，依舊不得而知。[15]）

另一種策略——做法十分巧妙，利用了人類生理的轉折。胎兒的血球與成人紅血球不同，表達不同型態的血紅素。胎兒浸在子宮內的羊水中，氧氣含量極低，需要由母親透過臍帶送來的血球積極地吸取氧氣（等後來胎兒的肺部開始發揮功能時，胎兒的細胞就會轉變為成人的血紅素）。因此，胎兒的血球攜帶一種獨特的血紅素——胎兒血紅素，特別設計在胎兒環境中釋出氧氣。與成人血紅素一樣，胎兒血紅素也有四條鏈——兩條α血球蛋白鏈和兩條γ血球蛋白鏈。但由於它沒有由β血紅蛋白（鐮狀細胞病患突變的基因）編碼的鏈，因此沒有會引起鐮狀變化的突變；它完全正常，沒有使血球變形的特性，而且在低氧的環境下尤其能發揮功能。

史都華．歐金（Stuart Orkin）和大衛．威廉斯（David Williams）與研究團隊和一家細胞治療公司合作，已經找到了一種方法，可以永久活化血液幹細胞中的胎兒血紅蛋白，因而覆蓋了鐮狀的成人血紅蛋白。[16]他們由鐮狀細胞病患身上抽取血液幹細胞，經過基因編輯，在成人身上「重新表達」胎兒血紅蛋白，然後移植回病患體內。本質上，成人的紅血球變成了胎兒紅血球，不再容易鐮狀化。老的血液變得年輕。

在二〇二一年報告的一項試驗中，一名患有鐮狀細胞貧血症的三十三歲女性接受了這種治療。[17]在接下來的十五個月裡，她血液中的血紅蛋白數量幾乎變成了兩倍。在接受治療前的兩年裡，她每年都會經歷七至九次嚴重的疼痛危機。治療後的一年半中，她沒有再出現這樣的危機。迄今為止，這項研究還沒有白血病的報告。儘管現在判斷長久下來是否會出現不利影響還太早，但這名婦女的鐮狀細胞貧血症有可能治癒。在史丹佛大學，由馬修．波特斯所率的另一個小組正在用基因編輯來重寫並改正血紅蛋白β（胎兒血紅蛋白沒有活化，而是罪魁禍首的突變被基因編輯）。[18]波特斯的策略也正在試驗中，早期結果很有希望。[19]

我不知道威廉．K.是否會選擇接受以上任何一種新療法。我已不再是他的醫師，但我對他有十年深入的了解——深諳他的冒險精神，他疼痛危機駭人的頻率，和對鴉片類藥物上癮縈繞心頭的恐懼，我猜想他很可能正排隊參加其中的一項試驗。

等他真的接受移植之時，他也將跨越邊界。他將成為一個新人類，由他自己再造的細胞所構成。他將成為由新的部分所組成的新總和。

謝詞

本書的誕生要感謝無數的人。首先是我眾多的讀者：Sarah Sze、Sujoy Bhattacharyya、Ranu Bhattacharyya、Nell Breyer、Leela Mukherjee-Sze、Aria Mukherjee-Sze、Lisa Yuskavage。

數量龐大的科學資料來自 Sean Morrison（幹細胞）；Cori Bargmann（發育）；Nick Lane 和 Martin Kemp（演化）；Marc Flajolet（大腦）；Barry Coller（血小板）；Laura Otis（歷史）；Paul Nurse（細胞週期）；Irving Weissman（免疫學）；Helen Mayberg（神經學）；Tom Whitehead、Carl June、Bruce Levine，和 Stephan Grupp（CAR-T therapy）；Harold Varmus（癌症）；Ron Levy（抗體療法）；和 Fred Applebaum（移植）。與 Laura Otis、Paul Greengard、Enzo Cerundolo，和 Francisco Marty 的談話十分必要。佛瑞德・哈金森癌症中心的護理師提供了那個程序早期歷史最感人的敘述。

謹向我在 Scribner 出版社的編輯 Nan Graham；Bodley Head 的 Stuart Williams；和 Penguin Random House 的 Meru Gokhale 表示衷心的感謝；Rana Dasgupta 和我的經紀人Wylie Agency 的 Sarah Chalfant 提供了不可或缺的支持。Jerry Marshall 和 Alexandra Truitt 為精采的照片部分做了傑出研究。

Sabrina Pyun 按照計畫嚴格監製 Rachel Rojy 完成浩大的整理筆記和參考書目工程。Philip Bashe 無微不至地編審，沒有放過任何一個逗點或註腳。

還要向 Kiki Smith 致謝，她慷慨地提供了最令人著迷的「細胞」圖片，為本書增色；謝謝你們，謝謝你們，謝謝你們。

關於作者

辛達塔·穆克吉著有《紐約時報》排名第一暢銷書《基因：人類最親密的歷史》；二〇一一年普立茲非小說類得主《萬病之王：一部癌症的傳記，以及我們與它搏鬥的故事》；和《醫學法則》（*The Laws of Medicine*）。他是《二〇一三年美國最佳科學和自然寫作》（*The Best American Science and Nature Writing 2013*）一書的主編。穆克吉擔任哥倫比亞大學醫學副教授，是癌症醫師和研究員。榮任羅德學者的他畢業於史丹佛大學、牛津大學，和哈佛醫學院。他在許多期刊和雜誌上發表過文章，包括《自然》、《紐約時報雜誌》和《紐約客》。他與妻子和女兒住在紐約。他的網站 SiddharthaMukherjee.com。

valley-young-blood

13 Sandel, "The Case Against Perfection."

14 Ornob Alam, "Sickle-Cell Anemia Gene Therapy," *Nature Genetics* 53, no. 8 (2021): 1119, doi: 10.1038/s41588-021-00918-8. See also Arthur Bank, "On the Road to Gene Therapy for Beta -Thalassemia and Sickle Cell Anemia," *Pediatric Hematology and Oncology* 25, no. 1 (2008): 1–4, doi: 10.1080/08880010701773829. G. Lucarelli et al., "Allogeneic Cellular Gene Therapy in Hemoglobinopathies—Evaluation of Hematopoietic SCT in Sickle Cell Anemia," *Bone Marrow Transplantation* 47, no. 2 (2012): 227–30, doi: 10.1038/bmt.2011.79. R. Alami et al., "Anti-Beta S-Ribozyme Reduces Beta S mRNA Levels in Transgenic Mice: Potential Application to the Gene Therapy of Sickle Cell Anemia," *Blood Cells, Molecules and Diseases* 25, no. 2 (1999): 110–19, doi: 10.1006/bcmd.1999.0235. A. Larochelle et al., "Engraftment of Immune-Deficient Mice with Primitive Hematopoietic Cells from Beta-Thalassemia and Sickle Cell Anemia Patients: Implications for Evaluating Human Gene Therapy Protocols," *Human Molecular Genetics* 4, no. 2 (1995): 163–72, doi: 10.1093/hmg/4.2.163. W. Misaki, "Bone Marrow Transplantation (BMT) and Gene Replacement Therapy (GRT) in Sickle Cell Anemia," *Nigerian Journal of Medicine* 17, no. 3 (2008): 251–56, doi: 10.4314/njm.v17i3.37390. Also see Julie Kanter et al., "Biologic and Clinical Efficacy of LentiGlobin for Sickle Cell Disease," *New England Journal of Medicine* 10, no. 1056 (2021), https://www.nejm.org/doi/full/10.1056/NEJMoa2117175

15 Sunita Goyal et al., "Acute Myeloid Leukemia Case after Gene Therapy for Sickle Cell Disease," *New England Journal of Medicine* (2022), https://www.nejm.org/doi/full/10.1056/NEJMoa2109167. See also Nick Paul Taylor, "Bluebird Stops Gene Therapy Trials after 2 Sickle Cell Patients Develop Cancer," *Fierce Biotech* (February 16, 2021), https://www.fiercebiotech.com/biotech/bluebird-stops-gene-therapy-trials-after-2-sickle-cell-patients-develop-cancer

16 Christian Brendel et al., "Lineage-Specific BCL11A Knockdown Circumvents Toxicities and Reverses Sickle Phenotype," *Journal of Clinical Investigation* 126, no. 10 (2016): 3868–78, doi: 10.1172/JCI87885.

17 Erica B. Esrick et al., "Post-Transcriptional Genetic Silencing of BCL11A to Treat Sickle Cell Disease," *New England Journal of Medicine* 384 (2021): 205–15, doi: 10.1056/NEJMoa2029392.

18 Adam C. Wilkinson et al., "Cas9-AAV6 Gene Correction of Beta-Globin in Autologous HSCs Improves Sickle Cell Disease Erythropoiesis in Mice," *Nature Communications* 12, no. 1 (2021): 686, doi: 10.1038/s41467-021-20909-x.

19 Michael Eisenstein, "Graphite Bio: Gene Editing Blood Stem Cells for Sickle Cell Disease," *Nature* (July 7, 2021), https://www.nature.com/articles/d41587-021-00010-w

10.1126/scisignal.2003684.

14 D. W. Smithers and M. D. Cantab, "Cancer: An Attack on Cytologism," *Lancet* 279, no. 7228 (1962): 493–99, https://doi.org/10.1016/S0140-6736(62)91475-7.

15 Otto Warburg, K. Posener, and E. Negelein, "The Metabolism of Cancer Cells," *Biochemische Zeitschrift* 152 (1924): 319–44.

16 Ralph J. DeBerardinis and Navdeep S. Chandel, "We Need to Talk About the Warburg Effect," *Nature Metabolism* 2, no. 2 (2020): 127–29, doi: 10.1038/s42255-020-0172-2.

細胞之歌

1 Wallace Stevens, "Thirteen Ways of Looking at a Blackbird," *The Collected Poems of Wallace Stevens* (New York: Alfred A. Knopf, 1971), 92–95.

2 Amitav Ghosh, *The Nutmeg's Curse: Parables for a Planet in Crisis* (Chicago: University of Chicago Press, 2021), 96.

3 Barbara McClintock, "The Significance of Responses of the Genome to Challenge," Nobel Lecture, Sweden (December 8, 1983), https://www.nobelprize.org/uploads/2018/06/mcclintock-lecture.pdf.

4 Carl Ludwig Schleich, *Those Were Good Days: Reminiscences,* trans. Bernard Miall (London: George Allen & Unwin, 1935), 151.

結語：更好版本的我

1 Ryan, "The Test We Set Ourselves," *The Best of It*, 66.

2 Walter Shrank, *Battle Cries of Every Size* (Blurb, 2021), 45.

3 Paul Greengard, interview with the author, February 2019.

4 Kazuo Ishiguro, *Never Let Me Go* (London: Faber & Faber, 2009).

5 Ibid., 171–72.

6 Ibid., 171.

7 Louis Menand, "Something About Kathy," *New Yorker* (March 28, 2005).

8 Doris A. Taylor et al., "Building a Total Bioartificial Heart: Harnessing Nature to Overcome the Current Hurdles," *Artificial Organs* 42, no. 10 (2018): 970–82, doi: 10.1111/aor.13336.

9 Michael J. Sandel, "The Case Against Perfection," *Atlantic* (April 2004), https://www.theatlantic.com/magazine/archive/2004/04/the-case-against-perfection/302927/

10 Quoted in ibid.

11 William Saletan, "Tinkering with Humans," *New York Times* (July 8, 2007), https://www.nytimes.com/2007/07/08/books/review/Saletan.html

12 Luke Darby, "Silicon Valley Doofs Are Spending $8,000 to Inject Themselves with the Blood of Young People," *GQ* (February 20, 2019), https://www.gq.com/story/silicon-

Biography of Cancer (London: Harper Collins, 2011).
3 K. Anderson et al., "Genetic Variegation of Clonal Architecture and Propagating Cells in Leukaemia," *Nature* 469 (2011): 356–61, https://doi.org/10.1038/nature09650. See also Noemi Andor et al., "Pan-Cancer Analysis of the Extent and Consequences of Intratumor Heterogeneity," *Nature Medicine* 22 (2016): 105–13, https://doi.org/10.1038/nm.3984, and Fabio Vandin, "Computational Methods for Characterizing Cancer Mutational Heterogeneity," *Frontiers in Genetics* 8, no. 83 (2017), doi: 10.3389/fgene.2017.00083.
4 Andrei V. Krivstov et al., "Transformation from Committed Progenitor to Leukaemia Stem Cell Ini-tiated by MLL-AF9," *Nature* 442, no. 7104 (2006): 818–22, doi: 10.1038/nature04980.
5 Robert M. Bachoo et al., "Epidermal Growth Factor Receptor and Ink4a/Arf: onvergent Mechanisms Governing Terminal Differentiation and Transformation Along the Neural Stem Cell to Astrocyte Axis," *Cancer Cell* 1, no. 3 (2002): 269–77, doi: 10.1016/s1535-6108(02)00046-6. See also E. C. Holland, "Gliomagenesis: Genetic Alterations and Mouse Models," *Nature Reviews Genetics* 2, no. 2 (2001): 120–29, doi: 10.1038/35052535.
6 John E. Dick and Tsvee Lapidot, "Biology of Normal and Acute Myeloid Leukemia Stem Cells," *International Journal of Hematology* 82, no. 5 (2005): 389–96, doi: 10.1532/IJH97.05144.
7 Elsa Quintana et al., "Efficient Tumor Formation by Single Human Melanoma Cells," *Nature* 456 (2008): 593–98, doi: https://doi.org/10.1038/nature07567.
8 Ian Collins and Paul Workman, "New Approaches to Molecular Cancer Therapeutics," *Nature Chemical Biology* 2 (2006): 689–700, doi: https://doi.org/10.1038/nchembio840.
9 Jay J. H. Park et al., "An Overview of Precision Oncology Basket and Umbrella Trials for Clinicians," *CA: A Cancer Journal for Clinicians* 70, no. 2 (2020): 125–37, https://doi.org/10.3322/caac.21600.
10 David M. Hyman et al., "Vemurafenib in Multiple Nonmelanoma Cancers with BRAF V600 Mutations," *New England Journal of Medicine* 373 (2015): 726–36, doi: 10.1056/NEJMoa1502309.
11 Chul Kim and Giuseppe Giaccone, "Lessons Learned from BATTLE-2 in the War on Cancer: The Use of Bayesian Method in Clinical Trial Design," *Annals of Translational Medicine* 4, no. 23 (2016): 466, doi: 10.21037/atm.2016.11.48.
12 Sawsan Rashdan and David E. Gerber, "Going into BATTLE: Umbrella and Basket Clinical Trials to Accelerate the Study of Biomarker-Based Therapies," *Annals of Translational Medicine* 4, no. 24 (2016): 529, doi: 10.21037/atm.2016.12.57.
13 Michael B. Yaffe, "The Scientific Drunk and the Lamppost: Massive Sequencing Efforts in Cancer Discovery and Treatment," *Science Signaling* 6, no. 269 (2013): pe13, doi:

Derived Hormone," *Frontiers in Endocrinology* 9 (January 2019): 794, https://doi.org/10.3389/fendo.2018.00794. See also Cassandra R. Diegel et al., "An Osteocalcin-Deficient Mouse Strain Without Endocrine Abnormalities," *PLoS Genetics* 16, no. 5 (2020): e1008361, https://doi.org/10.1371/journal.pgen.1008361, and T. Moriishi et al., "Osteocalcin Is Necessary for the Alignment of Apatite Crystallites, but Not Glucose Metabolism, Testosterone Synthesis, or Muscle Mass," *PLoS Genetics* 16, no. 5 (2020): e1008586, https://doi.org/10.1371/journal.pgen.1008586.

4 Li Ding et al., "Clonal Evolution in Relapsed Acute Myeloid Leukaemia Revealed by Whole-Genome Sequencing," *Nature* 481 (2012): 506–10, https://doi.org/10.1038/nature10738. See also Lei Ding and Sean J. Morrison, "Haematopoietic Stem Cells and Early Lymphoid Progenitors Occupy Distinct Bone Marrow Niches," *Nature* 495, no. 7440 (2013): 231–35, doi: 10.1038/nature11885, and L. M. Calvi et al., "Osteoblastic Cells Regulate the Haematopoietic Stem Cell Niche," *Nature* 425, no. 6960 (2003): 841–46, doi: 10.1038/nature02040.

5 Daniel L. Worthley et al., "Gremlin 1 Identifies a Skeletal Stem Cell with Bone, Cartilage, and Reticular Stromal Potential," *Cell* 160, no. 1–2 (2015): 269–84, doi: 10.1016/j.cell.2014.11.042.

6 Charles K. F. Chan et al., "Identification of the Human Skeletal Stem Cell," *Cell* 175, no. 1 (2018): 43–56.e21, doi: 10.1016/j.cell.2018.07.029.

7 Bo O. Zhou et al., "Leptin-Receptor-Expressing Mesenchymal Stromal Cells Represent the Main Source of Bone Formed by Adult Bone Marrow," *Cell Stem Cell* 15, no. 2 (August 2014): 154–68, doi: 10.1016/j.stem.2014.06.008.

8 Albrecht Fölsing, *Albert Einstein: A Biography,* trans. Ewald Osers (New York: Penguin Books, 1998), 219.

9 Ng Jia, Toghrul Jafarov, and Siddhartha Mukherjee unpublished data.

10 Koji Mizuhashi et al., "Resting Zone of the Growth Plate Houses a Unique Class of Skeletal Stem Cells," *Nature* 563 (2018): 254–58, https://doi.org/10.1038/s41586-018-0662-5

11 Philip Larkin, "The Old Fools," *High Windows* (London: Faber & Faber, 2012).

自私的細胞：生態方程式與癌

1 William H. Woglom, "General Review of Cancer Therapy," *Approaches to Tumor Chemotherapy,* ed. F. R. Moulton (Washington, DC: American Association for the Advancement of Sciences, 1947), 1–10.

2 Vincent DeVita, Samuel Hellman, and Steven Rosenberg, *Cancer: Principles & Practice of Oncology,* 2nd ed., ed. Ramaswamy Govindan (Philadelphia: Lippincott Williams & Wilkins, 2012). See also Siddhartha Mukherjee, *The Emperor of All Maladies: A*

Transplantation," *Journal of Hematology & Oncology* 9 (2016), https://doi.org/10.1186/s13045-016-0347-1. See also "Acute Myeloid Leukemia (AML)—Adult," *Transplant Indications and Outcomes, Disease-Specific Indications and Outcomes. Be the Match.* National Marrow Donor Program, https://bethematchclinical.org/transplant-indications-and-outcomes/disease-specific-indications-and-outcomes/aml---adult/.

33 Gina Kolata, "Man Who Helped Start Stem Cell War May End It," *New York Times* (November 22, 2007), https://www.nytimes.com/2007/11/22/science/22stem.html

34 Sophie M. Morgani et al., "Totipotent Embryonic Stem Cells Arise in Ground-State Culture Conditions," *Cell Reports* 3, no. 6 (2013): 1945–57, doi: 10.1016/j.celrep.2013.04.034.

35 James A. Thomson et al., "Embryonic Stem Cell Lines Derived from Human Blastocysts," *Science* 282, no. 5391 (1998): 1145–47, doi: 10.1126/science.282.5391.1145.

36 David Cyranoski, "How Human Embryonic Stem Cells Sparked a Revolution," *Nature* (March 20, 2018), https://www.nature.com/articles/d41586-018-03268-4

37 Varnee Murugan, "Embryonic Stem Cell Research: A Decade of Debate from Bush to Obama," *Yale Journal of Biology and Medicine* 82, no. 3 (2009): 101–3, https://www.ncbi.nlm.nih.gov/pmc/articles/PMC2744932/#:~:text=On%20August%209%2C%202001%2C%20U.S.,still%20be%20eligible%20for%20funding

38 Kazutoshi Takahashi and Shinya Yamanaka, "Induction of Pluripotent Stem Cells from Mouse Embryonic and Adult Fibroblast Cultures by Defined Factors," *Cell* 126, no. 4 (2006): 663–76, doi:10.1016/j.cell.2006.07.024. See also Shinya Yamanaka, "The Winding Road to Pluripotency," Nobel Lecture, Sweden, (December 7, 2012), https://www.nobelprize.org/uploads/2018/06/yamanaka-lecture.pdf

39 Megan Scudellari, "A Decade of iPS Cells," *Nature* 534 (2016): 310–12, doi: 10.1038/534310a.

40 All of this derived from a skin fibroblast: M. J. Evans and M. H. Kaufman, "Establishment in Culture of Pluripotential Cells from Mouse Embryos," *Nature* 292 (1981): 154–56, https://doi.org/10.1038/292154a0

41 Kazutoshi Takahashi et al., "Induction of Pluripotent Stem Cells from Adult Human Fibroblasts by Defined Factors," *Cell* 131, no. 5 (2007): 861–72, https://doi.org/10.1016/j.cell.2007.11.019

修復的細胞：傷害、腐朽和恆久不變

1 Ryan, "Tenderness and Rot," *The Best of It*, 232.

2 Robert Service, "Bonehead Bill," *Canadian Poets,* Best Poems Encyclopedia, https://www.best-poems.net/robert_w_service/bonehead_bill.html.

3 Sarah C. Moser and Bram C. J. van der Eerden, "Osteocalcin—A Versatile Bone-

and-thriving-60. See also Siddhartha Mukherjee, "The Promise and Price of Cellular Therapies," Annals of Medicine, *New Yorker* (July 15, 2019), https://www.newyorker.com/magazine/2019/07/22/the-promise-and-price-of-cellular-therapies.

24 Frederick R. Appelbaum, "Edward Donnall Thomas (1920–2012)," *The Hematologist* 10, no. 1 (January 1, 2013), https://doi.org/10.1182/hem.V10.1.1088

25 Israel Henig and Tsila Zuckerman, "Hematopoietic Stem Cell Transplantation—50 Years of Evolution and Future Perspectives," *Rambam Maimonides Medical Journal* 5, no. 4 (2014), doi: 10.5041/RMMJ.10162.

26 Geoff Watts, "Georges Mathé," *Lancet* 376, no. 9753 (2010): 1640, https://doi.org/10.1016/S0140-6736(10)62088-0. See also Douglas Martin, "Dr. Georges Mathé, Transplant Pioneer, Dies at 88," *New York Times* (October 20, 2010), https://www.nytimes.com/2010/10/21/health/research/21mathe.html.

27 Sandi Doughton, "Dr. Alex Fefer, 72, Whose Research Led to First Cancer Vaccine, Dies," *Seattle Times* (October 29, 2010), https://www.seattletimes.com/seattle-news/obituaries/dr-alex-fefer-72-whose-research-led-to-first-cancer-vaccine-dies/. See also Gabriel Campanario, "At 79, Noted Scientist Still Rows to Work and for Play," *Seattle Times* (August 15, 2014), https://www.seattletimes.com/seattle-news/at-79-noted-scientist-still-rows-to-work-and-for-play/, and Susan Keown, "Inspiring a New Generation of Researchers: Beverly Torok-Storb, Transplant Biologist and Mentor," *Spotlight on Beverly Torok-Storb, Fred Hutch,* Fred Hutchinson Cancer Research Center (July 7, 2014), https://www.fredhutch.org/en/faculty-lab-directory/torok-storb-beverly/torok-storb-spotlight.html?&link=btn

28 Marco Mielcarek et al., "CD34 Cell Dose and Chronic Graft-Versus-Host Disease after Human Leukocyte Antigen-Matched Sibling Hematopoietic Stem Cell Transplantation," *Leukemia & Lymphoma* 45, no. 1 (2004): 27–34, doi: 10.1080/1042819031000151103.

29 Frederick R. Appelbaum, "Haematopoietic Cell Transplantation as Immunotherapy," *Nature* 411 (2001): 385–89, doi: https://doi.org/10.1038/35077251.

30 Frederick Appelbaum, interview with the author, June 2019.

31 "Anatoly Grishchenko, Pilot at Chernobyl, 53," *New York Times* (July 4, 1990), https://www.nytimes.com/1990/07/04/obituaries/anatoly-grishchenko-pilot-at-chernobyl-53.html. See also Tim Klass, "Chernobyl Helicopter Pilot Getting Bone-Marrow Trans-plant in Seattle," *AP News* (April 13, 1990), https://apnews.com/article/5b6c22bda9eba11ec767dffa5bbb665b.

32 Avichai Shimoni et al., "Long-Term Survival and Late Events after Allogeneic Stem Cell Transplantation from HLAMatched Siblings for Acute Myeloid Leukemia with Myeloablative Compared to Reduced-Intensity Conditioning: A Report on Behalf of the Acute Leukemia Working Party of European Group for Blood and Marrow

(February 1, 2011), https://www.nytimes.com/2011/02/01/health/research/01mcculloch.html

14 *Till and McCulloch's Stem Cell Discovery and Legacy* (Toronto: University of Toronto Press, 2011). See also Edward Shorter, *Partnership for Excellence: Medicine at the University of Toronto and Academic Hospitals* (Toronto: University of Toronto Press, 2013), 107–14.

15 James E. Till Ernest McCulloch, "A Direct Measurement of the Radiation Sensitivity of Normal Mouse Bone Marrow Cells," *Radiation Research* 14, no. 2 (1961): 213–22, https://tspace.library.utoronto.ca/retrieve/4606/RadRes_1961_14_213.pdf

16 Sornberger, *Dreams and Due Diligence,* 33.

17 Ibid.

18 Ibid., 38.

19 Irving Weissman, interview with the author, 2019.

20 Gerald J. Spangrude, Shelly Heimfeld, and Irving L. Weissman, "Purification and Characterization of Mouse Hematopoietic Stem Cells," *Science* 241, no. 4861 (1988): 58–62, doi: 10.1126/science.2898810. See also Hideo Ema et al., "Quantification of Self-Renewal Capacity in Single Hematopoietic Stem Cells from Normal and Lnk-Deficient Mice," *Developmental Cell* 8, no. 6 (2006): 907–14, https://doi.org/10.1016/j.devcel.2005.03.019

21 Spangrude, Heimfeld, and Weissman, "Purification and Characterization of Mouse Hemato-poietic Stem Cells," 58–62, doi: 10.1126/science.2898810. See also C. M. Baum et al., "Isolation of a Candidate Human Hematopoietic Stem-Cell Population," *Proceedings of the National Academy of Sciences of the United States of America* 89, no. 7 (1992): 2804–08, doi: 10.1073/pnas.89.7.2804, and B. Péault, Irving Weissman, and C. Baum, "Analysis of Candidate Human Blood Stem Cells in "Humanized" Immune-Deficiency SCID Mice," *Leukemia* 7, suppl. 2 (1993): S98–101, https://pubmed.ncbi.nlm.nih.gov/7689676/

22 W. Robinson, Donald Metcalf, and T. R. Bradley, "Stimulation by Normal and Leukemic Mouse Sera of Colony Formation *in Vitro* by Mouse Bone Marrow Cells," *Journal of Cellular Therapy* 69, no. 1 (1967): 83–91, ttps://doi.org/10.1002/jcp.1040690111. See also E. R. Stanley and Donald Metcalf, "Partial Purification and Some Properties of the Factor in Normal and Leukaemic Human Urine Stimulating Mouse Bone Marrow Colony Growth in Vitro," *Australian Journal of Experimental Biology and Medical Science* 47, no. 4 (1969): 467–83, doi: 10.1038/icb.1969.51.

23 Carrie Madren, "First Successful Bone Marrow Transplant Patient Surviving and Thriving at 60," *American Association for the Advancement of Science* (October 2, 2014), https://www.aaas.org/first-successful-bone-marrow-transplant-patient-surviving-

更新的細胞：幹細胞和移植的起源

1 Rachel Kushner, *The Hard Crowd* (New York: Scribner, 2021), 229.

2 Joe Sornberger, *Dreams and Due Diligence: Till and McCulloch's Stem Cell Discovery and Legacy* (Toronto: University of Toronto Press, 2011), 30–31.

3 Jessie Kratz, "Little Boy: The First Atomic Bomb," *Pieces of History, National Archives* (August 6, 2020), https://prologue.blogs.archives.gov/2020/08/06/little-boy-the-first-atomic-bomb/. See also Katie Serena, "See the Eerie Shadows of Hiroshima That Were Burned into the Ground by the Atomic Bomb," *All That's Interesting* (March 19, 2018), https://allthatsinteresting.com/hiroshima-shadows.

4 George R. Caron and Charlotte E. Meares, *Fire of a Thousand Suns: The George R. "Bob" Caron Story: Tail Gunner of the Enola Gay* (Littleton, CO: Web Publishing, 1995).

5 Robert Jay Lifton, "On Death and Death Symbolism," *American Scholar* 34, no. 2 (1965): 257–72, https://www.jstor.org/stable/41209276

6 Irving L. Weissman and Judith A. Shizuru, "The Origins of the Identification and Isolation of Hematopoietic Stem Cells, and Their Capability to Induce Donor-Specific Transplantation Tolerance and Treat Autoimmune Diseases," *Blood* 112, no. 9 (2008): 3543–53, doi: 10.1182/blood-2008-08-078220.

7 Cynthia Ozick, *Metaphor and Memory* (London: Atlantic Books, 2017), 109.

8 Ernst Haeckel, *Natürliche Schöpfungsgeschichte Gemeinverständliche wissenschaftliche Vorträge über die Entwickelungslehre im Allgemeinen und diejenige von Darwin, Göthe und Lamarck im Besonderen, über die Anwendung derselben auf den Ursprung des Menschen und andern damit zusammenhängende Gründfragen der Natur-Wissenschaft. Mit Tafeln, Holzschnitten, systematischen und genealogischen Tabellen* (Berlin: Berlag von Georg Reimer, 1868). See also Miguel Ramalho-Santos and Holger Willenbring, "On the Origin of the Term 'Stem Cell,'" *Cell* 1, no. 1 (2007): 35–38, https://doi.org/10.1016/j.stem.2007.05.013

9 Valentin Hacker, "Die Kerntheilungsvorgänge bei der Mesoderm-und Entodermbildung von Cyclops," *Archiv für mikroskopische Anatomie* (1892): 556–81, https://www.biodiversitylibrary.org/item/49530#page/7/mode/1up

10 Artur Pappenheim, "Ueber Entwickelung und Ausbildung der Erythroblasten," *Archiv für mikroskopische Anatomie* (1896): 587–643, https://doi.org/10.1007/BF0196990

11 Edmund Wilson, *The Cell in Development and Inheritance* (New York: Macmillan, 1897).

12 Wojciech Zakrzewski et al., "Stem Cells: Past, Present and Future," *Stem Cell Research and Therapy* 10, no. 68 (2019), https://doi.org/10.1186/s13287-019-1165-5

13 About Ernest McCulloch and James Til's lives and experiments: Lawrence K. Altman, "Ernest McCulloch, Crucial Figure in Stem Cell Research, Dies at 84," *New York Times*

Insulin," *Diabetes Research and Clinical Practice* 175 (2021), https://doi.org/10.1016/j.diabres.2021.108819

13 Ian Whitford, Sana Qureshi, and Alessandra L. Szulc, "The Discovery of Insulin: Is There Glory Enough for All?" *Einstein Journal of Biology and Medicine* 28, no. 1 (2016): 12–17, https://einsteinmed.edu/uploadedFiles/Pulications/EJBM/28.1_12-17_Whitford.pdf

14 Siang Yong Tan and Jason Merchant, "Frederick Banting (1891–1941): Discoverer of Insulin," *Singapore Medical Journal* 58, no. 1 (2017): 2–3, doi: 10.11622/smedj.2017002.

15 "Banting & Best: Progress and Uncertainty in the Lab," *Insulin100: The Discovery and Development*, *DefiningMoments Canada* (n.d.), https://definingmomentscanada.ca/insulin100/timeline/banting-best-progress-and-uncertainty-in-the-lab/

16 Michael Bliss, *The Discovery of Insulin* (Toronto: McClelland & Stewart, 2021), 67–72.

17 Justin M. Gregory, Daniel Jensen Moore, and Jill H. Simmons, "Type 1 Diabetes Mellitus," *Pediatrics in Review* 34, no. 5 (2013): 203–15, doi: 10.1542/pir.34-5-203.

18 Douglas Melton, "The Promise of Stem Cell-Derived Islet Replacement Therapy," *Diabetologia* 64 (2021): 1030–36, https://doi.org/10.1007/s00125-020-05367-2

19 David Ewing Duncan, "Doug Melton: Crossing Boundaries*," Discover* (June 5, 2005), https://www.discovermagazine.com/health/doug-melton-crossing-boundaries

20 Karen Weintraub, "The Quest to Cure Diabetes: From Insulin to the Body's Own Cells," *The Price of Health,* WBUR (June 27, 2019), https://www.wbur.org/news/2019/06/27/future-innovation-diabetes-drugs

21 Gina Kolata, "A Cure for Type 1 Diabetes? For One Man, It Seems to Have Worked," *New York Times* (November 27, 2021), https://www.nytimes.com/2021/11/27/health/diabetes-cure-stem-cells.html

22 Felicia W. Pagliuca et al., "Generation of Functional Human Pancreatic _ Cells in Vitro," *Cell* 159, no. 2 (2014): 428–39, doi: 10.1016/j.cell.2014.09.040.

23 Kolata, "A Cure for Type 1 Diabetes?"

24 Metabolism and Detoxification," *Pathobiology of Human Disease,* ed. Linda M. McManus and Richard N. Mitchell (San Diego: Elsevier, 2014), 1770–82, doi: 10.1016/B978-0-12-386456-7.04202-7.

25 Carl Zimmer, *Life's Edge: The Search for What It Means to Be Alive* (New York: Penguin Random House, 2021), 128–37.

第六部　重生

1 Philip Roth, *Everyman* (London: Penguin Random House, 2016), 133.

(2008): 1374–83, doi: 10.1093/cercor/bhm167.

47 Dobbs, "Why a 'Lifesaving' Depression Treatment Didn't Pass Clinical Trials."

48 Peter Tarr, " 'A Cloud Has Been Lifted': What Deep-Brain Stimulation Tells Us About Depression and Depression Treatments," *Brain and Behavior Research Foundation* (September 17, 2018), https://www.bbrfoundation.org/content/cloud-has-been-lifted-what-deep-brain-stimulation-tells-us-about-depression-and-depression

49 "BROADEN Trial of DBS for Treatment-Resistant Depression Halted by the FDA," *The Neurocritic* (January 18, 2014), https://neurocritic.blogspot.com/2014/01/broaden-trial-of-dbs-for-treatment.html

50 Paul E. Holtzheimer et al., "Subcallosal Cingulate Deep Brain Stimulation for Treatment-Resistant Depression: A Multisite, Randomised, Sham-Controlled Trial," *Lancet Psychiatry* 4, no. 11 (2017): 839–49, doi: 10.1016/S2215-0366(17)30371-1.

協調的細胞：恆定、不變，與平衡

1 Rudolf Virchow, "Lecture I: Cells and the Cellular Theory," trans. Frank Chance, *Cellular Pathology as Based Upon Physiological and Pathological Histology: Twenty Lectures Delivered in the Pathological Institute of Berlin* (London: John Churchill, 1860), 1–23.

2 Pablo Neruda, "Keeping Still," trans. Dan Bellum, *Literary Imagination* 8, no. 3 (2016): 512.

3 Salvador Navarro, "A Brief History of the Anatomy and Physiology of a Mysterious and Hidden Gland Called the Pancreas," *Gastroenterología y hepatología* 37, no. 9 (2014): 527–34, doi: 10.1016/j.gastrohep.2014.06.007.

4 John M. Howard and Walter Hess, *History of the Pancreas: Mysteries of a Hidden Organ* (New York: Springer Science+Business Media, 2002).

5 Quoted in ibid., 6.

6 Ibid., 12.

7 Ibid., 15.

8 Ibid., 16.

9 Sanjay A. Pai, "Death and the Doctor," *Canadian Medical Association Journal* 167, no. 12 (2002): 1377–78, https://www.ncbi.nlm.nih.gov/pmc/articles/PMC138651/

10 Claude Bernard, "Sur L'usage du suc pancréatique," *Bulletin de la Société Philomatique* (1848): 34–36. See also Claude Bernard, *Mémoire sur le pancréas, et sur le role du suc pancréatique dans les phénomènes digestifs; particulièrement dans la igestion des matières grasses neutres* (Paris: Kessinger Publishing, 2010).

11 Michael Bliss, *Banting: A Biography* (Toronto: University of Toronto Press, 1992).

12 Lars Rydén and Jan Lindsten, "The History of the Nobel Prize for the Discovery of

of the National Academy of Sciences 104, no. 23 (2007): 9876–81, doi: 10.1073/pnas.0703589104.

35 Carl Sandburg, "Fog," *Chicago Poems* (New York: Henry Holt, 1916), 71.

36 Andrew Solomon, *The Noonday Demon: An Atlas of Depression* (New York: Scribner, 2001), 33.

37 Robert A. Maxwell and Shohreh B. Eckhardt, *Drug Discovery: A Casebook and Analysis* (New York: Springer Science +Business Media, 1990), 143–54. See also Siddhartha Mukherjee, "Post-Prozac Nation," *New York Times Magazine* (April 19, 2012), https://www.nytimes.com/2012/04/22/magazine/the-science-and-history-of-treating-depression.html., and Alexis Wnuk, "Rethinking Serotonin's Role in Depression," *Brain-Facts* (March 8, 2019), https://www.sfn.org/sitecore/content/home/brainfacts2/diseases-and-disorders/mental-health/2019/rethinking-serotonins-role-in-depression-030819.

38 "TB Milestone: Two New Drugs Give Real Hope of Defeating the Dread Disease," *Life* 32, no. 9 (1952): 20–21.

39 Arvid Carlsson, "A Half-Century of Neurotransmitter Research: Impact on Neurology and Psychiatry," Nobel Lecture, Sweden (December 8, 2000), https://www.nobelprize.org/uploads/2018/06/carlsson-lecture.pdf

40 Elizabeth Wurtzel, *Prozac Nation* (New York: Houghton Mifflin, 1994), 203.

41 Ibid., 454–55.

42 Per Svenningsson et al., "P11 and Its Role in Depression and Therapeutic Responses to Antidepressants," *Nature Reviews Neuroscience* 14 (2013): 673–80, doi: 10.1038/nrn3564. For Greengard's classic paper on dopamine signaling, see John W. Kebabian, Gary L. Petzold, and Paul Greengard, "Dopamine-Sensitive Adenylate Cyclase in Caudate Nucleus of Rat Brain, and Its Similarity to the 'Dopamine Receptor,' " *Proceedings of the National Academy of Science* 69, no. 8 (August 1972): 2145–49. doi:10.1073/pnas.69.8.2145.

43 Helen S. Mayberg, "Targeted Electrode-Based Modulation of Neural Circuits for Depression," *Journal of Clinical Investigation* 119, no. 4 (2009): 717–25, doi: 10.1172/JCI38454.

44 David Dobbs, "Why a 'Lifesaving' Depression Treatment Didn't Pass Clinical Trials," *Atlantic* (April 17, 2018), https://www.theatlantic.com/science/archive/2018/04/zapping-peoples-brains-didnt-cure-their-depression-until-it-did/558032/

45 Helen Mayberg, interview with the author, November 2021.

46 Helen S. Mayberg et al., "Deep Brain Stimulation for Treatment-Resistant Depression," *Neuron* 45 (2005): 651–60, doi: 10.1016/j.neuron.2005.02.014. See also H. Johansen-Berg et al., "Anatomical Connectivity of the Subgenual Cingulate Region Targeted with Deep Brain Stimulation for Treatment-Resistant Depression," *Cerebral Cortex* 18, no. 6

18 Don Todman, "Henry Dale and the Discovery of Chemical Synaptic Transmission," *European Neurology* 60 (2008): 162–64, https://doi.org/10.1159/000145336

19 Stephen G. Rayport and Eric R. Kandel, "Epileptogenic Agents Enhance Transmission at an Identified Weak Electrical Synapse in Aplysia," *Science* 213, no. 4506 (1981): 462–64, https://www.jstor.org/stable/1686531

20 Annapurna Uppala et al., "Impact of Neurotransmitters on Health through Emotions," *International Journal of Recent Scientific Research* 6, no. 10 (2015): 6632–36, doi: 10.1126/science.1089662.

21 Edward O. Wilson, *Letters to a Young Scientist* (New York: Liveright, 2013), 46.

22 Christopher S. von Bartheld, Jami Bahney, and Suzana Herculano-Houzel, "The Search for True Numbers of Neurons and Glial Cells in the Human Brain: A Review of 150 Years of Cell Counting," *Journal of Comparative Neurology* 524, no. 18 (2016): 3865–95, doi:10.1002/cne.24040.

23 Sarah Jäkel and Leda Dimou, "Glial Cells and Their Function in the Adult Brain: A Journey through the History of Their Ablation," *Frontiers in Cellular Neuroscience* 11 (2017), https://doi.org/10.3389/fncel.2017.00024

24 Dorothy P. Schafer et al., "Microglia Sculpt Postnatal Neural Circuits in an Activity and Complement-Dependent Manner," *Neuron* 74, no. 4 (2012): 691–705, doi: 10.1016/j.neuron.2012.03.026.

25 Carla J. Shatz, "The Developing Brain," *Scientific American* 267, no. 3 (1992): 60–67, https://www.jstor.org/stable/24939213

26 Hans Agrawal, interview with the author, October 2015.

27 Beth Stevens et al., "The Classical Complement Cascade Mediates CNS Synapse Elimination," *Cell* 131, no. 6 (2007): 1164–78, https://doi.org/10.1016/j.cell.2007.10.036

28 Beth Stevens, interview with the author, February 2016.

29 Virginia Hughes, "Microglia: The Constant Gardeners," *Nature* 485 (2012): 570–72, https://doi.org/10.1038/485570a

30 Andrea Dietz, Steven A. Goldman, and Maiken Nedergaard, "Glial Cells in Schizophrenia: A Unified Hypothesis," *Lancet Psychiatry* 7, no. 3 (2019): 272–81, doi: 10.1016/S2215-0366(19)30302-5.

31 Kenneth Koch, "One Train May Hide Another," *One Train* (New York: Alfred A. Knopf, 1994).

32 William Styron, *Darkness Visible: A Memoir of Madness* (New York: Open Road, 2010), 10.

33 Paul Greengard, interview with the author, January 2019.

34 Ibid. See also Jung-Hyuck Ahn et al., "The B"/PR72 Subunit Mediates Ca2+-dependent Dephosphorylation of DARPP-32 by Protein Phosphatase 2A," *Proceedings*

(April 20, 1998), https://www.nobelprize.org/prizes/medicine/1906/cajal/article/. See also Luis Ramón y Cajal, "Cajal, as Seen by His Son," *Cajal Club* (1984), https://cajalclub.org/wp-content/uploads/sites/9568/2019/08/Cajal-As-Seen-By-His-Son-by-Luis-Ram%C3%B3n-y-Cajal-p.-73.pdf, and Santiago Ramón y Cajal, "The Structure and Connections of Neurons," Nobel Lecture, Sweden (December 12, 1906), https://www.nobelprize.org/uploads/2018/06/cajal-lecture.pdf.

6 Santiago Ramón y Cajal, *Recollections of My Life,* trans. E. Horne Craigie, and Juan Cano (Cambridge: MIT Press, 1996), 36.

7 "The Nobel Prize in Physiology or Medicine 1906," Nobel Prize, https://www.nobelprize.org/prizes/medicine/1906/summary/.

8 Pablo Garcia-Lopez, Virginia Garcia-Marin, and Miguel Freire, "The Histological Slides and Drawings of Cajal," *Frontiers in Neuroanatomy* 4, no. 9 (2010), doi: 10.3389/neuro.05.009.2010.

9 Henry Schmidt, "Frogs and Animal Electricity," *Explore Whipple Collections, Whipple Museum of the History of Science* (University of Cambridge), https://www.whipplemuseum.cam.ac.uk/explore-whipple-collections/frogs/frogs-and-animal-electricity

10 Christof J. Schwiening, "A Brief Historical Perspective: Hodgkin and Huxley," *Journal of Physiology* 590, no. 11(2012): 2571–75, doi: 10.1113/jphysiol.2012.230458.

11 Alan Hodgkin and Andrew Huxley, "Action Potentials Recorded from Inside a Nerve Fibre," *Nature* 144, no. 3651 (1939): 710–11, doi: 10.1038/144710a0.

12 Kay Ryan, "Leaving Spaces," *The Best of It: New and Selected Poems* (New York: Grove Press, 2010), 38.

13 J. F. Fulton, *Physiology of the Nervous System* (New York: Oxford University Press, 1949).

14 Henry Dale, "Some Recent Extensions of the Chemical Transmission of the Effects of Nerve Impulses," Nobel Lecture (December 12, 1936), https://www.nobelprize.org/prizes/medicine/1936/dale/lecture/

15 *Report of the Wellcome Research Laboratories at the Gordon Memorial College, Khartoum,* vol. 3 (Khartoum: Wellcome Research Laboratories, 1908), 138.

16 Otto Loewi, "The Chemical Transmission of Nerve Action," Nobel Lecture (December 12, 1936), https://www.nobelprize.org/prizes/medicine/1936/loewi/lecture/. See also Alli N. McCoy and Yong Siang Tan, "Otto Loewi (1873–1961): Dreamer and Nobel Laureate," *Singapore Medical Journal* 55, no. 1 (2014): 3–4, doi: 10.11622/smedj.2014002.

17 Otto Loewi, "An Autobiographical Sketch," *Perspectives in Biology and Medicine* 4, no. 1 (1960): 3–25, https://muse.jhu.edu/article/404651/pdf

21–36, https://www.jstor.org/stable/44450586

9 William Harvey, *On the Motion of the Heart and Blood in Animals,* trans. Robert Willis, ed. Jarrett A. Carty (Eugene, OR: Resource Publications, 2016), 36.

10 Hannah Landecker, *Culturing Life: How Cells Became Technologies* (Cambridge: Harvard University Press, 2007), 75.

11 Alexis Carrel, "On the Permanent Life of Tis-sue Outside of the Organism," *Journal of Experimental Medicine* 15, no. 5 (1912): 516–30, https://www.ncbi.nlm.nih.gov/pmc/articles/PMC2124948/pdf/516.pdf

12 *That same year, W. T. Porter*: W. T. Porter, "Coordination of Heart Muscle Without Nerve Cells," *Journal of the Boston Society of Medical Sciences* 3, no. 2(1898), https://pubmed.ncbi.nlm.nih.gov/19971205/

13 Carl J. Wiggers, "Some Significant Advances in Cardiac Physiology During the Nineteenth Century," *Bulletin of the History of Medicine* 34, no. 1 (1960): 1–15, https://www.jstor.org/stable/44446654

14 Beáta Bugyi and Miklós Kellermayer, "The Discovery of Actin: 'To See What Everyone Else Has Seen, and to Think What Nobody Has Thought,' " *Journal of Muscle Research and Cell Motility* 41 (2020): 3–9, https://doi.org/10.1007/s10974-019-09515-z.See also Andrzej Grzybowski and Krzysztof Pietrzak, "Albert Szent Györrgi (1893–1986): The Scientist who Discovered Vitamin C," *Clinics in Dermatology* 31 (2013): 327–31, https://www.cidjournal.com/action/showPdf?pii=S0738-081X%2812%2900171-X. See also Albert Szent-Györgyi, "Contraction in the Heart Muscle Fibre," *Bulletin of the New York Academy of Medicine* 28, no. 1 (1952): 3–10, https://www.ncbi.nlm.nih.gov/pmc/articles/PMC1877124/pdf/bullnyacadmed00430-0012.pdf.

15 Ibid.

思考的細胞：多心的神經元

1 Emily Dickinson, "The Brain Is Wider than the Sky," 1862, *The Complete Poems of Emily Dickinson,* ed. Thomas H. Johnson (Boston: Little, Brown, 1960), 312–13.

2 Camillo Golgi, "The Neuron Doctrine—Theory and Facts," Nobel Lecture. Sweden (December 11, 1906), https://www.nobelprize.org/uploads/2018/06/golgi-lecture.pdf

3 Ennio Pannese, "The Golgi Stain: Invention, Diffusion and Impact on Neurosciences," *Journal of the History of the Neurosciences* 8, no. 2 (1999): 132–40, doi: 10.1076/jhin.8.2.132.1847.

4 Larry W. Swanson, Eric Newman, Alfonso Araque, and Janet M. Dubinsky, *The Beautiful Brain: The Drawings of Santiago Ramon y Cajal* (New York: Abrams, 2017), 12.

5 Marina Bentivoglio, "Life and Discoveries of Santiago Ramón y Cajal," *Nobel Prize*

j.cell.2020.04.026.
9 Ben tenOever, interview with the author, January 2020.
10 Qian Zhang et al., "Inborn Errors of Type I IFN Immunity in Patients with Life-Threatening COVID-19," *Science* 370, no. 6515 (2020): eabd4570, doi: 10.1126/science.abd4570. See also Paul Bastard et al., "Autoantibodies Against Type I IFNs in Patients with Life-Threatening COVID-19," *Science* 370, no. 6515 (2020): eabd4585, doi: 10.1126/science.abd4585.
11 James Somers, "How the Coro-navirus Hacks the Immune System," *New Yorker* (November 2, 2020), https://www.newyorker.com/magazine/2020/11/09/how-the-coronavirus-hacks-the-immune-system
12 Akiko Iwasaki, interview with the author, April 2020.
13 Zadie Smith, "Fascinated to Presume: In Defense of Fiction," *New York Review of Books*, October 24, 2019, https://www.nybooks.com/articles/2019/10/24/zadie-smith-in-defense-of-fiction/

第五部　器官

公民細胞：歸屬的益處

1 Elias Canetti, *Crowds and Power*, trans. Carol Stewart (New York: Continuum, Farrar, Straus and Giroux, 1981), 16.
2 William Harvey, *The Circulation of the Blood: Two Anatomical Essays,* trans. Kenneth J. Franklin (Oxford, UK: Blackwell Scientific Publications, 1958), 12.
3 Siddhartha Mukherjee, "What the Coronavirus Crisis Reveals about American Medicine," *New Yorker* (April 27, 2020), https://www.newyorker.com/magazine/2020/05/04/what-the-coronavirus-crisis-reveals-about-american-medicine
4 Aristotle, *On the Soul, Parva Naturalia, On Breath,* trans. W. S. Hett (London: William Heinemann, 1964).
5 Galen, *On the Usefulness of the Parts of the Body,* trans. Margaret Tallmadge May (New York: Cornell University Press, 1968), 292.
6 Izet Masic, "Thousand-Year Anniversary of the Historical Book: "Kitab al-Qanun fit-Tibb"—The Canon of Medicine, Written by Abdullah ibn Sina," *Journal of Research in Medical Sciences* 17, no. 11(2012): 993–1000, https://www.ncbi.nlm.nih.gov/pmc/articles/PMC3702097/
7 D'Arcy Power, *William Harvey: Masters of Medicine* (London: T. Fisher Unwin, 1897). See also W. C. Aird, "Discovery of the Cardiovascular System: From Galen to William Harvey," *Journal of Thrombosis and Hemostasis* 9, no. 1 (2011): 118–29, doi: 10.1111/j.1538-7836.2011.04312.x.
8 Edgar F. Mauer, "Harvey in London," *Bulletin of the History of Medicine* 33, no. 1 (1959):

the Knowledge of Sarcoma," *Annals of Surgery* 14, no. 3 (September 1891): 199–200, doi:10.1097/00000658-189112000-00015.

17 Steven A. Rosenberg and Nicholas P. Restifo, "Adoptive Cell Transfer as Personalized Immunotherapy for Human Cancer," *Science* 348, no. 6230 (April 2015): 62–68, doi:10.1126/science.aaa4967.

18 James P. Allison, "Immune Checkpoint Blockade in Cancer Therapy" (Nobel Lecture, Stockholm, December 7, 2018).

19 Tasuku Honjo, "Serendipities of Acquired Immunity" (Nobel Lecture, Stockholm, December 7, 2018).

20 Julie R. Brahmer et al., "Safety and Activity of anti-PD-L1 Antibody in Patients with Advanced Cancer," *New England Journal of Medicine* 366, no. 26 (June 28, 2012): 2455–65, doi:10.1056/NEJMoa1200694. See also Omid Hamid et al., "Safety and Tumor Responses with Lambrolizumab (anti-PD-1) in Melanoma," *New England Journal of Medicine* 369, no. 2 (July 11, 2013): 134–44, doi:10.1056/NEJMoa1305133.

第四部　知識

瘟疫蔓延時

1 Giovanni Boccaccio, *The Decameron of Giovanni Boccaccio*, trans. John Payne (Frankfurt, Ger.: Outlook Verlag, 2020), 5.

2 Mechelle L. Holshue et al., "First Case of 2019 Novel Coronavirus in the United States," *New England Journal of Medicine* 382, no. 10 (2020): 929–36, doi: 10.1056/NEJMoa2001191.

3 The Wire and Murad Banaji, "As Delta Tore Through India, Deaths Skyrocketed in Eastern UP, Analysis Finds," *The Wire*, February 11, 2022, https://science.thewire.in/health/covid-19-excess-deaths-eastern-uttar-pradesh-cjp-investigation/

4 Aggarwal, Mayank Aggarwal, "Indian Journalist Live-Tweeting Wait for Hospital Bed Dies from Covid," *Asia, India. Independent*, April 21, 2021, https://www.independent.co.uk/asia/india/india-journalist-tweet-covid-death-b1834362.html

5 Akiko Iwasaki, interview with the author, April 2020.

6 Camilla Rothe et al., "Transmission of 2019-nCoV Infection from an Asymptomatic Contact in Germany," *New England Journal of Medicine* 328 (2020): 970–71, doi: 10.1056/NEJMc2001468.

7 Caspar I. van der Made et al., "Presence of Genetic Variants Among Young Men with Severe COVID-19," *Journal of the American Medical Association* (*JAMA)* 324, no. 7 (2020): 663–73, doi: 10.1001/jama.2020.13719.

8 Daniel Blanco-Melo et al., "Imbalanced Host Response to SARS-CoV-2 Drives Development of COVID-19," *Cell* 181, no. 5 (2020): 1036–45, doi: 10.1016/

3 Elda Gaino, Giorgio Bavestrello, and Giuseppe Magnino, "Self/Non-self recognition in Sponges," *Italian Journal of Zoology* 66, no. 4 (1999): 299–315, doi:10.1080/112500099 09356270.

4 Aristotle, *De Anima,* trans. R. D. Hicks (New York: Cosimo Classics, 2008).

5 Brian Black, *The Character of the Self in Ancient India: Priests, Kings, and Women in the Early Upanishads* (Albany: State University of New York Press, 2007).

6 Marios Loukas et al., "Anatomy in Ancient India: A Focus on Susruta Samhita," *Journal of Anatomy* 217, no. 6 (December 2010): 646–50, doi:10.1111/j.1469-7580.2010.01294.x.

7 James F. George and Laura J. Pinderski, "Peter Medawar and the Science of Transplantation: A Parable," *Journal of Heart and Lung Transplantation* 29, no. 9 (September 1, 2001), 927, https//:doi.org/10.1016/S1053-2498)01)00345-X

8 Ibid.

9 George D. Snell, "Studies in Histocompatibility" (Nobel Lecture, Stockholm, December 8, 1980).

10 Ray D. Owen, "Immunogenetic Consequences of Vascular Anastomoses Between Bovine Twins," *Science* 102, no. 2651 (October 19, 1945): 400–401, doi: 10.1126/ science.102.2651.400.

11 Macfarlane Burnet, *Self and Not-Self* (London: Cambridge University Press, 1969), 25.

12 J. W. Kappler, M. Roehm, and P. Marrack, "T Cell Tolerance by Clonal Elimination in the Thymus," *Cell* 49, no. 2 (April 24, 1987): 273–80, doi:10.1016/0092-8674(87)90568-x.

13 Carolin Daniel, Jens Nolting, and Harald von Boehmer, "Mechanisms of Self-Nonself Discrimination and Possible Clinical Relevance," *Immunotherapy* 1, no. 4 (July 2009): 631–44, doi:10.2217/imt.09.29.

14 Paul Ehrlich, *Collected Studies on Immunity* (New York: John Wiley & Sons, 1906), 388.

15 William Shakespeare, "When Icicles Hang by the Wall," *Love's Labour's Lost, London Sunday Times* online, last modified December 30, 2012, https://www.thetimes.co.uk/article/when-icicles-hang-by-the-wall-by-william-shakespeare-1564-1616-5kgxk93bnwc

16 William B. Coley, "The Treatment of Inoperable Sarcoma with the Mixed Toxins of Erysipelas and Bacillus Prodigiosus: Immediate and Final Results in One Hundred Forty Cases," *Journal of the American Medical Association* (*JAMA*) 31, no. 9 (August 27, 1898): 456–65, doi:10.1001/jama.1898.92450090022001g; William B. Coley "The Treatment of Malignant Tumors by Repeated Inoculation of Erysipelas," *Journal of the American Medical Association* (*JAMA*) 20, no. 22 (June 3, 1893): 615–16, doi:10.1001/jama.1893.02420490019007; and William B. Coley "II. Contribution to

Therapeutics 6, no. 1/2 (2015): 55–64, doi:10.1615/ForumImmunDisTher.2016014169.

28 Françoise Barré-Sinoussi et al., "Isolation of a T-Lymphotropic Retrovirus from a Patient at Risk for Acquired Immune Deficiency Syndrome (AIDS)," *Science* 220, no. 4599 (May 20, 1983): 868–71, doi:10.1126/science.6189183.

29 J. Schüpbach et al., "Serological Analysis of a Subgroup of Human T-Lymphotropic Retroviruses (HTLV-III) Associated with AIDS," *Science* 224, no. 4648 (May 4, 1984): 503–5, doi:10.1126/science.6200937; Robert C. Gallo et al., "Frequent Detection and Isolation of Cytopathic Retroviruses (HTLV-III) from Patients with AIDS and at Risk for AIDS," *Science* 224, no. 4648 (May 4, 1984): 500–503, doi: 10.1126/science.6200936; M. G. Sarngadharan et al., "Antibodies Reactive with Human T-Lymphotropic Retroviruses (HTLV-III) in the Serum of Patients with AIDS," *Science* 224, no. 4648 (May 4, 1984): 506–8, doi:10.1126/science.6324345; and M. Popovic et al., "Detection, Isolation, and Continuous Production of Cytopathic Retroviruses (HTLV-III) from Patients with AIDS and Pre-AIDS," *Science* 224, no. 4648 (May 4, 1984): 497–500, doi: 10.1126/science.6200935.

30 Robert C. Gallo, "The Early Years of HIV/AIDS," *Science* 298, no. 5599 (November 29, 2002): 1728–30, doi: 10.1126/science.1078050.

31 Ruth Kulstad, ed., *AIDS: Papers from Science, 1982–1985* (Washington DC: American Association for the Advancement of Science, 1986).

32 Salman Rushdie, *Midnight's Children* (Toronto: Alfred A. Knopf, 2010).

33 L. Gyuay et al., "Intrapartum and Neonatal Single-Dose Nevirapine Compared with Zidovudine for Prevention of Mother-to-Child Transmission of HIV-1 in Kampala, Uganda: HIVNET 012 Randomised Trial," *Lancet* 354, no. 9181 (September 4, 1999): 795–802, https://doi.org/10.1016/S0140-6736(99)80008-7 (https://www.sciencedirect.com/science/article/pii/S0140673699800087).

34 Timothy Ray Brown, "I Am the Berlin Patient: A Personal Reflection," *AIDS Research and Human Retroviruses* 31, no. 1 (January 1, 2015): 2–3, doi:10.1089/aid.2014.0224. See also Sabin Russell, "Timothy Ray Brown, Who Inspired Millions Living with HIV, Dies of Leukemia," Hutch News Stories, Fred Hutchinson Cancer Research Center online, last modified September 30, 2020, https://www.fredhutch.org/en/news/center-news/2020/09/timothy-ray-brown-obit.html

35 Brown, "I Am the Berlin Patient," 2–3.

耐受的細胞：自我、恐怖的自體毒性，和免疫療法

1 Walt Whitman, "Song of Myself," in *Leaves of Grass: Comprising All the Poems Written by Walt Whitman* (New York: Modern Library, 1892), 24.

2 Lewis Carroll, *Alice in Wonderland* (Auckland, NZ: Floating Press, 2009), 35.

108, no. 52 (December 8, 2011): 20871–72, https://doi.org/10.1073/pnas.1119293109

15 Lewis Thomas, *A Long Line of Cells: Collected Essays* (New York: Book of the Month Club, 1990), 71.

16 Mirko D. Grmek, *History of AIDS: Emergence and Origin of a Modern Pandemic*, trans. Russell C. Maulitz and Jacalyn Duffin (Princeton, NJ: Princeton University Press, 1993), 3.

17 Ibid., 5.

18 Robert D. McFadden, "Frances Oldham Kelsey, Who Saved U.S. Babies from Thalidomide, Dies at 101," *New York Times*, August 8, 2015, A1.

19 "*Pneumocystis* Pneumonia—Los Angeles," US Centers for Disease Control *Morbidity and Mortality Weekly Report* (*MMWR*) 30, no. 21 (June 5, 1981): 1–3, https://stacks.cdc.gov/view/cdc/1261

20 Ibid.

21 Ibid.

22 Kenneth B. Hymes et al., "Kaposi's Sar-coma in Homosexual Men—A Report of Eight Cases," *Lancet* 318, no. 8247 (September 19, 1981): 598–600, doi:10.1016/s0140-6736(81)92740-9.

23 Robert O. Brennan and David T. Durack, "Gay Compromise Syndrome," Letters to the Editor, *Lancet* 318, no. 8259 (December 12, 1981): 1338–39, https://doi.org/10.1016/S0140-6736(81)91352-0

24 Grmek, *History of AIDS*, 6–12.

25 "Acquired Immuno-Deficiency Syndrome—AIDS," US Centers for Disease Control *Morbidity and Mortality Weekly Report* (*MMWR*), 31, no. 37 (September 24, 1982): 507, 513–14, available at https://stacks.cdc.gov/view/cdc/35049

26 M. S. Gottlieb et al., "Pneumocystis Carinii Pneumonia and Mucosal Candidiasis in Previously Healthy Homosexual Men: Evidence of a New Acquired Cellular Immunodeficiency," *New England Journal of Medicine* 305, no. 24 (December 10, 1981): 1425–31, doi:10.1056/NEJM198112103052401. See also H. Masur et al., "An Outbreak of Community-Acquired Pneumocystis Carinii Pneumonia: Initial Manifestation of Cellular Immune Dysfunction," *New England Journal of Medicine* 305, no. 24 (December 10, 1981): 1431–38, doi:10.1056/NEJM198112103052402. See also F. P. Siegal et al., "Severe Acquired Immunodeficiency in Male Homosexuals, Manifested by Chronic Perianal Ulcerative Herpes Simplex Lesions," *New England Journal of Medicine* 305, no. 24 (December 10, 1981): 1439–44, doi:10.1056/NEJM198112103052403.

27 Jonathan M. Kagan et al., "A Brief Chronicle of CD4 as a Biomarker for HIV/AIDS: A Tribute to the Memory of John L. Fahey," *Forum on Immunopathological Diseases and*

2014): 411, https://doi.org/10.3389/fimmu.2014.00411

2 Jacques F. Miller, "Discovering the Origins of Immunological Competence," *Annual Review of Immunology*17 (1999): 1–17, doi:10.1146/annurev.immunol.17.1.1.

3 Ibid.

4 Margo H. Furman and Hidde L. Ploegh, "Lessons from Viral Manipulation of Protein Disposal Pathways," *Journal of Clinical Investigation* 110, no. 7 (2002): 875–79, https://doi.org/10.1172/JCI16831

5 Alain Townsend, "Vincenzo Cerundolo 1959–2020," *Nature Immunology* 21, no. 3 (March 2020): 243, doi: 10.1038/s41590-020-0617-5.

6 Rolf M. Zinkernagel and Peter C. Doherty, "Immunological Surveillance Against Altered Self Components by Sensitised T Lymphocytes in Lymphocytes Choriomeningitis," *Nature* 251, no. 5475 (October 11, 1974): 547–48, doi: 10.1038/251547a0.

7 Alain Townsend, interview with the author, 2019.

8 Pam Bjorkman and P. Parham, "Structure, Function, and Diversity of Class I Major Histocompatibility Complex Molecules," *Annual Review of Biochemistry* 59 (1990): 253–88, doi:10.1146/annurev.bi.59.070190.001345.

9 Alain Townsend and Andrew Mc-Michael, "MHC Protein Structure: Those Images That Yet Fresh Images Beget," *Nature* 329, no. 6139 (October 8–14, 1987): 482–83, doi:10.1038/329482a0.

10 William Butler Yeats, "Byzantium," in *The Collected Poems of W. B. Yeats* (Hertfordshire, UK: Wordsworth Editions, 1994), 210–11.

11 James Allison, B. W. McIntyre, and D. Bloch, "Tumor-Specific Antigen of Murine T-Lymphoma Defined with Monoclonal Antibody," *Journal of Immunology* 129, no. 5 (November 1982): 2293–300, PMID: 6181166. See also Yusuke Yanagi et al., "A Human T cell–Specific cDNA Clone Encodes a Protein Having Extensive Homology to Immunoglobulin Chains," *Nature* 308 (March 8, 1984): 145–49, https://doi.org/10.1038/308145a0. See also Stephen M. Hedricket al., "Isolation of cDNA Clones Encoding T cell–Specific Membrane-Associated Proteins," *Nature* 308 (March 8, 1984): 149–53, https://doi.org/10.1038/308149a0

12 Javier A. Carrero and Emil R. Unanue, "Lymphocyte Apoptosis as an Immune Subversion Strategy of Microbial Pathogens," *Trends in Immunology* 27, no. 11 (November 2006): 497–503, https://doi.org/10.1016/j.it.2006.09.005

13 Charles A. Jane way et al., *Immunobiology: The Immune System in Health and Disease,* 5th ed. (New York: Garland Science, 2001): 114–30, https://www.ncbi.nlm.nih.gov/books/NBK27098/

14 Philip D. Greenberg, "Ralph M. Steinman: A Man, a Microscope, a Cell, and So Much More," *Proceedings of the National Academy of Sciences of the United States of America*

6 Emil von Behring, "Untersuchungen über das Zustandekommen der Diphtherie-Immunität bei Thieren," *Deutschen Medicinischen Wochenschrift* 50 (1890): 1145–48. See also William Bulloch, *The History of Bacteriology* (London: Oxford University Press, 1938). See also L. Brieger, S. Kitasato, and A. Wassermann, "Über Immunität und Giftfestigung," *Zeitschrift für Hygiene und Infektionskrankheiten* 12 (1892): 254–55. See also L. Deutsch, "Contribution à l'étude de l'origine des anticorps typhiques," *Annales de l'Institut Pasteur* 13 (1899), 689–727. See also Paul Ehrlich, "Experimentelle Untersuchungen über Immunität. II. Ueber Abrin," *Deutsche Medizinische Wochenschrift* 17 (1891): 1218–19; and "Über Immunität durch Vererbung und Säugung," *Zeitschrift für Hygiene und Infektionskrankheiten, medizinische Mikrobiologie, Immunologie und Virologie* 12 (1892): 183–203.

7 Lindenmann, "Origin of the Terms 'Antibody' and 'Antigen,' " 281–85.

8 Rodney R. Porter, "Structural Studies of Immunoglobulins" (Nobel Lecture, Stockholm, December 12, 1972).

9 Gerald M. Edelman, "Antibody Structure and Molecular Immunology" (Nobel Lecture, Stockholm, December 12, 1972).

10 Linus Pauling, "A Theory of the Structure and Process of Formation of Antibodies," *Journal of the American Chemical Society* 62, no. 10 (1940): 2643–57.

11 Joshua Lederberg, "Genes and Antibodies," *Science* 129, no. 3364 (1959): 1649–53.

12 Frank Macfarlane Burnet, "A Modification of Jerne's Theory of Antibody Production Using the Concept of Clonal Selection," *CA: A Cancer Journal for Clinicians* 26, no. 2 (March–April 1976): 119–21. See also Burnet, "Immunological Recognition of Self" (Nobel Lecture, Stockholm, December 12, 1960).

13 Lewis Thomas, *The Lives of a Cell: Notes of a Biology Watcher* (New York: Penguin Books, 1978), 91–102.

14 Susumu Tonegawa, "Somatic Generation of Antibody Diversity," *Nature* 302 (1983): 575–81.

15 Georges Köhler and Cesar Milstein, "Continuous Cultures of Fused Cells Secreting Antibody of Predefined Specificity," *Nature* 256 (August 7, 1975): 495–97, https://doi.org/10.1038/256495a0

16 Lee Nadler et al., "Serotherapy of a Patient with a Monoclonal Antibody Directed Against a Human Lymphoma-Associated Antigen," *Cancer Research* 40, no. 9 (September 1980): 3147–54, PMID: 7427932.

17 Ron Levy, interview with the author, December 2021.

善於識別的細胞：T 細胞的巧妙天賦

1 Jacques Miller, "Revisiting Thymus Function," *Frontiers in Immunology* 5 (August 28,

1767), 137–40.
19 Anne Marie Moulin, *Le dernier langage de la médecine: Histoire de l'immunologie de Pasteur au Sida* (Paris: Presses universitaires de France, 1991), 23.
20 Stefan Riedel, "Edward Jenner and the History of Smallpox and Vaccination," *Baylor University Medical Center Proceedings* 18, no. 1 (2005): 21–25, https://doi.org/10.1080/08998280.2005.11928028. See also Susan Brink, "What's the Real Story About the Milkmaid and the Smallpox Vaccine?," History, National Public Radio (NPR) online, February 1, 2018.
21 Edward Jenner, "An Inquiry into the Causes and Effects of the Variole Vaccine, or Cow-pox, 1798," in *The Three Original Publications on Vaccination Against Smallpox by Edward Jenner,* Louisiana State University, Law Center, https://biotech.law.lsu.edu/cphl/history/articles/jenner.htm#top.
22 James F. Hammarsten, William Tattersall, and James E. Hammarsten, "Who Discovered Smallpox Vaccination? Edward Jenner or Benjamin Jesty?," *Transactions of the American Clinical and Climatological Association* 90 (1979): 44–55, https://www.ncbi.nlm.nih.gov/pmc/articles/PMC2279376/pdf/tacca00099-0087.pdf.
23 Mar Naranjo-Gomez et al., "Neutrophils Are Essential for Induction of Vaccine-like Effects by Antiviral Monoclonal Antibody Immunotherapies," *JCI Insight* 3, no. 9 (May 3, 2018): e97339, published online May 3, 2018, doi:10.1172/jci.insight.97339. See also Jean Louis Palgen et al., "Prime and Boost Vaccination Elicit a Distinct Innate Myeloid Cell Immune Response," *Scientific Reports* 8, no. 3087 (2018): https://doi.org/10.1038/s41598-018-21222-2

防禦的細胞：當一個人遇見另一個人

1 Robert Burns, "Comin Thro' the Rye" (1782), in James Johnson, ed., *The Scottish Musical Museum; Consisting of Upwards of Six Hundred Songs, with Proper Basses for the Pianoforte,* vol. 5 (Edinburgh: William Blackwood and Sons, 1839), 430–31.
2 Cay-Rüdiger Prüll, "Part of a Scientific Master Plan? Paul Ehrlich and the Origins of his Receptor Concept," *Medical History* 47, no. 3 (July 2003): 332–56, https://www.ncbi.nlm.nih.gov/pmc/articles/PMC1044632/
3 Paul Ehrlich, "Ehrlich, P. (1891), Experimentelle Untersuchungen über Immunität. I. Über Ricin," *DMW—Deutsche Medizinische Wochenschrift* 17, no. 32 (1891): 976–79.
4 Emil von Behring and Shibasaburo Kitasato, "Über das Zustandekommen der Diphtherie-Immunität und der Tetanus-Immunität bei Thieren," *Deutschen Medicinischen Wochenschrift* 49 (1890): 1113–14, https://doi.org/10.17192/eb2013.0164
5 J. Lindenmann, "Origin of the Terms 'Antibody' and 'Antigen,' " *Scandinavian Journal of Immunology* 19, no. 4 (April 1984): 281–85, doi:10.1111/j.1365-3083.1984.tb00931.x.

Libraires, 1843).

3 William Addison, *Experimental and Practical Researches on Inflammation and on the Origin and Nature of Tubercles of the Lung* (London: J. Churchill, 1843), 10.

4 Ibid., 62.

5 Ibid., 57.

6 Ibid., 61.

7 Siddhartha Mukherjee, "Before Virus, After Virus: A Reckoning," *Cell* 183 (October 15, 2020): 308–14, doi: 10.1016/j.cell.2020.09.042.

8 Ilya Mechnikov, "On the Present State of the Question of Immunity in Infectious Diseases" (Nobel Lecture, Stockholm, December 11, 1908).

9 Ibid.

10 Elias Metchnikoff, "Über eine Sprosspilzkrankheit der Daphnien: Beitrag zur Lehre über den Kampf der Phago -cyten gegen Krankheitserreger," *Ărchiv für Pathologische Anatomie und Physiologie und für Klinische Medicin* 96 (1884): 177–95.

11 Mechnikov, "Present State of the Question of Immunity."

12 Katia D. Filippo and Sara M. Rankin, "The Secretive Life of Neutrophils Revealed by Intravital Microscopy," *Frontiers in Cell and Developmental Biology* 8, no. 1236 (November 10, 2020), https://doi.org/10.3389/fcell.2020.603230. See also Pei Xiong Liew and Paul Kubes, "The Neutrophil's Role During Health and Disease," *Physiological Reviews* 99, no. 2 (February 2019): 1223–48, doi:10.1152/physrev.00012.2018.

13 Paul R. Ehrlich, *The Collected Papers of Paul Ehrlich*, ed. F. Himmelweit, Henry Hallett Dale, and Martha Marquardt (London: Elsevier Science & Technology, 1956), 3.

14 Quoted in O. P. Jaggi, *Medicine in India* (Oxford, UK: Oxford University Press, 2000), 138.

15 Arthur Boylston, "The Origins of Inoculation," *Journal of the Royal Society of Medicine* 105, no. 7 (July 2012): 309–13, doi:10.1258/jrsm.2012.12k044.

16 Wee Kek Koon, "Powdered Pus up the Nose and Other Chinese Precursors to Vaccinations," Opinion, *South China Morning Post* online, April 6, 2020, https://www.scmp.com/magazines/post-magazine/short-reads/article/3078436/powdered-pus-nose-and-other-chinese-precursors

17 Ahmed Bayoumi, "The History and Traditional Treatment of Smallpox in the Sudan," *Journal of Eastern African Research & Development* 6, no. 1 (1976): 1–10, https://www.jstor.org/stable/43661421

18 Lady Mary Wortley Montagu, *Letters of the Right Honourable Lady M—y W—y M—u: Written During Her Travels in Europe, Asia, and Africa, to Persons of Distinction, Men of Letters, &c. in Different Parts of Europe* (London: S. Payne, A. Cook, and H. Hill,

the Platelet," *British Journal of Haematology* 133, no. 3 (May 2006): 251–58, https://doi.org/10.1111/j.1365-2141.2006.06036.x
3 Max Schultze, "Ein heizbarer Objecttisch und seine Verwendung bei Untersuchungen des Blutes," Archiv für mikroskopische Anatomie 1 (December 1865): 1–14, https://doi.org/10.1007/BF02961404
4 Ibid.
5 Giulio Bizzozero, "Su di un nuovo elemento morfologico del sangue dei mammiferi e sulla sua importanza nella trombosi e nella coagulazione," *Osservatore Gazetta delle Cliniche* 17 (1881): 785–87.
6 Ibid.
7 I. M. Nilsson, "The History of von Willebrand Disease," *Haemophilia* 5, supp. no. 2 (May 2002): 7–11, doi: 10.1046/j.1365-2516.1999.0050s2007.x.
8 William Osler, *The Principles and Practice of Medicine* (New York: D. Appleton, 1899). See also William Osler, "Lecture III: Abstracts of the Cartwright Lectures: On Certain Problems in the Physiology of the Blood Corpuscles" (lecture, Association of the Alumni of the College of Physicians and Surgeons, New York, March 23, 1886), 917–19.
9 Joseph L. Goldstein et al., "Heterozygous Familial Hypercholesterolemia: Failure of Normal Allele to Compensate for Mutant Allele at a Regulated Genetic Locus," *Cell* 9, no. 2 (October 1, 1976): 195–203, https://doi.org/10.1016/0092-8674(76)90110-0
10 James Le Fanu, *The Rise and Fall of Modern Medicine* (London: Abacus, 2000), 322.
11 G. Tsoucalas, M. Karamanou, and G. Androutsos, "Travelling Through Time with Aspirin, a Healing Companion," *European Journal of Inflammation* 9, no. 1 (January 1, 2011): 13–16, https://doi.org/10.1177/1721727X1100900102.
12 Lawrence L. Craven, "Coronary Thrombosis Can Be Prevented," *Journal of Insurance Medicine* 5, no. 4 (1950): 47–48.
13 Marc S. Sabatine and Eugene Braunwald, "Thrombolysis in Myocardial Infarction (TIMI) Study Group: JACC Focus Seminar 2/8," *Journal of the American Journal of Cardiology* 77, no. 22 (2021): 2822–45, doi: 10.1016/j.jacc.2021.01.060. See also X. R. Xu et al., "The Impact of Different Doses of Atorvastatin on Plasma Endothelin and Platelet Function in Acute ST segment Elevation Myocardial Infarction After Emergency Percutaneous Coronary Intervention," *Zhonghua nei ke za zhi* 55, no. 12 (2016): 932–36, doi: 10.3760/cma.j.issn.0578-1426.2016.12.005.

護衛的細胞：嗜中性白血球和它們對抗病原體的戰鬥

1 Benjamin Franklin, *Autobiography of Benjamin Franklin* (New York: John B. Alden, 1892), 96.
2 Gabriel Andral, *Essai D'Hematologie Pathologique* (Paris: Fortin, Masson et Cie

301.

8 *Marcello Malpighi, the seventeenth-century Italian anatomist*: Marcello Malpighi, "De Polypo Cordis Dissertatio," Italy, 1666.

9 William Hewson, "On the Figure and Composition of the Red Particles of the Blood, Commonly Called Red Globules," *Philosophical Transactions of the Royal Society of London* 63 (1773): 303–23.

10 Friedrich Hünefeld, *Der Chemismus in der thierischen Organisation: Physiologisch-chemische Untersuchungen der materiellen Veränderungen oder des Bildungslebens im thierischen Organismus, insbesondere des Blutbildungsprocesses, der Natur der Blut körperchenund und ihrer Kenrchen: Ein Beitrag zur Physiologie und Heilmittellehre* (Leipzig, Ger.: Brockhaus, 1840).

11 Peter Sahlins, "The Beast Within: Animals in the First Xenotransfusion Experiments in France, ca. 1667–68," *Representations* 129, no. 1 (2015): 25–55, https://doi.org/10.1525/rep.2015.129.1.25

12 Karl Landsteiner, "On Individual Differences in Human Blood" (Nobel Lecture, Stockholm, December 11, 1930).

13 Ibid.

14 Reuben Ottenberg and David J. Kaliski, "Accidents in Transfusion: Their Prevention by Preliminary Blood Examination—Based on an Experience of One Hundred Twenty-eight Transfusions," *Journal of the American Medical Association* (*JAMA*) 61, no. 24 (December 13, 1913): 2138–40, doi:10.1001/jama.1913.04350250024007.

15 Geoffrey Keynes, *Blood Transfusion* (Oxford, UK: Oxford Medical, 1922), 17.

16 Ennio C. Rossi and Toby L. Simon, "Transfusions in the New Millennium," in *Rossi's Principles of Transfusion Medicine*, ed. Toby L. Simon et al. (Oxford, UK: Wiley Blackwell, 2016), 8.

17 A. C. Taylor to Bruce Robertson, letter, August 14, 1917, L. Bruce Robertson Fonds, Archives of Ontario, Toronto.

18 "History of Blood Transfusion," American Red Cross Blood Services online, accessed March 15, 2022, https://www.redcrossblood.org/donate-blood/blood-donation-process/what-happens-to-donated-blood/blood-transfusions/history-blood-transfusion.html

19 "Blood Program in World War II," *Annals of Internal Medicine* 62, no. 5 (May 1, 1965): 1102, https://doi.org/10.7326/0003-4819-62-5-1102_1

癒合的細胞：血小板、血栓，和「現代流行病」

1 William Shakespeare, *Hamlet*, ed. David Bevington (New York: Bantam Books, 1980), 5.1: 213–16.

2 Douglas B. Brewer, "Max Schultze (1865), G. Bizzozero (1882) and the Discovery of

Species," *International Journal of Developmental Biology* 45, no. 1 (2001): 13–38.

9 Katie Thomas, "The Story of Thalidomide in the U.S., Told Through Documents," *New York Times*, March 23, 2020. See also James H. Kim and Anthony R. Scialli, "Thalidomide: The Tragedy of Birth Defects and the Effective Treatment of Disease," *Toxicological Sciences* 122, no. (2011): 1–6.

10 *Interagency Coordination in Drug Research and Regulations: Hearings Before the Subcommittee on Reorganization and International Organizations of the Committee on Government Operations,* US Senate, 87th Congress. 93 (1961) (letter from Frances O. Kelsey).

11 Ibid.

12 Thomas, "Story of Thalidomide in the U.S."

13 Ibid.

14 Tomoko Asatsuma-Okumura, Takumi Ito, and Hiroshi Handa, "Molecular Mechanisms of the Teratogenic Effects of Thalidomide," *Pharmaceuticals* 13, no. 5 (2020): 95.

15 Robert D. McFadden, "Frances Oldham Kelsey, Who Saved U.S. Babies from Thalidomide, Dies at 101," *New York Times*, August 7, 2015.

第三部　血液

躁動不安的細胞：血液的循環

1 Maureen A. O'Malley and Staffan Müller-Wille, "The Cell as Nexus: Connections Between the History, Philosophy and Science of Cell Biology," *Studies in History and Philosophy of Science Part C: Studies in History and Philosophy of Biological and Biomedical Sciences* 41, no. 3 (September 2010): 169–71, doi:10.1016/j.shpsc.2010.07.005.

2 Rudolf Virchow, "Letters of 1842," 26 January 1843, *Letters to his Parents, 1839 to 1864*, ed. Marie Rable, trans. Lelland J. Rather (United States of America: Science History, 1990), 29.

3 Early Medicine to Galen (Part 1)," *Heart Views* 13, no. 3 (July–September 2012): 120–28, doi:10.4103/1995-705X.102164.

4 William Harvey, *On the Motion of the Heart and Blood in Animals*, ed. Alexander Bowie, trans. Robert Willis (London: George Bell and Sons, 1889).

5 Ibid., 48.

6 William Harvey, "An Anatomical Study on the Motion of the Heart and the Blood in Animals," in *Medicine and Western Civilisation*, ed. David J. Rothman, Steven Marcus, and Stephanie A. Kiceluk (New Brunswick, NJ: Rutgers University Press, 1995), 68–78.

7 Antonie van Leeuwenhoek, "Mr. H. Oldenburg." 14 August 1675. Letter 18 of *Alle de brieven: 1673–1676*. De Digitale Bibliotheek voor de Nederlandse Letteren (DBNL).

2011): 893–95, doi:10.1126/science.334.6058.893.

26 Enrico Sandro Colizzi, Renske M. A. Vroomans, and Roeland M. H. Merks, "Evolution of Multicellularity by Collective Integration of Spatial Information," *eLife* 9 (October 16, 2020): e56349, doi:10.7554/eLife.56349. See also Matthew D. Herron et al., "*De Novo* Origins of Multicellularity in Response to Predation," *Scientific Reports* 9 (February 20, 2019), https://doi.org/10.1038/s41598-019-39558-8

發育中的細胞：一個細胞變成了一個生物體

1 Ignaz Döllinger, quoted in Janina Wellmann, *The Form of Becoming: Embryology and the Epistemology of Rhythm, 1760–1830*, trans. Kate Sturge (New York: Zone Books, 2017), 13.

2 Caspar Friedrich Wolff, "Theoria Generationis" (dissertation, U Halle, 1759. Halle: U H, 1759).

3 Johann Wolfgang von Goethe, "Letter to Frau von Stein," *The Metamorphosis of Plants* (Cambridge, MA: MIT Press, 2009), 15.

4 Joseph Needham, *History of Embryology* (Cambridge, UK: University of Cambridge Press, 1934).

5 Martin Knöfler et al., "Human Placenta and Trophoblast Development: Key Molecular Mechanisms and Model Systems," *Cellular and Molecular Life Sciences* 76, no. 18 (September 2019): 3479–96, doi: 10.1007/s00018-019-03104-6.

6 Lewis Thomas, *The Medusa and the Snail: More Notes of a Biology Watcher* (New York: Penguin Books, 1995), 131.

7 Edward M. De Robertis, "Spemann's Organizer and Self-Regulation in Amphibian Embryos," *Nature Reviews Molecular Cell Biology* 7, no. 4 (April 2006): 296–302, doi:10.1038/nrm1855.

8 Scott F. Gilbert, *Development Biology,* vol. 2 (Sunderland, UK: Sinauer Associates, 2010), 241–86. See also Richard Harland, "Induction into the Hall of Fame: Tracing the Lineage of Spemann's Organizer," *Development* 135, no. 20 (October 15, 2008): 3321–23, fig. 1, https://doi.org/10.1242/dev.021196. See also Robert C. King, William D. Stansfield, and Pamela K. Mulligan, "Heteroplastic Transplantation," in *A Dictionary of Genetics,* 7th ed. (New York: Oxford University Press, 2007), 205. See also "Hans Spemann, the Nobel Prize in Physiology or Medicine 1935," the Nobel Prize online, accessed February 4, 2022, https://www.nobelprize.org/prizes/medicine/1935/spemann/facts/. See also Samuel Philbrick and Erica O'Neil, "Spemann-Mangold Organizer," The Embryo Project Encyclopedia, last modified January 12, 2012, http://embryo.asu.edu/pages/spemann-mangold-organizer. See also Hans Spemann and Hilde Mangold, "Induction of Embryonic Primordia by Implantation of Organizers from a Different

8 Pam Belluck, "Gene-Edited Babies: What a Chinese Scientist Told an American Mentor," *New York Times*, April 14, 2019, A1.

9 Cohen, "Untold Story of the 'Circle of Trust.' "

10 Ibid.

11 Robin Lovell-Badge, introduction, "28 Nov 2018—International Summit on Human Genome Editing—He Jiankui Presentation and Q&A," YouTube.

12 Six Questions That Remain," News, *Nature* online, last modified November 30, 2018, https://www.nature.com/articles/d41586-018-07607-3

13 Mark Terry, "Reviewers of Chinese CRISPR Research: 'Ludicrous' and 'Dubious at Best,' " BioSpace, last modified December 5, 2019, https://www.biospace.com/article/peer-review-of-china-crispr-scandal-research-shows-deep-flaws-and-questionable-results/

14 *"I don't think it has been a transparent process"*: Badge, introduction, "28 Nov 2018—International Summit on Human Genome Editing—He Jiankui Presentation and Q&A," YouTube. See also US National Academy of Sciences and US National Academy of Medicine, the Royal Society of the United Kingdom, and the Academy of Sciences of Hong Kong, *Second International Summit on Human Genome Editing: Continuing the Global Discussion, November, 27–29, University of Hong Kong, China* (Washington, DC: National Academies Press, 2018).

15 Cohen, "Untold Story of the 'Circle of Trust.' "

16 David Cyranoski, "CRISPR-baby Scientist Fails to Satisfy Critics," News, *Nature* online, last modified November 30, 2018, https://www.nature.com/articles/d41586-018-07573-w

17 David Cyranoski, "Russian 'CRISPRbaby'Scientist Has Started Editing Genes in Human Eggs with Goal of Altering Deaf Gene," News, *Nature* online, last modified October 18, 2019, https://www.nature.com/articles/d41586-019-03018-0

18 Nick Lane, interview with the author, January 2022.

19 László Nagy, quoted in Pennisi, "The Power of Many," 1388–91.

20 Richard K. Grosberg and Richard R. Strathmann, "The Evolution of Multicellularity: A Minor Major Transition?,"*Annual Review of Ecology, Evolution, and Systematics* 38 (December 2007): 621–54, doi/10.1146/annurev.ecolsys.36.102403.114735.

21 Ibid.

22 William C. Ratcliff et al., "Experimental Evolution of Multicellularity," *Proceedings of the National Academy of Sciences of the United States of America* 109, no. 5 (2012): 1595–600, https://doi.org/10.1073/pnas.1115323109

23 William Ratcliff, interview with the author, December 2021.

24 Ibid.

25 Elizabeth Pennisi, "Evolutionary Time Travel," *Science* 334, no. 6058 (November 18,

Baby,' " *Time* online, last modified July 25, 2018, https://time.com/5344145/louise-brown-test-tube-baby/

34 Cover image, *Time*, July 31, 1978, available online at http://content.time.com/time/magazine/0,9263,7601780731,00.html

35 Derbyshire, "First IVF Birth." See also Elaine Woo and *Los Angeles Times*, "Lesley Brown, British Mother of First In Vitro Baby, Dies at 64," Health & Science, *Washington Post* on-line, June 25, 2012, https://www.washingtonpost.com/national/health-science/lesley-brown-british-mother-of-first-in-vitro-baby-dies-at-64/2012/06/25/gJQAkavb2V_story.html

36 Robert G. Edwards, "Meiosis in Ovarian Oocytes of Adult Mammals," *Nature* 196 (November 3, 1962): 446–50, https://doi.org/10.1038/196446a0

37 Deepak Adhikari et al., "Inhibitory Phosphorylation of Cdk1 Mediates Prolonged Prophase I Arrest in Female Germ Cells and Is Essential for Female Reproductive Lifespan," *Cell Research* 26 (2016): 1212–25, https://doi.org/10.1038/cr.2016.119

38 Krysta Conger, "Earlier, More Accurate Prediction of Embryo Survival Enabled by Research," Stanford Medicine News Center, last modified October 2, 2010, https://med.stanford.edu/news/all-news/2010/10/earlier-more-accurate-prediction-of-embryo-survival -enabled-by-research.html

39 Ibid.

遭篡改的細胞：露露、娜娜和信任的背叛

1 Jon Cohen, "The Untold Story of the 'Circle of Trust' Behind the World's First Gene-Edited Baby," Asia/Pacific News, *Science* online, last modified August 1, 2019, https://www.science.org/content/article/untold-story-circle-trust-behind-world-s-first-gene-edited-babies

2 Ibid.

3 Richard Gardner and Robert Edwards, "Control of the Sex Ratio at Full Term in the Rabbit by Transferring Sexed Blastocysts," *Nature* 218 (April 27, 1968): 346–48, https://doi.org/10.1038/218346a0

4 Ibid.

5 https://www.broadinstitute.org/what-broad/areas-focus/project-spotlight/crispr-timeline

6 L. Meyer et al., "Early Protective Effect of CCR-5 Delta 32 Heterozygosity on HIV-1 Disease Progression: Relationship with Viral Load. The SEROCO Study Group," *AIDS* 11, no. 11 (September 1997): F73–F78, doi:10.1097/00002030-199711000-00001.

7 "28 Nov 2018—International Summit on Human Genome Editing—He Jiankui Presentation and Q&A," YouTube, 1:04.28, WCSethics, https://www.youtube.com/watch?v=tLZufCrjrN0

accessed March 14, 2022, https://www.pbs.org/wgbh/americanexperience/features/babies-bio-shettles/

15 Martin H. Johnson, "Robert Edwards: The Path to IVF," *Reproductive Biomedicine Online* 23, no. 2 (August 23, 2011): 245–62, doi:10.1016/j.rbmo.2011.04.010. See also James Le Fanu, *The Rise and Fall of Modern Medicine* (New York: Carroll & Graf, 2000), 157–76.

16 Robert Geoffrey Edwards and Patrick Christopher Steptoe, *A Matter of Life: The Story of a Medical Breakthrough* (New York: William Morrow, 1980), 17.

17 John Rock and Miriam F. Menkin, "In Vitro Fertilization and Cleavage of Human Ovarian Eggs," *Science* 100, no. 2588 (August 4, 1944): 105–7, doi:10.1126/science.100.2588.105.

18 M. C. Chang, "Fertilizing Capacity of Spermatozoa Deposited into the Fallopian Tubes," *Nature* 168, no. 4277 (October 20, 1951): 697–98, doi:10.1038/168697b0.

19 Edwards and Steptoe, *A Matter of Life*, 43.

20 Ibid., 44.

21 Ibid., 45.

22 Ibid.

23 Ibid., 62.

24 Quoted in "Recipient of the 2019 IETS Pioneer Award: Dr. Barry Bavister," *Reproduction, Fertility and Development* 31, no. 3 (2019): vii–viii, https://doi.org/10.1071/RDv31n3_PA

25 Jean Purdy, quoted in ibid.

26 Robert G. Edwards, Barry D. Bavister, and Patrick C. Steptoe, "Early Stages of Fertilization *In Vitro* of Human Oocytes Matured *In Vitro,*" *Nature* 221, no. 5181 (February 15, 1969): 632–35, https://doi.org/10.1038/221632a0

27 Johnson, "Robert Edwards: The Path to IVF," 245–62.

28 Martin H. Johnson et al., "Why the Medical Research Council Refused Robert Edwards and Patrick Steptoe Support for Research on Human Conception in 1971," *Human Reproduction* 25, no. 9 (September 2010): 2157–74, doi: 10.1093/humrep/deq155.

29 Robin Marantz Henig, *Pandora's Baby: How the First Test Tube Babies Sparked the Reproductive Revolution* (Boston: Houghton Mifflin, 2004).

30 Martin Hutchinson, "I Helped Deliver Louise," BBC News online, last modified July 24, 2003, http://news.bbc.co.uk/2/hi/health/3077913.stm

31 Ibid.

32 Victoria Derbyshire, "First IVF Birth: 'It Makes Me Feel Really Special,'" BBC News Two online, last modified July 23, 2015, https://www.bbc.co.uk/programmes/p02xv7jc

33 Quoted in Ciara Nugent, "What It Was Like to Grow Up as the World's First 'Test-Tube

31 Nancy J. Newman et al., "Efficacy and Safety of Intravitreal Gene Therapy for Leber Hereditary Optic Neuropathy Treated Within 6 Months of Disease Onset," *Ophthalmology* 128, no. 5 (May 2021): 649–60, doi: 10.1016/j.ophtha.2020.12.012.

分裂的細胞：細胞繁殖和體外受精的誕生

1 Andrew Solomon, *Far from the Tree: Parents, Children and the Search for Identity* (New York: Scribner, 2013), 1.

2 Quoted in Jacques Monod, *Chance and Necessity: An Essay on the Natural Philosophy of Modern Biology* (New York: Alfred A. Knopf, 1971), 20.

3 Neidhard Paweletz, "Walther Flemming: Pioneer of Mitosis Research," *Nature Reviews Molecular Cell Biology* 2, no. 1 (January 1, 2001): 72–75, https://doi.org/10.1038/35048077

4 Walther Flemming, "Contributions to the Knowledge of the Cell and Its Vital Processes: Part 2," *Journal of Cell Biology* 25, no. 1 (April 1, 1965): 1–69, https://www.ncbi.nlm.nih.gov/pmc/articles/PMC2106612/

5 Ibid., 1–9.

6 Walter Sutton, "The Chromosomes in Heredity," *Biological Bulletin* 4, no. 5 (April 1903): 231–51, https://doi.org/1535741 ; Theodor Boveri, *Ergebnisse über die Konstitution der chromatischen Substanz des Zellkerns* (Jena, Ger.: Verlag von Gustav Fischer, 1904).

7 "The p53 Tumor Suppressor Protein," in *Genes and Disease* (Bethesda, MD: National Center for Biotechnology Information, last modified January 31, 2021), 215–16, available online at https://www.ncbi.nlm.nih.gov/books/NBK22268/

8 Paul Nurse, interviewed by the author, March 2017. "Sir Paul Nurse: I Looked at My Birth Certificate. That Was Not My Mother's Name," *Guardian* (International edition) online, last modified August 9, 2014, https://www.theguardian.com/culture/2014/aug/09/paul-nurse-birth-certificate-not-mothers-name.

9 Tim Hunt, "Biographical," Nobel Prize online, accessed February 20, 2022, https://www.nobelprize.org/prizes/medicine/2001/hunt/biographical/

10 Tim Hunt, "Protein Synthesis, Proteolysis, and Cell Cycle Transitions" (Nobel Lecture, Stockholm, December 9, 2021).

11 Nurse, interviewed by the author, March 2017.

12 Stuart Lavietes, "Dr. L. B. Shettles, 93, Pioneer in Human Fertility," *New York Times*, February 16, 2003, 1041.

13 Tabitha M. Powledge, "A Report from the Del Zio Trial," *Hastings Center Report* 8, no. 5 (October 1978): 15–17, https://www.jstor.org/stable/3561442

14 Quoted in "Test Tube Babies: Landrum Shettles," PBS *American Experience* online,

16 G. E. Palade, "Keith Roberts Porter and the Development of Contemporary Cell Biology," *Journal of Cell Biology* 75, no. 1 (November 1977): D3–D10, https://doi.org/10.1083/jcb.75.1.D1

17 遺憾的是，一九四九年，克勞德離開洛克菲勒研究所，返回家鄉比利時。一九七四年，他與帕拉德和另一位細胞生物學家克里斯蒂安・德・迪夫共同獲得諾貝爾獎。Palade, "Keith Roberts Porter and the Development of Contemporary Cell Biology," D3–D18.

18 Palade, "Intracellular Aspects of the Process of Protein Secretion," Nobel Lecture.

19 George E. Palade, "Intracellular Aspects of the Process of Protein Synthesis," *Science* 189, no. 4200 (August 1, 1975): 347–58, doi:10.1126/science.1096303.

20 David D. Sabatini and Milton Adesnik, "Christian de Duve: Explorer of the Cell Who Discovered New Organelles by Using a Centrifuge," *Proceedings of the National Academy of Sciences of the United States of America* 110, no. 33 (August 13, 2013): 13234–35, doi:10.1073/pnas.1312084110.

21 Barry Starr, "A Long and Winding DNA," KQED online, last modified on February 2, 2009, https://www.kqed.org/quest/1219/a-long-and-winding-dna

22 Thoru Pederson, "The Nucleus Introduced," *Cold Spring Harbor Perspectives in Biology* 3, no. 5 (May 1, 2011): a000521, doi:10.1101/cshperspect.a000521.

23 Claude Bernard, *Lectures on the Phenomena of Life Common to Animals and Plants*, trans. Hebbel E. Hoff, Roger Guillemin, and Lucienne Guillemin (Springfield, IL: Charles C. Thomas, 1974).

24 Valerie Byrne Rudisill, *Born with a Bomb: Suddenly Blind from Leber's Hereditary Optic Neuropathy*, ed. Margie Sabol and Leslie Byrne (Bloomington, IN: AuthorHouse, 2012).

25 "Leber Hereditary Optic Neuropathy (Sudden Vision Loss)," Cleveland Clinic online, last modified February 26, 2021.

26 D. C. Wallace et al., "Mitochondrial DNA Mutation Associated with Leber's Hereditary Optic Neuropathy,"*Science* 242, no. 4884 (December 9, 1988): 1427–30, doi:10.1126/science.3201231.

27 Jared, quoted in Rudisill, *Born with a Bomb*.

28 Ibid.

29 Byron Lam et al., "Trial End Points and Natural History in Patients with G11778A Leber Hereditary Optic Neuropathy," *JAMA Ophthalmology* 132, no. 4 (April 1, 2014): 428–36, doi:10.1001/jamaophthalmol.2013.7971.

30 Shuo Yang et al., "Long-term Outcomes of Gene Therapy for the Treatment of Leber's Hereditary Optic Neuropathy," *eBioMedicine* (August 10, 2016): 258–68, doi:10.1016/j.ebiom.2016.07.002.

online, http://nobelprize.org/nobel_prizes/medicine/laureates/1974/palade-speech.html
3 Rather, *Commentary on the Medical Writings of Rudolf Virchow*, 38.
4 Ernest Overton, *Über die osmotischen Eigenschaften der lebenden Pflanzen-und Tierzelle* (Zurich: Fäsi & Beer, 1895), 159–84. See also Overton, *Über die allgemeinen osmotischen Eigenschaften der Zelle, ihre vermutlichen Ursachen und ihre Bedeutung für die Physiologie* (Zurich: Fäsi & Beer, 1899). See also Overton, "The Probable Origin and Physiological Significance of Cellular Osmotic Properties," in *Papers on Biological Membrane Structure*, ed. Daniel Branton and Roderic B. Park (Boston: Little, Brown, 1968), 45–52. See also Jonathan Lombard, "Once upon a Time the Cell Membranes: 175 Years of Cell Boundary Research," *Biology Direct* 9, no. 32 (December 19, 2014), https://doi.org/10.1186/s13062-014-0032-7
5 Evert Gorter and François Grendel, "On Bimolecular Layers of Lipoids on the Chromocytes of the Blood," *Journal of Experimental Medicine* 41, no. 4 (March 31, 1925): 439–43, doi:10.1084/jem.41.4.439.
6 Seymour Singer and Garth Nicolson, "The Fluid Mosaic Model of the Structure of Cell Membranes,"*Science* 175, no. 4023 (February 18, 1972): 720–31, doi:10.1126/science.175.4023.720.
7 Orion D. Weiner et al., "Spatial Control of Actin Polymerization During Neutrophil Chemotaxis," *Nature Cell Biology* 1, no. 2 (June 1999): 75–81, https://doi.org/10.1038/10042
8 James D. Jamieson, "A Tribute to George E. Palade," *Journal of Clinical Investigation* 118, no. 11 (November 3, 2008): 3517–18, doi:10.1172/JCI37749.
9 Richard Altmann, *Die Elementarorganismen und ihre Beziehungen zu den Zellen* (Leipzig, Ger.: Verlag von Veit, 1890), 125.
10 Lynn Sagan, "On the Origin of Mitosing Cells," *Journal of Theoretical Biology* 14, no. 3 (March 1967): 225–74, doi:10.1016/0022-5193(67)90079-3.
11 *As Nick Lane explains in* The Vital Question*, Margulis argued*: Lane, *Vital Question*, 5.
12 Eugene I. Rabinowitch, "Photosynthesis—Historical Development of Scientific Interpretation and Significance of the Process," in *The Physical and Economic Foundation of Natural Resources: I. Photosynthesis—Basic Features of the Process* (Washington, DC: Interior and Insular Affairs Committee, House of Representatives, United States Congress, 1952), 7–10.
13 George Palade, quoted in Andrew Pollack, "George Palade, Nobel Winner for Work Inspiring Modern Cell Biology, Dies at 95," *New York Times*, October 8, 2008, B19.
14 Paul Greengard, personal interaction with the author, February 2019.
15 Ibid. See also George Palade, "Intracellular Aspects of the Process of Protein Secretion" (Nobel Lecture, Stockholm, December 12, 1974).

2014): 2–8, doi:10.1128/AEM.01143-13.
21 Ed Yong, *I Contain Multitudes: The Microbes Within Us and a Grander View of Life* (New York: Ecco, 2016).
22 Francisco Marty, interview with the author, February 2018.
23 Carl R. Woese and G. E. Fox. "Phylogenetic Structure of the Prokaryotic Domain: The Primary Kingdoms," *Proceedings of the National Academy of Sciences of the United States of America* 74, no. 11 (November 1977): 5088–90, https://doi.org/10.1073/pnas.74.11.5088
24 Carl R. Woese, O. Kandler, and M. L. Wheelis, "Towards a Natural System of Organisms: Proposal for the Domains Archaea, Bacteria, and Eucarya," *Proceedings of the National Academy of Sciences of the United States of America* 87, no. 12 (June 1990): 4576–79, doi:10.1073/pnas.87.12.4576.
25 Ernst Mayr, "Two Empires or Three?," *Proceedings of the National Academy of Sciences of the United States of America* 95, no. 17 (August 18, 1998): 9720–23, https://doi.org/10.1073/pnas.95.17.9720
26 Virginia Morell, "Microbiology's Scarred Revolutionary," *Science* 276, no. 5313 (May 2, 1997): 699–702, doi:10.1126/science.276.5313.699.
27 Nick Lane, *The Vital Question: Energy, Evolution, and the Origins of Complex Life* (New York: W. W. Norton, 2015), 8.
28 Jack Szostak, David Bartel, and P. Luigi Luisi, "Synthesizing Life," *Nature* 409 (January 2001): 387–90, https://doi.org/10.1038/35053176
29 Ting F. Zhu and Jack W. Szostak, "Coupled Growth and Division of Model Protocell Membranes," *Journal of the American Chemical Society* 131, no. 15 (April 2009): 5705–13.
30 Lane, *The Vital Question,* 2.
31 James T. Staley and Gustavo Caetano-Anollés, "Archaea-First and the Co-Evolutionary Diversification of Domains of Life," *BioEssays* 40, no. 8 (August 2018): e1800036, doi:10.1002/bies.201800036. See also "BioEsssays: Archaea-First and the Co-EvolutionaryDiversification of the Domains of Life," YouTube, 8:52, WBLifeSciences, https://www.youtube.com/watch?v=9yVWn_Q9faY&ab_channel=CrashCourse
32 Lane, *The Vital Question,* 1.

第二部　一與多

組織化的細胞：細胞的內部結構

1 François-Vincent Raspail, quoted in Lewis Wolpert, *How We Live and Why We Die: The Secret Lives of Cells* (New York: W. W. Norton, 2009), 14.
2 George Palade, banquet speech at the Nobel Banquet, December 10, 1974, Nobel Prize

4 René Vallery-Radot, *The Life of Pasteur,* vol. 1., trans. R. L. Devonshire (New York: Doubleday, Page, 1920), 141.

5 Thomas D. Brock, *Robert Koch: A Life in Medicine and Bacteriology* (Madison, WI: Science Tech, 1988), 32.

6 Robert Koch, "The Etiology of Anthrax, Founded on the Course of Development of Bacillus Anthracis" (1876), in *Essays of Robert Koch.,* ed. and trans. K. Codell Carter (New York: Greenwood Press, 1987), 1–18.

7 Quoted in Thomas Goetz, *The Remedy: Robert Koch, Arthur Conan Doyle, and the Quest to Cure Tuberculosis* (New York: Gotham Books, 2014), 74. See also Steve M. Blevins and Michael S. Bronze, "Robert Koch and the 'Golden Age' of Bacteriology," *International Journal of Infectious Diseases* 14, no. 9 (September 2010): e744–e51.

8 Quoted in Robert Koch, "Über die Milzbrandimpfung. Eine Entgegung auf den von Pasteur in Genf gehaltenen Vortrag," in *Gesammelte Werke von Robert Koch*, ed. J. Schwalbe, G. Gaffky, and E. Pfuhl (Leipzig, Ger.: Verlag von Georg Thieme, 1912), 207–31.

9 Ibid. See also Robert Koch, "On the Anthrax Inoculation," in *Essays of Robert Koch*, 97–107.

10 Agnes Ullmann, "Pasteur-Koch: Distinctive Ways of Thinking About Infectious Diseases," *Microbe* 2, no. 8 (August 2007): 383–87, http://www.antimicrobe.org/h04c.files/history/Microbe%202007%20Pasteur-Koch.pdf. See also Richard M. Swiderski, *Anthrax: A History* (Jefferson, NC: McFarland, 2004), 60.

11 Semmelweis, *Childbed Fever*.

12 Ibid., 81.

13 Ibid., 19.

14 John Snow, *On the Mode of Communication of Cholera* (London: John Churchill, 1849).

15 John Snow, "The Cholera Near Golden-Square, and at Deptford," *Medical Times and Gazette* 9 (September 23, 1854): 321–22.

16 Snow, *Mode of Communication of Cholera*, 15.

17 Dennis Pitt and Jean-Michel Aubin, "Joseph Lister: Father of Modern Surgery," *Canadian Journal of Surgery* 55, no. 5 (October 2012): e8–e9, doi:10.1503/cjs.007112.

18 Felix Bosch and Laia Rosich, "The Contributions of Paul Ehrlich to Pharmacology: A Tribute on the Occasion of the Centenary of His Nobel Prize," *Pharmacology* 82, no. 3 (October 2008): 171–79, doi:10.1159/000149583.

19 Siang Yong Tan and Yvonne Tatsumura, "Alexander Fleming (1881–1955): Discoverer of Penicillin," *Singapore Medical Journal* 56, no. 7 (2015): 366–67, doi:10.11622/smedj.2015105.

20 H. Boyd Woodruff, "Selman A. Waksman, Winner of the 1952 Nobel Prize for Physiology or Medicine," *Applied and Environmental Microbiology* 80, no. 1 (January

and Social Thinker."

29 François Raspail, "Classification Generalé des Graminées," in *Annales des Sciences Naturelles,* vol. 6, comp. Jean Victor Audouin, A. D. Brongniart, and Jean-Baptiste Dumas (Paris: Libraire de L'Académie Royale de Médicine, 1825), 287–92. See also Silver, "Virchow, the Heroic Model in Medicine," 82–88.

30 Quoted in Lelland J. Rather, *A Commentary on the Medical Writings of Rudolf Virchow: Based on Schwalbe's Virchow-Bibliographie, 1843–1901* (San Francisco: Norman, 1990), 53.

31 Rudolf Virchow, *Cellular Pathology: As Based upon Physiological and Pathological Histology: Twenty Lectures Delivered in the Pathological Institute of Berlin During the Months of February, March, and April, 1858* (London: John Churchill, 1858).

32 Quoted in Rather, *Commentary on the Medical Writings of Rudolf Virchow*, 19.

33 For details regarding Virchow's response to racism, see Rudolf Virchow, "Descendenz und Pathologie," *Archiv für Pathologische Anatomie und Physiologie und für Klinische Medicin* 103, no. 3 (1886): 413–36.

34 Quoted in Rather, *Commentary on the Medical Writings of Rudolf Virchow*, 4.

35 Quoted in ibid., 101. See also "Eine Antwort an Herrn Spiess," *Virch. Arch. XIII*, 481. A Reply to Mr. Spiess. VA 13 (1858): 481–90.

36 Details regarding M.K.'s case are from my personal interactions with M.K., 2002. Names and identifying details have been changed for anonymity.

37 "Severe Combined Immunodeficiency (SCID)," National Institute of Allergy and Infectious Diseases (NIAID) online, last modified April 4, 2019, https://www.niaid.nih.gov/diseases-conditions/severe-combined-immunodeficiency-scid#:~:text=Severe%20combined%20immunodeficiency%20(SCID)%20is,highly%20susceptible%20to%20severe%20infections

38 Rudolf Virchow, "Lecture I," *Cellular Pathology as Based upon Physiological and Pathological Histology: Twenty Lectures Delivered in the Pathological Institute of Berlin During the Months of February, March, and April, 1858*, trans. Frank Chance (London: John Churchill, 1860), 1–23.

致病的細胞：微生物、感染，和抗生素革命

1 Elizabeth Pennisi, "The Power of Many," *Science* 360, no. 6396 (June 29, 2018): 1388–91, doi:10.1126/science.360.6396.1388.

2 Francesco Redi, *Experiments on the Generation of Insects,* trans. Mab Bigelow (Chicago: Open Court, 1909).

3 Ibid. See also Paul Nurse, "The Incredible Life and Times of Biological Cells," *Science* 289, no. 5485 (September 8, 2000): 1711–16, doi:10.1126/science.289.5485.1711.

11 Detailed in Harris, *Birth of the Cell*, 33.

12 Samuel Taylor Coleridge, "The Eolian Harp," in *The Poetical Works of Samuel Taylor Coleridge*, ed. William B. Scott (London: George Routledge and Sons, 1873), 132.

13 Matthias Jakob Schleiden, "Contributions to Our Knowledge of Phytogenesis," trans. William Francis, in *Scientific Memoirs, Selected from the Transactions of Foreign Academies of Science and Learned Societies and from Foreign Journals,* vol. 2, ed. Richard Taylor (London: Richard and John E. Taylor, 1841), 281. This is also detailed in Raphaële Andrault, "Nicolas Hartsoeker, Essai de dioptrique, 1694," in Raphaële Andrault et al., eds., *Médecine et philosophie de la nature humaine de l'âge classique aux Lumières: Anthologie* (Paris: Classiques Garnier, 2014).

14 Schleiden, "Beiträge zur Phytogenesis," 137–76.

15 Schwann, *Microscopical Researches*, 6.

16 Ibid., 1.

17 Laura Otis, her parents, and her doctors, interview with the author, 2022.

18 Schwann, *Microscopical Researches*, 212.

19 Ibid., 215.

20 J. Müller, *Elements of Physiology*, ed. John Bell, trans. W. M. Baly (Philadelphia: Lea and Blanchard, 1843), 15.

21 Harris, *Birth of the Cell*, 102.

22 Rudolf Virchow, "Weisses Blut, 1845," in *Gesammelte Abhandlungen zur Wissenschaftlichen Medicin*, ed. Rudolf Virchow (Frankfurt: Meidinger Sohn, 1856), 149–54; Virchow, "Die Leukämie," in ibid., 190–212.

23 John Hughes Bennett, "Case of Hypertrophy of the Spleen and Liver, Which Death Took Place from Suppuration of the Blood," *Edinburgh Medical and Surgical Journal* 64 (1845): 413–23.

24 John Hughes Bennett, "On the Discovery of Leucocythemia," *Monthly Journal of Medical Science* 10, no. 58 (1854): 374–81.

25 Byron A. Boyd, *Rudolf Virchow: The Scientist as Citizen* (New York: Garland, 1991).

26 Rudolf Virchow, "Erinnerungsblätter," in *Archiv für Pathologische Anatomie und Physiologie und für Klinische Medicin* 4, no. 4 (1852): 541–48. See also Theodore M. Brown and Elizabeth Fee, "Rudolf Carl Virchow: Medical Scientist, Social Reformer, Role Model," *American Journal of Public Health* 96, no. 12 (December 2006): 2104–5, doi:10.2105/AJPH.2005.078436.

27 Kurd Schulz, *Rudolf Virchow und die Oberschlesische Typhusepidemie von 1848. Jahrbuch der Schlesischen Friedrich-Wilhelms-Universität zu Breslau.* Vol. 19. Ed. (Göttingen Working Group, 1978).

28 Rudolf Virchow, quoted in Weisenberg, "Rudolf Virchow, Pathologist, Anthropologist,

的一幅身分不明的科學家畫像。葛里芬認為這幅畫是虎克的肖像："Portraits," RobertHooke.org, accessed December 2021, http://roberthooke.org.uk/?page_id=227

普遍的細胞：這個小世界最微小的粒子

1 Hooke, *Microphagia*, 111.

2 Schwann, *Microscopical Researches*, x.

3 Leslie Clarence Dunn, *A Short History of Genetics: The Development of Some of the Main Lines of Thought, 1864–1939* (Ames: Iowa State University Press, 1991), 15.

4 Leonard Fabian Hirst, *The Conquest of Plague: A Study of the Evolution of Epidemiology* (Oxford, UK: Clarendon Press, 1953), 82.

5 Ibid., 81.

6 Xavier Bichat, *Traité Des Membranes en Général et De Diverses Membranes en Particulier* (Paris: Chez Richard, Caille et Ravier, 1816). See also Harris, *Birth of the Cell*, 18.

7 Dora B. Weiner, *Raspail: Scientist and Reformer* (New York: Columbia University Press, 1968).

8 Pierre Eloi Fouquier and Matthieu Joseph Bonaventure Orfila, *Procès et défense de F. V. Raspail poursuivi le 19 mai 1846, en exercice illégal de la medicine* (Paris: Schneider et Langrand, 1846), 21.

9 到一八四〇年代中期，拉斯帕伊改變了他追求知識的方向，並決定致力於防腐、衛生，和社會醫學，尤其是由囚犯和貧民的角度。他相信寄生蟲和蠕蟲引起了大部分的疾病，不過他從未認為細菌是傳染的原因。一八四三年，他出版了《健康與疾病的自然史》（*Histoire naturelle de la santé et de la maladie*）和《健康目錄手冊》（*Manuel annuaire de la santé*），兩本書都十分暢銷，書中探討個人衛生和保健，包括飲食、運動、精神活動和新鮮空氣的好處等健康建議。拉斯帕伊晚年投身政治，並進入下議院，繼續為囚犯和窮人的醫療改革，以及改善城市的衛生條件而奮鬥，呼應倫敦醫師約翰・史諾的努力。這個幾乎從醫學文獻中消失的人永恆的形象，或許可以留在梵谷的畫作《靜物：一碟洋蔥》（*Still Life with a Plate of Onions*）上，畫中桌面上有一本拉斯帕伊的《健康目錄手冊》，旁邊放著一碟洋蔥。患有精神疾病的梵谷可能是在坊間買了這本書，一個尖酸苦澀的人的恆久之作放在一碟催人淚下的蔬菜旁邊，似乎十分得宜。（François-Vincent Raspail, *Histoire naturelle de la santé et de la maladie chez les végétaux et chez les animaux en général, et en particulier chez l'homme* [Paris: Elibron Classics, 2006], 以及 *Manuel-annuaire de la santé pour 1864, ou médecine et pharmacie domestiques* [Paris: Simon Bacon, 1854].）

10 Weiner, *Raspail*. For more details, see also Dora Weiner, "François-Vincent Raspail: Doctor and Champion of the Poor," *French Historical Studies* 1, no. 2 (1959): 149–71.

17 Allan Chapman, *England's Leonardo: Robert Hooke and the Seventeenth-Century Scientific Revolution* (Bristol, UK: Institute of Physics, 2005).

18 Ben Johnson, "The Great Fire of London," Historic UK: The History and Heritage Accommodation Guide, accessed December 2021, https://www.historic-uk.com/HistoryUK/HistoryofEngland/The-Great-Fire-of-London/

19 Robert Hooke, preface, in *Microphagia: Or Some Physiological Descriptions of Minute Bodies Made by Magnifying Glasses with Observations and Inquiries Thereupon* (London: Royal Society, 1665).

20 Samuel Pepys, *The Diary of Sam-uel Pepys*, ed. Henry B. Wheatley, trans. Mynors Bright (London: George Bell and Sons, 1893), available at Project Gutenberg, https://www.gutenberg.org/files/4200/4200-h/4200-h.htm

21 Martin Kemp, "Hooke's Housefly,"*Nature* 393 (June 25, 1998): 745, https://doi.org/10.1038/31608

22 Hooke, *Microphagia.*

23 Ibid., 204.

24 Ibid., 110.

25 Ibid.

26 Thomas Birch, ed., *The History of the Royal Society of London, for Improving the Knowledge, from its First Rise* (London: A. Millar, 1757), 352.

27 Antonie van Leeuwenhoek, "To Robert Hooke." 12 November 1680. Letter 33 of *Alle de brieven: 1679–1683.* Vol. 3. De Digitale Bibliotheek voor de Nederlandse Letteren (DBNL), 333.

28 Antonie van Leeuwenhoek, *The Select Works of Antony van Leeuwenhoek, Containing His Microscopal Discoveries in Many of the Works of Nature,* ed. and trans. Samuel Hoole (London: G. Sidney, 1800), iv.

29 Harris, *Birth of the Cell*, 2.

30 Ibid., 7.

31 Isaac Newton, *The Principia: Mathematical Principles of Natural Philosophy*, trans. I. Bernard Cohen and Anne Whitman (Oakland: University of California Press, 1999).

32 這不是虎克和牛頓第一次發生衝突。一六七〇年代，牛頓向皇家學會提出了他的實驗報告，說明白光通過稜鏡時，會分解成各種顏色連續的、彩虹般的光譜。如果用另一個稜鏡把它們重新組合，它們又會形成白光。當時的實驗審查負責人的虎克不同意牛頓的觀點，並寫了一篇嚴厲的評論抨擊，讓已經對公開自己研究感到多疑的牛頓義憤填膺。這兩位十七世紀英國的天才雙方都心高氣傲，在後來數十年中繼續爭執不休——最後虎克堅持主張萬有引力定律是他的研究成果。

33 如今沒有虎克確切的寫真或肖像存在：二〇一九年，德州生物學教授拉瑞·葛里芬（Larry Griffing）博士檢視一六八〇年由瑪麗·畢勒（Mary Beale）所繪

5 "Hans Lipperhey," in *Oxford Dictionary of Scientists* online, Oxford Reference, accessed December 2021, https://www.oxfordreference.com/view/10.1093/oi/authority.20110803100108176

6 Donald J. Harreld, "The Dutch Economy in the Golden Age (16th–17th Centuries)," EH.Net Encyclopedia of Economic and Business History, ed. Robert Whaples, last modified August 12, 2004, http://eh.net/encyclopedia/the-dutch-economy-in-the-golden-age-16th-17th-centuries/. See also Charles Wilson, "Cloth Production and International Competition in the Seventeenth Century," *Economic History Review* 13, no. 2 (1960): 209–21.

7 Leeuwenhoek, "Observations, Communicated to the Publisher by Mr. Antony Van Leeuwenhoek, in a Dutch Letter of the 9th Octob. 1676. Here English'd: Concerning Little Animals by Him Observed in Rain-Well-Sea-and Snow Water; as Also in Water Wherein Pepper Had Lain Infused," 821–31. See also J. R. Porter, "Antony van Leeuwenhoek: Tercentenary of His Discovery of Bacteria," *Bacteriological Reviews* 40, no. 2 (1976): 260–69.

8 Leeuwenhoek, "Observations, Communicated to the Publisher˜.˜.˜."˜,821–31.

9 Ibid.

10 Ibid.

11 M. Karamanou et al., "Anton van Leeuwenhoek (1632–1723): Father of Micromorphology and Discoverer of Spermatozoa," *Revista Argentina de Microbiologia* 42, no. 4 (2010): 311–14. See also S. S. Howards, "Antonie van Leeuwenhoek and the Discovery of Sperm," *Fertility and Sterility* 67, no. 1 (1997): 16–17.

12 Lisa Yount, *Antoni van Leeuwenhoek: Genius Discoverer of Microscopic Life* (Berkeley, CA: Enslow, 2015), 62.

13 Nick Lane, "The Unseen World: Reflections on Leeuwenhoek (1677) 'Concerning Little Animals,' " *Philosophical Transactions of the Royal Society B* 370, no. 1666 (April 19, 2015), https://doi.org/10.1098/rstb.2014.0344

14 Steven Shapin, *A Social History of Truth: Civility and Science in the Seventeenth Century* (Chicago: University of Chicago Press, 2011), 307. See also Robert Hooke to Antoni van Leeuwenhoek, December 1, 1677, quoted in Antony van Leeuwenhoek, *Antony van Leeuwenhoek and His Little Animals: Being Some Account of the Father of Protozoology & Bacteriology and His Multifarious Discoveries in These Disciplines*, comp., ed., trans. Clifford Dobell (1932; New York: Russell and Russell, 1958), 183.

15 Lane, "The Unseen World."

16 Leeuwenhoek to unknown, June 12, 1763, quoted in Carl C. Gaither and Alma E. Cavazos-Gaither, eds., *Gaither's Dictionary of Scientific Quotations* (New York: Springer, 2008), 734.

3 C. D. O'Malley, *Andreas Vesalius of Brussels 1514–1564* (Berkeley: University of California Press, 1964). See also David Schneider, *The Invention of Surgery: A History of Modern Medicine—from the Renaissance to the Implant Revolution* (New York: Pegasus Books, 2020), 68–98.
4 Andreas Vesalius, *De Humani Corporis Fabrica* (*The Fabric of the Human Body*), vol. 1, bk. 1, *The Bones and Cartilages*, trans. William Frank Richardson and John Burd Carman (San Francisco: Norman, 1998), li–lii.
5 Andreas Vesalius, *The Illustrations from the Works of Andreas Vesalius of Brussels*, ed. Charles O'Malley and J. B. Saunders (New York: Dover, 2013).
6 Vesalius, *Fabric of the Human Body*, 7 vols.
7 Nicolaus Copernicus, *On the Revolutions of Heavenly Spheres*, trans. Charles Glenn Wallis (New York: Prometheus Books, 1995).
8 Ignaz Semmelweis, *The Etiol-ogy, Concept, and Prophylaxis of Childbed Fever*, ed. and trans. K. Codell Carter (Madison: University of Wisconsin Press, 1983).
9 Izet Masic, "The Most Influential Scientists in the Development of Public Health (2): Rudolf Ludwig Virchow (1821–1902)," *Materia Socio-medica* 31, no. 2 (June 2019): 151–52, doi:10.5455/msm.2019.31.151-152.
10 Rudolf Virchow, *Der Briefwechsel mit den Eltern 1839–1864: zum ersten Mal vollständig in historisch-kritischer Edition* (*The Correspondence with the Parents, 1839–1864: For the First Time Complete in a Historical-Critical Edition*) (Germany: Blackwell Wissenschafts, 2001), 32.
11 Ibid., 19.
12 Rudolf Virchow, *Der Briefwechsel mit den Eltern,* 246, letter of July 4, 1844.
13 Manfred Stürzbecher, "Die Prosektur der Berliner Charité im Briefwechsel zwischen Robert Froriep und Rudolf Virchow," *Beiträge zur Berliner Medizingeschichte,* 186, letter of Virchow to Froriep, March 2, 1847.

看得見的細胞：關於小動物的虛構故事

1 Gregor Mendel, "Experiments in Plant Hybridization," trans. Daniel J. Fairbanks and Scott Abbott, *Genetics* 204, no. 2 (2016): 407–22.
2 Nicolai Vavilov, "The Origin, Variation, Immunity and Breeding of Cultivated Plants," trans. K. Starr Chester, *Chronica Botanica* 13, no. 1/6 (1951).
3 Charles Darwin, *On the Origin of Species*, ed. Gillian Beer (Oxford, UK: Oxford University Press, 2008).
4 "Lens Crafters Circa 1590: Invention of the Microscope," This Month in Physics History, *APS Physics* 13, no. 3 (March 2004): 2, https://www.aps.org/publications/apsnews/200403/history.cfm

3 Details regarding Emily Whitehead's case are from personal communication with Emily Whitehead, her parents, and her doctors, 2019; extracted from Mukherjee, "Promise and Price of Cellular Therapies."

4 Antonie van Leeuwenhoeck, "Observations, Communicated to the Publisher by Mr. Antony Van Leeuwenhoek, in a Dutch Letter of the 9th Octob. 1676. Here English'd: Concerning Little Animals by Him Observed in Rain-Well-Sea-and Snow Water; as Also in Water Wherein Pepper Had Lain Infused," *Philosophical Transactions of the Royal Society* 12, no. 133 (March 25, 1677): 821–32.

5 "CAR T-cell Therapy," National Cancer Institute Dictionary online, accessed December 2021, https://www.cancer.gov/publications/dictionaries/cancer-terms/def/car-t-cell-therapy

6 Serhiy A. Tsokolov, "Why Is the Definition of Life So Elusive? Epistemological Considerations," *Astrobiology* 9, no. 4 (2009): 401–12.

7 需要澄清的是，這些「新出現」的屬性並非定義生命的特性，而是它們是多細胞生物由活細胞系統演化而來。

8 並非所有的細胞都具有所有的屬性。例如，複雜生物體儲存養分的細胞特化存在於某些細胞中，而處理廢物則存在其他細胞。如酵母菌和細菌之類的單細胞生物可以具有達到這些功能的專門亞細胞結構，但是如人類的多細胞生物已經演化出有特別細胞的特別器官，來執行這些功能。

9 Akiko Iwasaki, interview with the author, February 2020. See also "SARS-CoV-2 Variant Classifications and Definitions," Centers for Disease Control and Prevention online, last modified December 1, 2021, https://www.cdc.gov/coronavirus/2019-ncov/variants/variant-classifications.html. See also "Severe Acute Respiratory Syndrome (SARS)," World Health Organization online, accessed December 2021, who.int/health-topics/severe-acute-respiratory -syndrome#tab=tab_1.

10 Ibid. See also John Simmons, *The Scientific 100: A Ranking of the Most Influential Scientists, Past and Present* (New York: Kensington, 2000), 88–92. See also George A. Silver, "Virchow, The Heroic Model in Medicine: Health Policy by Accolade," *American Journal of Public Health* 77, no. 1 (1987): 82–88.

11 Virchow, *Disease, Life and Man*, 81.

第一部　發現

最早的細胞：一個看不見的世界

1 Rudolf Virchow, "Letters of 1842," in *Letters to His Parents, 1839–1864,* ed. Marie Rable, trans. Lelland J. Rather (USA: Science History Publications, 1990), 28–29.

2 Elliot Weisenberg, "Rudolf Virchow, Pathologist, Anthropologist, and Social Thinker," *Hektoen International* 1, no. 2 (Winter 2009): https://hekint.org/2017/01/29/rudolf-virchow-pathologist-anthropologist-and-6social-thinker/

對是真實的，只是正如我們很快就會看到的，許萊登對於細胞是如何產生的理論（許旺接受了這種說法，不過他後來越來越懷疑），後來證明是錯誤的，最明確的是由魯道夫・魏修的證明。

我們很難知道在與許旺對話之前，許萊登是否已經推論出所有植物組織都是由細胞單元所構成，也很難知道這段談話是否促使他檢視（或重新檢視）他的標本，並且以新的角度觀察它們細胞結構的普遍性。因此，我用「回到他的植物標本」，以表示許萊登在與許旺那頓晚餐前已得出多少結論，以及隨後立即發生的事情保持謹慎的態度。然而，晚餐的那個日子（一八三七年），許萊登不久後（一八三八年）發表的論文，以及有據可查他到許旺實驗室觀察動、植物細胞相似之處的探訪，都顯示與許旺的互動是許萊登思考細胞理論基本面和普遍性的重要催化劑。此外，許萊登和許旺欣然接受彼此作為現代細胞理論聯合創始人，而非競爭對手的角色，也表示他們之間的互動——比如兩人共進晚餐時的對話，在加強許萊登堅持所有植物組織都是由細胞構成的信念方面，必然至少發揮了一些作用。許旺與許萊登不同，他更明白一八三七年那個晚上談話的重要性：它改變了他研究的根本方向。他在上述一八七八年的演講中欣然承認：許萊登對於植物發育的觀察，對於他自己隨後發現動物組織也是由細胞所構成，舉足輕重。

7 Florkin, *Naissance et dêviation de la théorie cellulaire*, 45.

8 Schleiden, "Beiträge zur hytogenesis,"137–76.

9 Schwann, *Microscopical Researches,* 2.

10 Ibid., ix.

11 Sara Parker, "Matthias Jacob Schleiden (1804–1881)," Embryo Project Encyclopedia, last modified May 29, 2017, https://embryo.asu.edu/pages/matthias-jacob-schleiden-1804-1881

12 Otis, *Müller's Lab*, 65.

13 Siddhartha Mukherjee, "The Promise and Price of Cellular Therapies," *New Yorker* online, last modified July 15, 2019; "Cancer's Invasion Equation," *New Yorker* online, last modified September 4, 2017; "How Does the Coronavirus Behave Inside a Patient?," *New Yorker* online, last modified March 26, 2020.

14 Roy Porter, *The Greatest Benefit to Mankind: A Medical History of Humanity from Antiquity to the Present* (London: HarperCollins, 1999).

15 Henry Harris, *The Birth of the Cell* (New Haven, CT: Yale University Press, 2000).

緒論：我們終歸要回到細胞

1 Rudolf Virchow, *Disease, Life and Man: Selected Essays,* trans. Lelland J. Rather (Stanford, CA: Stanford University Press, 1958), 81.

2 Details regarding Sam P.'s case are from personal communication with Sam P. and his physician, 2016. Names and identifying details have been changed for anonymity.

尾註

1 Wallace Stevens, "On the Road Home," in *Selected Poems: A New Collection*, ed. John N. Serio (New York: Alfred A. Knopf, 2009), 119.

2 Friedrich Nietzsche, "Rhythmische Untersuchungen," in *Friedrich Nietzsche, Werke, Kristiche Gesamstaube,* vol. 2.3, ed. Fritz Bornmann and Mario Carpitella (Vorlesungsaufzeuchnungen [SS 1870-SS 1871]; Berlin: de Gruyter, 1993), 322.

序曲　生物體的基本粒子

1 Arthur Conan Doyle, *The Adventures of Sherlock Holmes* (Hertfordshire: Wordsworth, 1996), 378.

2 許旺在一八七八年的一場演講中談及對這頓晚餐的記憶，他後來也在書中記錄了這一刻，請見 Theodor Schwann, *Microscopical Researches into the Accordance in the Structure and Growth of Animals and Plants*, trans. Henry Smith (London: Sydenham Society, 1847), xiv. Laura Otis, *Müller's Lab* (New York: Oxford University Press, 2007), 62–64; Marcel Florkin, *Naissance et deviation de la théorie cellulaire dans l'oeuvre de Théodore Schwann* (Paris: Hermann, 1960), 62.

3 Ulrich Charpa, "Matthias Jakob Schleiden (1804–1881): The History of Jewish Interest in Science and the Methodology of Microscopic Botany," in *Aleph: Historical Studies in Science and Judaism*, vol. 3 (Bloomington: Indiana University Press, 2003), 213–45.

4 Details of his collection can be found in Matthias Jakob Schleiden, "Beiträge zur Phytogenesis," *Archiv für Anatomie, Physiologie und Wissenschaftliche Medicin* (1838): 137–76.

5 Matthias Jakob Schleiden, "Contributions to Our Knowledge of Phytogenesis," in *Scientific Memoirs, Selected from the Transactions of Foreign Academies of Science and Learned Societies and from Foreign Journals*, vol. 2, ed. Richard Taylor, trans. William Francis (London: Richard and John E. Taylor, 1841), 281.

6 許旺對於細胞作為動物和植物統一的基本構成元素產生興趣，也是因為如果植物和動物都是由自主的、獨立的活單元構成，那麼就沒有必要借助於特別的「生命」液，來負責生命或細胞的誕生──而這卻是約翰尼斯．繆勒固執堅持的觀點。繆勒的學生許萊登相信生命液存在，但卻有他自己的細胞起源理論──許萊登認為這個過程類似於結晶的形成，後來證明這種理論完全錯誤。因此，諷刺的是，細胞學說的誕生並不是起源錯誤的故事，而是誤會了起源的故事。許萊登和許旺在植物和動物組織中看到的共同點──例如所有的生物都是由細胞構成，絕

科學人文 094

細胞之歌：探索醫學和新人類的未來

The Song of the Cell: An Exploration of Medicine and the New Human

作者	辛達塔・穆克吉
譯者	莊安祺
審訂	黃貞祥
主編	王育涵
行銷	林欣梅
美術設計	許晉維
內頁排版	張靜怡
總編輯	胡金倫
董事長	趙政岷
出版者	時報文化出版企業股份有限公司 108019 臺北市和平西路三段 240 號 7 樓 發行專線｜02-2306-6842 讀者服務專線｜0800-231-705｜02-2304-7103 讀者服務傳真｜02-2302-7844 郵撥｜1934-4724 時報文化出版公司 信箱｜10899 臺北華江橋郵局第 99 信箱
時報悅讀網	www.readingtimes.com.tw
人文科學線臉書	http://www.facebook.com/humanities.science
法律顧問	理律法律事務所｜陳長文律師、李念祖律師
印刷	勁達印刷有限公司
初版一刷	2024 年 6 月 28 日
初版二刷	2024 年 8 月 23 日
定價	新臺幣 680 元

時報文化出版公司成立於一九七五年，並於一九九九年股票上櫃公開發行，於二〇〇八年脫離中時集團非屬旺中，以「尊重智慧與創意的文化事業」為信念。

ISBN 978-626-396-434-1｜Printed in Taiwan

細胞之歌：探索醫學和新人類的未來／辛達塔・穆克吉（Siddhartha Mukherjee）著；莊安祺譯.
-- 初版. -- 臺北市：時報文化出版企業股份有限公司，2024.06｜512 面；17×22 公分.
譯自：The Song of the Cell: An Exploration of Medicine and the New Human
ISBN 978-626-396-434-1（平裝）｜1. CST：細胞學｜364｜113008191